ROUXING
ZHIZAO
JISHU

柔性制造技术

陈俊钊　主编
黄景良　赵建周　副主编

化学工业出版社
·北京·

本书采用图解的形式，用通俗易懂的语言，较为系统地介绍了柔性制造技术的相关知识，主要内容包括：柔性制造系统概述、柔性制造系统构成与功能、柔性制造系统硬件组成、柔性制造生产线的程序调试、柔性制造生产线的故障排除与维护保养、柔性生产安全与操作规范等。

本书内容新颖，实用性强，适合制造业、自动控制领域的技术人员学习使用，也可用作高等院校机械、电气、自动化等相关专业的教材及参考书。

图书在版编目（CIP）数据

柔性制造技术/陈俊钊主编. —北京：化学工业出版社，2020.2

ISBN 978-7-122-35742-7

Ⅰ.①柔… Ⅱ.①陈… Ⅲ.①柔性制造系统-高等学校-教材 Ⅳ.①TH165

中国版本图书馆 CIP 数据核字（2019）第 255376 号

责任编辑：要利娜　　文字编辑：陈　喆

责任校对：王鹏飞　　装帧设计：王晓宇

出版发行：化学工业出版社（北京市东城区青年湖南街 13 号　邮政编码 100011）

印　　刷：三河市航远印刷有限公司

装　　订：三河市宇新装订厂

787mm×1092mm　1/16　印张 20　字数 499 千字　2020 年 2 月北京第 1 版第 1 次印刷

购书咨询：010-64518888　　售后服务：010-64518899

网　　址：http://www.cip.com.cn

凡购买本书，如有缺损质量问题，本社销售中心负责调换。

定　　价：69.00 元

前言

“工业 4.0”这个概念最早出现在德国，在 2013 年的汉诺威工业博览会上正式推出，其核心目的是为了提高德国工业的竞争力，在新一轮工业革命中占领先机。“工业 4.0”是指利用物联信息系统将生产中的供应、制造、销售信息数据化、智慧化，最后达到快速、有效、个人化的产品供应。“中国制造 2025”是在新的国际国内环境下，我国政府立足于国际产业变革大势，作出的全面提升中国制造业发展质量和水平的重大战略部署。

柔性制造技术也称柔性集成制造技术，是现代先进制造技术的统称，也是未来制造业发展的方向。本书基于柔性制造技术所涉及的领域，介绍现有的成熟技术和方案，并且给出了一些相关案例，本书的侧重点是柔性制造技术的整体介绍，因此，对相关专业知识点的介绍比较简洁，例如数控加工和机器人应用方面，读者在学习过程中可以去参考其他相应的学习资源。

本书由陈俊钊任主编，黄景良、赵建周任副主编，参编人员还有冯启钊、谢俊文等。由于编者的水平和时间有限，书中难免会有一些不足的地方，希望读者提出宝贵建议。

编者

目录

第一章

柔性制造系统概述

第一节　柔性制造简介

知识目标

（1）了解柔性制造起源；

（2）掌握柔性制造中“柔性”的含义。

技能目标

（1）掌握柔性制造技术的基本概念；

（2）掌握自动化系统柔性的基本特征。

一、柔性制造概念

柔性制造技术也称柔性集成制造技术，是现代先进制造技术的统称。柔性制造技术集自动化技术、信息技术和制作加工技术于一体，把以往工厂企业中相互孤立的工程设计、制造、经营管理等过程，在计算机及其软件和数据库的支持下，构成一个覆盖整个企业的有机系统。

图 1.1 为机械零件柔性制造常见系统，该系统包含了计算机管理、加工状态监视、检测单元、零件搬运、加工识别、切割处理、零件存储、准备工位、车削加工、铣削加工、磨削加工、其他加工等。

一个零件根据图纸和技术要求，通过管理系统计算机进行材料选择或者下料。根据零件形状，如果是回转体的轴类和套类零件，管理中心编写数控车削、铣削等程序并且安排数控车床进行加工，车削加工完成后根据图纸要求，进行铣削加工(例如铣六方、铣键槽、铣凸轮轮廓等)，有的还需要安排其他加工(例如花键加工、齿轮加工)，根据精度要求，有的零件需要经过热处理和磨削加工才能达到技术要求。在整个制造过程中，管理中心都可以通过摄像头和传感器监视加工过程，每一工序都要经过检测，合格以后才能进入下一工序。零件在流动环节是通过管理中心调用搬运车和机器人(机械手)，并且配合各类传感器完成的，最后加工合格的零件进行入库存储和统计，管理中心可以根据零件的订单、计划和入库、出库等通过互联网进行交易和管理。

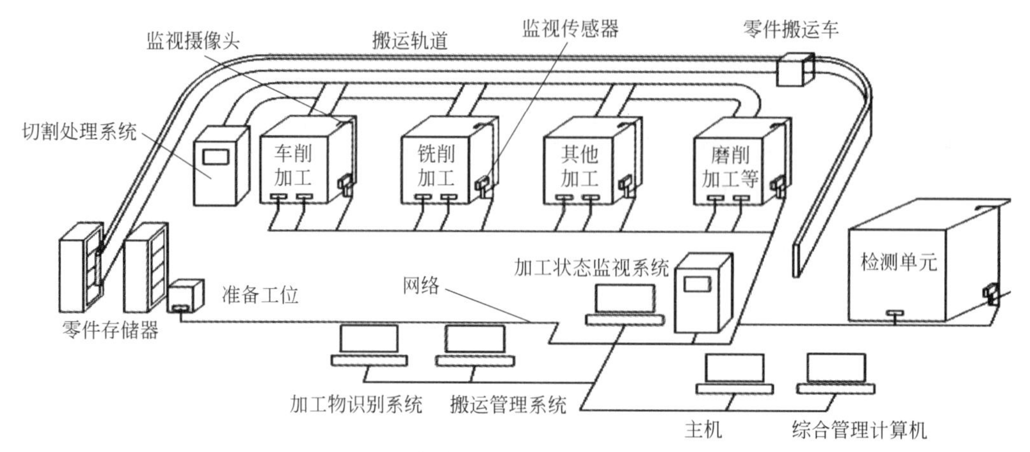

图 1.1　机械零件柔性制造常见系统

二、柔性制造起源

为提高生产效率、降低成本、缩短制造周期、适应现代社会产品频繁更新的要求，20世纪60年代后期出现了柔性制造单元FMC（Flexible Manufacturing Cell）及柔性制造系统FMS(Flexible Manufacturing System）等能适应多品种、中小批量生产的柔性制造自动化系统。FMS、FMC等兼备生产率和柔性两方面优点，是实现多品种、中小批量生产自动化较为理想的方式。

传统的自动化生产技术可以显著提高生产效率，但是有一定的局限性，无法很好地适应中小批量生产的要求。随着制造技术的发展，特别是自动控制技术、数控加工技术、3D打印技术、工业机器人技术等的迅猛发展，柔性制造技术(FMT）应运而生。

三、柔性制造定义

柔性制造系统（FMS）至今仍未有统一、明确、公认的定义，不同的国家、企业、学者和用户往往各有各的说法，所强调的关键特征也各有差异。

柔性自动化制造技术是指，在广义制造过程中的所有环节采用自动化技术，即对制造全过程进行优化规划、组织、运作、协调、控制与管理，以实现优质、高效、低耗、敏捷和绿色生产的目标，并取得社会经济效益。

柔性制造中的“柔性”是相对于“刚性”而言的，传统的“刚性”自动化生产线主要实现单一品种的大批量生产。

柔性制造所说的“柔性”主要指灵活性，具体表现在以下方面。

(1）生产设备的零件、部件可根据所加工产品的需要变换；

(2）对加工产品的批量可根据需要迅速调整；

(3）对加工产品的性能参数可迅速改变并及时投入生产；

(4）可迅速而有效地综合应用新技术；

(5）对用户、贸易伙伴和供应商的需求变化及特殊要求能迅速做出反应。

采用柔性制造技术的企业，平时能满足品种多变而批量很小的生产需求，战时能迅速扩大生产能力，而且产品质优价廉。柔性制造设备可在无需大量追加投资的条件下提供连续采用新技术、新工艺的能力，也不需要专门的设施，就可生产出特殊的军用产品。

图1.2为KCGJS-3型FMS柔性生产制造实验系统(工程型)，该FMS柔性生产制造实验系统是使用柔性制造技术中最具有代表性的制造自动化系统，可实现多品种、中小批量的加工管理。柔性制造技术是在自动化技术、信息技术及制造技术的基础上，将以往企业中相互独立的工程设计、生产制造及经营管理等过程，在计算机及其软件的支撑下，构成一个覆盖整个企业的完整而有机的系统，以实现全局动态最优化和总体高效益、高柔性，进而赢得竞争全胜的智能制造技术。它是当今世界制造自动化技术发展的前沿科技。

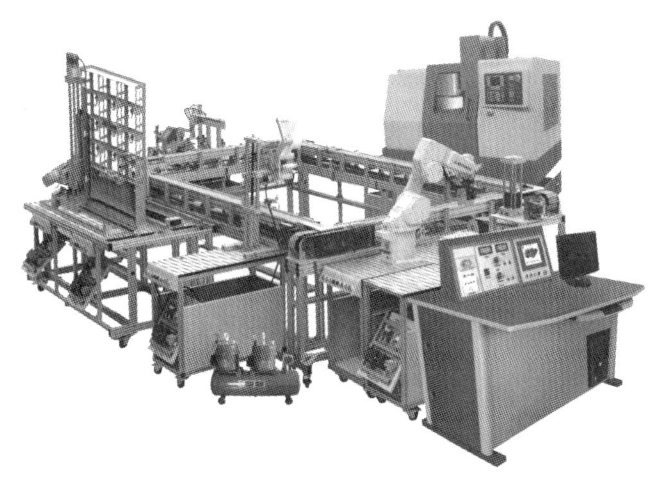

图1.2　KCGJS-3型FMS柔性生产制造实验系统(工程型)

四、柔性自动化制造技术

随着科学技术和互联网技术的发展，人类社会对产品的功能与质量的要求越来越高，产品更新换代的周期越来越短，产品的复杂程度和使用功能也随之提高，传统的大批量生产方式受到了挑战。传统制造模式下，只有品种单一、批量大、设备专用、工艺稳定、效率高，才能构成规模经济效益；反之，多品种、小批量生产，设备的专用性低，在加工形式相似的情况下，频繁地调整工装夹具，工艺稳定性难度增大，生产效率受到较大影响。为了同时提高制造业的柔性和生产效率，在保证产品质量的前提下，缩短产品设计、生产周期，降低产品成本，使中小批量生产能与大批量生产抗衡，柔性自动化制造系统应运而生。

五、柔性制造自动化系统的基本特征

(1) 机器柔性：系统的机器设备具有随产品变化而加工不同零件的能力；

(2) 工艺柔性：系统能够根据加工对象的变化或原材料的变化而确定相应的工艺流程；

(3) 产品柔性：产品更新或完全转向后，系统不仅对老产品的有用特性有继承能力和兼容能力，而且还具有迅速、经济地生产出新产品的能力；

(4) 生产能力柔性：当生产量改变时，系统能及时作出反应而经济地运行；

(5) 维护柔性：系统能采用多种方式查询、处理故障，保障生产正常进行；

（6）扩展柔性：当生产需要的时候，可以很容易地扩展系统结构、增加模块，构成一个更大的制造系统。

第二节　柔性制造发展与前景

（1）了解柔性制造的发展状态；

（2）理解柔性制造系统的发展前景。

（1）了解我国柔性制造发展现状；

（2）理解柔性制造系统主要优势和发展趋势。

一、柔性制造的发展状态

早在1936年，美国通用汽车公司技术人员就认为，在一个生产过程中，机器之间的零件转移不用人去搬运就是“自动化”，即以机械代替人力操作，自动完成特定的作业。

1967年，英国莫林斯公司(MOLINS)首次根据威廉森提出的FMS基本概念，在世界上首先研制了“Molin系统24”。

同年，美国的怀特·森斯特兰公司建成Omniline Ⅰ系统，它由八台加工中心和两台多轴钻床组成，工件被装在托盘上的夹具中，并按固定顺序以一定节拍在各机床间传送和进行加工。这种柔性自动化设备适于在少品种、大批量生产中使用，这个系统在形式上与传统的自动生产线相似，所以也叫柔性自动线。日本、苏联、德国等也都在20世纪60年代末至70年代初，先后开展了FMS的研制工作。

1976年，日本发那科公司展出了由加工中心和工业机器人组成的柔性制造单元(FMC)，为发展FMS提供了重要的设备形式。柔性制造单元（FMC）一般由1～2台数控机床与物料传送装置组成，有独立的工件存储站和单元控制系统，能在机床上自动装卸工件，甚至自动检测工件，可实现有限工序的连续生产，适于多品种、小批量生产。

1982年，日本发那科公司建成自动化电机加工车间，由60个柔性制造单元(包括50个工业机器人）和一个立体仓库组成，另有两台自动引导台车传送毛坯和工件，此外还有一个无人化电机装配车间，它们都能连续24h运转。

这种自动化和无人化车间，是向实现计算机集成的自动化工厂迈出的重要一步。与此同时，还出现了若干仅具有柔性制造系统的基本特征，但自动化程度不很完善的经济型柔性制造系统FMS，使柔性制造系统FMS的设计思想和技术成果得到普及应用。

1990年，英国在柔性制造系统上的投资额突破10亿英镑。其汽车制造业在柔性制造系统的投资额占较大比例，接着是一般的机械工业部门、宇航部门（主要是Rolly-Royec公司）、机床制造业、电气/电子公司，最后是建筑/农业部门。

目前，全球有大量的柔性制造系统投入了应用，据不完全统计，国际上以柔性制造系统生产的制成品已经占到全部制成品生产的75%以上，而且比例还在增加。

二、我国目前柔性制造发展现状

1984 年，是我国研制 FMS 的起步时间，比国外晚了 17 年。我国第一套 FMS 系统（JCS-FMS-1）是由北京机床研究所于 1985 年 10 月开发完成的，用于加工数控机床直流伺服电动机中的主轴、端盖、法兰盘、壳体和刷架体等。它由 5 台国产加工中心、日本富士电机公司的 AGV（自动导引车）及 4 台日本产的机器人组成，其控制系统由 FANUC 提供，据分析，它的投资回收期约为两年半。在国家支持下，由一些单位率先进口了国内第一批柔性制造系统。

从 1985 年以后，我国机械制造业进入部分自行开发和部分进口的交叉发展柔性制造系统技术阶段。"七五"计划的机电部国家重点科技攻关项目中，明确提出建立四个系统，这四个系统除 JCS-FMS-1 系统在 1988 年底进行了行业总结验收以外，其他系统都由于种种原因到 20 世纪 90 年代才陆续完成，大连冷冻机厂的系统中断执行。

1986 年后，国家"863"高技术研究发展计划中自动化领域的研究工作，促进了柔性制造系统技术的发展，在 20 世纪 80 年代后期到 90 年代初又进口和自行开发了一些系统。其中，有箱体加工系统；北京机床研究所用自行开发的技术和设备，配置 AGV 小车，给减速机厂提供了一套加工减速机机座的柔性制造系统；CIMS 工程在清华大学的试验室中建立了由两台加工中心和一台车削中心、一台德国的 AGV 小车构成的柔性制造系统；国防军工系统建立柔性制造系统专业队伍，研制出一套由两台我国台湾产的加工中心和自行研制的搬运车、集中刀具库构成的试验性系统。这几年来国内一些经济实力比较雄厚的工厂，为实施 CIMS 集成打基础，又进口一些国外系统。

三、柔性制造系统规模简介

柔性制造技术是对各种不同形状加工对象实现程序化柔性制造加工的各种技术的总和。柔性制造技术是技术密集型的技术群，可以说凡是侧重于柔性，适应于多品种、中小批量（包括单件产品）的加工技术都属于柔性制造技术。目前，按规模大小可以有以下划分。

1. 柔性制造系统（FMS）

关于柔性制造系统的定义很多，权威性的定义有：美国国家标准局把 FMS 定义为，由一个传输系统联系起来的一些设备，传输装置把工件放在其他连接装置上送到各加工设备，使工件加工准确、迅速和自动化。目前最为常见的组成通常包括 4 台或更多台全自动数控机床，由集中管理控制系统及物料搬运系统组合起来，可以在不停机的状态下实现多品种、中小批量的加工与管理。目前反映工厂整体水平的 FMS 是第一代 FMS，日本从 1991 年开始实施的"智能制造系统"（IMS）国际性开发项目，属于第二代 FMS，而真正完善的第二代 FMS 还要经过一段时间才能逐步完善并且实现。

2. 柔性制造单元（FMC）

FMC 问世并在生产中正式投入使用比 FMS 晚 6～8 年，FMC 可以看成一个规模最小的 FMS，FMC 是 FMS 向廉价化及小型化方向发展的一种产物，它主要由 1～2 台加工中心和其他数控机床、工业机器人、物料运送存储设备构成，其特点是实现单机柔性化及自动化，具有适应加工多品种产品的灵活性。由于 FMC 投入资金需求少，目前已逐步进入普及应用阶段。

3. 柔性制造线(FML)

FML 是介于单一或少品种大批量非柔性自动线与中小批量多品种 FMS 之间的生产线。FML 柔性制造线的加工设备可以是通用的加工中心、其他数控机床；也可以采用专用机床或专用数控机床，对物料搬运系统柔性的要求低于 FMS，但生产率相对更高。FML 柔性制造线以离散型生产中的柔性制造系统和连续生产过程中的分散型控制系统(DCS) 为代表，其特点是实现生产线柔性化及自动化。目前 FML 技术日臻成熟，已进入实用化阶段。

4. 柔性制造工厂(FMF)

FMF 是将多条 FMS 连接起来，配以自动化立体储运仓库，用计算机管理系统进行管理，能实现从订货、设计、加工、装配、检验、运送至发货的一系列过程。柔性制造工厂还包括了计算机辅助设计(CAD)、计算机辅助制造(CAM)，并使计算机集成制造系统(CIMS)投入实际，实现生产系统柔性化和自动化，进而实现全厂范围的设计与生产管理、产品加工及物料储运进程的全盘化。FMF 是自动化生产的最高水平，是世界上最先进的自动化应用技术。它是将产品开发、设计、制造及经营管理的自动化连成一个整体，以信息流控制物质流的智能制造系统（IMS）为代表，其特点是实现工厂全盘柔性化及自动化。

四、柔性制造系统的优势

柔性制造系统是在传统制造的基础上发展起来的，作为一种新兴的制造模式，它与传统制造模式相比有明显的优势，其主要表现在以下方面。

1. 加工生产周期减少

零件集中在数控设备及加工中心上加工，减少了机床数量的同时大大减少了零件的装夹次数和机床加工准备时间，并且采用计算机进行有效的调度也减少了周转的时间。

2. 设备利用率明显提高

采用计算机对生产进行管理调度，一旦有机床空闲，计算机便及时分配给该机床加工任务。在典型加工情况下，采用柔性制造系统中的一组机床所获得的生产量是单机作业环境下同等数量机床生产量的 3 倍甚至更高。

3. 生产柔性化

当市场需求或设计发生变化时，在 FMS 的设计能力以内，不再需要系统硬件结构的变化，例如专用工装夹具。系统具有制造不同产品的柔性，对于临时需要的备用零件可以随时进行混合生产，而不会影响 FMS 的正常生产。

4. 生产成本低

FMS 的生产批量可以在相当大的范围内变化，所以生产成本是最低的。它除了一次性投资费用较高外，其他各项指标均优于常规的生产方案。在保证产品加工质量的同时，生产成本降低能够使企业获得更高的利润，赢得更大的市场。

5. 产品质量高

FMS 减少了工装夹具和机床的数量，并且夹具与机床匹配得当，还减少了零件装夹次数，从而保证了零件的一致性，提高了产品的质量。同时自动检测设备和自动补偿装置可以及时发现质量问题，例如数控加工设备可以调整刀具磨损并采取相应的有效措施，保证产品的质量。

五、柔性制造系统的发展前景

1. FMS 仍将迅速发展

FMS 初期主要用于非回转体类零件中箱体类零件的机械加工，通常用来完成钻、镗、铣及攻螺纹等工序。后来随着 FMS 技术的发展，FMS 不仅能完成其他非回转体类零件的加工，还可以完成回转体零件的车削、磨削、齿轮加工，甚至可以进行拉削等工序。

从机械制造行业来看，FMS 不仅能完成机械加工，而且还能完成钣金加工、锻造、焊接、装配、铸造和激光、电火花、线切割等特种加工以及喷漆、电镀、热处理、注塑和橡胶模制等工作。从整个制造业所生产的产品看，FMS 目前已经不再局限于汽车、摩托车、机床、飞机、坦克、火炮和舰船等，还可用于计算机、半导体、家具、玩具、服装、食品以及医药品和化工等产品生产。从生产批量来看，FMS 已从中小批量应用向单件和大批量生产方向发展。

2. FMS 系统配置朝 FMC 方向发展

柔性制造单元 FMC 和 FMS 一样，都能够满足多品种、小批量的柔性制造需要，但 FMC 具有自己的优点。

由于 FMC 的规模相对小，技术综合性和复杂性低，规划、设计、论证和运行相对简单，投资少，易于实现，风险小，而且易于扩展，是向高级大型 FMS 发展的重要阶梯。因此，采用由 FMC 到 FMS 的规划，可以减少一次投入的资金，使制造企业既易承受，又可减小风险，一旦成功就可以及时获得效益，为今后发展提供资金来源；同时也有利于培养人才、积累经验，便于使用更为复杂的 FMS 技术，使 FMS 的实施更加稳妥。

目前，FMC 已不再是简单或初级 FMS 的代名词，它不仅可以具有 FMS 所具有的加工、制造、储运、控制、协调功能，还可以具有监控、通信、仿真、生产调度管理以及人工智能等功能，在某些零件的加工中可以获得更大的柔性，从而提高生产率，缩短制造时间，增加产量，提高产品质量。

3. FMS 系统性能不断提高

在 FMS 的各项技术中，零件加工技术、存储与物流、刀具补偿及管理技术、生产管理控制技术以及网络技术的迅速发展，大大提高了 FMS 系统的性能。在加工中采用水切削、线切割和激光加工技术，特别是将加工能力很强的多轴立式、卧式镗铣加工中心和车、铣复合加工中心等用于 FMS 系统，提高了其加工能力和柔性及系统性能。

AGV 小车以及自动存储、提取系统的发展和应用，为 FMS 提供了更加可靠的物流储运方法，同时也能缩短生产周期，提高生产率。

4. 从 CIMS 的高度考虑 FMS 规划设计

FMS 是把加工、储运、控制、检测等硬件集成在一起，构成一个完整的系统。如果从一个加工企业的角度来看，目前它还只是一部分，既不能设计出新的产品，设计速度也慢，再强的加工能力也不能包罗万象。

柔性制造总的发展趋势是，生产线越来越短、越来越简，资金投入越来越少，中间库存越来越少，这就意味着资金利用率提高；场地利用率越来越高，各类损耗越来越少，成本越来越低，企业利润率增加；效率越来越高，生产周期越来越短，交货速度越来越快，有利于抢先占领市场。由此可见，实现柔性制造可以大大地降低生产成本，提升企业的市场竞争力。

练习与思考

一、填空题

1. 柔性制造技术也称柔性集成制造技术，是（　　　）制造技术的统称。
2. 柔性制造单元 FMC 及柔性制造系统 FMS 等是能适应多品种、（　　　）批量生产的柔性制造自动化系统。
3. 在柔性制造中，考验的是生产线和供应链的（　　　）。
4. 1984 年是我国研制 FMS 的起步时间，比国外晚了（　　　）年。
5. 柔性制造中的“柔性”是相对于“刚性”而言的，传统的“刚性”自动化生产线主要实现（　　　　）的大批量生产。

二、判断题

1. （　）柔性制造所说的“柔性”，主要指可以加工柔性材料。
2. （　）FMC 的规模相对小，技术综合性和复杂性高，规划、设计、论证和运行相对简单。
3. （　）FMC 问世并在生产中正式投入使用比 FMS 早 6～8 年。
4. （　）当市场需求或设计发生变化时，在 FMS 的设计能力以内，需要系统硬件结构的变化。
5. （　）FMS 在 20 世纪 80 年代末就已进入了实用阶段，技术已逐渐成熟。

三、简答题

1. 柔性自动化制造技术主要指的是什么？
2. 柔性制造所说的“柔性”，主要指灵活性，具体表现有哪些方面？
3. 柔性制造系统有哪些优势？
4. 什么是柔性制造线（FML）？
5. 简述柔性制造系统的发展前景。

第二章

柔性制造系统构成与功能

第一节　柔性制造系统的构成

（1）熟悉常见柔性制造系统的构成；

（2）理解柔性制造系统的各功能模块。

（1）掌握柔性制造系统的主要组成；

（2）理解柔性制造系统典型模块的基本功能。

一、柔性制造系统 FMS 的基本组成

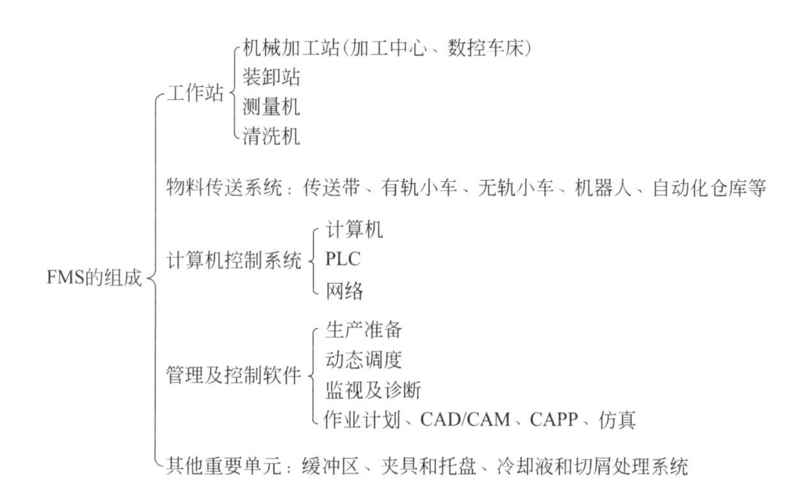

柔性制造系统由硬件系统和软件系统构成，柔性制造系统的主要组成：

（1）工作站；

（2）物料传送系统；

（3）计算机控制系统；

（4）管理及控制软件；

（5）其他重要单元。

（一）硬件系统主要构成

制造设备：数控加工设备(如加工中心、数控车床)、测量机、清洗机等。

自动化储运设备：传送带、有轨小车、无轨智能小车、AGV、搬运机器人、机械手、立体库、中央托盘库、物料或刀具装卸站、中央刀库等。

除制造设备和储运设备外，还包括计算机控制系统及网络通信系统。

（二）软件系统主要构成

系统支持软件：操作系统、网络操作系统、数据库管理系统等。

FMS 运行控制系统：动态调度系统、实时故障诊断系统、生产准备系统、物料(工件和刀具）管理控制系统等。

（三）FMS 控制系统组成

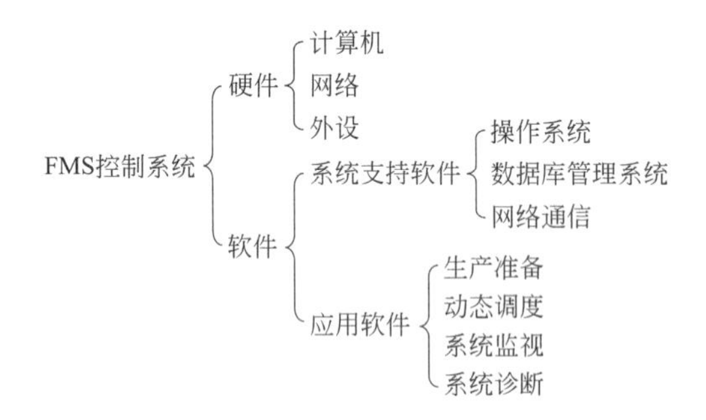

典型的柔性制造系统如图 2.1 所示，系统包括数控加工设备、物料储运系统、信息控制系统、系统软件等。在此基础上，可以根据具体需求选择不同的辅助工具，如监控工作站、测量工作站等。为了实现制造系统的柔性，FMS 必须包括下列组成部分。

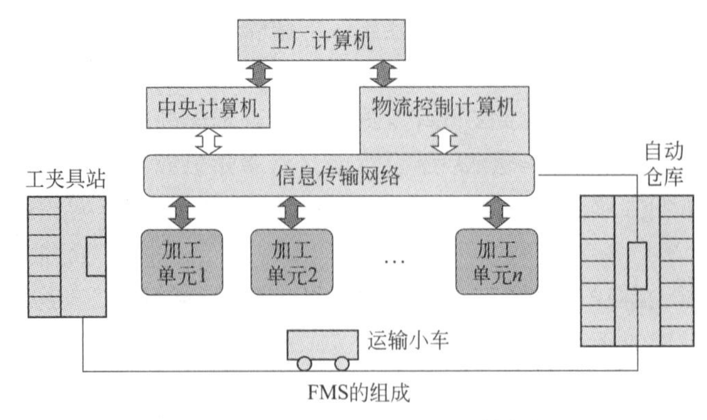

图 2.1 柔性制造系统 FMS 的基本组成

1. 自动加工系统

一般由两台以上的数控车床、加工中心和其他数控机床或柔性制造单元（FMC）以及加工设备构成。它能按照主控计算机的指令自动加工各种零件，并能自动实现零件、工装夹具和刀具的交换。

2. 自动物流系统

它是在机床、装卸站、清洗站和检验站之间运送零件、工装夹具和刀具的传送系统。刀具传送主要是从系统外将经过对刀仪检测、相关刀具数据预调好的刀具送入系统内的中央刀库，或从中央刀库将刀具送到机床的局部刀库；或者从局部刀库将刀具换入中央刀库，从中央刀库或局部刀库中将磨损或破损的刀具送出系统。

3. 自动仓库系统

由设置在搬运线始端或末端的自动仓库和设在搬运线内的缓冲站构成，用以存放毛坯、半成品和成品。自动化仓库系统的主要功能是根据主控计算机的指令及时准确地发送和存储物料，随时提供各种物料的库存情况，与物料需求计划系统相互交换信息。

4. 自动监视系统

由各种传感器、摄像头检测、监控和识别整个 FMS 及各分系统的运行状态，对系统进行故障诊断和处理，保证系统的正常运行。自动监视系统通过对生产线生产信息和设备状况信息的数据采集，并利用仿真技术实时反映生产线运行状况，实现对生产状况的实时监控，使在远离生产线的控制中心也能够得到生产现场的实时数据，便于自动化生产线实现对生产实际情况的及时掌握、对生产线工作进展情况的动态调度、对生产设备运行情况的实时监测。

5. 计算机控制系统

用来实现对 FMS 的运行控制、刀具管理、质量控制及数据管理和网络通信。主要进行加工过程控制，根据生产计划来控制和执行制造系统的任务，监控系统的运行。控制系统把整个控制任务尽可能分为相互独立的功能单元。FMS 控制系统的一些基本的功能单元中，最重要的有任务管理、作业计划、运行控制、工装资源管理、NC 数控程序数据管理、物流控制、人机交互控制、工况数据采集等。

通常，工业机器人可在有限的范围内为 1～4 台机床输送和装卸零件，而对于较大的零件则常利用托盘自动交换装置（APC）来传送，也可采用在轨道上行走的机器人，同时完成工件的传送和装卸。

刀具管理可以把磨损了的刀具逐个从刀库中取出更换，也可由备用的子刀库取代装满待换刀具的刀库。车床卡盘的卡爪、特种夹具和专用加工中心的主轴箱也可以自动更换。

切屑运送和处理系统是保证 FMS 连续正常工作的必要条件，一般可以根据切屑的形状和排除量、材料类型(如常见铁碳合金、铝合金、铜合金等）进行区分处理。

二、典型柔性制造系统 FMS

图 2.2 为典型的柔性制造系统示意图，它由自动仓库、装卸站、托盘站、检验机器人、自动小车、卧式加工中心、立式加工中心、磨床、组装交付站、计算机控制室等构成。其基本组成部分如下。

自动加工系统：以成组技术为基础，把外形尺寸（形状不必完全一致）、重量大致相似，材料相同，工艺相似的零件集中在一台或数台数控机床或使用专用工装的数控机床等设备上加工的系统。

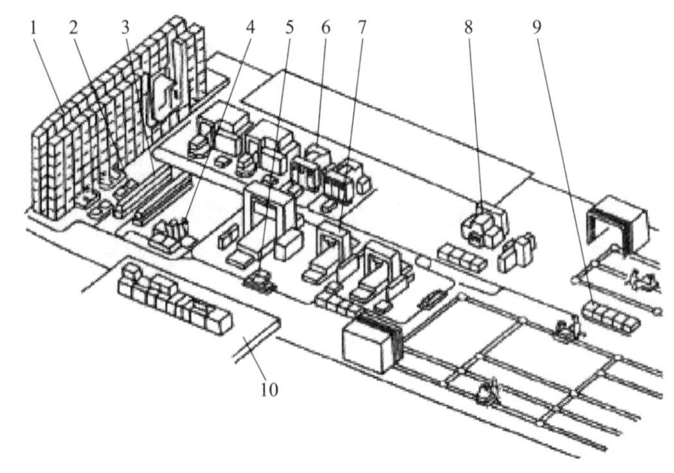

图 2.2 典型的柔性制造系统示意图

1—自动仓库；2—装卸站；3—托盘站；4—检验机器人；5—自动小车；
6—卧式加工中心；7—立式加工中心；8—磨床；9—组装交付站；10—计算机控制室

物流系统：由多种运输装置构成，如传送带、轨道-转盘以及机械手、机器人等，完成工件、刀具等的供给与传送的系统，它是柔性制造系统主要的组成部分。

信息系统：对加工和运输过程中所需的各种信息收集、处理、反馈，并通过电子计算机或其他控制装置（液压、气压装置等），对机床或运输设备实行分级控制的系统。

软件系统：保证柔性制造系统用电子计算机进行有效管理的必不可少的组成部分，它包括设计、规划、生产控制和系统监督等软件。

三、多机型发动机混线柔性制造系统

图 2.3 为多机型发动机混线柔性制造系统，宝沃汽车凭该系统曾入选中国科协智能制造学会联合体颁布的 2018 年“中国智能制造十大科技进展”名单，成为汽车行业唯一入选单位，其发动机厂负责人李奉珠博士代表宝沃汽车接受颁奖。在汽车发动机核心领域上，宝沃汽车率先促进智能技术与实体工业融合，引领行业转型浪潮。

图 2.3 多机型发动机混线柔性制造系统

中国科协智能制造学会联合体由中国机械工程学会、中国汽车工程学会等 11 家全国学会共同发起，致力于促进科研机构和企业之间在战略层面的有效结合，突破技术瓶颈和体制约束，增强我国智能制造技术创新能力。其颁布的年度“中国智能制造十大科技进展”榜单，是中国智能制造发展趋势的风向标，也是对入选企业及项目的高度认可。

第二节　柔性制造系统的关键技术简介

（1）了解柔性制造关键技术应用；

（2）理解柔性制造系统常用软件的基本功能。

（1）掌握计算机 CAD/CAM 的含义及软件能实现的基本功能；

（2）理解柔性制造关键技术应用的特点。

一、柔性制造系统的关键技术

计算机控制系统用于处理柔性制造系统的各种信息，输出控制 CNC 机床和物料系统等自动操作所需的信息。通常采用三级（设备级、工作站级、单元级）分布式计算机控制系统，其中单元级控制系统（单元控制器）是柔性制造系统的核心。

系统软件用于确保柔性制造系统有效地适应中小批量、多品种生产的管理、控制及优化工作，包括设计规划软件、生产过程分析软件、生产过程调度软件、系统管理和监控软件。

二、计算机辅助设计 CAD

计算机辅助设计（Computer Aided Design）利用计算机及其图形设备帮助设计人员进行设计，其作为杰出的工程技术成就，已广泛地应用于工程设计的各个领域。

图 2.4 是利用 SOLIDWORKS 进行蜗轮减速器设计。SOLIDWORKS 软件是世界上第一个基于 Windows 开发的三维 CAD 系统，由于技术创新符合 CAD 技术的发展潮流和趋势，SOLIDWORKS 公司于两年间就成为 CAD/CAM 产业中获利最高的公司。使用它，设计师大大缩短了设计时间，产品快速、高效地投向了市场。SOLIDWORKS 不仅可以进行单个零件设计，而且可以生成零件工程图，同时可以把多个零件进行组装、运动分析、应力分析等，常用标准件(例如轴承、螺钉、螺栓、垫圈、螺母、密封圈等）可以从标准件库直接调用，还可以生成装配图(爆炸图)。

这一类软件比较多，有 UG(Unigraphics NX)，是 Siemens PLM Software 公司出品的一个产品工程解决方案，它为用户的产品设计及加工过程提供了数字化造型和验证手段。Unigraphics NX 针对用户的虚拟产品设计和工艺设计的需求，提供了经过实践验证的解决方案。UG 同时也是用户指南(User Guide) 和普遍语法(Universal Grammar) 的缩写。

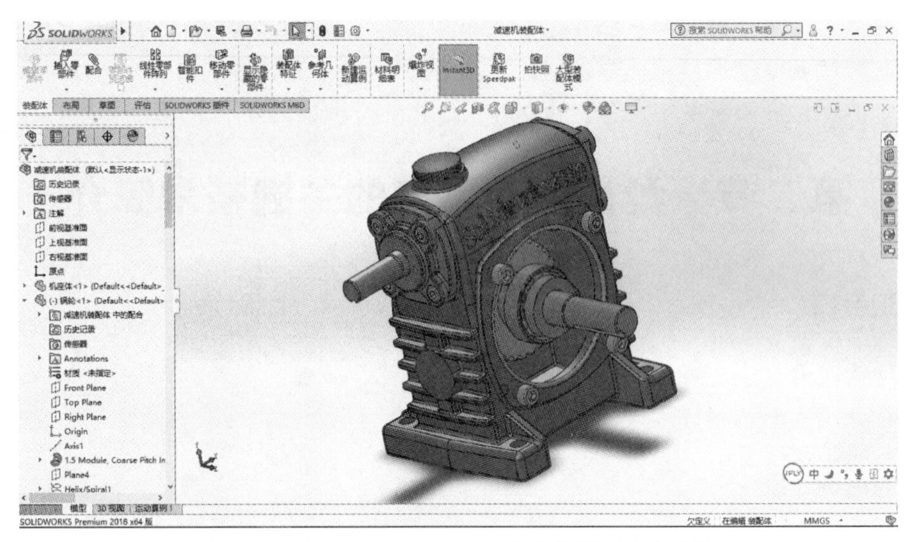

图 2.4 利用 SOLIDWORKS 进行蜗轮减速器设计

UG 的开发始于 1969 年，它是基于 C 语言开发实现的。UG 是一个在二维和三维空间无结构网格上使用自适应多重网格方法开发的一个灵活的数值求解偏微分方程的软件工具。

Pro/ENGINEER 操作软件是美国参数技术公司(PTC) 旗下的 CAD/CAM/CAE 一体化的三维软件。Pro/ENGINEER 软件以参数化著称，是参数化技术的最早应用者，在目前的三维造型软件领域中占有着重要地位。Pro/ENGINEER 作为当今世界机械 CAD/CAE/CAM 领域的新标准而得到业界的认可和推广，是现今主流的 CAD/CAM/CAE 软件之一，特别是在国内产品设计领域占据重要位置。

Pro/ENGINEER 第一个提出了参数化设计的概念，并且采用了单一数据库来解决特征的相关性问题。另外，它采用模块化方式，用户可以根据自身的需要进行选择，而不必安装所有模块。Pro/ENGINEER 的基本特征方式能够将设计至生产全过程集成到一起，实现并行工程设计。它不但可以应用于工作站，而且也可以应用到单机上。

Pro/ENGINEER 采用了模块方式，可以分别进行草图绘制、零件制作、装配设计、钣金设计、加工处理等，保证用户可以按照自己的需要进行选择使用。

图 2.5 是 Pro/ENGINEER 在汽车设计中的应用。Pro/FEATURE 扩展了在 Pro/ENGINEER 内的有效特征，包括用户定义的习惯特征，如各种弯面造型(Profited Domes)、零件抽空(Shells)、三维式扫描造型功能(3D Sweep)、多截面造型功能(Blending)、薄片设计(Thin-Wa) 等。通过将 Pro/ENGINEER 任意数量特征组合在一起形成用户定义的特征，就可以又快又容易地生成 3D 模型。Pro/FEATURE 包括从零件上一个位置到另一个位置的复制特征或组合特征能力，以及镜像复制生成带有复杂雕刻轮廓的实体模型。

这方面国产软件也比较优秀，北京数码大方科技股份有限公司(CAXA) 是我国领先的工业软件和服务公司，是我国最大的 CAD 和 PLM 软件供应商，是我国工业云的倡导者和领跑者。主要提供数字化设计(CAD)、数字化制造(MES)、产品全生命周期管理(PLM) 和工业云服务，是“中国工业云服务平台” 的发起者和主要运营商。

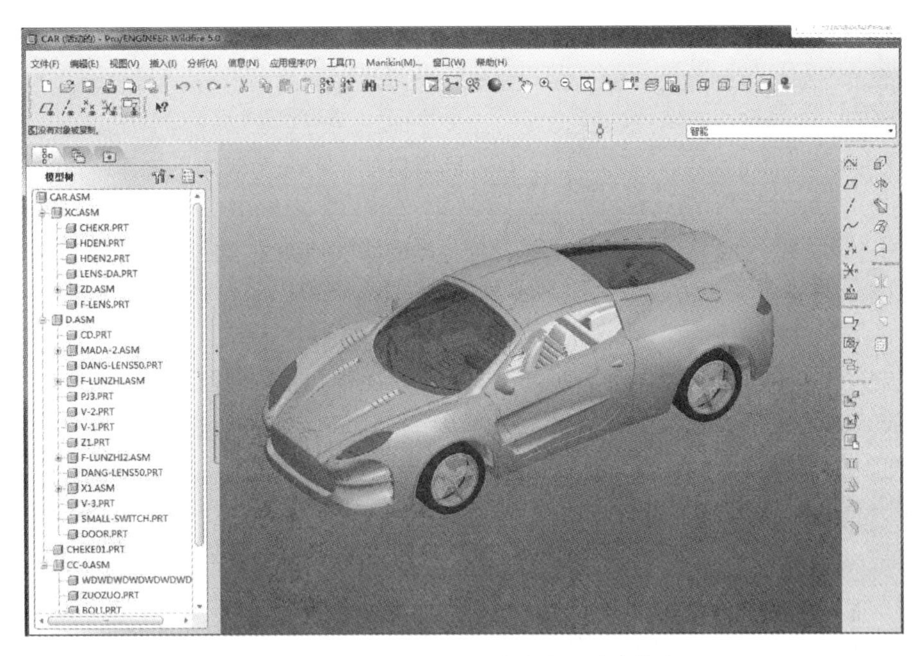

图 2.5 Pro/ENGINEER 在汽车设计中的应用

CAXA 始终坚持技术创新，自主研发二维、三维 CAD 和 PLM 平台，是国内最早从事此领域、全国产化的软件公司，研发团队有超过二十年的专业经验积累，技术水平具有国际领先性，在我国(北京、南京）和美国设有三个研发中心，拥有超过 150 项著作权、专利和专利申请，并参与多项国家 CAD、CAPP 等技术标准的制定工作。

三、计算机辅助制造 CAM

计算机辅助制造 CAM（Computer Aided Manufacturing）主要是指利用计算机辅助完成从生产准备到产品制造整个过程的活动，即直接或间接地把计算机与制造过程和生产设备相联系，用计算机系统进行制造过程的计划、管理以及对生产设备的控制与操作的运行，处理产品制造过程中所需的数据，控制和处理物料（毛坯和零件等）的流动，对产品进行测试和检验等。

MasterCAM 是美国 CNC Software Inc. 公司开发的基于 PC 平台的 CAD/CAM 软件。图 2.6 是应用 MasterCAM 进行叶轮设计造型并生成加工程序，它集二维绘图、三维实体造型、曲面设计、体素拼合、数控编程、刀具路径模拟及真实感模拟等多种功能于一身，具有方便直观的几何造型。

MasterCAM 具有强劲的曲面粗加工及灵活的曲面精加工功能。MasterCAM 提供了多种先进的粗加工技术，以提高零件加工的效率和质量；还具有丰富的曲面精加工功能，可以从中选择最好的方法，加工最复杂的零件。MasterCAM 的多轴加工功能，为零件的加工提供了更多的灵活性。

同样，能实现 CAM 功能的软件比较多，Unigraphics NX 这方面表现也比较优秀，前面已经做过简单介绍，这里就不再赘述。

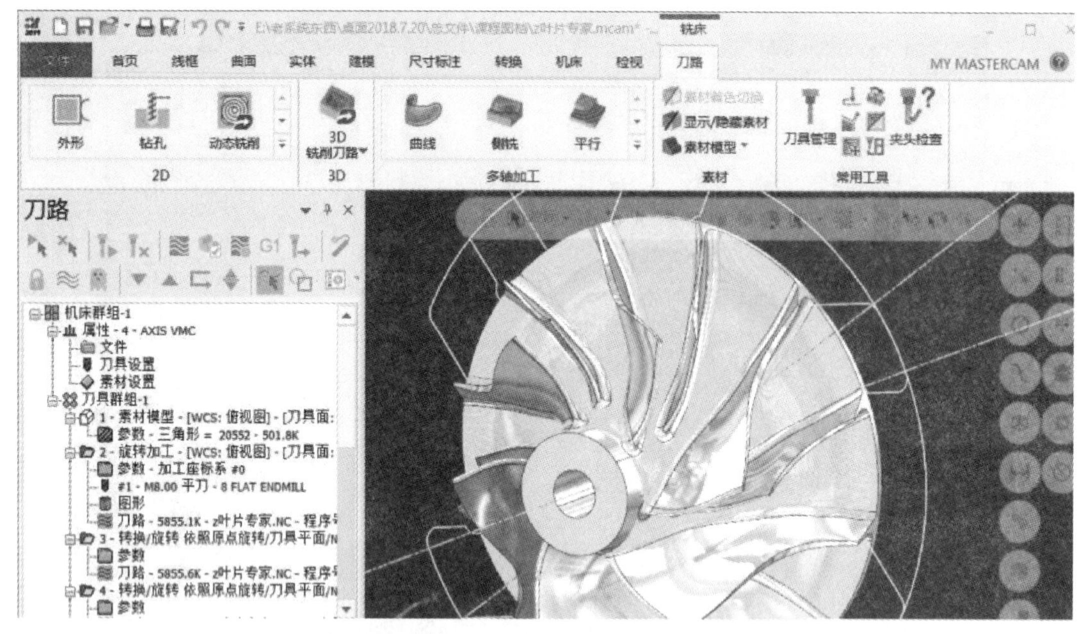

图 2.6 应用 MasterCAM 进行叶轮设计造型并生成加工程序

CATIA 是法国达索公司的产品开发旗舰解决方案。作为 PLM 协同解决方案的一个重要组成部分，它可以通过建模帮助制造厂商设计他们未来的产品，并支持从项目前阶段、具体的设计、分析、模拟、组装到维护在内的全部工业设计流程。

CATIA 系列产品提供产品的风格和外形设计、机械设计、设备与系统工程、管理数字样机、机械加工、分析和模拟，是基于开放式可扩展的 V5 架构。

CATIA 系列产品在八大领域里，汽车、航空航天、船舶制造、厂房设计(主要是钢构厂房)、建筑、电力与电子、消费品和通用机械制造，提供 3D 设计和模拟解决方案。

图 2.7 是应用 CATIA 软件对空间复杂曲面进行自动编程，实现五轴加工，解决手工编程无法完成的工作内容。

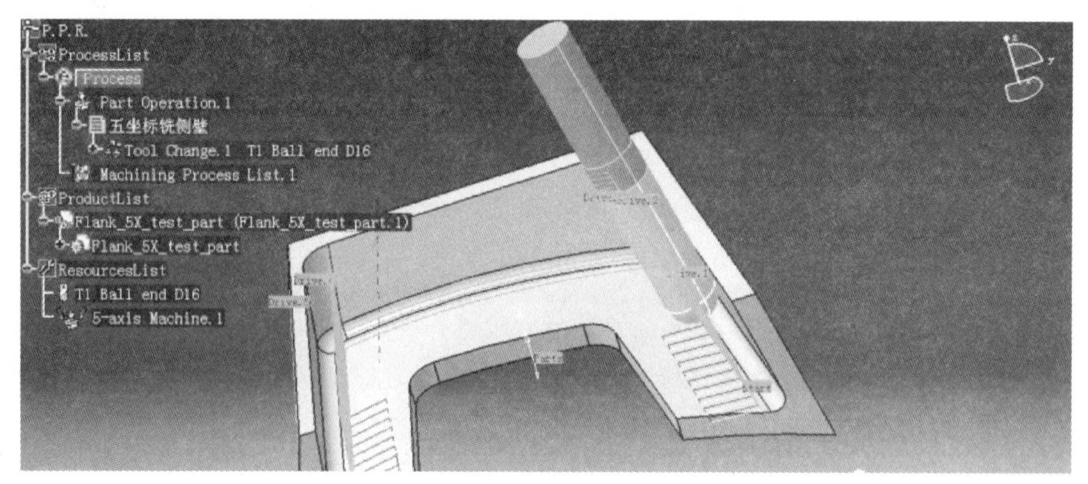

图 2.7 应用 CATIA 实现五轴加工编程

PowerMILL 是英国 Delcam PLC 公司出品的功能强大、加工策略丰富的数控加工编程软件系统。采用全新的中文 Windows 用户界面，提供完善的加工策略；帮助用户产生最佳的加工方案，从而提高加工效率，减少手工修整，快速产生粗、精加工路径，并且任何方案的修改和重新计算都几乎在瞬间完成，缩短 85%的刀具路径计算时间，对 2～5 轴的数控加工包括刀柄、刀夹进行完整的干涉检查与排除。

PowerMILL 可以接受不同软件系统所产生的三维电脑模型，让使用众多不同 CAD 系统的厂商，不用重复投资。

PowerMILL 是独立运行、智能化程度最高的三维复杂形体加工 CAM 系统。CAM 系统与 CAD 分离，在网络下实现一体化集成，更能适应工程化的要求，代表着 CAM 技术最新的发展方向。与当今大多数的曲面 CAM 系统相比，有无可比拟的优越性。

图 2.8 是 PowerMILL 在模具制造中实现自动编程的典型应用。PowerMILL 系统操作过程完全符合数控加工的工程概念；实体模型全自动处理，实现了粗、精、清根加工编程的自动化。编程操作的难易程度与零件的复杂程度无关，CAM 操作人员只要具备加工工艺知识，只需 2～3 天的专业技术培训，就可对非常复杂的模具进行数控编程。

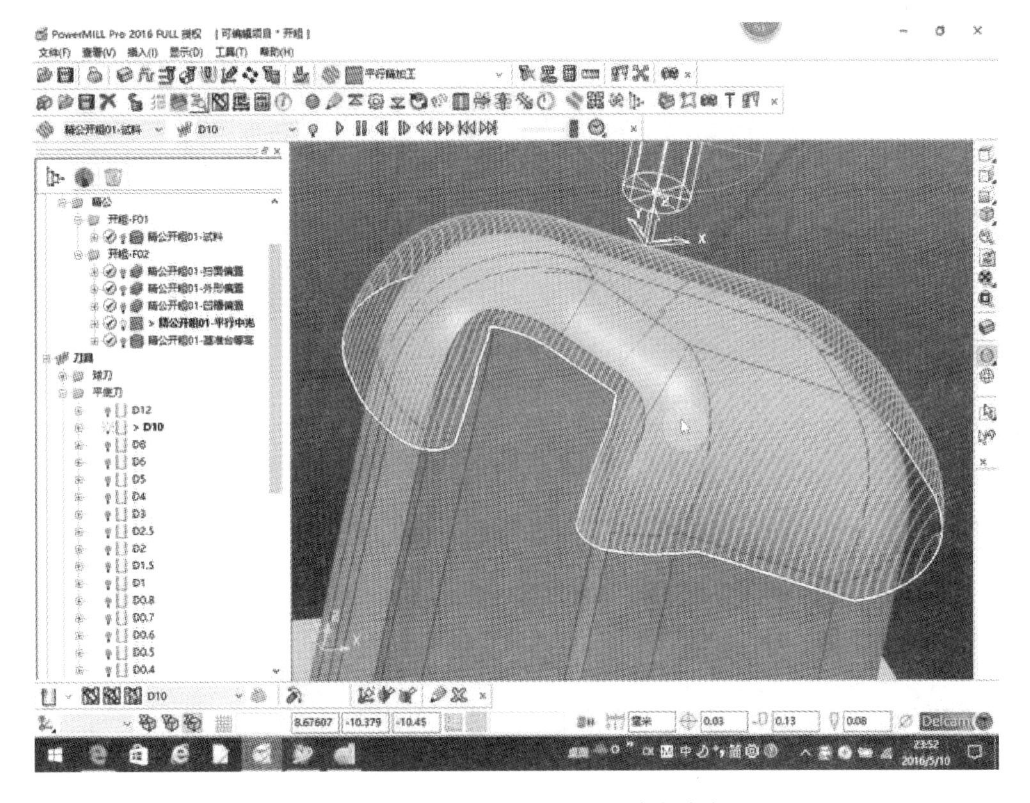

图 2.8　PowerMILL 在模具制造中自动编程

国产 CAM 软件也毫不逊色，其中 CAXA 系列中的 CAXA 制造工程师，不仅是一款高效易学、具有很好工艺性的数控加工编程软件，而且还是一套 Windows 原创风格、全中文三维造型与曲面实体完美结合的 CAD/CAM 一体化系统。CAXA 制造工程师为数控加工行业提供了从造型设计到加工代码生成、校验一体化的全面解决方案。

1. 两轴到三轴的数控加工功能，支持 4～5 轴加工

图 2.9 是应用 CAXA 制造工程师对零件进行自动编程。两轴到两轴半加工方式：可直接利用零件的轮廓曲线生成加工轨迹指令，而无需建立其三维模型；提供轮廓加工和区域加工功能，加工区域内允许有任意形状和数量的岛。可分别指定加工轮廓和岛的拔模斜度，自动进行分层加工。三轴加工方式：多样化的加工方式可以安排从粗加工、半精加工到精加工的加工工艺路线。4～5 轴加工模块提供曲线加工、平切面加工、参数线加工、侧刃铣削加工等多种 4～5 轴加工功能；标准模块提供 2～3 轴铣削加工；4～5 轴加工为选配模块。

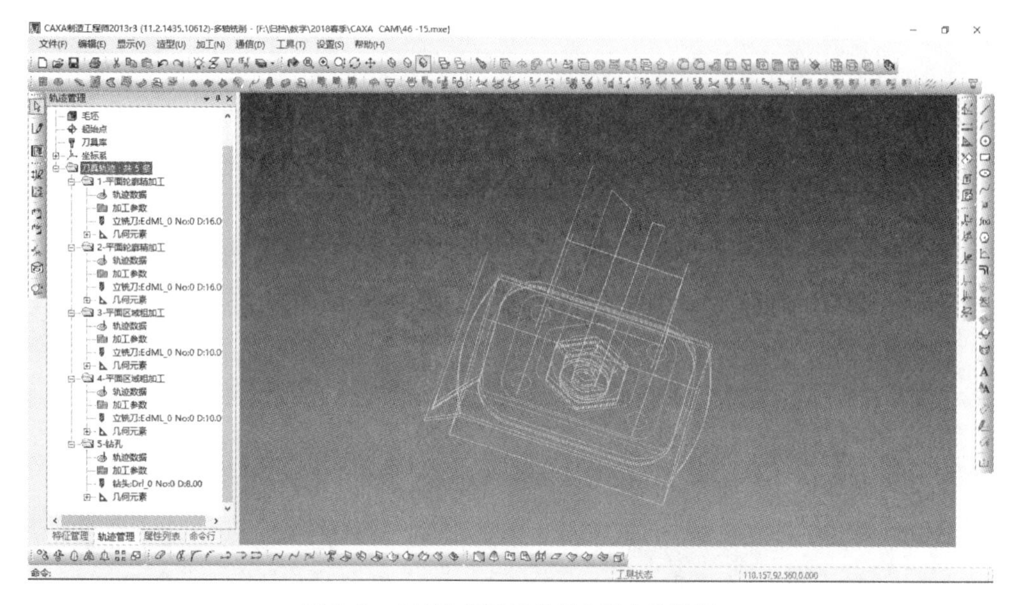

图 2.9 CAXA 制造工程师实现自动编程

2. 支持高速加工

本系统支持高速切削工艺，以提高产品精度，降低代码数量，使加工质量和效率大大提高。可设定斜向切入和螺旋切入等接近和切入方式，拐角处可设定圆角过渡，轮廓与轮廓之间可通过圆弧或 S 字形方式来过渡形成光滑连接，从而生成光滑刀具轨迹，有效地满足了高速加工对刀具路径形式的要求。

3. 参数化轨迹编辑和轨迹批处理

CAXA 制造工程师的“轨迹再生成”功能可实现参数化轨迹编辑。用户只需选中已有的数控加工轨迹，修改原定义的加工参数表，即可重新生成加工轨迹。CAXA 制造工程师可以先定义加工轨迹参数，而不立即生成轨迹。工艺设计人员可先将大批加工轨迹参数事先定义而在某一集中时间批量生成。这样，合理地优化了工作时间。

4. 独具特色的加工仿真与代码验证

图 2.10 是应用 CAXA 制造工程师对自动编程进行仿真验证，软件可直观、精确地对加工过程进行模拟仿真，对代码进行反读校验。仿真过程中可以随意放大、缩小、旋转，便于观察细节，可以调节仿真速度，能显示多道加工轨迹的加工结果。仿真过程中可以检查刀柄干涉、快速移动过程（G00）中的干涉、刀具无切削刃部分的干涉情况，可以将切削残余量用不同颜色区分表示，并把切削仿真结果与零件理论形状进行比较等。

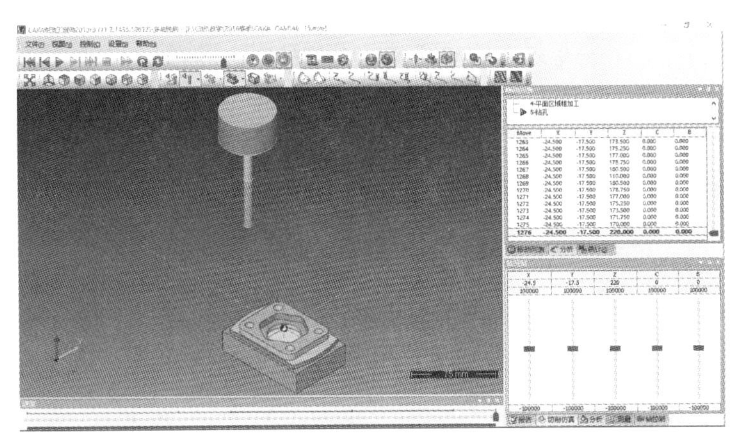

图 2.10　CAXA 制造工程师对自动编程进行仿真验证

5. 加工工艺控制

CAXA 制造工程师提供了丰富的工艺控制参数，可以方便地控制加工过程，使编程人员的经验得到充分的体现。

6. 通用后置处理

全面支持 SIEMENS、FANUC 等多种主流机床控制系统。CAXA 制造工程师提供的后置处理器，无需生成中间文件就可直接输出 G 代码控制指令；不仅可以提供常见的数控系统的后置格式，用户还可以定义专用数控系统的后置处理格式；可生成详细的加工工艺清单，方便 G 代码文件的应用和管理。

四、软件应用

1. 直接应用

计算机与制造过程直接连接，对制造过程和生产设备进行监视与控制。计算机监视是指将计算机与制造过程连在一起，对制造过程和设备进行观察以及在加工过程中收集数据，计算机并不直接控制操作。而计算机控制则是对制造过程和设备进行直接的控制。

2. 间接应用

计算机与制造过程不直接连接，而是以“脱机”（指设备不在计算机直接控制之下）工作方式提供生产计划、进行技术准备以及发出有关指令和信息等，通过这些可以对生产过程和设备进行更有效的管理。在此过程中，用户向计算机输入数据和程序，再按计算机的输出结果去指导生产。

五、模糊控制技术

模糊数学的实际应用是模糊控制器。最近开发出的高性能模糊控制器具有自学习功能，可在控制过程中不断获取新的信息并自动地对控制量作调整，使系统性能大为改善，其中尤其以基于人工神经网络的自学方法更能引起人们极大的关注。

六、人工智能/专家系统及智能传感器技术

柔性制造技术中所采用的人工智能大多指基于规则的专家系统。专家系统利用专家知识

和推理规则进行推理，求解各类问题(如解释、预测、诊断、查找故障、设计、计划、监视、修复、命令及控制等)。由于专家系统能简便地将各种事实及经验证过的理论与通过经验获得的知识相结合，因而专家系统为柔性制造的诸方面工作增强了柔性。展望未来，以知识密集为特征，以知识处理为手段的人工智能(包括专家系统）技术必将在柔性制造业(尤其智能型）中起着日趋重要的关键性的作用。

七、人工神经网络技术

人工神经网络(ANN）是模拟智能生物的神经网络对信息进行获取、统计、分析并处理的一种方法，故人工神经网络也就是一种人工智能工具。在自动控制领域，神经网络不久将并列于专家系统和模糊控制系统，成为现代自动化系统中的一个组成部分。

第三节　柔性制造系统的功能简介

知识目标

(1）了解递阶控制结构的 FMS 调度和控制体系；

(2）理解柔性制造系统管理级主要功能。

技能目标

(1）掌握递阶控制结构的 FMS 调度和控制体系的结构及特点；

(2）掌握 FMS 典型三级递阶控制结构的构成及主要功能。

一、递阶控制结构的 FMS 调度和控制体系

FMS 的设计、实施过程十分复杂，为降低控制系统的复杂性，简化实施过程，通常采用横向、纵向的分解与集成的一种多层递阶控制结构。

1. 递阶控制结构

将复杂系统分层、分模块设置，各层相对独立，便于系统的开发和维护。

2. 递阶控制特点

愈往底层，实时性愈强；愈到上层，处理信息量愈大，实时性要求愈低。

3. FMS 递阶控制结构

系统管理与控制层(单元控制层)：接受上级任务，制订系统作业计划，进行任务分配，监控系统执行；过程协调与监控层(工作站层)：加工程序分配、协调工件流动、运行状态采集监控、向上层反馈信息；设备控制层：控制设备工作循环，执行上层控制指令，反馈现场数据。

4. FMS 典型三级递阶控制结构

图 2.11 为 FMS 典型三级递阶控制结构。FMS 通常都采用集中管理、分散控制的分级集散系统。

一般采用三级控制：

第一级为管理级，主要由管理计算机和局域网构成，通过网桥进行系统控制级和设备控

制级的管理；

第二级为系统控制级，主要由 FMS 控制单元构成，通过工控网对设备控制级进行控制管理；

第三级为设备控制级，通常包括 4 台或更多的数控加工设备(加工中心与车削中心等)、刀具管理及储运系统和物料管理及储运系统。

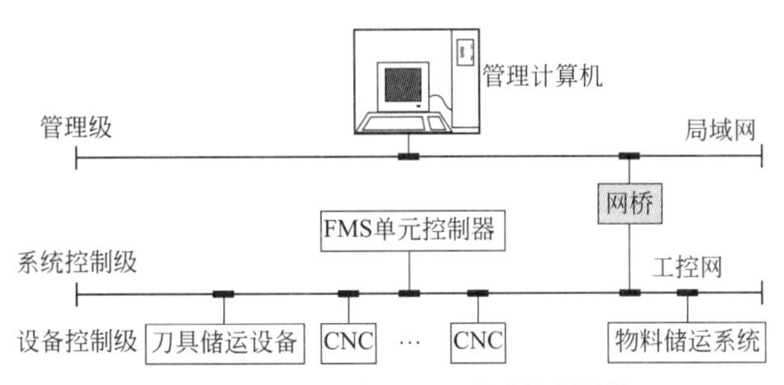

图 2.11　FMS 典型三级递阶控制结构

图 2.12 为基于递阶控制结构的 FMS 调度和控制体系系统图，其单元控制器主要功能如下。

通信管理与运行控制：实现上下层信息通信，控制内部模块运行；

系统信息管理：对单元信息进行存储、管理和维护；

作业计划制定：根据上级下达任务制订本单元作业计划，并进行计划调整；

系统作业调度：具有系统仿真、静/动态调度、系统资源调度等功能；

系统过程监控：监控系统状态变化、故障处理，其结果传送至系统信息管理模块和上级控制器。

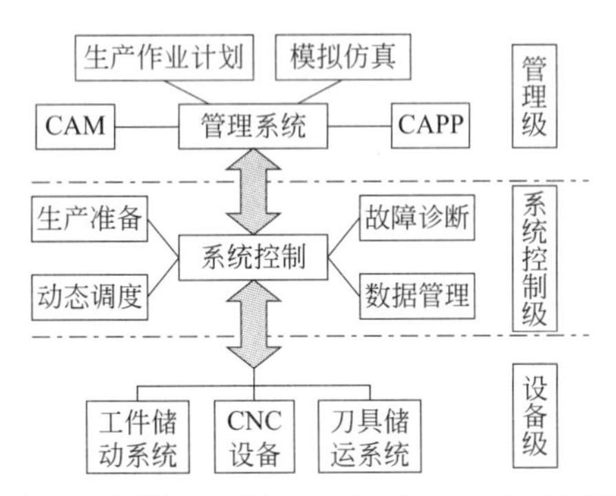

图 2.12　基于递阶控制结构的 FMS 调度和控制体系

二、管理级主要功能

管理级的主要功能为 FMS 作业计划编制与优化；作业计划运行仿真；计算机辅助工艺计划编制(CAPP)；数控程序自动编制与刀具轨迹模拟。

三、系统控制级的主要功能

1. 单元控制器

单元控制器是 FMS 控制系统软件的核心，它在 FMS 运行管理中起着十分重要的作用。

一个 FMS 性能的高低、功能的强弱，在某种意义上取决于单元控制的功能。

单元控制器的基本功能包括：单元控制系统的通信管理，系统运行历史资料的管理，单元控制系统的总控管理，单元控制系统的启停控制，生产运行监控，作业计划的实时动态调度，系统资源的控制与管理，系统刀具、物料的配置管理与实时动态调度，系统故障的在线诊断与处理，数控程序的传送与管理。这些功能通常按照一定的生产控制逻辑和时序组成几个功能性的子系统来实现。

（1）生产准备系统；

（2）动态调度系统；

（3）故障诊断与系统监控系统。

2. 工作站控制器

（1）刀具工作站控制系统；

（2）物料工作站控制系统；

（3）制造工作站控制系统。

如果 FMS 体系结构中没有设置工作站级，工作站控制器的功能通常就被分配到单元控制器上和(或)设备控制器上。

四、设备控制器

设备控制器通常是由设备制造商提供的，运行在设备控制机上，如 NC、CNC 等。设备控制器的主要功能是对设备进行控制和管理，实现相应的功能，对于集成到 FMS 中的设备还必须实现 FMS 接口功能。

在制造企业递阶控制结构中的厂房、单元、工作站、设备层，通过对制造过程中物料流的合理计划、调度和控制，缩短产品的制造周期，降低库存，提高生产设备的利用率，最终提高 FMS 生产率。

练习与思考

一、填空题

1. 柔性制造系统由（　　　）系统和（　　　　）系统构成。
2. 自动化储运设备：传送带、（　　　　　　）、无轨智能小车、AGV、搬运机器人、（　　　　）、立体库、中央托盘库、物料或刀具装卸站、中央刀库等。
3. 柔性制造自动加工系统一般由（　　　）台以上的数控车床、加工中心和其他数控机床或柔性制造单元（FMC）以及加工设备构成。
4. 自动仓库系统由设置在搬运线始端或末端的自动仓库和设在搬运线内的缓冲站构成，用以存放（　　　）、半成品和成品。
5. 自动监视系统由各种传感器、（　　　）检测及监控和识别整个 FMS 及各分系统的运行状态，对系统进行故障诊断和（　　），保证系统的正常运行。
6. 计算机控制系统用以处理柔性制造系统的各种信息，输出控制 CNC 机床和（　　　）系统等自动操作所需的信息。
7. 计算机辅助制造 CAM（Computer Aided Manufacturing）主要是指利用计算机辅助完成从（　　）准备到产品（　　　　）整个过程的活动。

8. PowerMILL 是英国 Delcam PLC 公司出品的功能强大、加工策略丰富的数控加工（　　）软件系统。
9. MasterCAM 不但具有强大稳定的造型功能，可设计出复杂的曲线、（　　）零件，而且还具有强大的曲面粗加工及灵活的曲面精加工功能。
10. 管理级的主要功能是 FMS 作业计划编制与（　　）；作业计划运行仿真；计算机辅助工艺计划编制（CAPP）；数控程序自动编制与刀具轨迹（　　）。
11. 设备控制器的主要功能是对设备进行（　　）和管理，实现相应的功能，对于集成到 FMS 中的设备还必须实现 FMS（　　）功能。
12. 如果 FMS 体系结构中没有设置工作站级，工作站控制器的功能通常就被分配到单元控制器上和（或）设备（　　）上。

二、判断题

1. （　　）FMS 运行控制系统不能实现动态调度系统、实时故障诊断系统、生产准备系统、物料（工件和刀具）管理控制系统等。
2. （　　）FMC 的系统软件主要是操作系统，不包含数据库管理系统等。
3. （　　）刀具传送主要是从系统外将经过对刀仪检测、相关刀具数据预调好的刀具送入系统内的中央刀库。
4. （　　）自动化仓库系统的主要功能是根据主控计算机的指令及时准确地发送和存储物料，随时提供各种物料的库存情况，与物料需求计划系统相互交换信息。
5. （　　）刀具管理可以把磨损了的刀具逐个从刀库中取出更换，也可由备用的子刀库取代装满待换刀具的刀库。
6. （　　）CAD 指利用计算机及其图形设备帮助设计人员进行设计。
7. （　　）CATIA 是英国达索公司的产品开发旗舰解决方案。
8. （　　）CAXA 系列中的 CAXA 制造工程师能够实现两轴到三轴的数控加工功能，支持 4～5 轴加工。
9. （　　）MasterCAM 是美国 CNC Software Inc. 公司开发的基于 PC 平台的 CAM 软件。
10. （　　）CAXA 系列软件常用的有 CAXA 电子图板，是具有完全自主知识产权、拥有 30 万正版用户、经过大规模应用验证、稳定高效性能优越的三维 CAD 软件。
11. （　　）一个 FMS 性能的高低、功能的强弱，在某种意义上取决于单元控制的功能。
12. （　　）设备控制器通常是由设备制造商提供的，运行在设备控制机上，如 NC、CNC 等。

三、简答题

1. 简述柔性制造系统的主要组成部分。
2. 简述什么是模糊控制技术。
3. 简述什么是人工神经网络技术。
4. 简述递阶控制的特点。
5. 简述 FMS 典型三级递阶控制结构组成。
6. 简述单元控制器的基本功能。

第三章

柔性制造系统硬件组成

第一节　数控车床

一、数控车床机械结构简介

知识目标

（1）理解数控车床机械结构；

（2）掌握数控车床的基本特点。

技能目标

（1）掌握数控车床主要部件的基本功能；

（2）掌握数控机床传动的基本特征和特点。

（一）初识数控车床

数控车床是目前使用较为广泛的数控机床之一。它主要用于轴类零件或盘类零件的内外圆柱面、任意锥角的内外圆锥面、复杂回转内外曲面和圆柱、圆锥螺纹等切削加工，并能进行切槽、钻孔、扩孔、铰孔及镗孔等。图 3.1 为 CK-6150 经济型数控车床。

数控机床是按照事先编制好的加工程序，自动地对被加工零件进行加工。首先我们把零件的加工工艺路线、工艺参数、刀具的运动轨迹、位移量、切削参数以及辅助功能，按照数控机床规定的指令代码及程序格式编写成加工程序单，再把这程序单中的内容记录在控制介质上，然后输入数控机床的数控装置中，从而指挥机床加工零件。

图 3.1　CK-6150 经济型数控车床

数控（Numerical Control，NC）技术是指用数字、文字和符号组成的数字指令来实现一台或多台机械设备动作控制的技术。数控一般是采用通用或专用计算机实现数字程序控制，因此数控也称为计算机数控（Computerized

Numerical Control），简称 CNC。国外一般都称为 CNC，很少再用 NC 这个概念了。

数控车床又称为 CNC 车床，即计算机数字控制车床，是目前国内使用量最大、覆盖面最广的一种数控机床，约占数控机床总数的 25%（甚至更多）。数控机床是集机械、电气、液压、气动、微电子和信息等多项技术为一体的机电一体化产品，是机械制造设备中具有高精度、高效率、高自动化和高柔性化等优点的工作母机。

（二）数控车床特点

数控机床是数字控制机床的简称，是一种装有程序控制系统的自动化机床。该控制系统能够逻辑地处理具有控制编码或其他符号指令规定的程序，并将其译码，从而使机床动作并加工零件。

数控机床与普通机床相比，有如下特点。

（1）加工精度高，具有稳定的加工质量；

（2）可进行多坐标的联动，能加工形状复杂的零件；

（3）加工零件改变时，一般只需要更改数控程序，可节省生产准备时间；

（4）机床本身的精度高、刚性大，可选择有利的加工用量，生产率高（一般为普通机床的 3～5 倍）；

（5）机床自动化程度高，可以减轻劳动强度；

（6）对操作人员的素质要求较高，对维修人员的技术要求更高。

（三）数控车床分类

数控车床可分为卧式和立式两大类。立式数控车床用于回转直径较大的盘类零件车削加工，卧式数控车床用于轴向尺寸较长或小型盘类零件的车削加工。卧式车床又有水平导轨和倾斜导轨两种，档次较高的数控卧车一般都采用倾斜导轨。数控车床常见分类方法如下。

1. 按车床主轴位置进行分类

（1）立式数控车床　简称数控立车，其车床主轴垂直于水平面，有一个直径很大的圆形工作台，用来装夹工件。这类机床主要用于加工径向尺寸大、轴向尺寸相对较小的大型复杂零件。

（2）卧式数控车床　分为数控水平导轨卧式车床和数控倾斜导轨卧式车床。其倾斜导轨结构可以使车床具有更大的刚性，并易于排除切屑。

2. 按加工零件的类型进行分类

（1）卡盘式数控车床　这类车床没有尾座，适合车削盘类（含短轴类）零件。夹紧方式多为电动或液动控制，卡盘结构多具有可调卡爪或不淬火卡爪（即软卡爪）。

（2）顶尖式数控车床　这类车床配有普通尾座或数控尾座，适合车削较长的零件及直径不太大的盘类零件。

3. 按刀架数量进行分类

（1）单刀架数控车床　一般都配置有各种形式的单刀架，如四工位卧动转位刀架或多工位转塔式自动转位刀架。

（2）双刀架数控车床　这类车床的双刀架配置为平行分布，也可以是相互垂直分布。

4. 按功能进行分类

（1）经济型数控车床　采用步进电动机和单片机对普通车床的进给系统进行改造而形成的简易型数控车床，成本较低，但自动化程度和功能都比较差，车削加工精度也不高，适用于要求不高的回转类零件的车削加工。

(2) 普通数控车床　根据车削加工要求在结构上进行专门设计并配备通用数控系统而形成的数控车床，数控系统功能强，自动化程度和加工精度也比较高，适用于一般回转类零件的车削加工。

(3) 车削加工中心　在普通数控车床的基础上，增加了动力头，更高级的数控车床带有刀库，可控制三个坐标轴。由于增加了铣削动力头，这种数控车床的加工功能大大增强，除可以进行一般车削外，还可以进行径向和轴向铣削、曲面铣削、中心线不在零件回转中心的孔和径向孔的钻削等加工。

图 3.2、图 3.3 为(马扎克) SLANT TURN NEXUS 500 车削中心外观、局部细节。(马扎克) SLANT TURN NEXUS 500 数控车削中心是一款功能强大、扭矩大、重量大、孔径大的车削中心，适用于油田管件/套管、管道控制阀、涡轮、飞机发动机零部件等大型零件车削。

图 3.2 (马扎克) SLANT TURN NEXUS 500 车削中心外观

图 3.3 (马扎克) SLANT TURN NEXUS 500 车削中心局部细节

车削加工中心是在普通数控车床的基础上，增加了 C 轴和动力头，更高级的机床还带有刀库，可控制 X、Z 和 C 三个坐标轴，联动控制轴可以是(X，Z)、(X，C) 或(Z，C)。由于增加了 C 轴和铣削动力头，这种数控车床的加工功能大大增强，除可以进行一般车削外，还可以进行径向和轴向铣削、曲面铣削、中心线不在零件回转中心的孔和径向孔的钻削等加工。

5. FMC 车床

FMC 车床实际上是一个由数控车床、机器人等构成的柔性加工单元，它能实现工件搬运、装卸的自动化和加工调整准备的自动化。

(四) 数控车床机械结构简介

数控车床由数控装置、床身、主轴箱、刀架系统、进给系统、尾座、液压系统、冷却系统、润滑系统、排屑器、防护罩等部分组成。

数控车床的进给系统与普通车床有质的区别，传统普通车床有进给箱和交换齿轮架；而数控车床是直接用伺服电动机通过滚珠丝杠驱动溜板和刀架实现进给运动，因而进给系统的结构大为简化，一般能够自动完成外圆柱面、圆锥面、球面以及螺纹的加工，还能加工一些复杂的回转面，如双曲面等。

图 3.4 为普通数控车床机械结构图，是根据车削加工要求在结构上进行专门设计，配备通用数控系统而形成的数控车床；数控系统功能强，自动化程度和加工精度也比较高，适用于一般回转类零件的车削加工。这种数控车床可同时控制两个坐标轴，即 X 轴和 Z 轴。

图 3.5 为普及型(斜轨) 数控车床机械结构图。斜床身数控车床也叫斜轨数控车床，是

一种高精度、高效率的自动化机床。配备多工位刀塔或动力刀塔，机床就具有广泛的工艺性能，可加工直线圆柱、斜线圆柱、圆弧和各种螺纹、槽、蜗杆等复杂工件，具有直线插补、圆弧插补各种补偿功能，并在复杂零件的批量生产中发挥了良好的经济效果。

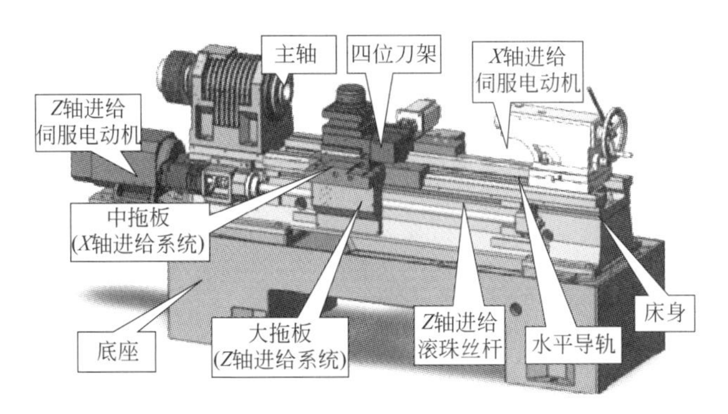

图 3.4 普通数控车床机械结构

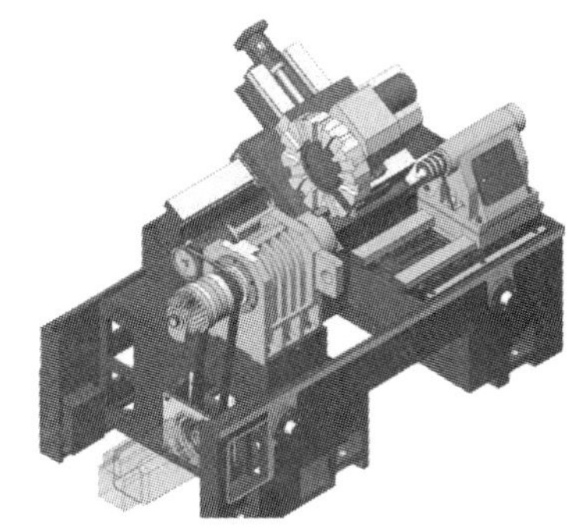

图 3.5 普及型(斜轨)数控车床机械结构

斜床身数控车床的主要优点如下。

(1) 稳定性好；

(2) 提高空间利用率；

(3) 便于排屑。

(五)数控车床部件简介

1. 卡盘

卡盘是机床上用来夹紧工件的机械装置，利用均布在卡盘体上的活动卡爪的径向移动，把工件夹紧和定位。卡盘一般由卡盘体、活动卡爪和卡爪驱动机构 3 部分组成。卡盘体直径最小为 65mm，最大可达 1500mm，中央有通孔，以便通过工件或棒料；背部有圆柱形或短锥形结构，直接或通过法兰盘与机床主轴端部相连接。卡盘通常安装在车床、外圆磨床和内圆磨床上，也可与各种分度装置配合，用于铣床和钻床上。

从卡盘爪数上可以分为：两爪卡盘、三爪卡盘(图 3.6)、四爪卡盘(图 3.7)、六爪卡盘和特殊卡盘。

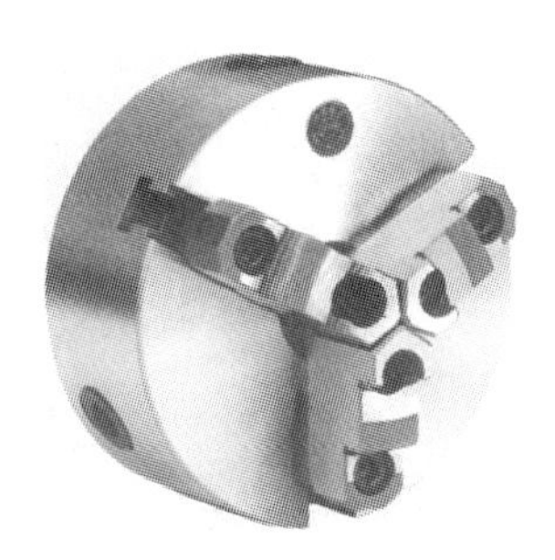

图 3.6 三爪手动卡盘

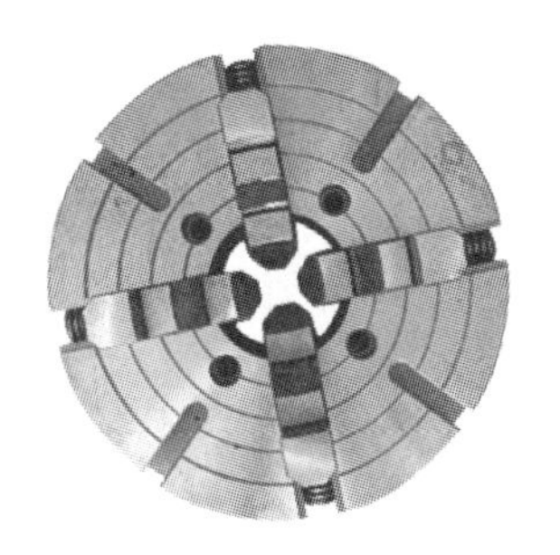

图 3.7 四爪手动卡盘

从使用动力上可以分为：手动卡盘(图 3.6、图 3.7)、气动卡盘(图 3.8)、液压卡盘(图 3.9)、电动卡盘(图 3.10)。

图 3.8　三爪中空气动卡盘

图 3.9 三爪中实液压卡盘

图 3.10　电动三爪卡盘

图 3.11　三爪中实卡盘

从结构上可以分为：中空卡盘(图 3.8) 和中实卡盘(图 3.11)。

液压卡盘是数控车削加工时夹紧工件的重要附件，对一般回转类零件可采用普通液压卡盘；对零件被夹持部位不是圆柱形的零件，则需要采用专用卡盘；用棒料直接加工零件时，需要采用弹簧卡盘。

2. 尾架

尾架也叫尾座，对轴向尺寸和径向尺寸比值较大的零件，需要采用安装在液压尾架上的活顶尖对零件尾端进行支撑，才能保证对零件进行正确的加工。尾架分手动尾架(图 3.12) 和液压尾架(图 3.13)，液压尾架又可分为普通液压尾架和可编程液压尾架。

图 3.12　手动尾架

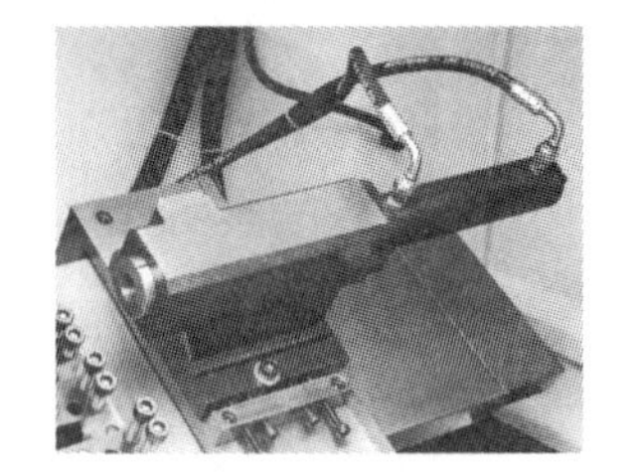

图 3.13　液压尾架

3. 刀架

数控刀架安装在数控车床的滑板上。它上面可以装夹多把刀具，在加工中实现自动换刀刀架的作用是装夹车刀、孔加工刀具及螺纹刀具，并能准确迅速地选择刀具进行对工件的切削。刀架滑板由纵向(*Z* 轴) 滑板和横向(*X* 轴) 滑板组成，*Z* 轴滑板安装在床身导轨上，可以沿床身纵向运动；横向滑板安装在纵向滑板上，能沿纵向滑板的导轨进行横向运动。刀架滑板的作用是，安装在其上的刀架刀具在加工中实现纵向和横向的进给运动。

刀架是数控车床非常重要的部件。数控车床根据其功能，刀架上可安装的刀具数量一般为 4 把、6 把、8 把、10 把、12 把、20 把、24 把，有些数控车床可以安装更多的刀具。刀架的结构形式一般为回转式，刀具沿圆周方向安装在刀架上，可以安装径向车刀、轴向车刀、钻头、镗刀。车削加工中心还可安装轴向铣刀、径向铣刀。少数数控车床的刀架为直排式，刀具沿一条直线安装。

数控车床通常可以配备两种刀架，即专用刀架和通用刀架。

(1) 专用刀架　由车床生产厂商自己开发或者根据用户需要专门定制，所使用的刀柄也是专用的。这种刀架的优点是制造成本低，但缺乏通用性。

(2) 通用刀架　根据一定的通用标准(如 VDI，德国工程师协会) 而生产的刀架，数控车床生产厂商可以根据数控车床的功能要求进行选择配置，如图 3.14、图 3.15 所示。

图 3.14　四工位刀架

图 3.15　八工位刀架

数控机床对刀架的基本要求如下。

(1) 换刀时间短，以减少非加工时间；

(2) 减少换刀动作对加工范围的干扰；

(3) 刀具重复定位精度高；

(4) 识刀、选刀可靠，换刀动作简单可靠；

(5) 刀库刀具存储量合理；

(6) 刀库占地面积小，并能与主机配合，使机床外观协调美观；

(7) 刀具装卸、调整、维修方便，并能得到清洁的维护。

经济型数控车床刀架是在普通车床四方位刀架的基础上发展的一种自动换刀装置，如图 3.16 所示。这种刀架在经济型数控车床及普及车床的控制化改造中广泛运用，通常为 90°。

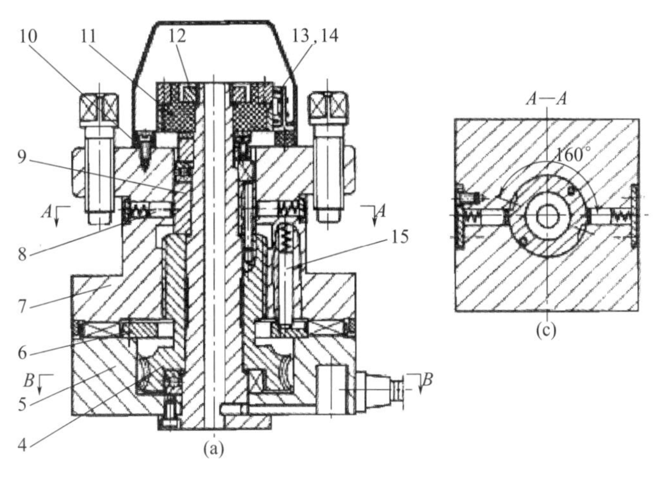

图 3.16

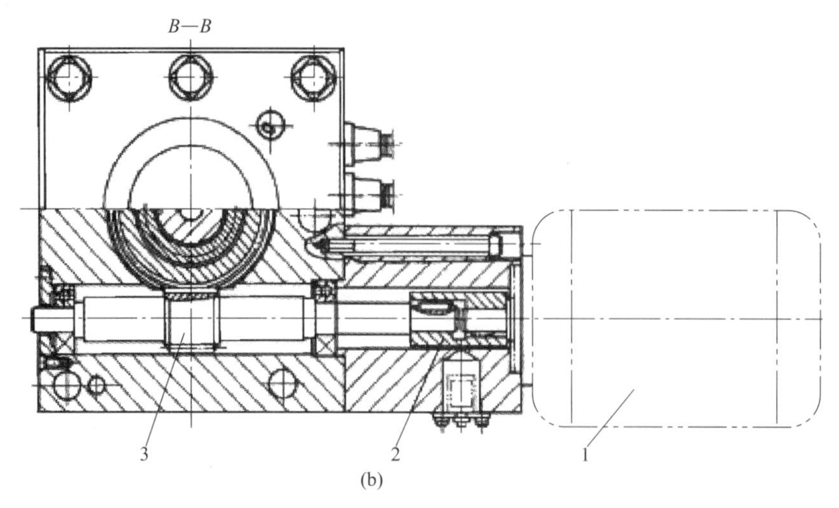

图 3.16 经济型数控车床刀架装配图

1—电动机；2—联轴器；3—涡轮轴；4—蜗轮丝杠；5—刀架底座；6—粗定位盘；7—刀架体；8—球头销；9—转位套；10—电刷座；11—发信体；12—螺母；13,14—电刷；15—粗定位销

图 3.17 40-ER32 镗铣动力头

4. 铣削动力头

铣削动力头属于动力部件。动力部件是为组合机床提供主运动和进给运动的部件，主要有铣削动力头、动力箱、切削头、镗刀头和动力滑台。支承部件是用于安装动力滑台、带有进给机构的切削头或夹具等的部件，有侧底座、中间底座、支架、可调支架、立柱和立柱底座等。

数控车床刀架上安装铣削动力头后，可以大大扩展数控车床的加工能力。图 3.17 为 40-ER32 镗铣动力头，利用其可进行径向钻孔、铣孔、镗孔和铣削轴向槽等。

（六）数控机床进给传动系统简介

1. 数控机床进给传动系统的基本要求

数控机床的进给运动通常采用无级调速的伺服驱动方式，伺服电动机经过进给传动系统将动力和运动传动给工作台等运动执行部件。进给传动系统一般是由 1～2 级齿轮或带轮传动副和滚珠丝杠螺母副或齿轮齿条副或蜗杆蜗条副所组成的。

为了保证数控机床进给传动系统的定位精度和动态性能，对数控机床进给传动系统的要求主要有如下几个方面。

（1）低惯量　由于进给传动系统需经常启动、停止、变速或反向运动，若机械传动装置惯量大，就会增大负载并使系统动态性能变差。

（2）低摩擦阻力　进给传动系统要求运动平稳、定位准确、快速响应特性好，必须减小运动件的摩擦阻力和动摩擦系数与静摩擦系数之差。

（3）高刚度　数控机床进给传动系统的高刚度取决于滚珠丝杠副或蜗轮蜗杆副及其支承部件的刚度。刚度不足和摩擦阻力会导致工作台产生爬行现象及造成反向死区，影响传动准确性。

（4）高谐振　数控机床进给传动系统要求有高谐振性，主要是提高进给的抗振性。应使机械构件具有较高的固有频率和合适的阻尼，一般要求进给系统的固有频率应高于伺服驱动系统的固有频率 2～3 倍。

（5）无传动间隙　传动间隙直接影响传动精度，为了提高位移精度，减小传动误差，对采用的各种机械部件首先要保证它们的加工精度，其次要尽量消除各种间隙，因为机械间隙是造成进给传动系统反向死区的另一主要原因。

2. 机械传动装置

机械传动有多种形式，主要可分为两类。

（1）靠机件间的摩擦力传递动力和运动的摩擦传动，包括带传动、绳传动和摩擦轮传动等。

（2）靠主动件与从动件啮合或借助中间件啮合传递动力或运动的啮合传动，包括齿轮传动、链传动、螺旋传动和谐波传动等。啮合传动能够用于大功率的场合，传动比准确，但一般要求较高的制造精度和安装精度。

对数控机床来说，机械传动是将驱动源旋转运动变为工作台直线运动的整个机械传动链，包括减速装置、齿轮、联轴器、丝杠螺母副等中间传动机构。

3. 联轴器

联轴器又称联轴节，联轴器是用来连接两轴或轴与回转进给机构的两根轴，使之一起回转与传递扭矩和运动的一种装置。机器运转时，被连接的两轴不能分离，只有停车后，将联轴器拆开，两轴才能脱开。有时也作为一种安全装置用来防止被连接机件承受过大的载荷，起到过载保护的作用。

联轴器的类型繁多，有液压式、电磁式和机械式。下面介绍几种数控机床常用的联轴器。

1）套筒联轴器

套筒联轴器是利用公用套筒，并通过键、花键或锥销等刚性连接件(图 3.18)以实现两轴的连接。

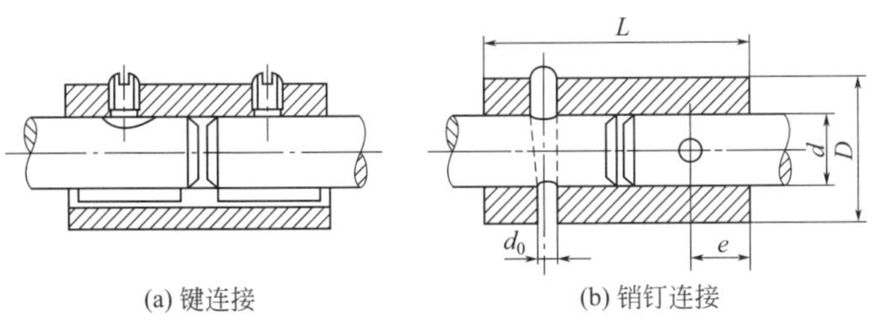

(a) 键连接　　(b) 销钉连接

图 3.18　套筒联轴器两种连接方式

图 3.19　GT 套筒联轴器

套筒联轴器由连接两轴轴端的套筒和连接套筒与轴的连接件所组成(图 3.19)，一般当轴端直径 $d \leqslant 80$mm 时，套筒用 35 或 45 钢制造；$d > 80$mm 时，可用强度较高的铸铁制造。

套筒联轴器虽然结构简单、制造方便、成本低、占用径向尺寸小，但是装配和拆卸都不方便。套筒联轴器适用于低速、轻载、工作平稳的连接。

2）凸缘联轴器

凸缘联轴器属于刚性联轴器，是把两个带有凸缘的半联轴器先用普通平键分别与两轴连接，然后用螺栓把两个半联轴器连成一体，以传递运动和转矩。

凸缘联轴器有两种主要的结构形式，如图 3.20 所示。

（1）靠铰制孔用螺栓来实现两轴对中和靠螺栓杆承受挤压与剪切来传递转矩；

（2）靠一个半联轴器上的凸肩与另一个半联轴器上的凹槽相配合而对中。

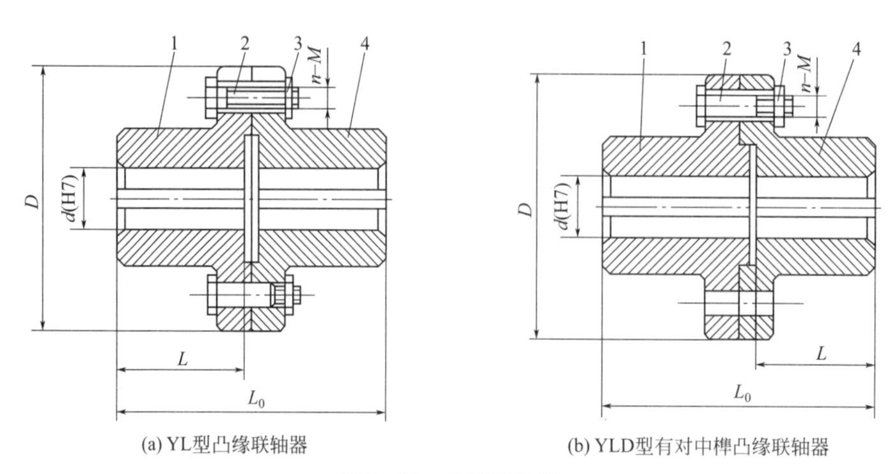

图 3.20 凸缘联轴器

1，4—半联轴器；2—螺栓；3—尼龙锁紧螺母

凸缘联轴器的材料可用 HT250 或碳钢，重载时或圆周速度大于 30m/s 时应用铸钢或锻钢。

3）挠性联轴器

挠性连接(Flexible Connection) 又称柔性连接、可曲挠连接，为允许连接部位发生轴向伸缩、折转和垂直轴向产生一定位移量的连接方式。连接方式采用橡胶接头、波纹管等弹性接头、特殊结构的管件以及柔性填料等。它能隔振、减噪声，并能防止位移损坏管道与调整安装误差等。

挠性联轴器是用来连接不同机构中的两根轴(主动轴和从动轴)，使之共同旋转以传递扭矩的机械零件。图 3.21 为 NBK 型挠性联轴器。在高速重载的动力传动中，有些联轴器还有缓冲、减振和提高轴系动态性能的作用。联轴器由两半部分组成，分别与主动轴和从动轴连接。一般动力机大都借助于联轴器与工作机相连接。

图 3.21 NBK 型挠性联轴器

为了能补偿同轴度及垂直误差引起的憋劲现象，可采用图 3.22 所示的挠性联轴器。

图 3.23 为消隙联轴器，采用锥形夹紧环，可使动力传递没有反向间隙。螺栓 5 通过压圈 3 施加轴向力时，由于锥环之间的楔紧作用，内外环分别产生径向弹性变形，消除配合间隙，并产生接触压力以传递扭矩。

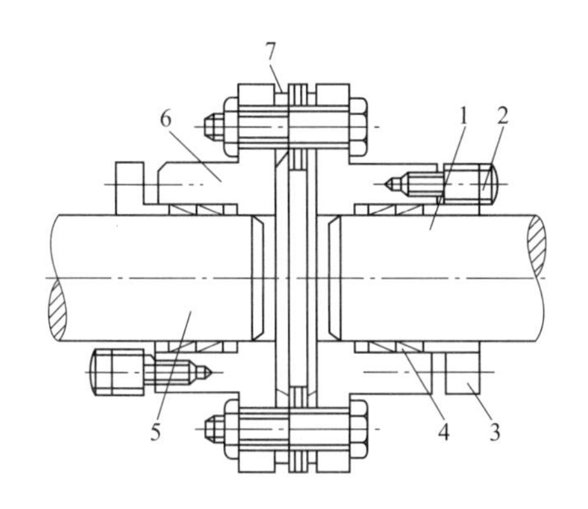

图 3.22　挠性联轴器

1，5—传动轴；2—压紧螺栓；
3—压圈；4—柔性锥环片；6—联轴套；7—凸台

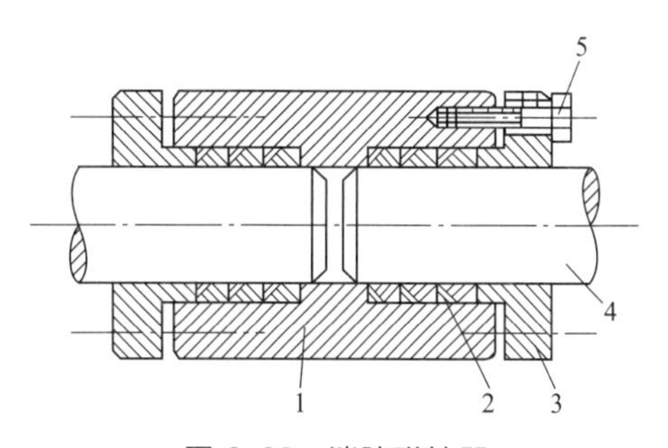

图 3.23　消隙联轴器

1—套筒；2—锥环；3—压圈；
4—传动轴；5—压紧螺栓

4. 齿轮传动装置

齿轮传动装置是指由齿轮副传递运动和动力的装置，它是现代各种设备中应用最广泛的一种机械传动方式。它的传动比较准确、效率高、结构紧凑、工作可靠、寿命长。

在各种传动形式中，齿轮传动在各类机械传动中应用最为广泛，其主要特点如下。

（1）传动精度高；

（2）适用范围宽；

（3）可以实现平行轴、相交轴、交错轴等空间任意两轴间的传动；

（4）工作可靠，使用寿命长；

（5）传动效率较高，一般为 0.94～0.99；

（6）制造和安装要求较高；

（7）对环境条件要求较严；

（8）不适用于相距较远的两轴间的传动；

（9）减振性和抗冲击性不如带传动等柔性传动好，并且无过载保护作用；

（10）运转中产生振动、冲击和噪声，并产生动载荷。

5. 同步带传动

同步带轮传动是由一根内周表面设有等间距齿的封闭环形胶带和相应的带轮所组成。

同步齿形带简称同步带(图 3.24)，也称正时带，它与常见的 V 带、平带等带传动方式相似，是一种挠性传动形式。

图 3.25 为同步带轮，也叫同步轮，一般由钢、铝合金、铸铁、黄铜、尼龙等材料加工而成，其内孔有圆孔、D 形孔、锥形孔等形式。

同步齿形带传动是一种新型的带传动。它利用齿形带的齿形与带轮齿依次啮合传递运动和动力，因而兼有带传动、齿轮传动及链传动的优点，且无相对滑动，平均传动比较准确，传动精度高，而且齿形带的强度高、厚度小、重量轻，故可用于调整传动。齿形带无需特别张紧，故作用在轴和轴承上的载荷小，传动效率也高，现已在数控机床上广泛应用。

图 3.24 同步带

图 3.25 同步带轮

6. 滚珠丝杠螺母副

PRTT 滚珠丝杠螺母副(简称滚珠丝杆副)是回转运动与直线运动相互转换的理想传动装置，它的结构特点是具有螺旋槽的丝杠螺母间装有滚珠(作为中间传动元件)，以减少摩擦。图 3.26 为插管式外循环滚珠丝杠螺母副。

1) 滚珠丝杠螺母副的工作原理

滚珠丝杠螺母副的结构原理如图 3.27 所示。在丝杠 3 和螺母 1 上都有半圆弧形的螺旋槽，当它们套装在一起时便形成了滚珠的螺母滚道。螺母上有滚珠回路管道 4，将几圈螺母滚道的两端连接起来，构成封闭的循环滚道，并在滚道内装满滚珠 2。当丝杠旋转时，滚珠在滚道内既自转又沿滚道循环转动，从而迫使螺母轴向移动。

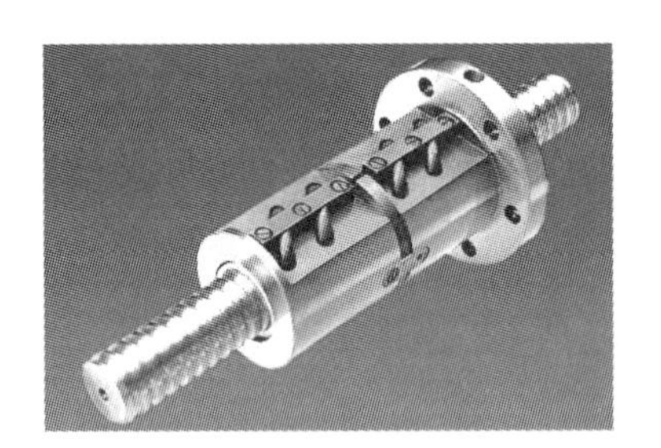

图 3.26 插管式外循环滚珠丝杠螺母副

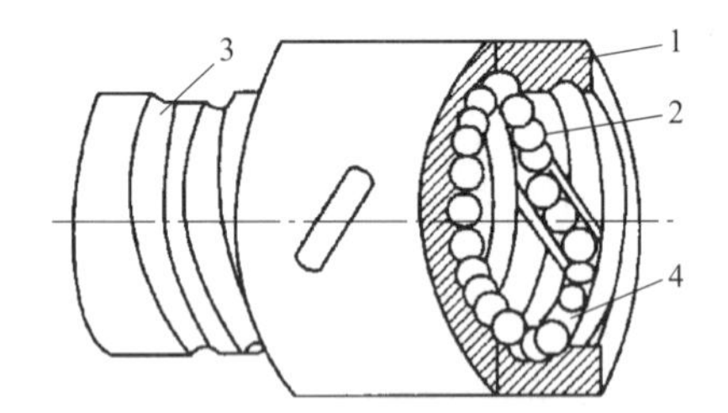

图 3.27 滚珠丝杠螺母副的结构原理

1—螺母；2—滚珠；3—丝杠；4—滚珠回路管道

2) 滚珠丝杠螺母副的特点

(1) 传动效率高，磨损损失小。滚珠丝杠螺母副的传动效率 $\mu=0.92\sim0.96$，比常规螺母副提高 3～4 倍。

(2) 给予适当预紧，可消除丝杠和螺母的螺纹间隙，反向时就可以消除空行程死区，定位精度高，刚度好。

(3) 运动平稳，无爬行现象，传动精度高。

(4) 有可逆性，可以从旋转运动转换为直线运动，也可以从直线运动转换为旋转运动，即丝杠和螺母都可以作为主动件。

(5) 磨损小，使用寿命长。

(6) 制造工艺复杂，成本高。

(7) 不能自锁。

3) 滚珠丝杠螺母副的循环方式

常用的循环方式有两种：外循环和内循环。滚珠在循环过程中，有时丝杠脱离接触的称为外循环；始终与丝杠保持接触的称为内循环。滚珠的每一个循环闭路都称为列，每个滚珠循环闭路内所含导程数称为圈数。内循环滚珠丝杠副的每个螺母有 2 列、3 列、4 列、5 列等几种，每列只有一圈；外循环每列有 1.5 圈、2.5 圈和 3.5 圈等几种。

（1）外循环　外循环是滚珠在循环过程结束后，通过螺母外表的螺旋槽或插管返回丝杠螺母间重新进入循环。常用的外循环方式如图 3.28 所示，外循环滚珠丝杠螺母副按滚珠循环时的返回方式主要有端盖式、插管式和螺旋槽式。

如图 3.28（a）所示是端盖式，在螺母上加工出一纵向孔，作为滚珠的回程通道，螺母两端的盖板上开有滚珠的回程口，滚珠由此进入回程管，形成循环。

如图 3.28（b）所示为插管式，它用弯管作为返回管道。这种结构工艺性好，但由于管道突出于螺母体外，径向尺寸较大。

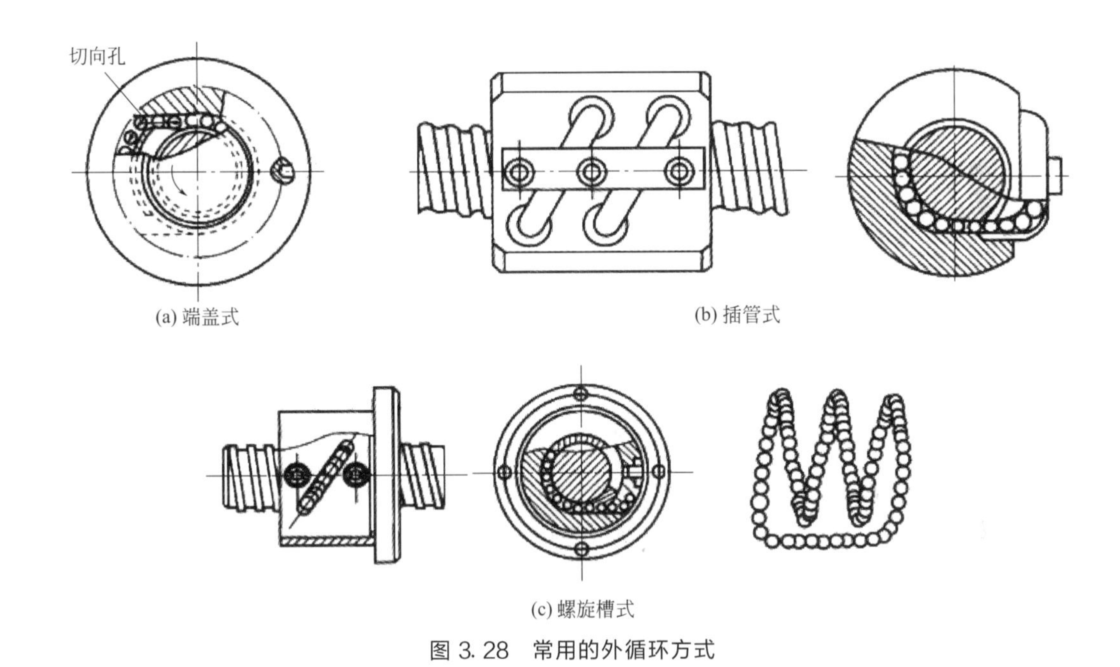

(a) 端盖式

(b) 插管式

(c) 螺旋槽式

图 3.28　常用的外循环方式

如图 3.28（c）所示为螺旋槽式，它是在螺母外圆上铣出螺旋槽，槽的两端钻出通孔并与螺纹滚道相切，形成返回通道。这种结构比插管式结构径向尺寸小，但制造较复杂。

（2）内循环　如图 3.29 所示为内循环滚珠丝杠。内循环均采用反向器实现滚珠循环，反向器有两种类型。

如图 3.29（a）所示为圆柱凸键反向器，它的圆柱部分嵌入螺母内，端部开有反向槽 2。反向槽靠圆柱外圆面及其上端的圆键 1 定位，以保证对准螺纹滚道方向。

如图 3.29（b）所示为扁圆镶块反向器，反向器为一般圆头平键形镶块，镶块嵌入螺母的切槽中，其端部开有反向槽 3，用镶块的外轮廓定位。

如图 3.29（d）所示为圆柱凸键式反向器，在螺母的侧孔中装有圆柱凸键式反向器，反向器上铣有 S 形回珠槽，将相邻两螺纹滚道连接起来。

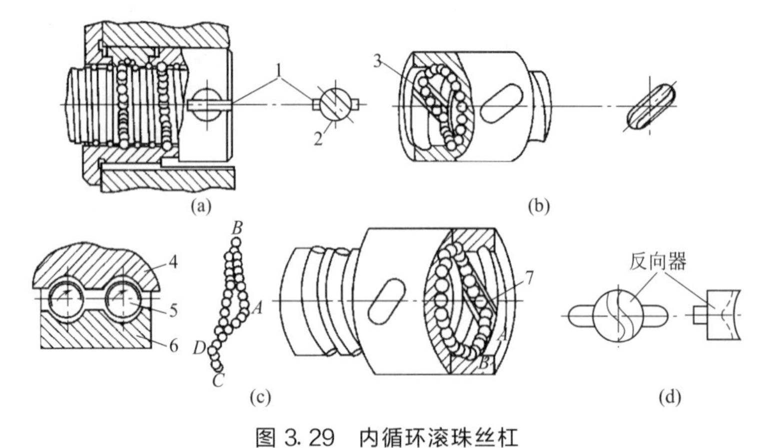

图 3.29 内循环滚珠丝杠

1—圆键定位；2，3—反向槽；4—螺母；5—滚珠；6—滚珠丝杠；7—滚道

4）螺旋滚道型面

螺旋滚道型面的形状有多种，常见的截形有单圆弧形、双圆弧形和矩形滚道等。如图 3.30 所示为螺旋滚道型面的简图，图中钢球与滚道表面在接触点处的公法线与螺纹轴线的垂线间的夹角称为接触角 α，理想接触角 $\alpha=45°$。

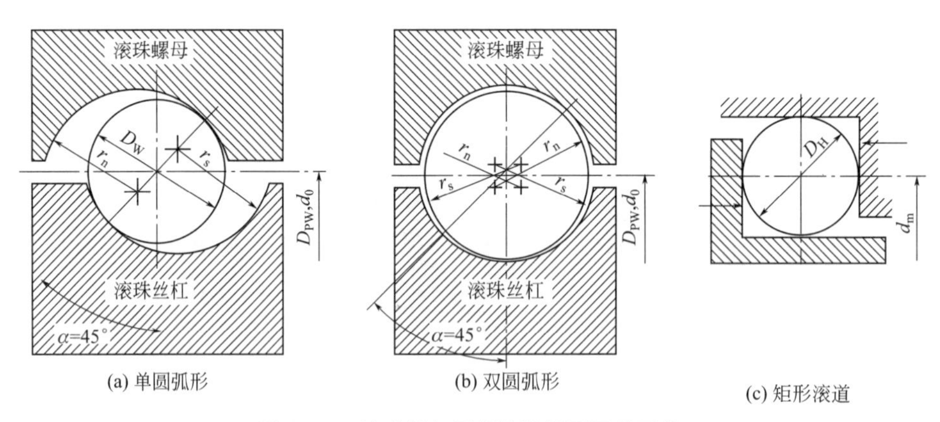

(a) 单圆弧形 (b) 双圆弧形 (c) 矩形滚道

图 3.30 滚珠丝杠副螺旋滚道型面的形状

5）滚珠丝杠螺母副间隙的消除

滚珠丝杠螺母副的间隙是轴向间隙。轴向间隙的数值是指丝杠和螺母无相对转动时，丝杠和螺母之间的最大轴向窜动量，除了结构本身所有的游隙之外，还包括施加轴向载荷后丝杠产生弹性变形所造成的轴向窜动量。

为了保证滚珠丝杠传动精度和轴向刚度，必须消除滚珠丝杠螺母副轴向间隙。

常用的丝杠螺母副消除间隙的方法有单螺母消隙、双螺母消隙两类。

（1）单螺母消隙

① 单螺母变位导程预加负荷　如图 3.31 所示为单螺母变位导程预加负荷，它是在滚珠螺母体内的两列循环珠链之间，使内螺母滚道在轴向产生一个 ΔL_0 的导程突变量，从而使两列滚珠在轴向错位实现预紧。这种调隙方法结构简单，但负荷量须预先设定，且不能改变。

② 单螺母螺钉预紧　如图 3.32 所示，螺母的专业生产工作完成精磨之后，沿径向开一浅槽，通过内六角调整螺钉实现间隙的调整和预紧。该专利技术成功地解决了开槽后滚珠在螺母中良好的通过性，单螺母结构不仅具有很好的性能价格比，而且间隙的调整和预紧极为方便。

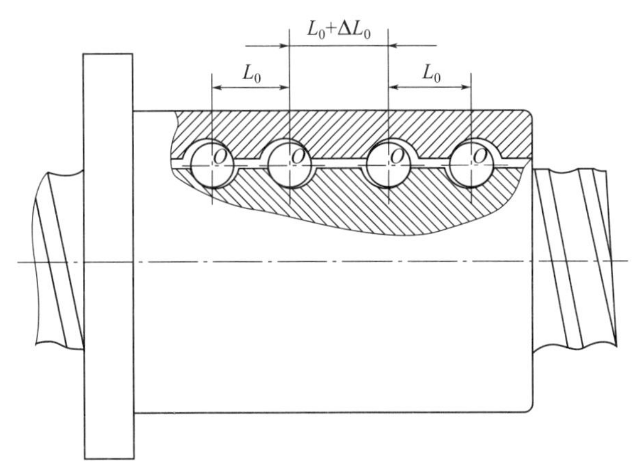

图 3.31　单螺母变位导程预加负荷

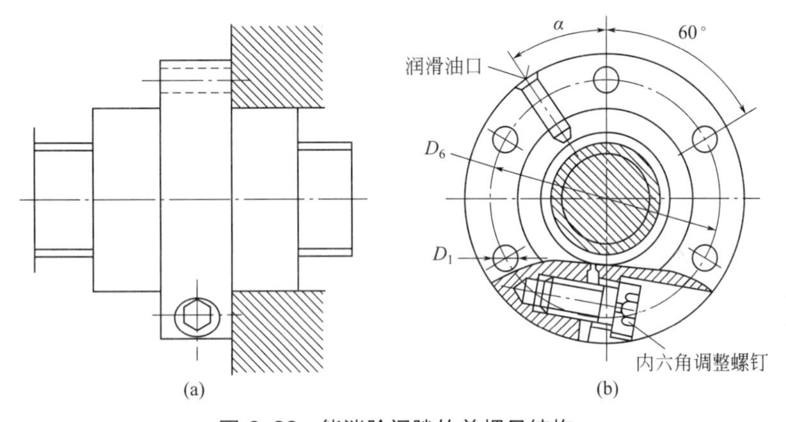

图 3.32　能消除间隙的单螺母结构

（2）双螺母消隙

① 垫片调隙式　如图 3.33 所示为垫片调隙式，调整垫片厚度使左右两螺母产生轴向位移，即可消除间隙和产生预紧力。这种方法结构简单、刚性好，但调整不便，滚道有磨损时不能随时消除间隙和进行预紧。

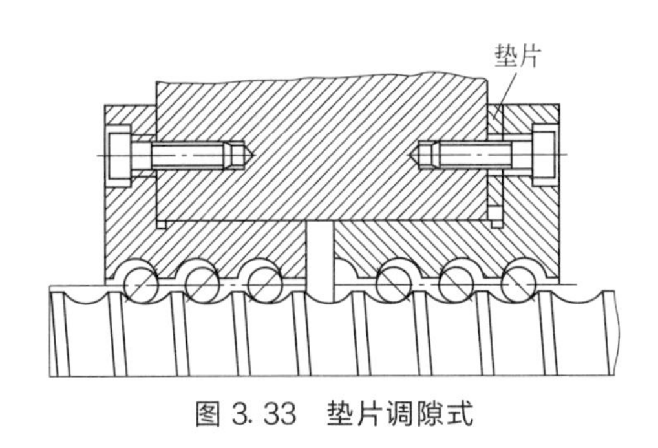

图 3.33　垫片调隙式

② 螺纹调整式　如图 3.34 所示为螺纹调整式，是用键限制螺母在螺母座内的转动。调整时，拧动圆螺母将螺母沿轴向移动一定距离，在消除间隙之后用圆螺母将其锁紧。这种方法结构简单紧凑、调整方便，但调整精度较差，且容易松动。

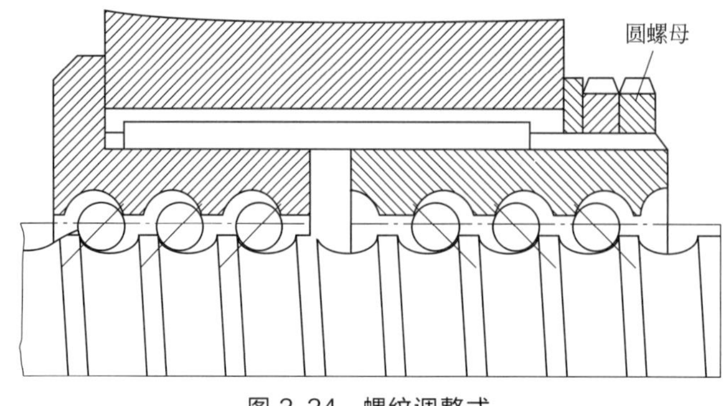

图 3.34　螺纹调整式

③ 齿差间隙式　如图 3.35 所示为齿差调隙式，螺母 1 和 2 的凸缘上各制有一个圆柱外齿轮，两个齿轮的齿数相差一个齿，两个内齿圈 3 和 4 的外齿轮数分别相同，并用预紧螺钉和销钉固定在螺母座的两端。

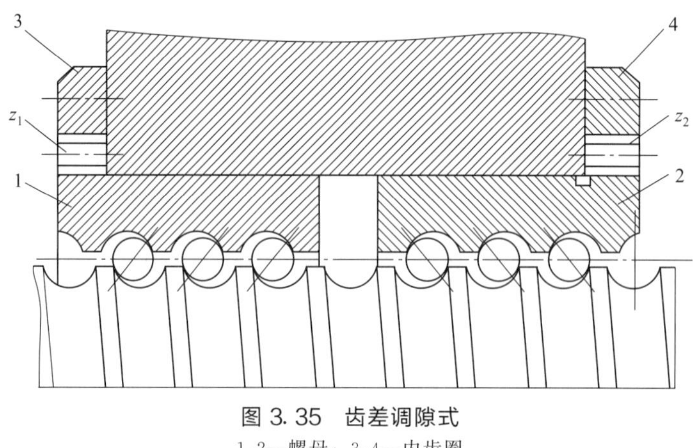

图 3.35　齿差调隙式

1,2—螺母；3,4—内齿圈

6）滚珠丝杠螺母副的预紧力

滚珠丝杠螺母副预紧的基本原理是使两个螺母产生轴向位移，以消除它们之间的间隙和施加预紧力。为保证传动精度及刚度，除消除滚珠丝杠螺母副传动间隙外，还要求预紧。

7）滚珠丝杠螺母副的支承与制动

（1）滚珠丝杠螺母副的支承方式　数控机床的进给系统要获得较高的传动刚度，除了加强滚珠丝杠螺母副本身的刚度外，滚珠丝杠的正确安装及支承结构的刚度也是不可忽视的因素。滚珠丝杠常用推力轴承支座，以提高轴向刚度，滚珠丝杠在数控机床上的安装支承方式有以下几种。

① 一端装推力轴承(固定＋自由式)，如图 3.36 所示。

这种安装方式的承载能力小，轴向刚度低，只适用于短丝杠，一般用于数控机床的调节或升降台式数控铣床的立向(垂直）坐标中。

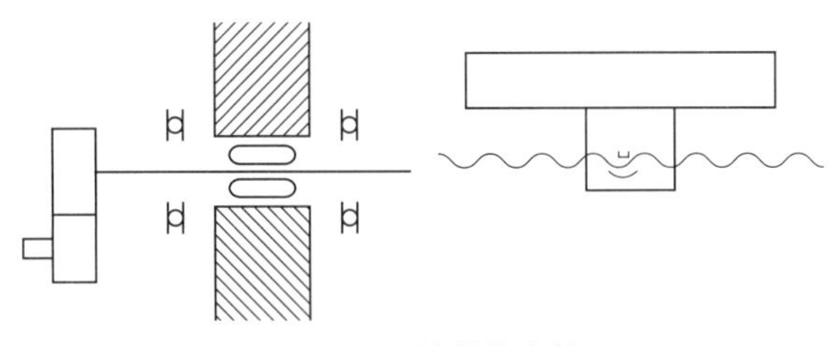

图 3.36　一端装推力轴承

推力球轴承由一列钢球(带保持架)、一个轴圈(与轴紧配合) 和一个座圈(与轴有间隙而与轴承座孔紧配合) 组成，钢球在轴圈和座圈之间旋转；只能承受一个方向的轴向载荷，不能承受径向载荷。由于轴向载荷是均匀地分布在每个钢球上，故载荷能力较大；但工作时，温升较大，允许极限转速较低。

② 一端装推力轴承，另一端装深沟球轴承(固定＋支承式)，如图 3.37 所示。

深沟球轴承 (GB/T 276—2013) 原名单列向心球轴承，是应用最广泛的一种滚动轴承。其特点是摩擦阻力小，转速高，能用于承受径向负荷或径向和轴向同时作用的联合负荷的机件上，也可用于承受轴向负荷的机件上，例如小功率电动机、汽车及拖拉机变速箱、机床齿轮箱、数控机床、工具等。

这种方式可用于丝杠较长的情况，应将推力轴承远离液压马达等热源及丝杠上的常用段，以减少丝杠热变形的影响。

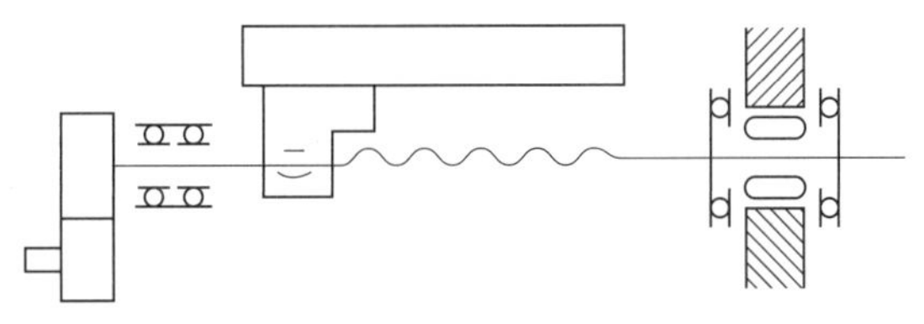

图 3.37　一端装推力轴承，另一端装深沟球轴承

③ 两端装推力轴承(单推＋单推式或双推＋单推式)，如图 3.38 所示。

把推力轴承装在滚珠丝杠的两端，并施加预紧拉力，这样有助于提高刚度，但这种安装方式对丝杠的热变形较为敏感，轴承的寿命较两端装推力轴承及向心球轴承方式低。

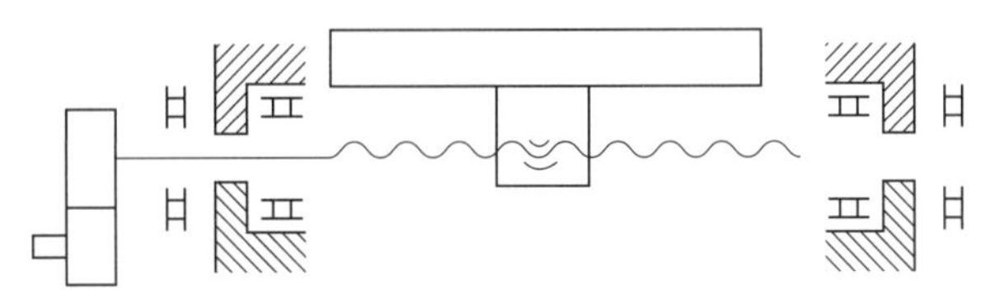

图 3.38　两端装推力轴承

④ 两端装推力轴承及深沟球轴承(固定＋固定式)，如图 3.39 所示。

为使丝杠具有最大的刚度，它的两端可用双重支承，即推力轴承加深沟球轴承，并施加预紧拉力。这种结构方式不能精确地预先测定预紧力，预紧力的大小是由丝杠的温度变形转化而产生的，但设计时要求提高推力轴承的承载能力和支架刚度。

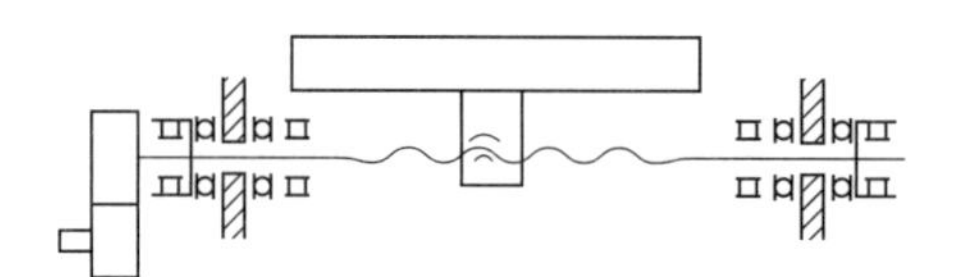

图 3.39　两端装推力轴承及深沟球轴承

近年来出现一种滚珠丝杠轴承，其结构如图 3.40 所示，这是一种能够承受很大轴向力的特殊角接触球轴承，与一般角接触球轴承相比，接触角增大到 60°，增加了滚珠的数目并相应减小滚珠的直径。这种新结构的轴承比一般轴承的轴向刚度提高两倍以上；产品成对出售，而且在出厂时已经选配好内外环的厚度，装配调试时只要用螺母和端盖将内环和外环压紧，就能获得出厂时已经调整好的预紧力，使用极为方便。

(2) 滚珠丝杠的制动方式　如图 3.41 所示为数控卧式镗床主轴箱进给丝杆制动示意图。制动装置的工作过程：机床工作时，电磁铁通电，使摩擦离合器脱开；运动由步进电动机经减速齿轮传给丝杠，使主轴箱上下移动；当加工完毕，或中间停车时，步进电动机和电磁铁同时断电，借压力弹簧作用合上摩擦离合器，使丝杠不能传动，主轴箱便不会下落。

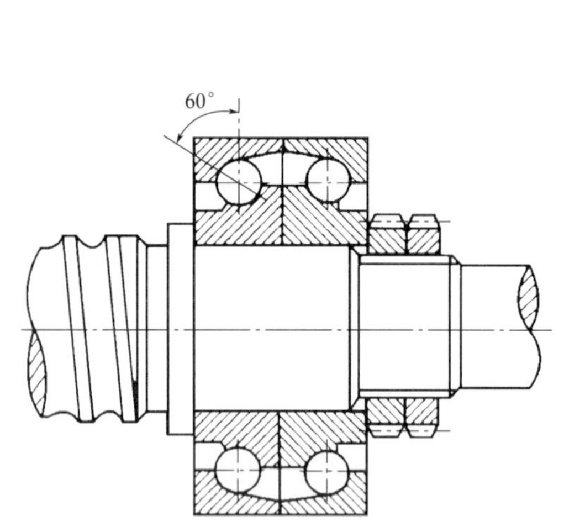

图 3.40　接触角 60°的角接触球轴承

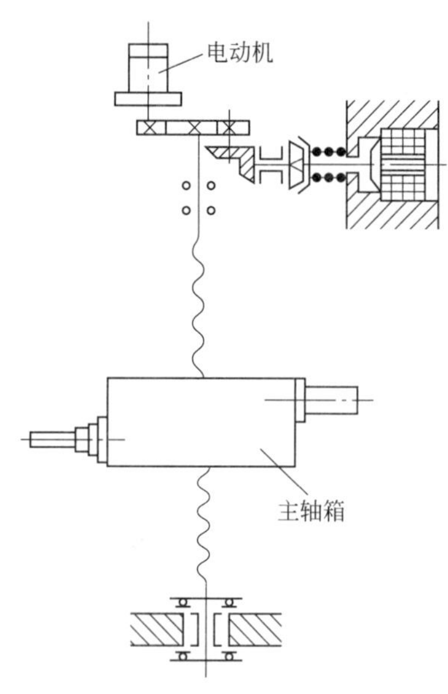

图 3.41　主轴箱进给丝杆制动装置

其他的制动方式如下。

① 用具有刹车作用的制动电动机；

② 在传动链中配置逆转效率低的高速比系列，如齿轮、蜗杆减速器等，此法是靠磨损损失达到制动目的的，故不经济；

③ 采用超越离合器。

(3) 滚珠丝杠的预拉伸　滚珠丝杠在工作时会发热，其温度高于床身。丝杠的热膨胀将使导程加大，影响定位精度。为了补偿热膨胀，可将丝杠预拉伸。

如图 3.42 所示是丝杠预拉伸的一种结构图。丝杠两端有推力轴承 6 和滚针轴承 3 支承，拉伸力通过螺母 8、推力轴承 6、静圈 5、调整套 4 作用到支座上。

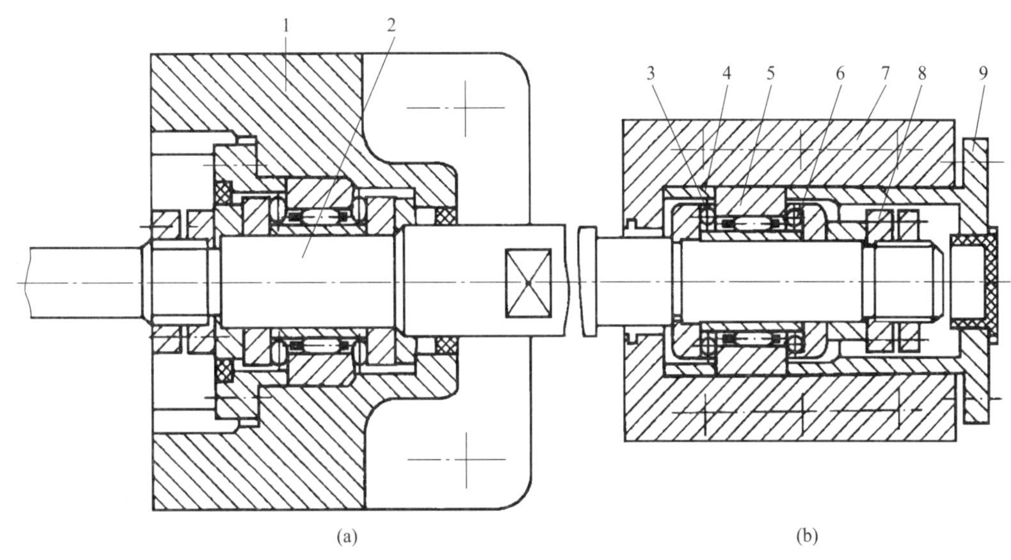

图 3.42　丝杠预拉伸

1,7—支座；2—传动轴；3—滚针轴承；4—调整套；5—静圈；6—推力轴承；8—压紧螺母；9—压紧压盖

当丝杠装到两个支座 1、7 上之后，首先压紧螺母 8 使滚针轴承 3 靠在丝杠的台肩上，再压紧压盖 9，使调整套 4 两端顶紧在支座 7 和静圈 5 上，用螺钉和销子将支座 1、7 定位在床身上，然后卸下支座 1、7，取出调整套 4，换上加厚的调整套。加厚量等于预拉伸量，照样装好，固定在床身上。

如图 3.43 所示为带中空强冷的滚珠丝杠传动。为了减少滚珠丝杠受热变形，在支承法兰处通入恒温油循环冷却，以保持在恒温状态下工作。

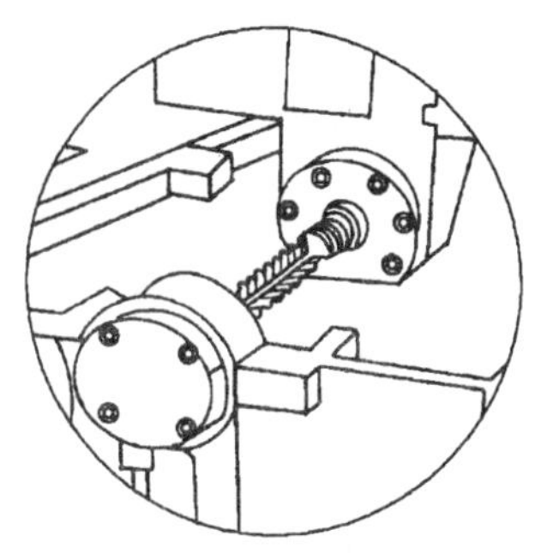

图 3.43　带中空强冷的滚珠丝杠传动

8）滚珠丝杠螺母副的防护

（1）支承轴承的定期检查　应定期检查丝杠支承床身的连接是否有松以及支承轴承是否损坏等。如有以上问题，要及时紧固松部位并更换支承轴承。

（2）滚珠丝杠副的润滑和密封　滚珠丝杠副可用润滑剂来提高耐磨性及传动效率。润滑剂可分为润滑油及润滑脂两大类。润滑油为一般机油或 90# ～180# 透平油或 140# 主轴油；润滑脂可采用锂基油脂。

（3）滚珠丝杠副常用防尘密封圈和防护罩

① 密封圈　密封圈装在滚珠螺母的两端。

② 防护罩　滚珠丝杠螺母副和其他滚动摩擦的传动元件一样，应避免硬质合金灰尘或切屑污物进入，因此必须有防护装置。

如图 3.44 所示为钢带缠卷式丝杠防护装置，它的工作过程如下。

防护装置和螺母一起固定在拖板上，整个装置由支承辊子、张紧轮和钢带等零件组成。钢带的两端分别固定在丝杠的外圆表面；防护装置中的钢带绕过支承辊子，并靠弹簧和张紧轮将钢带张紧。

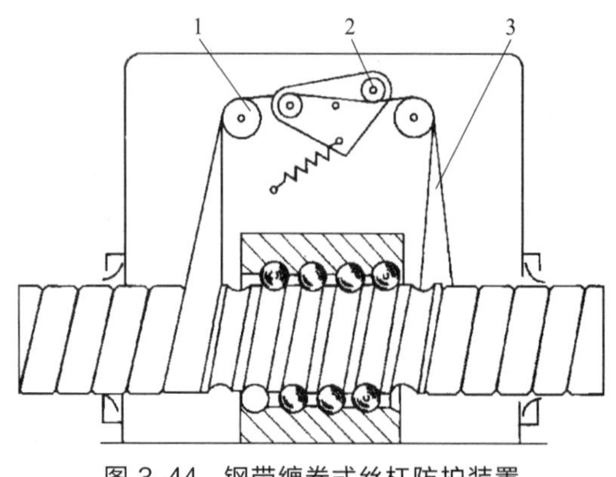

图 3.44　钢带缠卷式丝杠防护装置

1—支承辊子；2—张紧轮；3—钢带

二、数控车床与中控系统的电气连接

知识目标

（1）理解数控车床的电气结构；

（2）掌握数控车床数控系统的基本构成。

技能目标

（1）掌握进给伺服系统三种控制方式及特点；

（2）掌握 GSK 980TD 数控车床的电气连接。

（一）数控车床整体结构简介

图 3.45 为数控车床原理示意图，数控车床由数控装置、床身、主轴箱、主轴、刀架、进给系统、尾座、液压系统、冷却系统、润滑系统等部分组成。

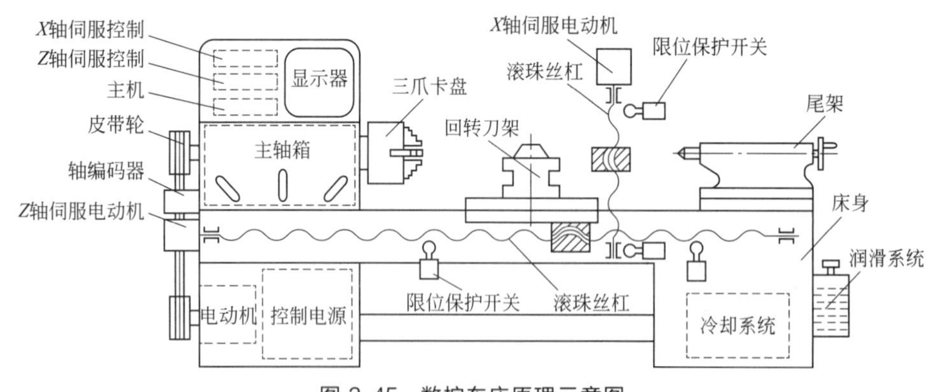

图 3.45　数控车床原理示意图

如图 3.46 所示为两轴联动的 MJ-50 型卧式(斜轨)数控车床的外形结构。该数控车床功能比较齐全，主要由车床主机、数控系统、驱动系统、辅助装置和机外编辑器五个部分组成。数控系统可以根据用户的需要，配置日本 FANUC-0Te、德国 SIEMENS 数控系统、国产 GSK 广州数控及华中数控等系统。

图 3.46 中 14 为床身，床身导轨面上支承着 30°倾斜布置的滑板，排屑方便。导轨的轴截面为矩形，支承刚性好，导轨上配置有防护罩。床身的左上方安装有主轴箱，主轴由交流主轴电动机经带传动(1∶1)直接驱动，结构十分简单。为了快速而省力地装夹工件，主轴卡盘的夹紧与松开是由主轴尾端的液压缸来控制的。

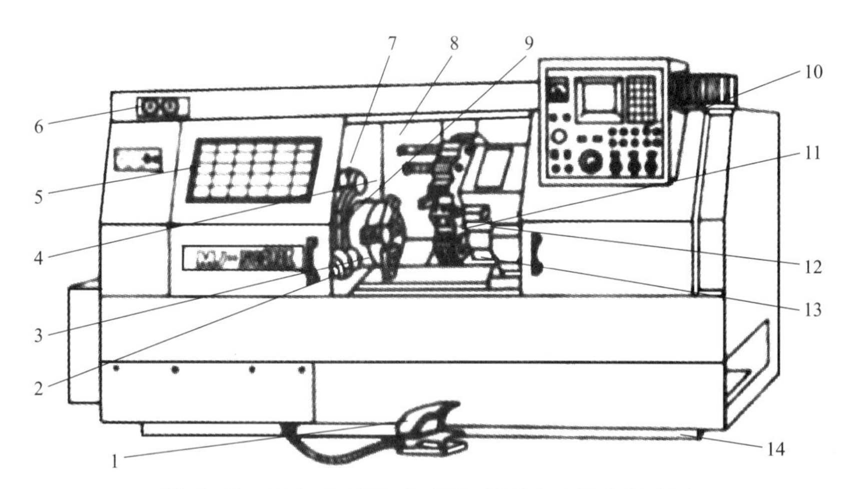

图 3.46　MJ-50 型卧式(斜轨)数控车床结构示意图

1—脚踏开关；2—对刀仪；3—主轴卡盘；4—主轴箱；5—机床防护门；6—压力表；7—对刀仪防护罩；8—防护罩；9—对刀仪转臂；10—操作面板；11—回转刀架；12—尾座；13—滑板；14—床身

床身右上方安装有尾座。该机床有两种可配置的尾座，一种是标准尾座，另一种是液压驱动的尾座。滑板的倾斜导轨上安装有回转刀架，其刀盘上有 10 个工位，最多安装 10 把刀具。滑板上分别安装有 X 轴和 Z 轴的进给传动装置。

根据用户的需要，主轴箱前端面上可以安装对刀仪，用于机床上的机内对刀。检测刀具时，对刀仪转臂摆出，其上端的接触式传感器测头对所用刀具进行检测。检测完成后，对刀仪转臂摆回原位(图 3.46 中所示)，且测头被锁在对刀仪防护罩中。机床可以配置手动防护门，也可以配置气动防护门。液压系统的压力由压力表显示。脚踏开关控制主轴卡盘夹紧与松开。

标准型数控车床采用全封闭性的防护装置，主要是为了防止水雾、油雾飞溅污染环境，保证机床工作过程的安全性；导轨上安装有导轨防护罩，起防尘和减小导轨副磨损的作用。经济性数控车床一般是采用半封闭式的防护装置，其导轨无防护罩。

(二)数控车床数控系统简介

1. 数控系统

数控系统(有时称为控制系统) 是数控车床的控制核心。图 3.47 为数控车床数控系统的基本构成，其主要部分是一台计算机，这台计算机与通常使用的计算机从构成上讲基本是相同的，其中包括 CPU(中央处理器)、存储器、CRT(显示器) 等部分，但从硬件的结构和控制软件上讲，它与一般的计算机又有较大的区别。数控系统中用的计算机一般是专用计算机，也有一些是工业控制用的计算机(工控机)。

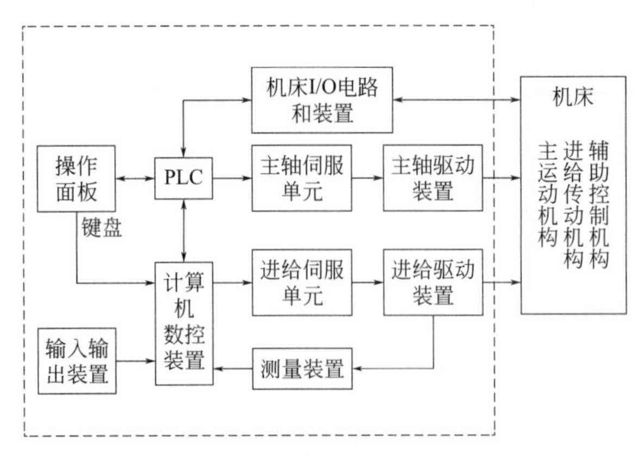

图 3.47　数控车床数控系统的基本构成

图 3.48 为数控系统控制流程，输入数字化的零件程序，并完成输入信息的存储、数据的变换、插补运算以及实现各种控制功能。

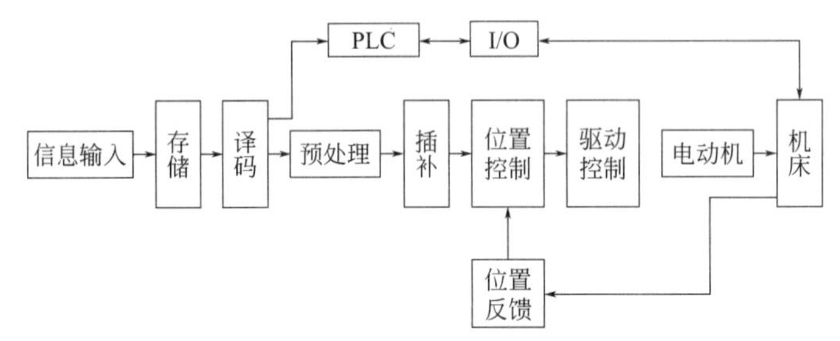

图 3.48　数控系统控制流程

2. 进给伺服系统

数控机床的伺服系统是 CNC 插补器的输出信号作为输入，来控制机床部件的位置和速度的自动控制系统，也称随动系统、进给拖动系统。

伺服系统是数控系统的重要组成部分，伺服系统的性能在很大程度上决定了数控机床的性能。

按伺服系统控制方式分：开环伺服系统；闭环伺服系统；半闭环伺服系统。

按控制对象和使用目的不同分：进给伺服系统；主轴驱动伺服系统；辅助伺服系统。

（1）开环伺服系统　如图 3.49 所示。

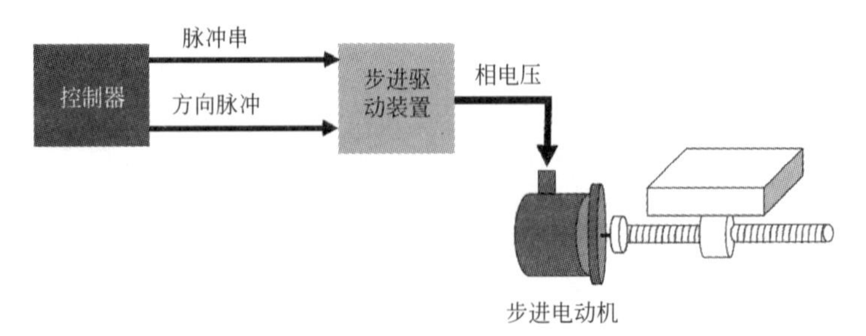

图 3.49　开环伺服系统控制原理

控制器送出的进给指令脉冲，经驱动电路控制和功率放大后，驱动步进电动机转动，通过齿轮副与滚珠丝杠螺母副驱动执行部件。

开环伺服系统即无位置反馈的系统，其驱动元件主要是功率步进电动机或电液脉冲马达，这两种驱动元件不用位置检测元件实现定位，而是靠驱动装置本身实现，转过的角度正比于指令脉冲的个数，运动速度由进给脉冲的频率决定。

开环伺服系统的位置精度主要取决于步进电动机的角位移精度、齿轮丝杠等传动元件的导程或节距精度以及系统的摩擦阻尼特性。

开环伺服系统的位置精度较低，其定位精度一般可达±0.02mm。如果采取螺距误差补偿和传动间隙补偿等措施，定位精度可提高到±0.01mm。此外，由于步进电动机性能的限制，开环进给系统的进给速度也受到限制，在脉冲当量为 0.01mm 时，一般不超过 5m/min。

由于开环伺服系统的控制精度低，因此，随着技术的发展，目前开环伺服系统已经只在一些低端数控设备上应用。

(2) 半闭环伺服系统　如图 3.50 所示。

将检测装置装在伺服电动机轴或传动装置末端，间接测量移动部件位移来进行位置反馈的进给系统称为半闭环伺服系统。

位置检测元件装在进给电动机轴上，从电动机轴到实际位移一般为机械传动不用检测，这个机械传动链的误差一般可看作固定不变的，可以用加工程序来补偿(如间隙等)，一般的半闭环系统的精度低于闭环系统。

对于伺服系统的电控部分来说，半闭环和闭环系统的控制在原理上是一样的，只是闭环系统环内包括较多的机械传动部件，传动误差均可被补偿，理论上精度可以达到很高；而半闭环往复还不能全部消除传动链造成的误差，但由于半闭环比闭环调整容易，因此目前使用半闭环系统较多，只在具备性能稳定、使用过程温差变化不大的高精度数控机床上才使用全闭环伺服系统。

在半闭环伺服系统中，将编码器和伺服电动机作为一个整体，编码器完成角位移检测和速度检测，用户无需考虑位置检测装置的安装问题。这种形式的半闭环伺服系统，在机电一体化设备上得到广泛的采用。

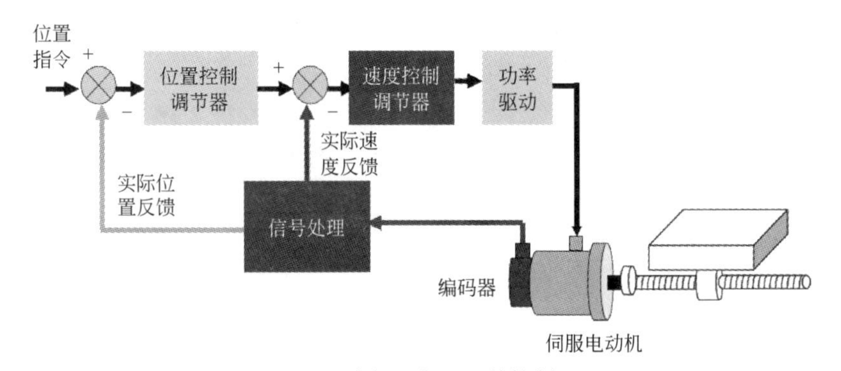

图 3.50　半闭环伺服系统控制原理

(3) 闭环伺服系统　如图 3.51 所示。

将检测装置装在移动部件上，直接测量移动部件的实际位移来进行位置反馈的进给系统称为闭环伺服系统。

闭环伺服系统可以消除机械传动机构的全部误差，而半闭环伺服系统只能补偿部分误差，因此，半闭环伺服系统的精度比闭环系统的精度要低一些。

闭环和半闭环伺服系统因为采用了位置检测装置，所以在结构上较开环进给系统复杂。另外，由于机械传动机构部分或全部包含在系统之内，机械传动机构的固有频率、阻尼、间隙等将成为系统不稳定的因素，因此，闭环和半闭环系统的设计和调试都较开环系统困难。

由于闭环伺服系统是反馈控制，反馈测量装置精度高，所以系统传动链的误差可得到补偿，从而大大提高了跟随精度和定位精度。目前闭环系统的分辨率多为 1μm，定位精度可达±0.01～±0.05mm，高精度系统分辨率可达 0.1μm。

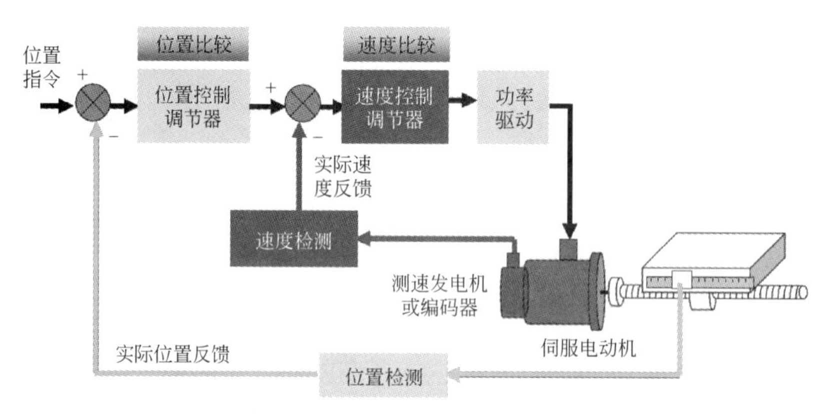

图 3.51　闭环伺服系统控制原理

3. 驱动系统

驱动系统是数控车床切削工作的动力部分，主要实现主运动和进给运动。在数控车床中，驱动系统为伺服系统，由伺服驱动电路和驱动装置两大部分组成。

如图 3.52 所示，伺服驱动电路的作用是接收指令，经过软件的处理，推动驱动装置运动。驱动装置主要由主轴电动机，进给系统的步进电动机和交、直流伺服电动机等组成。

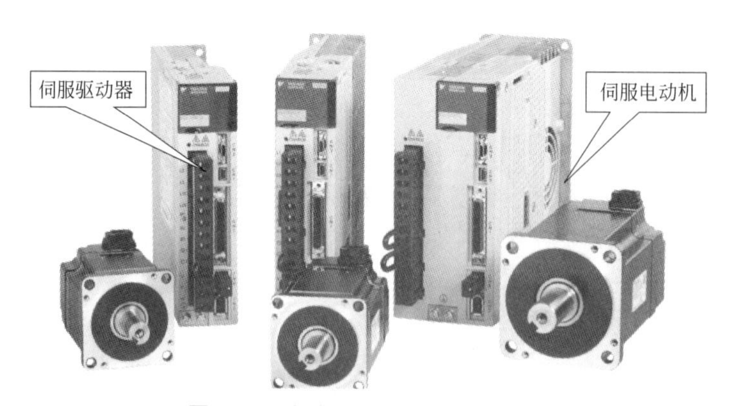

图 3.52　伺服驱动器与伺服电动机

1）伺服驱动器

伺服驱动器(Servo Drives) 又称为“伺服控制器”“伺服放大器”，是用来控制伺服电动机的一种控制器，其作用类似于变频器作用于普通交流马达，属于伺服系统的一部分，主要应用于高精度的定位系统。图 3.53 为伺服电动机驱动器原理框图，一般通过位置、速度和力矩三种方式对伺服电动机进行控制，实现高精度的传动系统定位，是目前传动技术的高端产品。

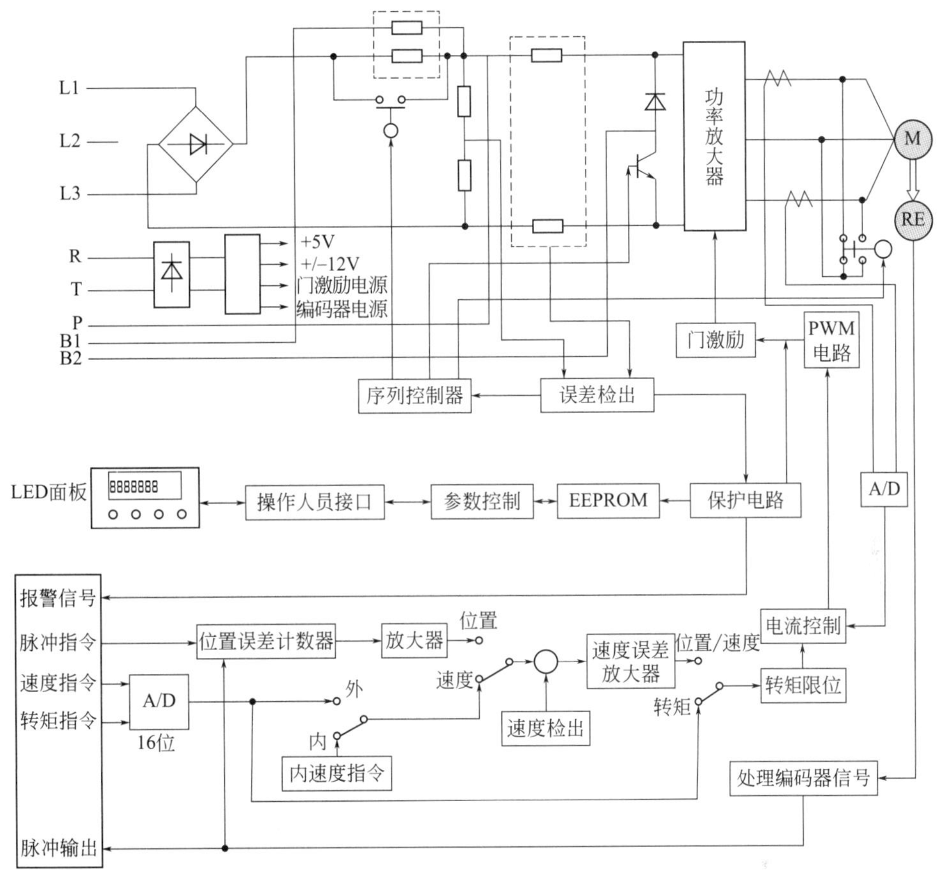

图 3.53　伺服电动机驱动器原理框图

目前主流的伺服驱动器均采用数字信号处理器(DSP) 作为控制核心，可以实现比较复杂的控制算法，实现数字化、网络化和智能化。功率器件普遍采用以智能功率模块(IPM) 为核心设计的驱动电路，IPM 内部集成了驱动电路，同时具有过电压、过电流、过热、欠压等故障检测保护电路，在主回路中还加入软启动电路，以减小启动过程对驱动器的冲击。功率驱动单元首先通过三相全桥整流电路对输入的三相电或者市电进行整流，得到相应的直流电。经过整流好的三相电或市电，再通过三相正弦 PWM 电压型逆变器变频来驱动三相永磁式同步交流伺服电动机。功率驱动单元的整个过程简单地说就是 AC—DC—AC 的过程。整流单元(AC—DC) 主要的拓扑电路是三相全桥不控整流电路。

图 3.54 为一种新型交流伺服控制系统，包括伺服驱动器、手持监控终端、PC 上位机监控软件和伺服系统测试平台。伺服驱动器分别与手持监控终端、PC 上位机监控软件、伺服系统测试平台连接；伺服驱动器作为系统核心，实现伺服电动机的精确控制，驱动伺服电动机并进行通信交互，手持监控终端、PC 上位机监控软件和伺服系统测试平台均围绕这个功能展开。手持监控终端、PC 上位机监控软件具备快捷的参数修改方式，PC 上位机监控软件还具备波形显示功能，伺服系统测试平台产生测试指令，并分析控制性能。

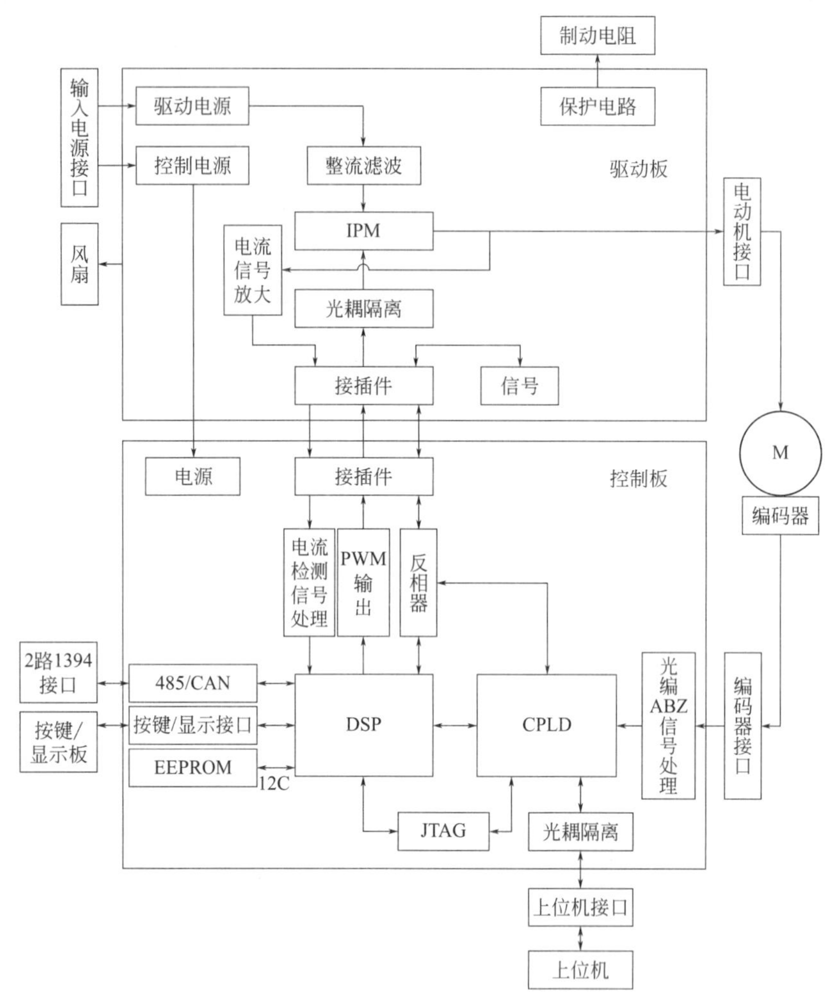

图 3.54 交流伺服控制系统

2）步进电动机(图 3.55)

步进电动机是将电脉冲激励信号转换成相应的角位移或线位移的离散值控制电动机，是一种专门用于速度和位置精确控制的特种电动机。这种电动机每当输入一个电脉冲就动一步，它的旋转是以固定的角度(称为步距角）一步一步运行的，故称步进电动机，又叫脉冲电动机。

图 3.55 步进电动机和步进驱动器

步进电动机的驱动电源由变频脉冲信号源、脉冲分配器及脉冲放大器组成，由此，驱动电源向电动机绕组提供脉冲电流。步进电动机的运行性能决定于电动机与驱动电源间的良好配合。

步进电动机的特点：

（1）一般步进电动机的精度为步距角的 3%～5%，且不累积；

（2）步进电动机外表允许的最高温度取决于不同电动机磁性材料的退磁点；

（3）步进电动机的力矩会随转速的升高而下降；

（4）空载启动频率，即步进电动机在空载情况下能够正常启动的脉冲频率，如果脉冲频率高于该值，电动机不能正常启动，可能发生丢步或堵转；

（5）步进电动机的起步速度一般在10～100r/min，伺服电动机的起步速度一般在100～300r/min，根据电动机大小和负载情况而定，大电动机一般对应较低的起步速度；

（6）低频振动特性，步进电动机以连续的步距状态边移动边重复运转。

由于步进电动机的优点是没有累积误差、结构简单、使用维修方便、制造成本低、带动负载惯量的能力大，因此适用于中小型机床和速度精度要求不高的地方，缺点是效率较低、发热大，有时会“失步”。

3）直流伺服电动机(图3.56)

直流伺服电动机，它包括定子、转子铁芯、电动机转轴、伺服电动机绕组换向器、伺服电动机绕组、测速发电机绕组、测速发电机换向器，转子铁芯由硅钢冲片叠压固定在电动机转轴上构成。直流伺服电动机分为有刷和无刷电动机两类。

直流伺服电动机的驱动原理：伺服主要靠脉冲来定位，基本上可以这样理解，伺服电动机接收到1个脉冲，就会旋转1个脉冲对应的角度，从而实现位移；伺服电动机本身具备发出脉冲的功能，伺服电动机每旋转一个角度，都会发出对应数量的脉冲与伺服电动机接受的脉冲形成呼应，或者叫闭环，系统就会知道发了多少脉冲给伺服电动机，同时又收了多少脉冲回来，就能够很精确地控制电动机的转动，从而实现精确的定位，可以达到0.001mm。

4）交流伺服电动机(图3.57)

自20世纪80年代中期以来，在要求调速性能较高的场合，一直占据主导地位的是应用直流电动机的调速系统。但直流电动机都存在一些固有的缺点，如电刷和换向器易磨损，需经常维护。换向器换向时会产生火花，使电动机的最高速度受到限制，也使应用环境受到限制，而且直流电动机结构复杂，制造困难，所用钢铁材料消耗大，制造成本高。

图3.56　直流伺服电动机和驱动器

图3.57　交流伺服电动机

而交流电动机，特别是鼠笼式感应电动机没有上述缺点，且转子惯量较直流电动机小，使得动态响应更好。在同样体积下，交流电动机输出功率可比直流电动机提高10％～70％，此外，交流电动机的容量可比直流电动机造得大，达到更高的电压和转速。现代数控机床都倾向于采用交流伺服驱动，交流伺服驱动已有取代直流伺服驱动之势。

图3.58为交流进给伺服闭环速度控制/扭矩工作方式在数控机床上的典型应用，交流伺服电动机轴上往往加装光电编码器测量电动机转子的位置，以实现速度和位置闭环控制。光电编码器存在与分辨率相关的量化误差，在零速附近的范围内，量化误差造成测量死区和控

制死区，影响系统的控制性能。在对测量死区的机理进行分析的基础上，提出采样周期优化方法，即在低速范围内增加采样周期时间来减少测量死区和控制死区。

交流伺服电动机的输出功率一般是 0.1～100W。当电源频率为 50Hz 时，电压有 36V、110V、220V、380V；当电源频率为 400Hz 时，电压有 20V、26V、36V、115V 等多种。

交流伺服电动机运行平稳、噪声小。但控制特性是非线性，并且由于转子电阻大、损耗大、效率低，因此与同容量直流伺服电动机相比，体积大、重量重，所以只适用于 0.5～100W 的小功率控制系统。

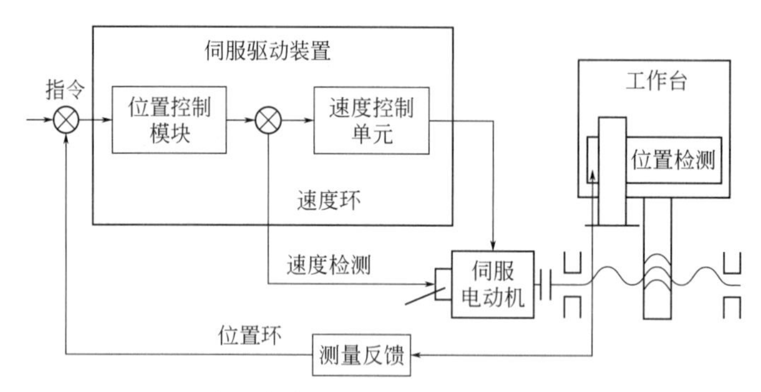

图 3.58 交流进给伺服闭环速度控制/扭矩工作方式

5）直线电动机

直线电动机也称线性电动机、线性马达、直线马达、推杆马达。最常用的直线电动机类型是平板式、U 形槽式和管式。线圈的典型组成是三相，由霍尔元件实现无刷换相。

直线电动机的控制和旋转电动机一样。像无刷旋转电动机的方面为，动子和定子无机械连接(无刷)；不像旋转电动机的方面为，动子旋转和定子位置保持固定。直线电动机系统可以是磁轨动或推力线圈动(大部分定位系统应用是磁轨固定，推力线圈动)。用推力线圈运动的电动机，推力线圈的重量和负载比很小，需要高柔性线缆及其管理系统；用磁轨运动的电动机，不仅要承受负载，还要承受磁轨质量，但无需线缆管理系统。

相似的机电原理用在直线和旋转电动机上，相同的电磁力在旋转电动机上产生力矩，在直线电动机产生直线推力作用。直线电动机使用和旋转电动机相同的控制和可编程配置。直线电动机的形状可以是平板式、U 形槽式和管式，哪种构造最适合要看实际应用的规格要求和工作环境。图 3.59 为直线电动机和驱动器。

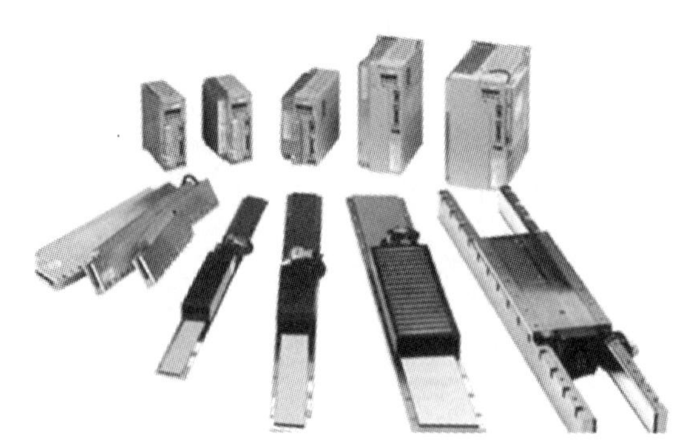

图 3.59 直线电动机和驱动器

4. 辅助装置

与普通车床相类似，辅助装置是指数控车床中一些为加工服务的配套部分，如液压、气动装置，冷却、照明、润滑、防护和排屑装置等。

1）数控机床的润滑系统

图 3.60 为自动润滑油泵，广泛用于车床、铣床、磨床、刨床、裁床、压力床、注塑机、剪板折弯机、纺织机械、木工机械、纺织机械、高端数控机械、加工中心、自动扶梯、玻璃机械等。

润滑油泵是属润滑系统的一个配件，能实现以下功能。

（1）采用微电脑控制显示调节间歇供油，待机及工作时间调节范围大，适用设备广泛；

（2）设有缺油报警系统，能及时提醒操作人员补充油脂；

（3）附设单向控制阀及阻抗式分配系统，能全面保证各点的润滑油供给；

（4）工作压力可在公称压力范围内调节，并具有双重过载保护；

（5）设有两级过滤器，能有效地防止杂质进入，保证油脂清洁，防止机械磨损。

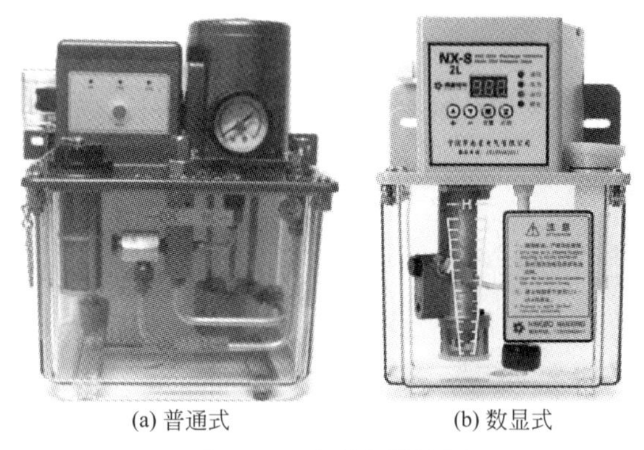

(a) 普通式　　(b) 数显式

图 3.60　自动润滑油泵

2）数控机床的冷却系统

在金属切削过程中，切削液不仅能带走大量切削热，降低切削区温度，而且由于它的润滑作用，还能减少摩擦，从而降低切削力和切削热。因此，切削液能提高加工表面质量，保证加工精度，降低动力消耗，提高刀具耐用度和生产效率。通常要求切削液有冷却、润滑、清洗、防锈及防腐蚀性等特点。图 3.61 为数控机床常用冷却泵。

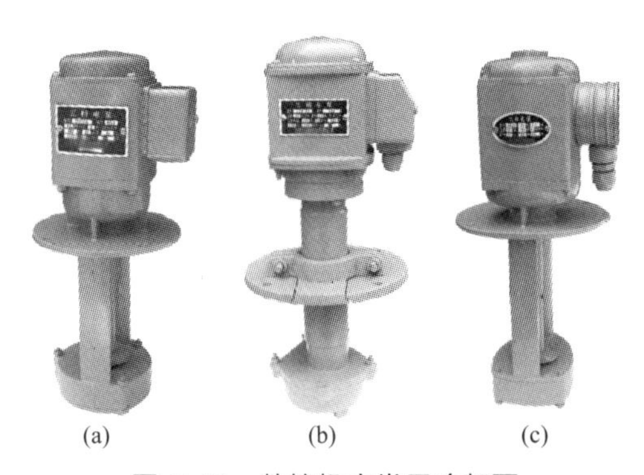

(a)　　(b)　　(c)

图 3.61　数控机床常用冷却泵

数控机床冷却的控制是由数控系统中的PLC来实现的，可以根据编写程序进行自动开、关，也可以手动开、关，有的数控设备还可以选择包括空气在内的多种冷却介质。

冷却系统保养维修注意事项如下。

(1) 保证主轴冷却液箱中的冷却液充足和合格，否则请及时添加和更换；

(2) 保证切削液箱中的切削液充足和合格，否则请及时添加和更换；

(3) 随时检查切削液箱中的滤网能否正常工作；

(4) 随时检查切削液箱、主轴冷却液箱和电动机是否正常工作；

(5) 冷却液使用指引：清水(可加入防锈添加剂)；

(6) 切削液使用指引：切削油、机油、乳化液，用15～20倍水稀释乳化油。

3) 数控排屑机

排屑机主要是用于收集机器产生的各种金属和非金属废屑，并将废屑传输到收集车上的机器；可以与过滤水箱配合用，将各种冷却液回收利用。数控机床排屑机分为链板式排屑机、刮板式排屑机、永磁性排屑机、螺旋式排屑机等几种，可处理各类切屑，也可作为冲压、冷墩机床小型零件的输送装置。

(1) 链板式排屑机如图3.62所示。

广泛应用于数控机床、组合机床、加工中心、专业化机床、流水线、自动线等大型机床及生产线的远距离切屑输送。

图3.62 链板式排屑机

图3.63 刮板式排屑机

(2) 刮板式排屑机如图3.63所示。

刮板排屑装置的输送速度选择范围广，工作效率高，有效排屑宽度多样化，应用范围广，多应用于数控机床、加工中心、磨床和自动线。

(3) 磁性辊排屑机如图3.64所示。

磁性辊式排屑机是利用磁辊的转动，将切屑逐级在每个磁辊间传递，以达到输送切屑的目的。该机是在磁性排屑器的基础上研制的，它弥补了磁性排屑机在某些使用方面性能和结构上的不足。适用于湿式加工中粉状切屑的输送，更适用于切屑和切削液中含有较多油污状态下的排屑。

图 3.64　磁性辊排屑机

(4) 螺旋排屑装置如图 3.65 所示。

装置通过减速机驱动带有螺旋叶的旋转轴推动物料向前(向后)，集中在出料口，落入指定位置。该机结构紧凑、占用空间小、安装使用方便、传动环节少、故障率极低，尤其适用于排屑空间狭小、其他排屑形式不易安装的机床。

主要有以下四种形式：有旋转轴、集屑槽；有旋转轴，无集屑槽；无旋转轴，有集屑槽；无芯，无集屑槽，并可以与其他排屑装置组合起来使用。

图 3.65　螺旋排屑装置

(三) 数控车床控制系统的电气连接

1. GSK 980TD 数控车床简介

CNC GSK 980TD 是 GSK 980TA 的升级产品，采用了 32 位高性能 CPU 和超大规模可编程器件 FPGA，运用实时多任务控制技术和硬件插补技术，实现微米级精度运动控制和 PLC 逻辑控制。

GSK 980TD 数控车床技术特点：X、Z 二轴联动，微米级插补精度，高速度 16m/min (可选配 30m/min)；内置式 PLC，可实现各种自动刀架、主轴自动换挡等控制，梯形图可编辑、上传、下载；I/O 口可扩展(选配功能)，具有螺距误差补偿、反向间隙补偿、刀具长度补偿、刀尖半径补偿功能；采用 S 型、指数型加减速控制，适应高速、高精加工，具有攻螺纹功能，可车削公英制单头/多头直螺纹、锥螺纹、端面螺纹、变螺距螺纹，螺纹退尾长度、角度和速度特性可设定，高速退尾处理；集成中文、英文显示界面，由参数选择零件程序全屏幕编辑，可存储 6144KB、384 个零件程序，提供多级操作密码功能，方便设备管理支持 CNC 与 PC、CNC 与 CNC 间双向通信，CNC 软件、PLC 程序可通信升级，安装尺寸、电气接口、指令系统、操作显示界面与 980TA 兼容。

实现 GSK 980TD 车床 CNC 控制功能的软件分为系统软件(以下简称 NC) 和 PLC 软件(以下简称 PLC) 两个模块，NC 模块完成显示、通信、编辑、译码、插补、加减速等控制，PLC 模块完成梯形图解释、执行和输入输出处理。

2. GSK 980TD 数控车床电气控制系统连接

1) 总体连线图(图 3.66)

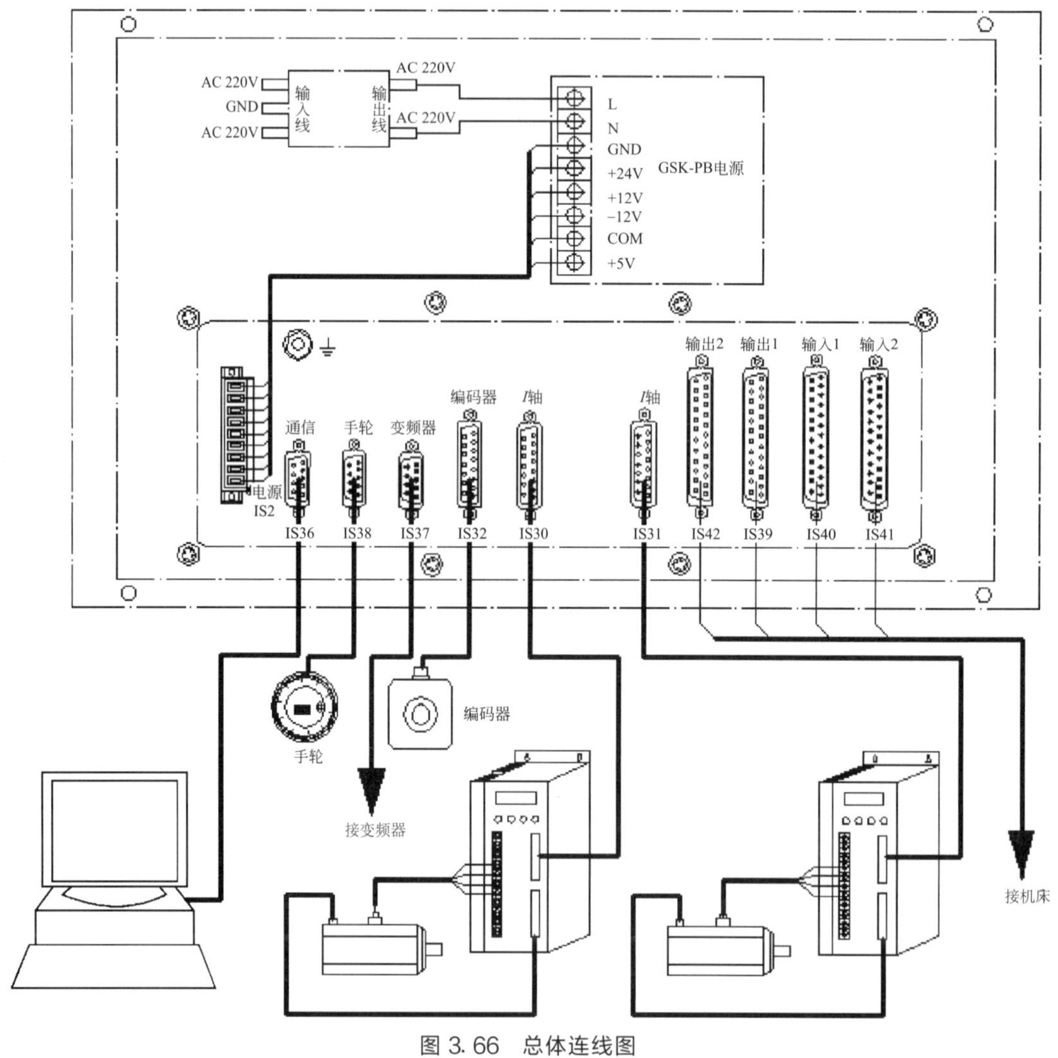

图 3.66 总体连线图

2）GSK 980TD 后盖接口布局(图 3.67)

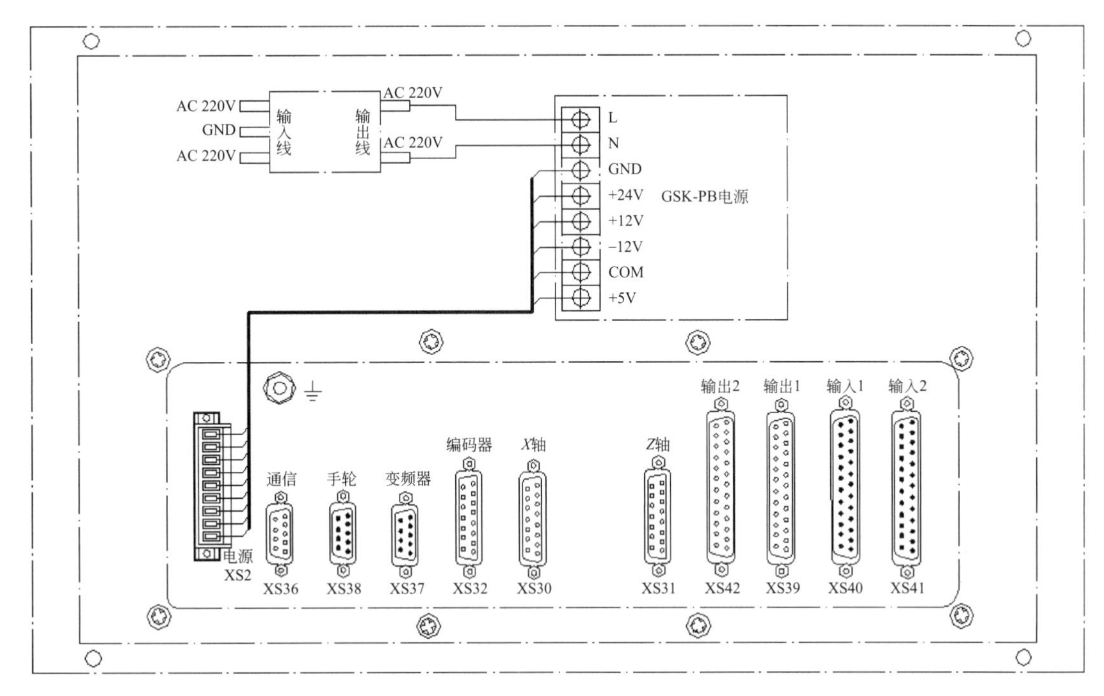

图 3.67 GSK 980TD 后盖接口布局

注：XS41 输入 2 和 XS42 输出 2 为选配功能接口，GSK 980TD 标准配置中无 XS41 和 XS42 接口。

3）与驱动器的连接

(1) 驱动接口定义如图 3.68 所示。

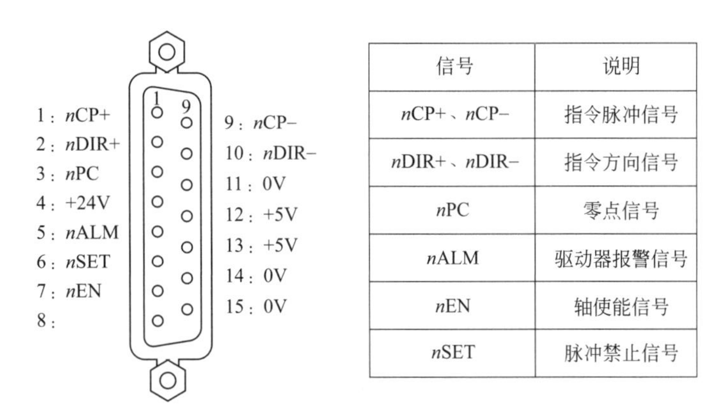

信号	说明
nCP+、nCP−	指令脉冲信号
nDIR+、nDIR−	指令方向信号
nPC	零点信号
nALM	驱动器报警信号
nEN	轴使能信号
nSET	脉冲禁止信号

图 3.68 XS30、XS31 接口(15 芯 D 型孔插座)

注：n 代表 X 或 Z，以下同。

(2) GSK 980TD 与驱动器的连接如图 3.69、图 3.70 所示。

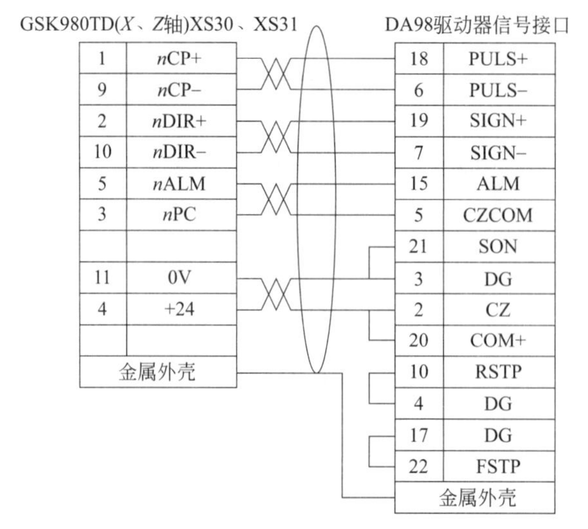

图 3.69　GSK 980TD 与 DA98（A） 驱动器的连接

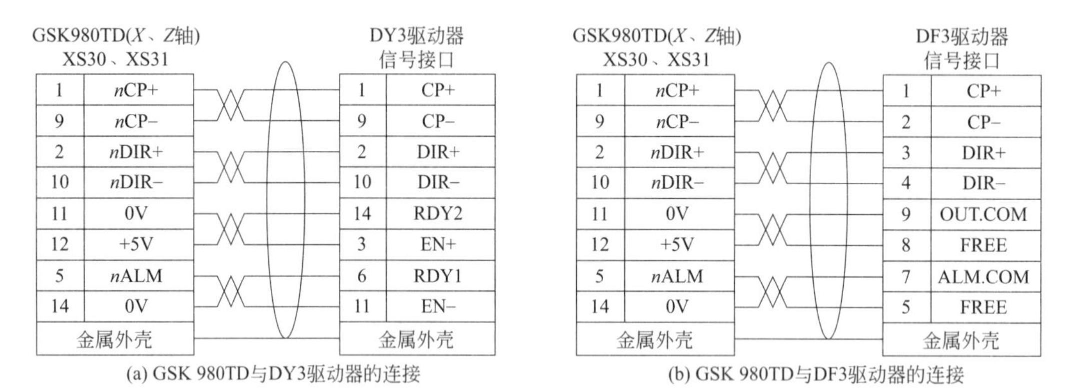

图 3.70　GSK 980TD 与驱动器的连接

4）与主轴编码器的连接

（1）主轴编码器接口定义如图 3.71 所示。

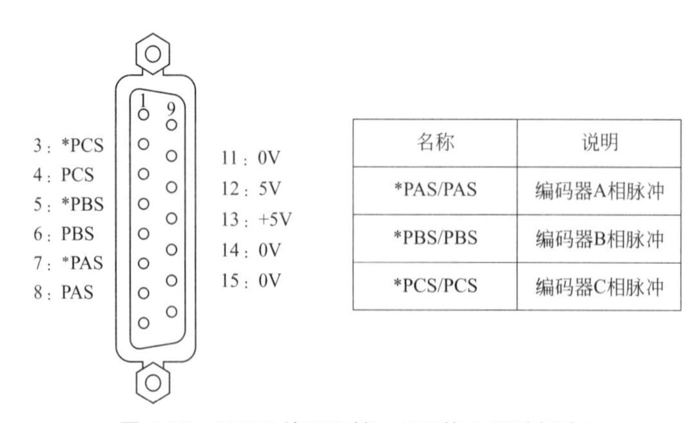

名称	说明
*PAS/PAS	编码器A相脉冲
*PBS/PBS	编码器B相脉冲
*PCS/PCS	编码器C相脉冲

图 3.71　XS32 编码器接口（15 芯 D 型孔插座）

（2）主轴编码器接口连接。GSK 980TD 与主轴编码器的连接如图 3.72 所示，连接时采用双绞线(以长春一光 ZLF-12-102.4BM-C05D 编码器为例)。

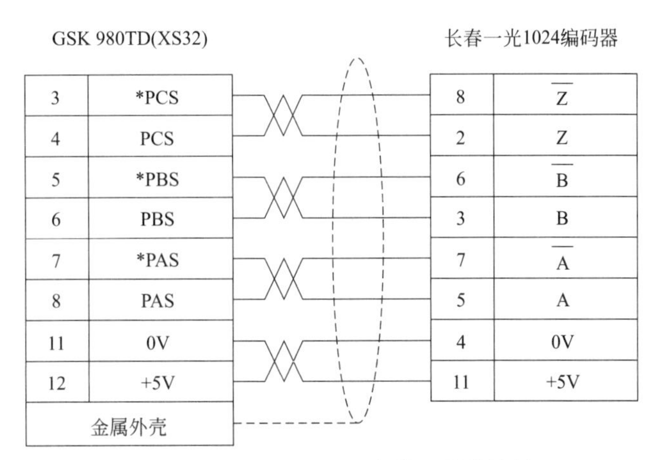

图 3.72　GSK 980TD 与编码器的连接

5）与手轮的连接

（1）手轮接口定义如图 3.73 所示。

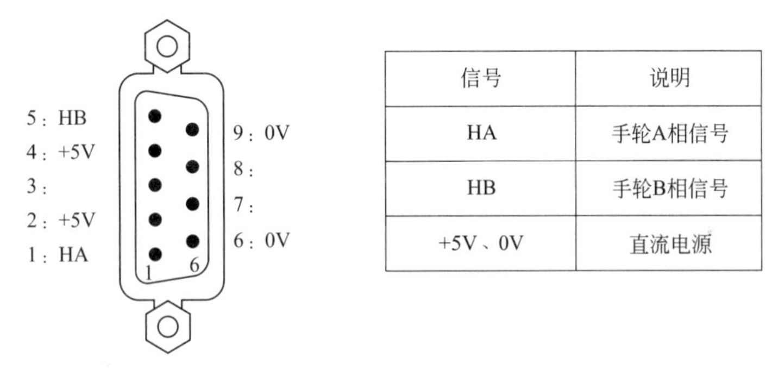

信号	说明
HA	手轮A相信号
HB	手轮B相信号
+5V、0V	直流电源

图 3.73　XS38 手轮接口(9 芯 D 型针插座)

（2）GSK 980TD 与手轮的连接如图 3.74 所示。

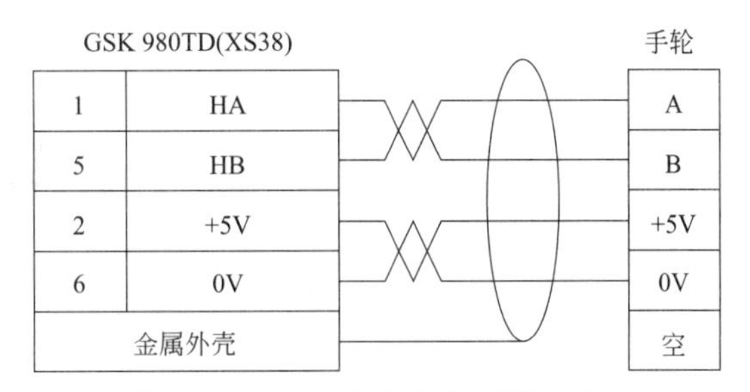

图 3.74　GSK 980TD 与手轮的连接

6）与变频器的连接

（1）模拟主轴接口定义如图 3.75 所示。

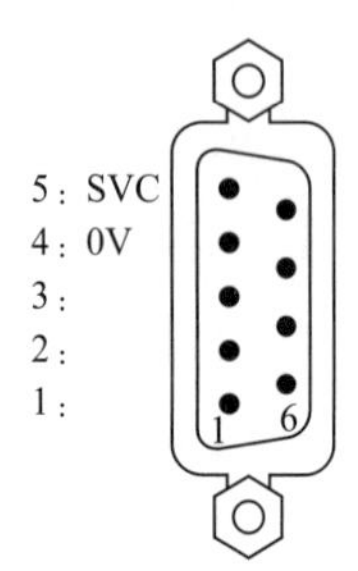

信号	说明
SVC	0～10V 模拟电压
0V	信号地

图 3.75　XS37 模拟主轴接口（9 芯 D 型针插座）

（2）GSK 980TD 与变频器的连接如图 3.76 所示。

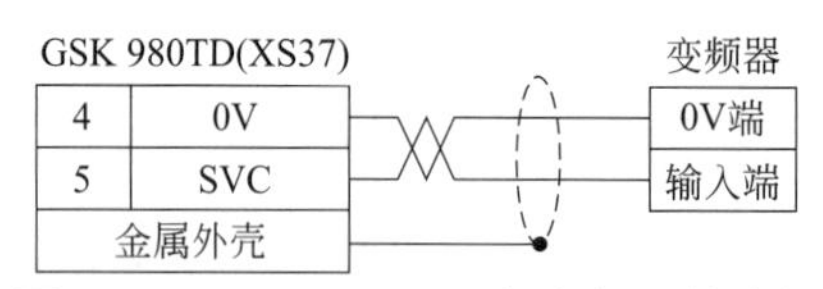

图 3.76　GSK 980TD 与变频器的连接

7）与 PC 机的连接

（1）通信接口定义如图 3.77 所示。

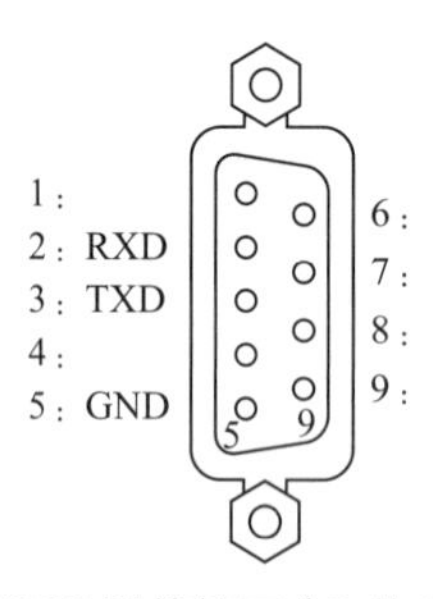

图 3.77　XS36 通信接口（9 芯 D 型孔插座）

（2）通信接口连接。GSK 980TD 可通过 RS232 接口与 PC 机进行通信（须选配 GSK 980TD 通信软件），GSK 980TD 与 PC 机的连接如图 3.78 所示。

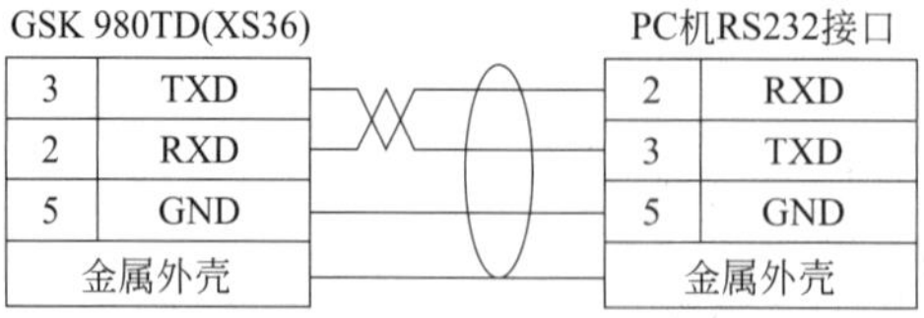

GSK 980TD(XS36)

3	TXD
2	RXD
5	GND
金属外壳	

PC机RS232接口

2	RXD
3	TXD
5	GND
金属外壳	

图 3.78　GSK 980TD 与 PC 机的连接

8）电源接口连接

GSK 980TD 采用 GSK-PB 电源盒，共有四组电压：＋5V（3A）、＋12V（1A）、－12V（0.5A）、＋24V（0.5A），共用公共端 COM（0V）。GSK 980TD 出厂时，GSK-PB 电源盒到 GSK 980TD XS2 接口的连接已完成，用户只需要连接 220V 交流电源。

GSK-PB 电源盒到 GSK 980TD XS2 接口的连接如图 3.79 所示。

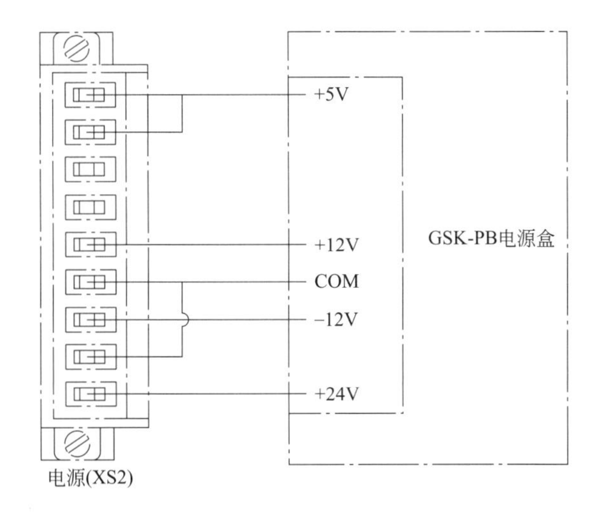

图 3.79　GSK-PB 电源盒到 GSK 980TD XS2 接口的连接

9）标准 I/O 接口及扩展 I/O 接口定义(图 3.80)

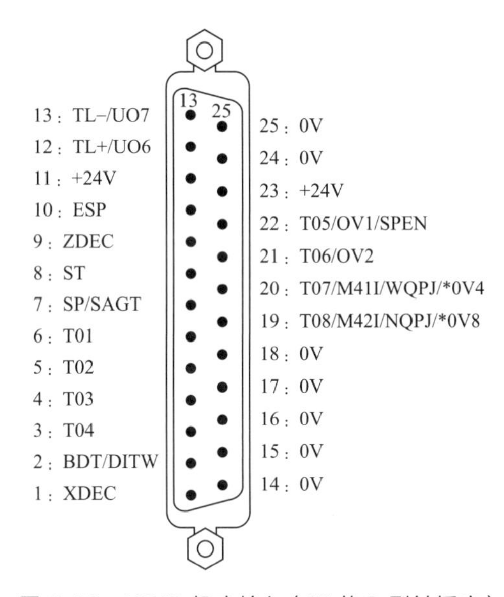

图 3.80　XS40 机床输入（25 芯 D 型针插座）

注：GSK 980TD 车床 CNC 的 I/O 功能意义由 PLC 程序(梯形图）定义，当 GSK 980TD 车床 CNC 装配机床时，I/O 功能由机床厂家设计决定，具体请参阅机床厂家的说明书。本节以下 I/O 功能是针对 980TD 标准 PLC 程序进行描述的，敬请注意。

10）机床外部连接

急停、行程开关连接方式如图 3.81 所示。尾座、卡盘、刀架、主轴自动换挡、电动机抱闸的电气连接图如图 3.82～图 3.86 所示。

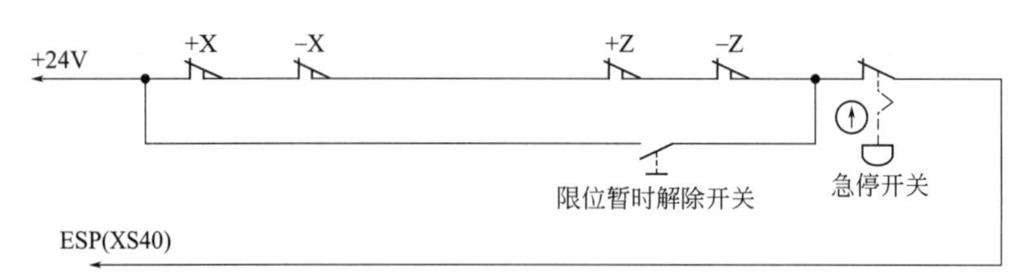

图 3.81 急停、行程开关连接

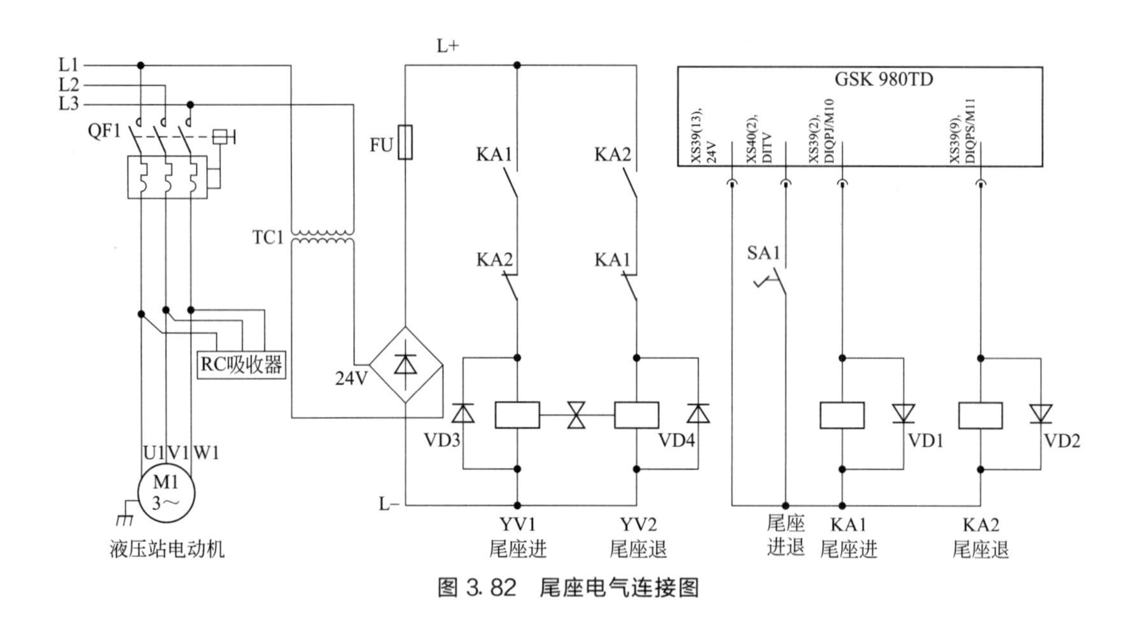

图 3.82 尾座电气连接图

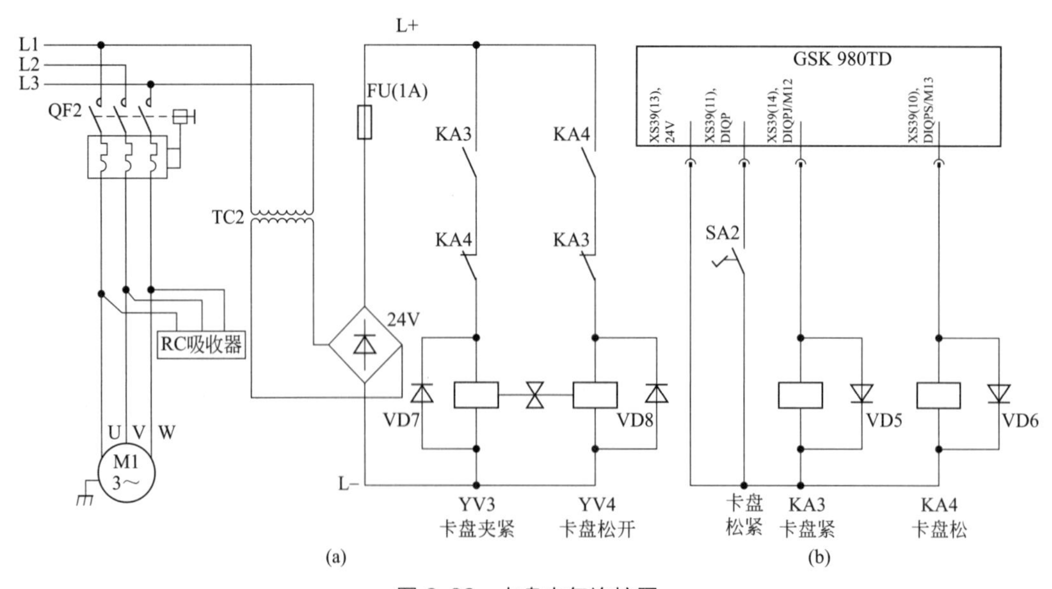

图 3.83 卡盘电气连接图

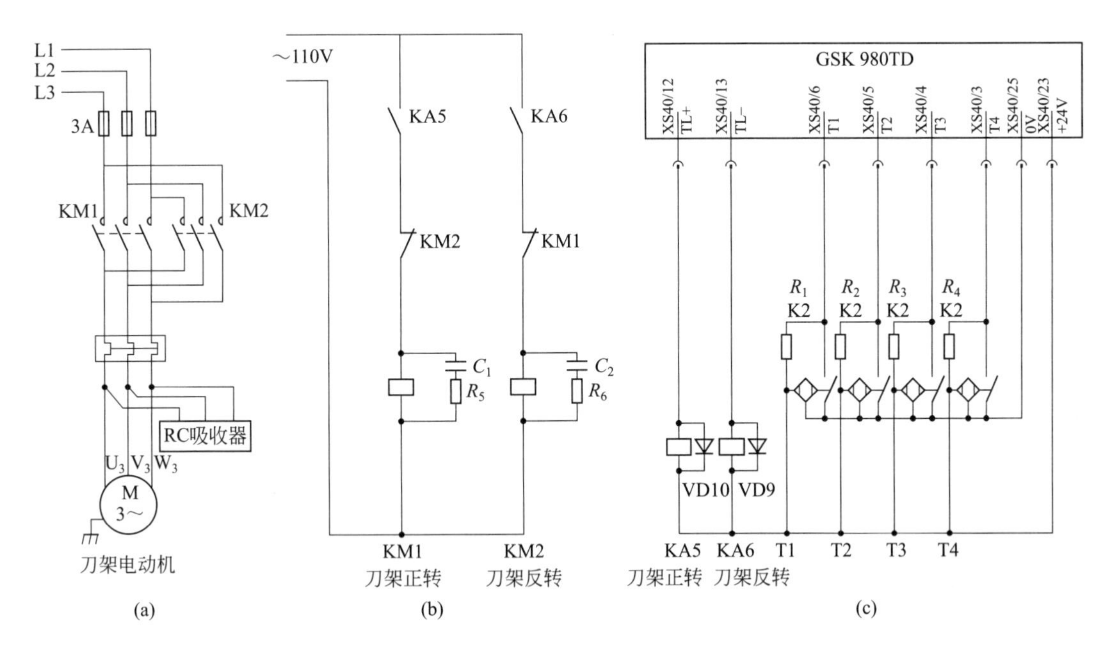

图 3.84　刀架电气连接图

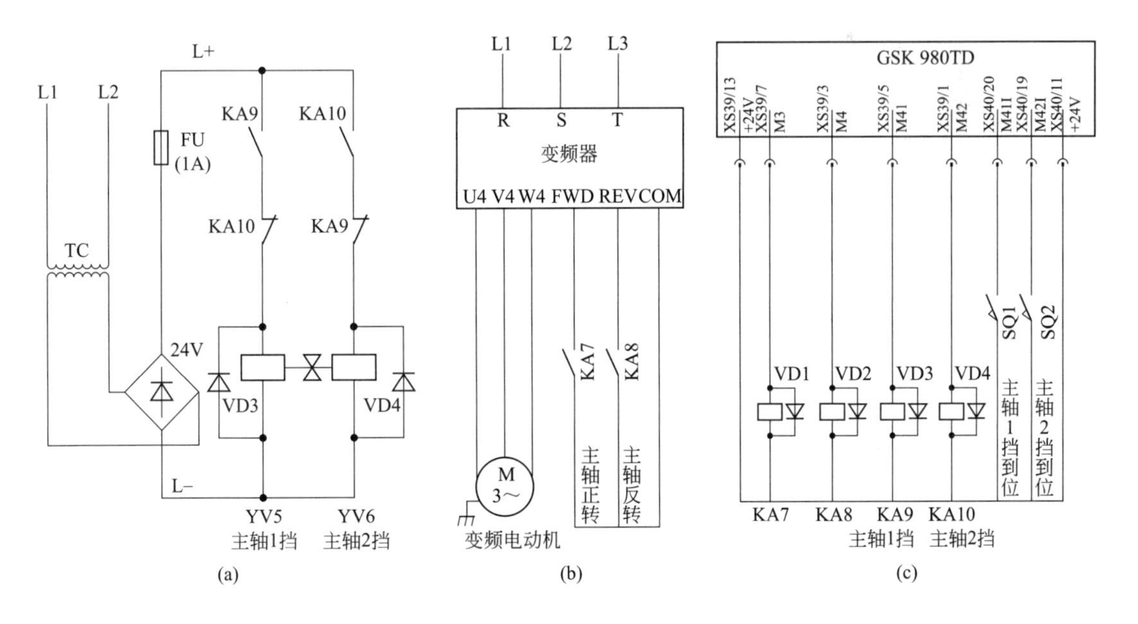

图 3.85　主轴自动换挡连接图

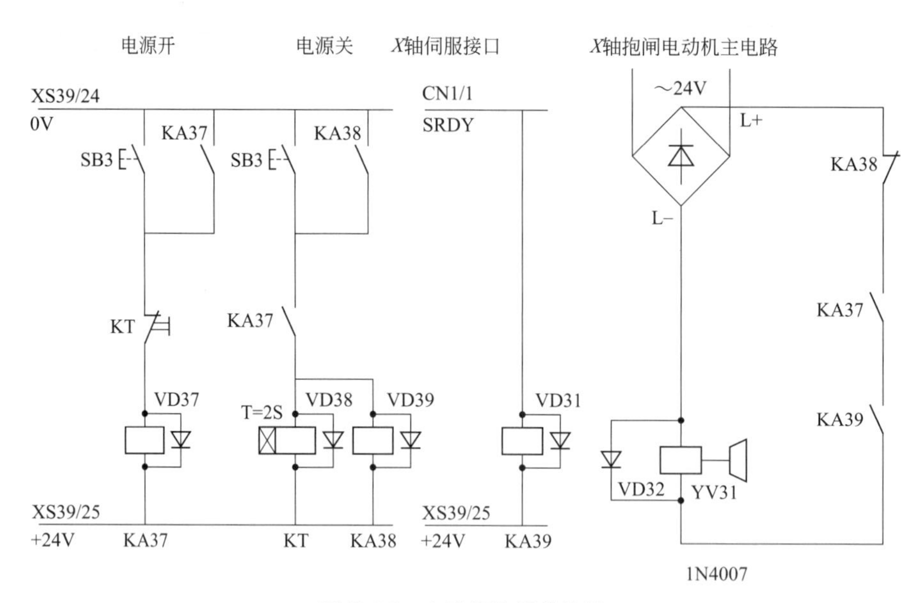

图 3.86 电动机抱闸的连接

三、GSK 980TD 数控车床 G 代码简介

知识目标

（1）理解数控车床常用 G 代码；

（2）理解数控车床常用固定循环的移动轨迹。

技能目标

（1）掌握数控车床 G00～G03 格式及应用；

（2）掌握数控车床 G32、G70～G75 格式及应用。

（一）G 代码概述

G 代码也叫 G 指令，结构如图 3.87 所示。不同的数控系统，G 代码的功能是不一样的，下面主要介绍 GSK 980TD 数控车床的 G 代码，其他数控系统可以参考相应的数控编程说明书。

GSK 980TD 数控车床的 G 代码由指令地址 G 和其后的 1～2 位指令值组成，用来规定刀具相对工件的运动方式、进行坐标设定等多种操作。

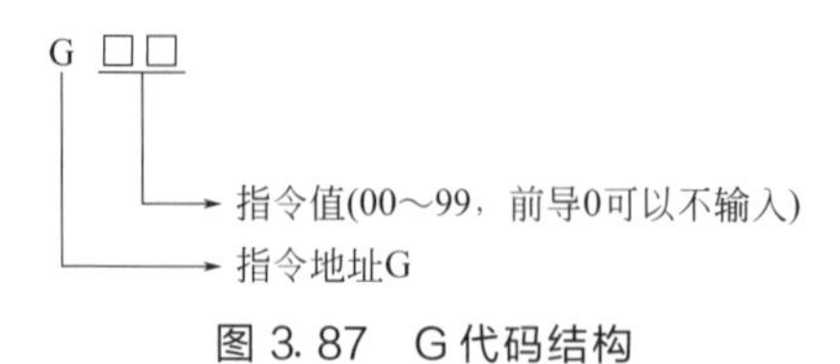

图 3.87 G 代码结构

G 指令分为 00、01、02、03、04 组。其中 00 组 G 指令为非模态 G 指令，其他组 G 指令为模态 G 指令，G00、G40、G97、G98 为初态 G 指令。

G 指令执行后，其定义的功能或状态保持有效，直到被同组的其他 G 指令改变，这种 G 指令称为模态 G 指令。模态 G 指令执行后，其定义的功能或状态被改变以前，后续的程序段执行该 G 指令字时，可不需要再次输入该 G 指令。

G 指令执行后，其定义的功能或状态一次性有效，每次执行该 G 指令时，必须重新输入该 G 指令字，这种 G 指令称为非模态 G 指令。

系统上电后，未经执行其功能或状态就有效的模态 G 指令称为初态 G 指令。上电后不输入 G 指令时，按初态 G 指令执行。GSK 980TD 的初态指令为 G00、G40、G97、G98。

（二）常用 G 代码

常用 G 代码如表 3.1 所示

表 3.1　GSK 980TD 数控车床 G 代码一览表

指令字	组别	功能	备注
G00	01	快速移动	初态 G 指令
G01		直线插补	模态 G 指令
G02		圆弧插补（逆时针）	
G03		圆弧插补（顺时针）	
G32		螺纹切削	
G90		轴向切削循环	
G92		螺纹切削循环	
G94		径向切削循环	
G04	00	暂停、准停	非模态 G 指令
G28		返回机械零点	
G50		坐标系设定	
G65		宏指令	
G70		精加工循环	
G71		轴向粗车循环	
G72		径向粗车循环	
G73		封闭切削循环	
G74		轴向切槽多重循环	
G75		径向切槽多重循环	
G76		多重螺纹切削循环	
G96	02	恒线速开	模态 G 指令
G97		恒线速关	初态 G 指令
G98	03	每分进给	初态 G 指令
G99		每转进给	模态 G 指令

续表

指 令 字	组别	功 能	备 注
G40	04	取消刀尖半径补偿	初态 G 指令
G41		刀尖半径左补偿	模态 G 指令
G42		刀尖半径右补偿	

（三）刀具功能

GSK 980TD 的刀具功能（T 指令）具有两个作用：自动换刀和执行刀具偏置。自动换刀的控制逻辑由 PLC 梯形图处理，刀具偏置的执行由 NC 处理。指令格式如图 3.88 所示。

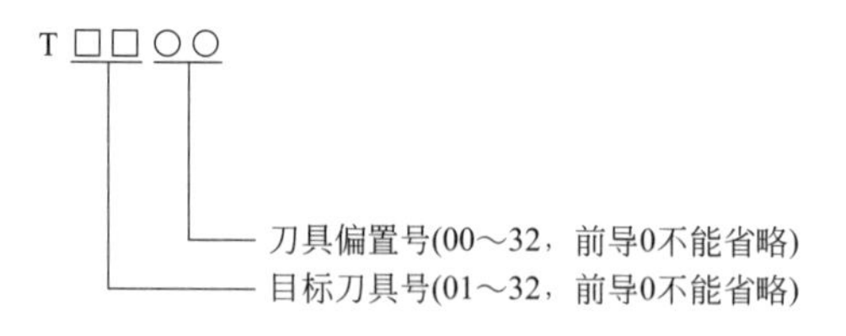

图 3.88 刀具功能格式及应用

（四）M 指令（辅助功能）

1. 程序停止 M00

指令格式：M00 或 M0。

指令功能：执行 M00 指令后，程序运行停止，显示“暂停”字样，按循环启动键后，程序继续运行。

2. 主轴正转 M03（顺时针）、主轴反转 M04（逆时针）、停止控制 M05

指令格式：M03 或 M3 ，M04 或 M4 ，M05 或 M5。

指令功能：M03 为主轴正转；M04 为主轴反转；M05 为主轴停止。

3. 冷却泵控制 M08、M09（支持两种切削液）

指令格式：M08 或 M8 ，M09 或 M9。

指令功能：M08 为冷却泵开；M09 为冷却泵关。

4. 润滑液控制 M32、M33

指令格式：M32，M33。

指令功能：M32 为润滑泵开；M33 为润滑泵关。

5. 程序结束 M02

指令格式：M02 或 M2。

指令功能：在自动方式下，执行 M02 指令，当前程序段的其他指令执行完成后，自动运行结束，光标停留在 M02 指令所在的程序段，不返回程序开头；若要再次执行程序，必须让光标返回程。

6. 程序运行结束 M30

指令格式：M30。

指令功能：在自动方式下，执行 M30 指令，当前程序段的其他指令执行完成后，自动运行结束，加工件数加 1，取消刀尖半径补偿，光标返回程序开头（是否返回程序开头由参数决定)。

常见的M指令如表3.2所示。

表3.2　常见的M指令

指令	功能	备注
M00	程序暂停	
M03	主轴正转	功能互锁,状态保持
M04	主轴反转	
* M05	主轴停止	
M08	冷却液开	功能互锁,状态保持
* M09	冷却液关	
M10	尾座进	功能互锁,状态保持
M11	尾座退	
M12	卡盘夹紧	功能互锁,状态保持
M13	卡盘松开	
M32	润滑开	功能互锁,状态保持
* M33	润滑关	
* M41、M42	主轴自动换挡	功能互锁,状态保持

注:标准PLC定义的标“*”的指令,上电时有效。

(五)主轴功能

S指令用于控制主轴的转速,GSK 980TD控制主轴转速的方式有两种。

主轴转速开关量控制方式:S□□(两位数指令值)指令由PLC处理,PLC输出开关量信号到机床,实现主轴转速的有级变化。

四、GSK 980TD数控车床零件加工编程实例

(1)理解数控车床一般简单零件的加工工艺;

(2)理解数控车床循环指令编程的意义。

(1)掌握数控车床简单零件应用G00～G03编程;

(2)掌握数控车床简单零件应用循环指令编程。

(一)手柄精加工编程

手柄相关尺寸如图3.89所示。编程可以采用直径编程,也可以采用半径编程,还可以采用混合编程,究竟采用什么方式主要看图纸尺寸标注与计算,还有就是个人习惯。

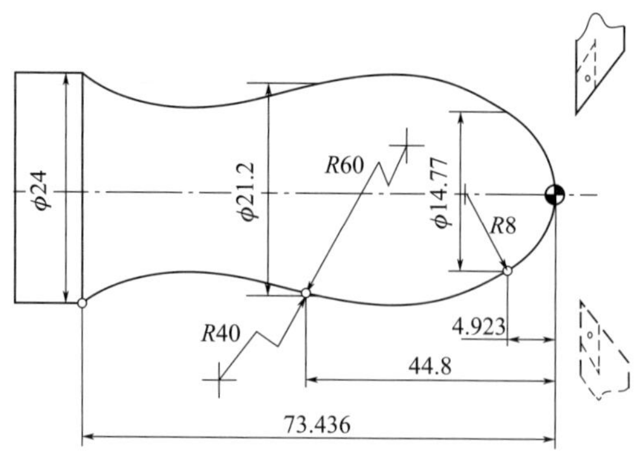

图 3.89　手柄

精加工参考程序(采用半径编程）如下。

```
O3010
N5 M3 S800 T0101                主轴正转，转速 800r/min，使用 1 号刀 1 号刀补；
N10 G92 X16 Z1                  设立坐标系，定义对刀点的位置；
N20 G37 G00 Z0 M03              移到子程序起点处，主轴正转；
N30 M98 P0003 L6                调用子程序，并循环 6 次；
N40 G00 X16 Z1                  返回对刀点；
N50 G36                         取消半径编程；
N60 M05                         主轴停；
N70 M30                         主程序结束并复位；
O3013                           子程序名；
N10 G01 U-12 F100               进刀到切削起点处，注意留下后面切削的余量；
N20 G03 U7.385 W-4.923 R8       加工 R8mm 圆弧段；
N30 U3.215 W-39.877 R60         加工 R60mm 圆弧段；
N40 G02 U1.4 W-28.636 R40       加工 R40mm 圆弧段；
N50 G00 U4                      离开已加工表面；
N60 W73.436                     回到循环起点 Z 轴处；
N70 G01 U-4.8 F100              调整每次循环的切削量；
N80 M99                         子程序结束，并回到主程序。
```

（二）G02、G03 编程实例

如图 3.90 所示是一个设备装饰球，它的加工需要 G02、G03 来进行圆弧插补指令编程。

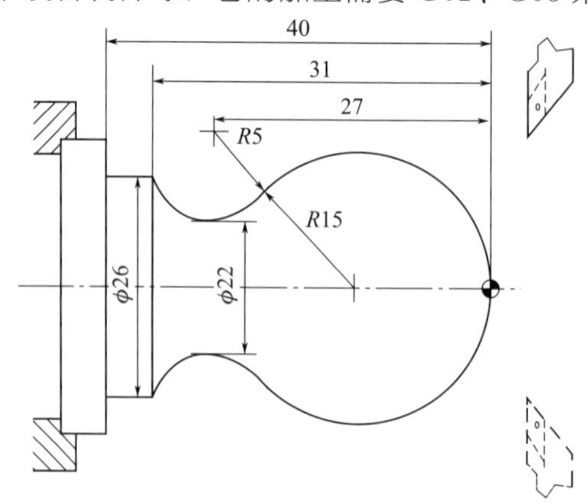

图 3.90　设备装饰球

精加工参考程序如下。

```
O3020
N5 M3 S800 T0201            主轴正转，转速 800r/min，使用 2 号刀 1 号刀补；
N10 G92 X40 Z5              设立坐标系，定义对刀点的位置；
N20 M03 S400                主轴以 400r/min 旋转；
N30 G00 X0                  到达工件中心；
N40 G01 Z0 F60              工进接触工件毛坯；
N50 G03 U24 W-24 R15        加工 R15mm 圆弧段；
N60 G02 X26 Z-31 R5         加工 R5mm 圆弧段；
N70 G01 Z-40                加工 φ26mm 外圆；
N80 X40 Z5                  回对刀点；
N90 M30                     主轴停，主程序结束并复位。
```

（三）圆柱螺纹编程实例

如图 3.91 所示为圆柱螺纹加工，先用 1 号 90°外圆刀加工 M30 外圆到 ϕ29.85mm，倒角 1.5mm；再用 2 号 3mm 宽切槽刀切槽；然后用 3 号 60°螺纹刀加工螺纹，螺纹导程为 1.5mm，倒角 1.5mm，每次吃刀量（直径值）分别为 0.8mm、0.6 mm 、0.4mm、0.16mm。

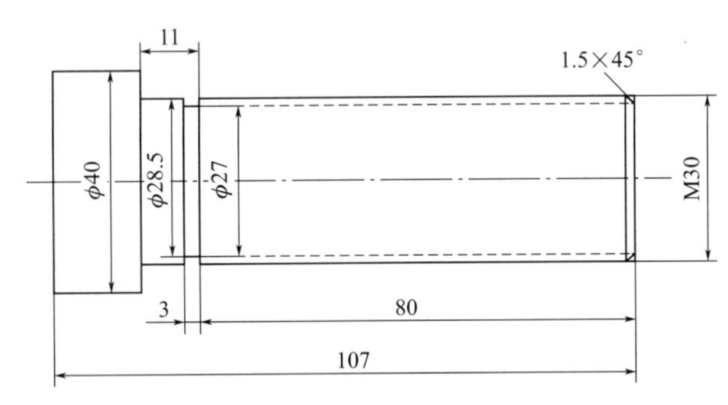

图 3.91　圆柱螺纹加工

参考程序(本编程不考虑 ϕ40mm 部分加工）如下。

```
O3030
N02 M3 S800 T0101  M08      主轴正转，转速 800r/min，使用 1 号刀 1 号刀补，打开冷却液；
N04 G00 X45                 X 轴快速定位；
N06 Z0                      Z 轴快速定位；
N08 G01 X0 F100             车端面；
N10 G00 X35                 径向第一刀定位；
N12 G01 Z-91                径向第一刀；
N14 X42                     径向退刀；
N16 G00 Z3                  轴向定位；
N18 X31                     X 轴向定位；
N20 G01 Z-91                径向第二刀；
N22 X42                     径向退刀；
N24 G00 Z3                  轴向定位；
N26 X25.5                   倒角定位；
N28 Z0 F70                  倒角；
N30 X28.5 Z-1.5             倒角；
N40 Z-91                    径向第三刀精加工；
```

```
N50 X42                    径向退刀；
N55 G00 Z150 M05           主轴停止，刀架移动到安全位置；
N60 T0201                  换 2 号切槽刀；
N65 M3 S400                主轴正转，转速 400r/min；
N70 G00 X32                X 轴定位；
N72 Z-80                   Z 轴定位；
N74 G01 X27 F80            切槽；
N76 X32 F200               X 向退刀；
N80 G00 Z150 M05           主轴停止，刀架移动到安全位置；
N82 T0301                  换 3 号螺纹刀；
N110 G92 X50 Z5            设立坐标系，定义对刀点的位置；
N120 M03 S300              主轴以 300r/min 旋转；
N130 G00 X29.2 Z3          到螺纹起点，升速段 1.5mm，吃刀深 0.8mm；
N140 G32 Z-81.5 F1.5       切削螺纹到螺纹切削终点，降速段 1mm；
N150 G00 X40               X 轴方向快退；
N160 Z3                    Z 轴方向快退到螺纹起点处；
N170 X28.6                 X 轴方向快进到螺纹起点处，吃刀深 0.6mm；
N180 G32 Z-81.5 F1.5       切削螺纹到螺纹切削终点；
N190 G00 X40               X 轴方向快退；
N210 Z3                    Z 轴方向快退到螺纹起点处；
N220 X28.2                 X 轴方向快进到螺纹起点处，吃刀深 0.4mm；
N230 G32 Z-81.5 F1.5       切削螺纹到螺纹切削终点；
N240 G00 X40               X 轴方向快退；
N250 Z3                    Z 轴方向快退到螺纹起点处；
N260 U-11.96               X 轴方向快进到螺纹起点处，吃刀深 0.16mm；
N270 G32 W-81.5 F1.5       切削螺纹到螺纹切削终点；
N280 G00 X40               X 轴方向快退；
N290 X50 Z120              回对刀点；
N300 M05 M09               主轴停，关闭切削液；
N310 M30                   主程序结束并复位。
```

（四）外径粗加工复合循环编程

外径粗加工复合循环编程如图 3.92 所示。要求循环起始点在 $A(46,3)$，切削深度为 1.5mm(半径量)；退刀量为 1mm，X 方向精加工余量为 0.4mm，Z 方向精加工余量为 0.1mm，其中点画线部分为工件毛坯。

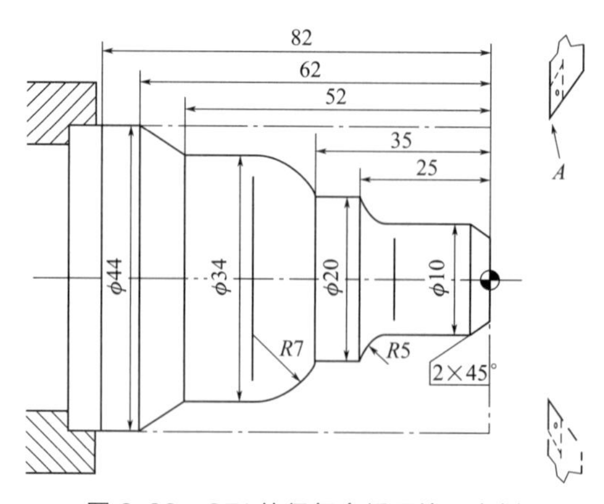

图 3.92　G71 外径复合循环编程实例

参考程序如下。

```
O3040
N05 T0101                            选择 1 号刀 1 号刀补;
N10 G55 G00 X80 Z80                  选定坐标系 G55,到程序起点位置;
N20 M03 S400 M08                     主轴以 400r/min 正转,打开切削液;
N30 G01 X46 Z3 F100                  刀具到循环起点位置;
N40 G71U1.5R1P5Q13X0.4 Z0.1          粗切量为 1.5mm,精切量为 X0.4mm、Z0.1mm;
N50 G00 X0                           精加工轮廓起始行,到倒角延长线;
N60 G01 X10 Z-2                      精加工 2mm×45°倒角;
N70 Z-20                             精加工 φ10mm 外圆;
N80 G02 U10 W-5 R5                   精加工 R5mm 圆弧;
N90 G01 W-10                         精加工 φ20mm 外圆;
N100 G03 U14 W-7 R7                  精加工 R7mm 圆弧;
N110 G01 Z-52                        精加工 φ34mm 外圆;
N120 U10 W-10                        精加工外圆锥;
N130 W-20                            精加工 φ44mm 外圆,精加工轮廓结束行;
N140 X50                             退出已加工面;
N150 G00 X80 Z80                     回对刀点;
N160 M05 M09                         主轴停,关闭切削液;
N170 M30                             主程序结束并复位。
```

（五）零件综合加工编程

如图 3.93 所示，分析零件图，其中材料为 45 钢，毛坯为 ϕ40mm×120mm，所用的刀具为 1 号刀(外圆车刀)、2 号刀［切槽车刀（3mm 刀宽)］、3 号刀(螺纹车刀)。

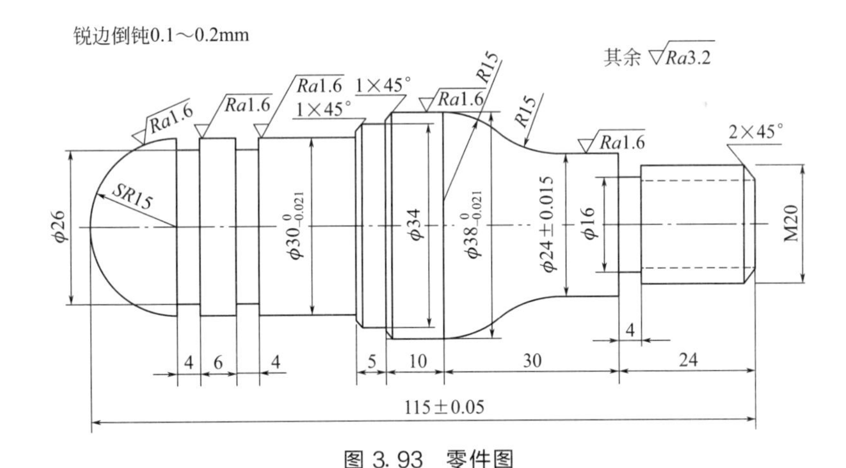

图 3.93　零件图

先加工零件左端边表面，参考程序如下。

```
O3050
M03 S650 T0101          外圆车刀。
G0 X40 Z5
G71 U0.75 R2
G71 P10 Q20 U0.5 F120
N10 G0 X0 S1200
G1 Z0 F80
G3 X30 Z-15 R15
```

```
G1 Z-46
X32
X34 Z-47
Z-51
X36
X38 Z-52
N20 Z-63
G70 P10 Q20
G0 X100 Z100
T0202
G0 X35 Z-29 S500
G1 X26 F40
X35 F100
W1
X26 F40
X35 F100
Z-29
X26 F40
X35 F100
W1
X26 F40
X35 F100
Z-14 S600
G1 X26 F40
X35 F100
W1
X26 F40
X35 F100
G0 X100 Z100
T0200
M30
```

然后再加工零件右端边表面，参考程序如下。

```
O3051
M03 S650 T0101
G0 X40 Z5
G71 U0.75 R2
G71 P10 Q20 U0.5 F120
N10 G0 X16 S1200
G1 Z0 F80
G1 X19.75 Z-2
Z-24
X24
Z-34.74
G2 X31 Z-44.37 R15
N20 G3 X38 Z-54 R15
G70 P10 Q20
G0 X100 Z100
T0202                  3mm 的切槽车刀。
G0 X35 Z-14 S600
```

```
G1 X16 F40
X35 F100
W1
X16 F40
X35 F100
G0 X100 Z100
T0303                    螺纹车刀。
G0 X30 Z5 S600
G92 X19.4 Z-24 F2.5
X19
X18.5
X18
X17.5
X17
X16.8
X16.75
G0 X100 Z100
T0300
M30
```

练习与思考

一、填空题

1. 只有在位置偏差（跟随误差）为（　　　　　　　）时，工作台才停止在要求的位置上。
2. 半闭环控制中，CNC 精确控制电动机的旋转角度，然后通过（　　　　　　　）传动机构，将角度转换成工作台的直线位移。
3. 开环伺服系统的主要特征是系统内没有（　　　　　　　　　）装置，通常使用（　　　　　）为伺服执行机构。
4. 辅助控制装置的主要作用是接受数控装置输出的（　　　　　　）指令信号，主要控制装置是（　　　　　　　）。
5. 进给伺服系统是以（　　　　　　　）为控制量的自动控制系统，它根据数控装置插补运算生成的（　　　　　　　），精确地变换为机床移动部件的位移，直接反映了机床坐标轴跟踪运动指令和实际定位的性能。
6. 闭环和半闭环控制是基于（　　　　　　）原理工作的。
7. 数控机床的基本组成包括（　　　　　　）、（　　　　　　）、（　　　　　　）、（　　　　　　　）、（　　　　　　）以及机床本体。
8. 数控车床是目前使用较为广泛的数控机床之一。它主要用于轴类零件或盘类零件的内外圆柱面、任意锥角的内外圆锥面、复杂回转内外曲面和圆柱、圆锥螺纹等切削加工，并能进行（　　　　　　）、（　　　　　　）、扩孔、铰孔及镗孔等。
9. 数控车床可分为卧式和（　　　　　　）两大类。
10. FMC 车床实际上是一个由数控车床、（　　　　　）等构成的柔性加工单元，它能实现工件搬运、装卸的自动化和加工调整准备的自动化。
11. 卡盘是机床上用来（　　　　　）工件的机械装置。

12. 卡盘体直径最小为（　　　　　）mm，最大可达1500mm，中央有通孔，以便通过工件或棒料；背部有圆柱形或短锥形结构，直接或通过法兰盘与机床主轴端部相连接。
13. 尾架也叫（　　　　），对轴向尺寸和径向尺寸的比值较大的零件，需要采用安装在尾架上的活（　　　　）对零件尾端进行支撑，才能保证对零件进行正确的加工。
14. 数控刀架安装在数控车床的（　　　　　）上。它上面可以装夹多把刀具，在加工中实现（　　　　　）刀架的作用是装夹车刀、孔加工刀具及螺纹刀具，并能准确迅速地选择刀具进行对工件的切削。
15. 铣削头属于动力部件。动力部件是为组合机床提供（　　　）运动和（　　　　）运动的部件。主要有铣削动力头、动力箱、切削头、镗刀头和动力滑台。
16. 联轴器又称联轴节，联轴器是用来连接两轴或轴与回转进给机构的两根轴，使之一起回转与传递（　　　　）和运动的一种装置。
17. 齿轮传动装置是指由齿轮副传递运动和动力的装置，它是现代各种设备中应用最广泛的一种机械传动方式。它的传动比（　　　　），效率（　　　　），结构紧凑，工作可靠，寿命长。
18. 同步带轮传动装置由一根内周表面设有（　　　　　　）的封闭环形胶带和相应的带轮所组成。
19. 滚珠丝杠螺母副（简称滚珠丝杆副）是回转运动与（　　　　）运动相互转换的理想传动装置，它的结构特点是具有螺旋槽的丝杠螺母间装有滚珠（作为中间传动元件），以减少摩擦。
20. 滚珠丝杠螺母副常用的循环方式有两种：（　　　　）循环和（　　　　）循环。
21. 数控系统（有时称为控制系统）是数控车床的控制（　　　　　）。

二、判断题

1. （　　）主轴（Spindle）转速控制、刀具（Tool）自动交换控制属于数控系统的辅助功能。
2. （　　）直线控制数控系统可控制任意斜率的直线轨迹。
3. （　　）开环控制数控系统无反馈（Feedback）回路。
4. （　　）配置SINUMERIK 802S数控系统的数控机床采用步进电动机作为驱动元件。
5. （　　）闭环控制数控系统的控制精度（Accuracy）高于开环控制数控系统的控制精度。
6. （　　）全闭环控制数控系统不仅具有稳定的控制特性，而且控制精度高。
7. （　　）半闭环控制数控机床安装有直线位移检测装置。
8. （　　）机床工作台（Table）的移动是由数控装置发出位置控制命令和速度控制命令而实现的。
9. （　　）刀具（Tool）按程序正确移动是按照数控装置发出的开关命令实现的。
10. （　　）机床主轴（Spindle）的启动与停止是根据CNC发出的开关命令，由PLC完成的。
11. （　　）CNC中，位置调节器是用模拟调节器。
12. （　　）在双环进给轴控制器中，转速调节器的输入是位置调节器的输出。

13.（　　）穿孔纸带（Tape）是控制介质的一种。

14.（　　）软盘属于输出装置。

15.（　　）M功能指令被传送至PLC-CPU，用PLC程序来实现M功能。

16.（　　）数控加工程序中有关机床电器的逻辑控制及其他一些开关信号的处理是用PLC控制程序来实现的，一般用C语言编写。

17.（　　）CNC对加工程序解释时，将其区分成几何的、工艺的数据和开关功能。刀具（Tool）的选择和交换属于开关功能。

18.（　　）位置调节器的命令值就是插补器发出的运动序列信号。

19.（　　）目前的闭环伺服系统都能达到0.001μm的分辨率。

20.（　　）经济型数控机床一般采用半闭环系统。

21.（　　）数控机床一般采用PLC作为辅助控制装置。

22.（　　）半闭环和全闭环位置反馈系统的根本差别在于位置传感器安装的位置不同，半闭环的位置传感器安装在工作台上，全闭环的位置传感器安装在电动机的轴上。

23.（　　）只有半闭环系统需要进行螺距误差补偿，而全闭环系统不需要。

24.（　　）数控机床的数控系统主要由计算机数控装置和伺服系统等部分组成。

25.（　　）传统的机械加工都是用手工操作普通机床作业的，加工时用手摇动机械或者在一定条件下自动进行刀具切削金属，靠眼睛、用卡尺等工具测量产品的精度。

26.（　　）数控车床又称为CN车床。

27.（　　）早期的经济型数控车床，是采用步进电动机和计算机对普通车床的车削进给系统进行改造后形成的简易型数控车床。

28.（　　）开环伺服系统是有位置反馈的系统。

29.（　　）驱动系统是数控车床切削工作的动力部分，主要实现主运动和进给运动。在数控车床中，驱动系统为伺服系统。

30.（　　）与普通车床相类似，辅助装置是指数控车床中一些为加工服务的配套部分，其中不包括液压、气动装置，冷却、照明、润滑、防护和排屑装置等。

三、选择题

1. 欲加工一条与X轴成30°的直线轮廓，应采用（　　）数控机床。

A. 点位控制　　B. 直线控制　　C. 轮廓控制

2. 经济型数控车床多采用（　　）控制系统。

A. 闭环　　B. 半闭环　　C. 开环

四、简答题

1. 简述滚珠丝杠螺母副的特点。
2. 简述数控车床的特点。
3. 简述斜床身数控车床的主要优点。
4. 简述冷却系统保养维修注意事项。
5. 什么是机床坐标系？

五、编程题

1. 试编写套类零件加工程序，如图3.94所示，毛坯ϕ45mm×50mm材料为45钢。

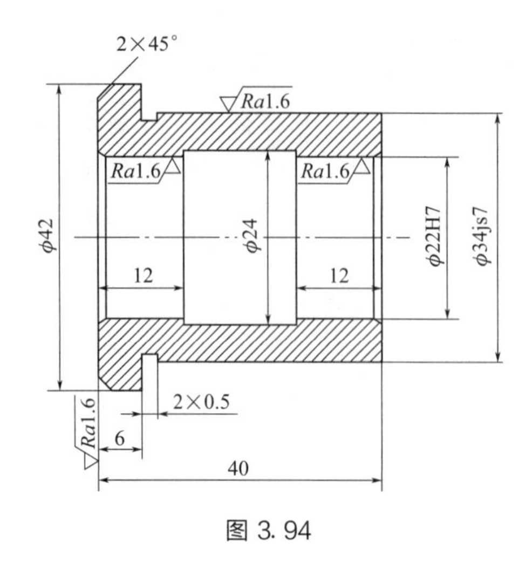

图 3.94

2. 试编写轴类零件加工程序，如图 3.95 所示，毛坯 φ45mm×80mm 材料为 45 钢。

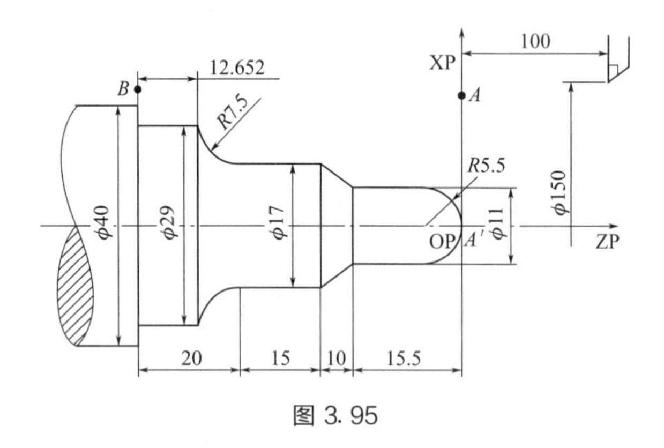

图 3.95

3. 试编写轴类零件加工程序，如图 3.96 所示，毛坯 φ40mm×60mm 材料为 45 钢。

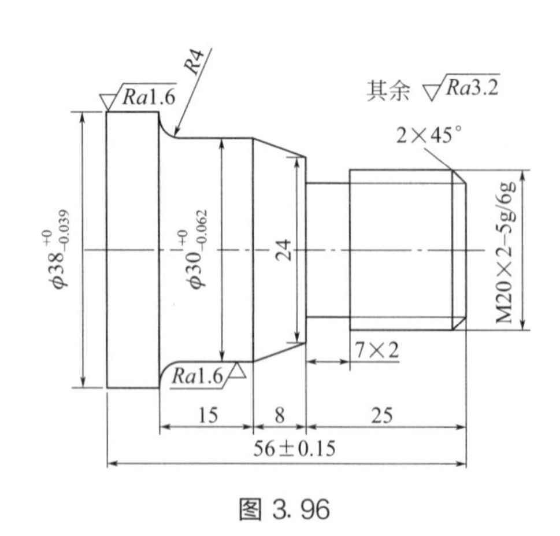

图 3.96

第二节　加工中心

一、加工中心机械结构简介

知识目标

（1）理解加工中心的分类；

（2）了解加工中心的主要组成。

技能目标

（1）掌握立式加工中心和卧式加工中心特点；

（2）理解标准型数控系统一般组成。

（一）加工中心的分类

1. 加工中心按机床形态分类

1）立式加工中心

立式加工中心是指主轴轴线与工作台垂直设置的加工中心，主要适用于加工板类、盘类、模具及小型壳体类复杂零件。

图 3.97 为 JCS-018A 型立式加工中心结构图。立式加工中心能完成铣、镗削、钻削、攻螺纹和切削螺纹等工序。立式加工中心最少是三轴二联动，一般可实现三轴三联动，有的可进行五轴、六轴控制。立式加工中心立柱高度是有限的，对箱体类工件加工范围要减少，这是立式加工中心的缺点。

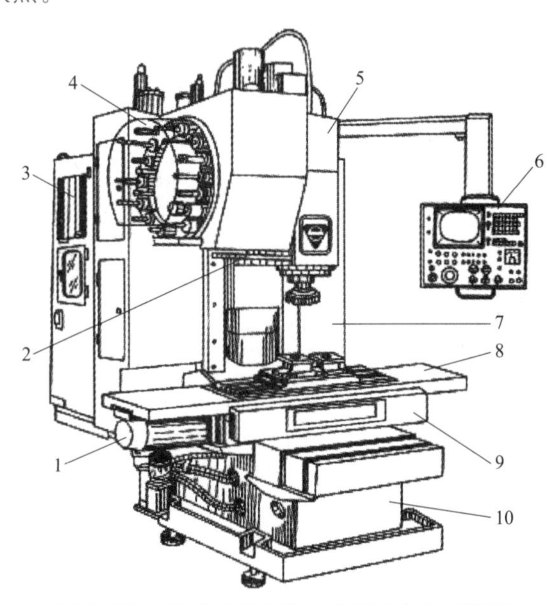

图 3.97　JCS-018A 型立式加工中心结构图

1—X 轴的直流伺服电动机；2—换刀机械手；3—数控柜；4—盘式刀库；5—主轴箱；6—操作面板；7—驱动电源柜；8—工作台；9—滑座；10—床身

立式加工中心的主轴中心线为垂直状态设置，有固定立柱式和移动立柱式两种结构形式，多采用固定立柱式结构。图 3.98 为立式加工中心外观照片。

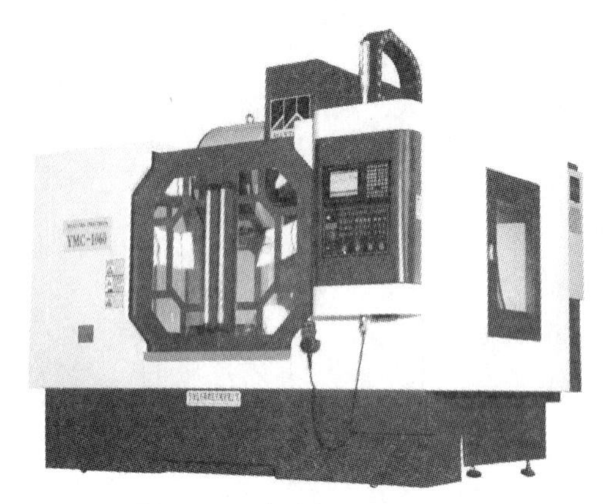

图 3.98　立式加工中心外观

立式加工中心优点：立式加工中心结构简单，占地面积小，价格相对较低，装夹工件方便，调试程序容易，应用广泛，主要表现在以下方面。

(1) 立式加工中心生产效率高；

(2) 立式加工中心适应性强、灵活性好；

(3) 立式加工中心精度高、加工质量稳定；

(4) 能提高经济效益，也是企业实力的具体表现，会促成更多业务量的增加。

立式加工中心主要缺点：不能加工太高的零件，在加工型腔或下凹的型面时切屑不易排除，严重时会损坏刀具，破坏已加工表面，影响加工的顺利进行。

2) 卧式加工中心

卧式加工中心是指主轴轴线与工作台平行设置的加工中心，主要适用于加工箱体类零件，图 3.99 为卧式加工中心结构图，图 3.100 为卧式加工中心外观照片。

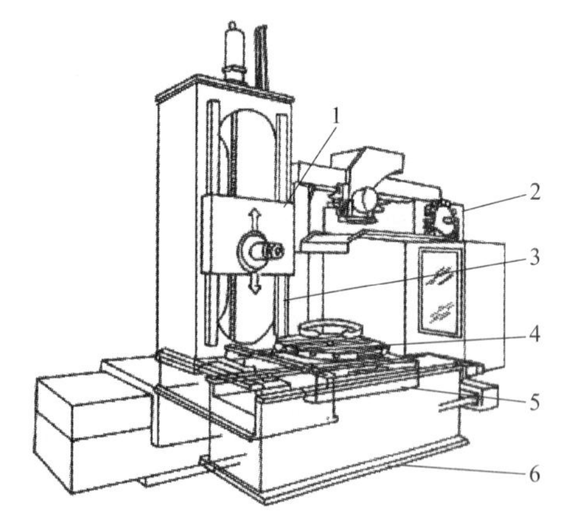

图 3.99　卧式加工中心结构图

1—主轴头；2—刀库；3—立柱；4—立柱底座；5—工作台；6—工作台底座

图 3.100　卧式加工中心外观

卧式加工中心的主轴处于水平状态，通常带有可进行分度回转运动的正方形工作台。一般具有 3～5 个运动坐标，常见的是三个直线运动坐标加一个回转运动坐标，它能够使工件在一次装夹后完成除安装面和顶面以外的其余四个面的加工，最适合加工箱体类零件。一般具有分度工作台或数控转换工作台，可加工工件的各个侧面；也可作多个坐标的联合运动，以便加工复杂的空间曲面。

卧式加工中心优点：最适合加工各类型箱体类零件及二维、三维曲面，是机械、汽车、船舶、纺织机械、印刷机械、农机等行业加工箱体类零件的关键设备。与立式加工中心相比，卧式加工中心加工时排屑容易，对加工有利。

卧式加工中心缺点：与立式加工中心相比较，卧式加工中心在调试程序及试切时不宜观察，加工时不便监视，零件装夹和测量不方便；卧式加工中心的结构复杂，占地面积大，价格也较高。

3）龙门加工中心(图 3.101)

形状与龙门铣床相似，主轴多为垂直设置，除自动换刀装置以外，还带有可更换的主轴头附件，数控装置的软件功能也较齐全，能够一机多用。适用于大型或形状复杂的工件，如汽车模具，飞机的梁、框、壁板等整体结构件。

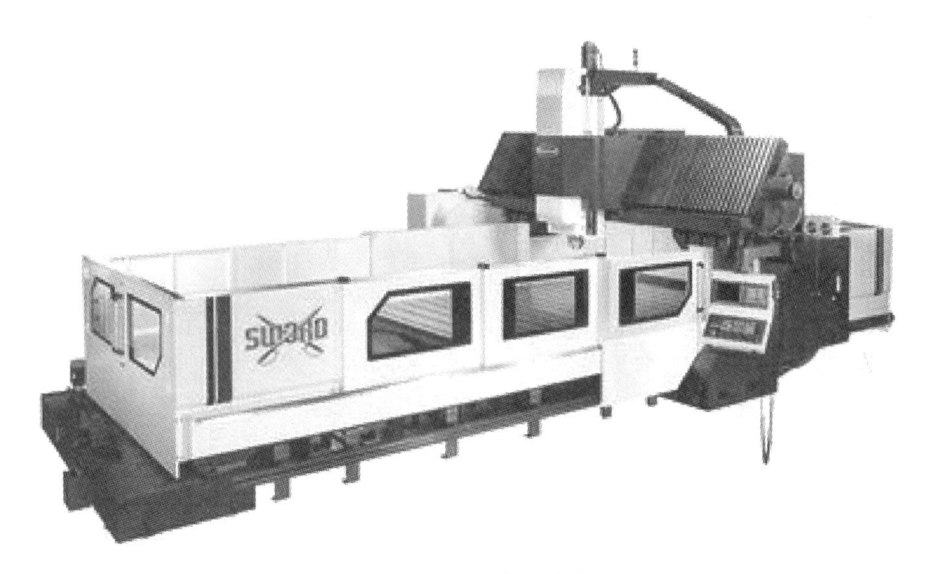

图 3.101　龙门加工中心

龙门加工中心有两种形式，一种是其主轴可以旋转 90°，可以进行立式和卧式加工；另一种是其主轴不改变方向，而由工作台带着工件旋转 90°，完成对工件五个表面的加工。

龙门加工中心优点：加工方式可以最大限度地减少工件的装夹次数，减小工件的形位误差，从而提高生产效率，降低加工成本。

龙门加工中心缺点：五面加工中心存在着结构复杂、造价高、占地面积大等缺点，所以它的使用远不如其他类型的加工中心。

2. 按运动坐标数和同时控制的坐标数分类

加工中心可分为三轴二联动、三轴三联动、四轴三联动、五轴四联动、六轴五联动等。

3. 按工作台数量和功能分类

可以分为单工作台加工中心、双工作台加工中心和多工作台加工中心。

4. 按加工精度分类

可以分为普通加工中心和高精度加工中心。普通加工中心分辨率为 1μm，最大进给速度为 15～25m/min，定位精度为 10μm 左右；高精度加工中心分辨率为 0.1μm，最大进给速度为 15～100m/min，定位精度为 2μm 左右，介于 2～10μm 之间的，以±5μm 较多，可称精密级。

（二）特点及功能

(1) 加工中心是在数控铣床或数控镗床的基础上增加了自动换刀装置，一次装夹，可完成多道工序加工。

(2) 加工中心如果带有自动分度回转工作台或能自动摆角的主轴箱，可使工件在一次装夹后，自动完成多个平面和多个角度位置的多工序加工。

(3) 加工中心如果带有自动交换工作台，一个工件在工作位置的工作台上进行加工时，另外的工件就可以在装卸位置的工作台上进行装卸，大大缩短了辅助时间，提高了生产率。

（三）加工中心的主要组成

加工中心自问世至今已有 30 多年，世界各国出现了各种类型的加工中心，虽然外形结构各异，但从总体来看主要由基础部件、主轴部件、进给机构、数控系统、自动换刀系统、辅助装置等几大部分组成。

1. 基础部件

基础部件由床身、立柱和工作台等部件组成，它们主要承受加工中心的静负载以及在加工时产生的切削负载，因此，必须具备足够的强度。这些大件通常是铸铁或焊接而成的钢结构件，是加工中心中体积和质量最大的基础构件。

1) 定柱式立式加工中心(即工作台运动，立柱固定型结构)

定柱式立式加工中心，又称工作台运动式立式加工中心。此类立式加工中心产销量占立式加工中心市场的 75%左右，大多数机床制造厂家都有此类结构的机床。此类机床属于传统的普及型立式加工中心，按工作台运动方向分为两种。

(1) 十字滑台结构(工作台有两个方向运动)　机床结构如图 3.102 所示。立柱固定在底座上，鞍座带着工作台在底座上做前后方向(Y 方向) 运动，工作台在鞍座上做左右方向(X 方向) 运动，主轴箱在立柱上做上下方向(Z 方向) 运动。

(2) 其他结构(工作台有一个方向运动)　机床结构如图 3.103 所示。立柱固定在底座上，工作台在底座上做前后方向(Y 方向) 运动，鞍座带着主轴箱在立柱上做左右方向(X 方向) 运动，主轴箱在鞍座上做上下方向(Z 方向) 运动。

此类机床具有以下优点：

(1) 机床成本低，设计、制造比较容易。

(2) 容易实现批量化生产。

(3) 与动柱式加工中心相比，机床的立柱部件、主轴箱部件刚性好；在切削过程中，主轴箱部件振动小。

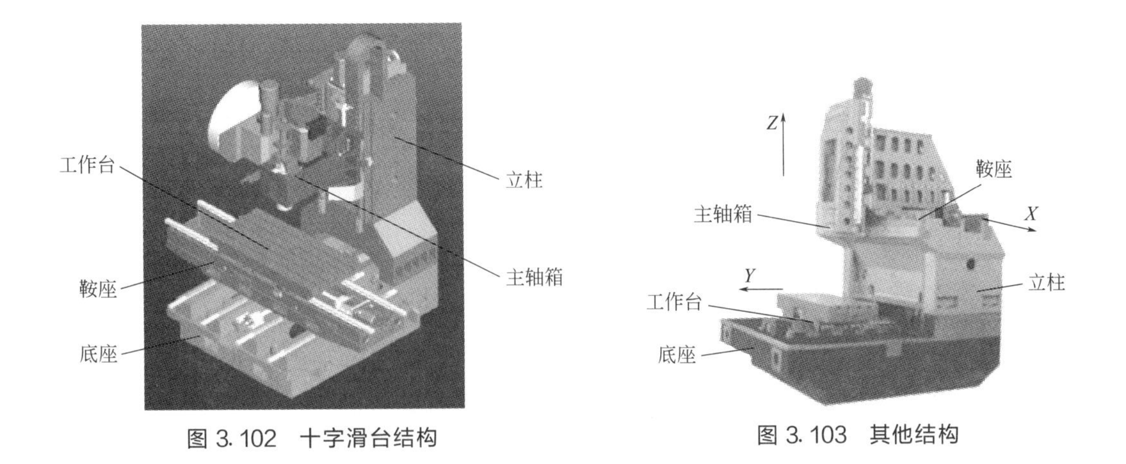

图 3.102　十字滑台结构　　　　图 3.103　其他结构

2）动柱式立式加工中心(即工作台固定，立柱运动型结构)

动柱式立式加工中心，又名固定工作台式立式加工中心，此类立式加工中心产销量占立式加工中心市场的 15%左右，此类机床属于中档的立式加工中心。

机床结构如图 3.104 所示。工作台固定在底座上，鞍座带着立柱在底座上做左右方向(X 方向）运动，立柱在鞍座上做前后方向(Y 方向）运动，主轴箱在立柱上做上下方向(Z 方向）运动。此类机床因为立柱做两个方向运动，又称为全动柱立式加工中心。

3）小型龙门式结构

机床结构如图 3.105 所示，此类立式加工中心产销量占立式加工中心市场的 5%左右，属于高档的立式加工中心，具有以下优点。

(1）由于独特的结构，此类机床刚性好、精度高；

(2）主轴箱部件不悬伸，加工时不承受弯矩造成的变形；

(3）机床可以做到高速加工、高速定位；

(4）可以做到重心驱动，即双丝杠驱动的合力通过了移动部件的重心，是近年来高速、高精度加工的重大突破(Y/Z 轴双丝杠驱动)。

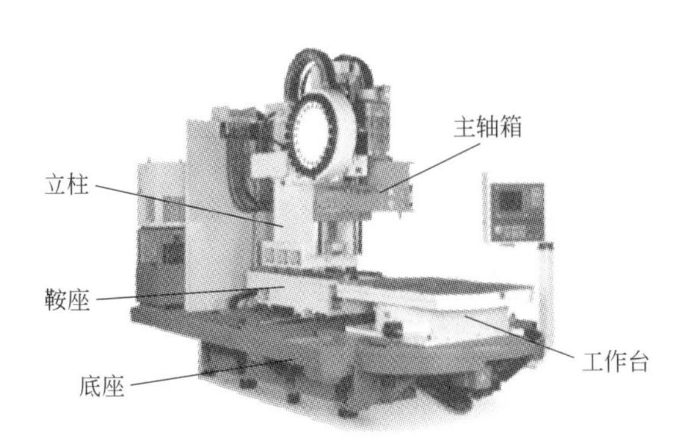

图 3.104　动柱式立式加工中心机床结构

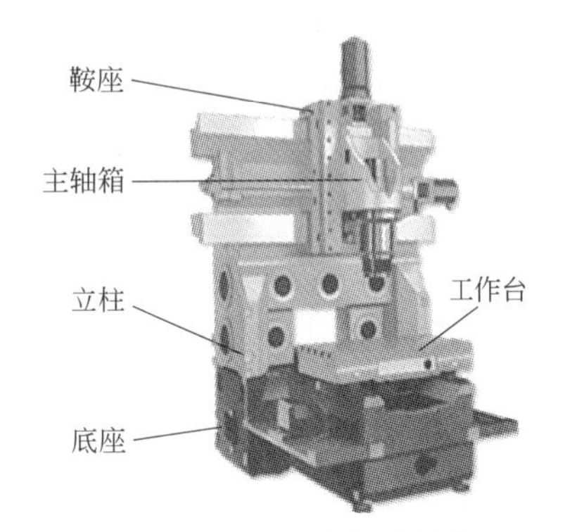

图 3.105　小型龙门式结构

2. 主轴部件

由主轴箱、主轴电动机、主轴和主轴轴承等零件组成。主轴的启、停和变速等动作均由数控系统控制，并且通过装在主轴上的刀具参与切削运动，是切削加工的功率输出部件。

1） 主轴传动的基本要求

数控机床的主传动系统必须通过变速，才能使主轴获得不同的转速，适应不同的加工要求；在变速的同时，还能传递一定的功率和足够的扭矩，能够自动实现无级变速。主传动系统应简化结构，减少传动件、安装刀具和刀具交换所需的自动夹紧装置，应安装位置检测装置，以便实现对主轴位置的控制，满足切削的需要。

2） 电主轴

电主轴是在数控机床领域出现的将机床主轴与主轴电动机融为一体的新技术。电主轴是一套组件，如图 3.106 所示，它包括电主轴本身及其附件，如电主轴、高频变频装置、油雾润滑器、冷却装置、内置编码器、换刀装置等。这种主轴电动机与机床主轴“合二为一” 的传动结构形式，使主轴部件从机床的传动系统和整体结构中相对独立出来，因此可做成“主轴单元”，俗称“电主轴”(Electric Spindle，也可为 Motor Spindle)，特性为高转速、高精度、低噪声，内圈带锁口的结构更适合喷雾润滑。图 3.107 为电主轴实物剖切图。

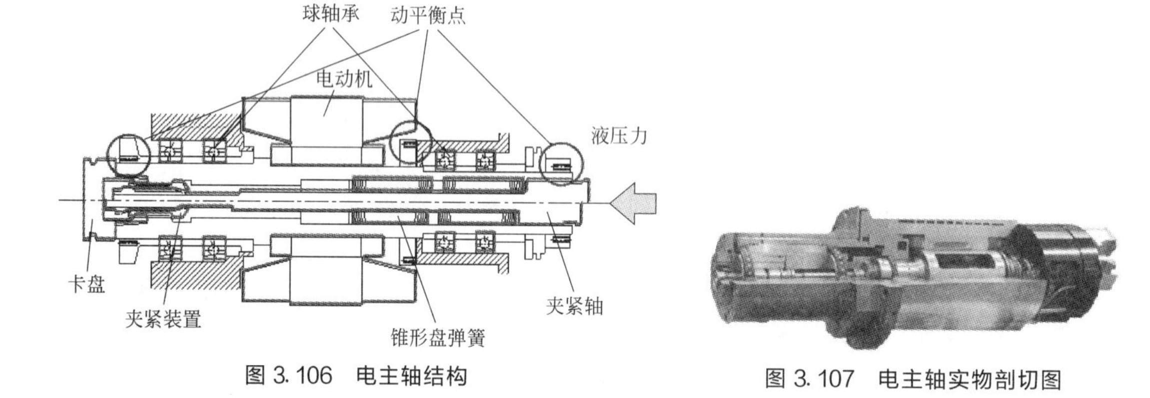

图 3.106 电主轴结构

图 3.107 电主轴实物剖切图

电主轴由无外壳电动机、主轴、轴承、主轴单元壳体、驱动模块和冷却装置等组成。电动机的转子采用压配方法与主轴做成一体，见图 3.108 所示，主轴则由前后轴承支承。电动机的定子通过冷却套安装于主轴单元的壳体中。主轴的变速由主轴驱动模块控制，而主轴单元内的温升由冷却装置限制。在主轴的后端装有测速、测角位移传感器，前端的内锥孔和端面用于安装刀具。

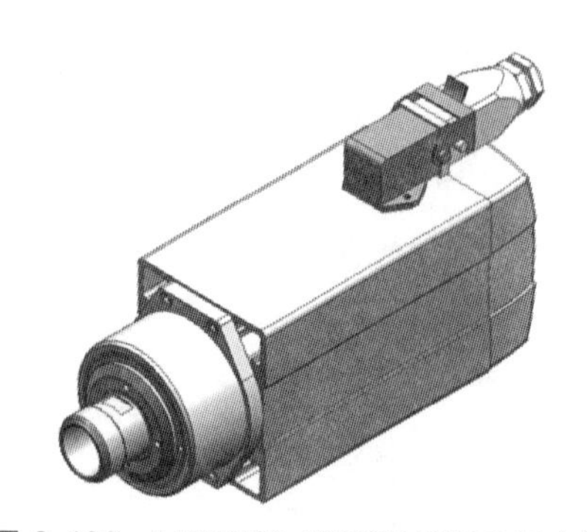

图 3.108 MT1073-Y6162Y0006 电主轴

电主轴优点：具有结构紧凑、重量轻、惯性小、噪声低、响应快等优点，而且转速高、功率大，易于实现主轴定位，是高速主轴单元中的一种理想结构。电主轴轴承采用高速轴承技术，耐磨耐热，寿命是传统轴承的几倍；简化了主运动系统结构，实现了所谓“零传动”，使传动精度大大提高，在高速数控机床大量采用。

电主轴缺点：电动机运转产生的振动和热量将直接影响到主轴，因此，主轴组件的整机平衡、温度控制和冷却是内装式主轴电动机的关键问题。

3）交流主轴驱动系统

交流伺服主轴驱动系统如图 3.109 所示，通常采用感应电动机作为驱动电动机，由伺服驱动器实施控制，有速度开环或闭环控制方式。也有采用永磁同步电动机作为驱动电动机，由伺服驱动器实现速度环的矢量控制，采用变频器带变频电动机或普通交流电动机实现无级变速的方式(经济型、普及型数控机床)。

图 3.109　交流伺服主轴驱动系统

交流主轴驱动系统与直流主轴驱动系统相比有以下特点。

（1）由于驱动系统必须采用微处理器和现代控制理论进行控制，因此其运行平稳、振动和噪声小；

（2）驱动系统一般都具有再生制动功能，在制动时，既可将能量反馈回电网，起到节能的效果，又可以加快制动速度；

（3）特别是对于全数字式主轴驱动系统，驱动器可直接使用 CNC 的数字量输出信号进行控制，不需要经过 A/D 转换，转速控制精度得到了提高；

（4）与数字式交流伺服驱动一样，在数字式主轴驱动系统中，还可采用参数设定方法对系统进行静态调整与动态优化，系统设定灵活、调整准确；

（5）由于交流主轴无换向器，因此主轴通常不需要进行维修；

（6）主轴转速的提高不受换向器的限制，最高转速通常比直流主轴更高，可达到数万转。

4）主轴传动的基本要求和变速方式

数控机床主轴传动系统的精度决定了零件的加工精度。为了适应各种不同的加工要求，数控机床的主轴传动系统应具有较大的调速范围及相应的输出转矩、较高的精度与刚度、振动小，并尽可能降低噪声与热变形，以获得最佳的生产率、加工精度和表面质量。

主轴传动的方式按照结构，分齿轮传动、带传动、直联传动和电主轴等几种方式。

（1）齿轮传动方式　带有变速齿轮的主传动是大、中型数控机床采用较多的传动变速方式。这种方式通过少数几对齿轮降速，扩大输出转矩，满足主轴低速时对输出转矩特性的要求。数控机床在交流或直流电动机无级变速的基础上配以齿轮变速，使之成为分段无级变速。

（2）带传动方式　带传动方式主要应用在转速较高、变速范围不大的小型数控机床上，电动机本身的调整就能满足要求，不用齿轮变速，可避免齿轮传动时引起振动和噪声的缺点，但它只能适用于低扭矩特性要求。常用的有平带、V 带、同步齿形带、多楔带。

（3）用辅助机械变速机构连接　在使用无级变速传动的基础上，再增加两级或三级辅助机械变速机构作为补充；通过分段变速方式，确保低速时的大扭矩，扩大恒功率调速范围，满足机床重切削时对扭矩的要求。辅助机械变速机构通过电磁离合器、液压或气动带动滑移齿轮等方式实现。

3. 数控系统

目前国内加工中心数控系统运用的多种多样，常用的系统如下。

进口系统：日本发那科系统，又名富士通和法兰克；日本三菱系统；德国西门子系统；西班牙法格等。

国产系统：主要有华中数控、广州数控等；还有一些合资企业的数控系统(核心部分基本是国外知名品牌)；另外还有不知名的数控系统(主要是市场占有量较少)，其质量及可靠性有待于市场的验证。

1）组成

标准型数控系统一般是由程序的I/O设备、通信设备、微机系统、可编程控制器、主轴驱动装置、进给驱动装置及位置检测等组成，如图3.110所示。

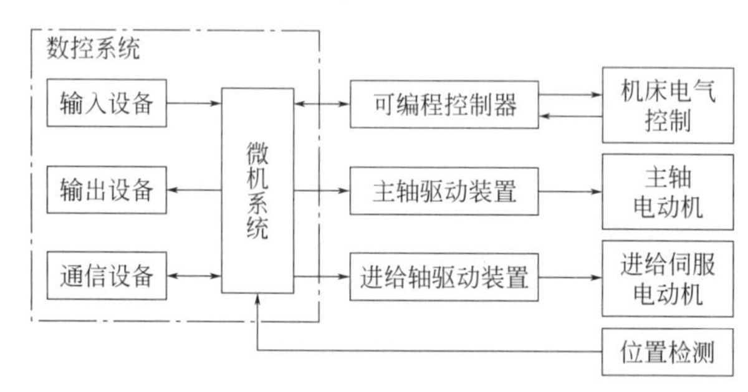

图3.110　标准型数控系统的基本组成

2）模块功能

（1）微机控制系统　微机控制系统是CNC的核心，数控系统的主要信息均由它进行实时控制。随着计算机技术的不断发展，微机控制系统的CPU芯片也逐步由8086发展到80586、PⅡ等，而且由单微处理器系统向多微处理器系统方向发展。

（2）可编程控制器(PLC)　可编程控制器的主要作用是用来实现辅助功能，如M、S、T等，其控制方式主要是开关量控制。按数控系统中PLC的配置方式，可分为内装型PLC和外装型PLC，现代CNC系统一般均采用内装型PLC。

（3）主轴控制模块　主轴控制模块的主要任务就是控制主轴转速和主轴定位。现代数控机床主轴电动机大多采用交流电动机，相应的驱动装置为变频器；CNC只需要输出相应的控制信号到变频器，就能实现主轴转速、定位的控制。

（4）进给伺服控制模块　数控机床对进给轴的控制要求很高，它直接关系到机床位置控制精度。进给伺服系统一般由速度控制与位置控制两个控制环节组成，CNC根据位置控制单元的信息，处理并输出控制信号，通过速度控制单元完成速度控制。

（5）检测模块　检测模块完成主轴和进给轴的位置检测。检测装置主要有光电编码器及光栅尺等，其作用就是配合主轴控制模块、进给轴控制模块完成位置的控制。

（6）输入、输出及通信模块　输入、输出模块完成程序的输入与输出，通信模块传递人机界面所需的各种信息。

4. 自动换刀系统

由刀库、机械手等部件组成，当需要换刀时，数控系统发出指令，由机械手(或通过其他方式）将刀具从刀库内取出装入主轴孔中。

1）刀库

刀库是存放加工过程中所使用的全部刀具的装置，它的容量从几把到上百把不等。加工中心刀库的形式很多，结构也各不相同，常用的有盘式刀库、链式刀库和格子盒式刀库。

（1）盘式刀库　盘式刀库又叫鼓盘式刀库，结构简单、紧凑，主要适用于小型加工中心，一般放刀具数目不超过 32 把(常见的为 12～24 把刀具)。

图 3.111 为刀具轴线与鼓盘轴线平行布置的刀库，其中图(a）为径向取刀式；图(b）为轴向取刀式。

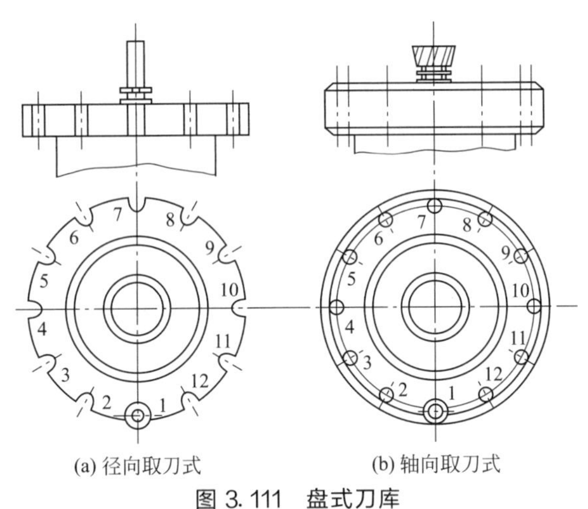

(a) 径向取刀式　　(b) 轴向取刀式

图 3.111　盘式刀库

（2）链式刀库　链式刀库是在环形链条上装有许多刀座，刀座的孔中装夹各种刀具，链条由链轮驱动。刀库容量大，一般为 1～100 把刀具，主要适用于大中型加工中心。

链式刀库有单环链式和多环链式等几种，如图 3.112(a)、(b）所示。当链条较长时，可以增加支承链轮的数目，使链条折叠回绕，提高空间利用率，如图 3.112(c）所示。图 3.113 为链式刀库外形。

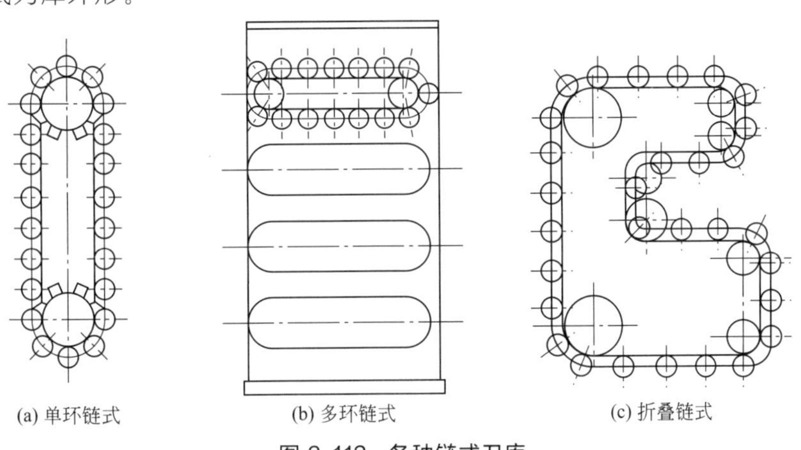

(a) 单环链式　　(b) 多环链式　　(c) 折叠链式

图 3.112　各种链式刀库

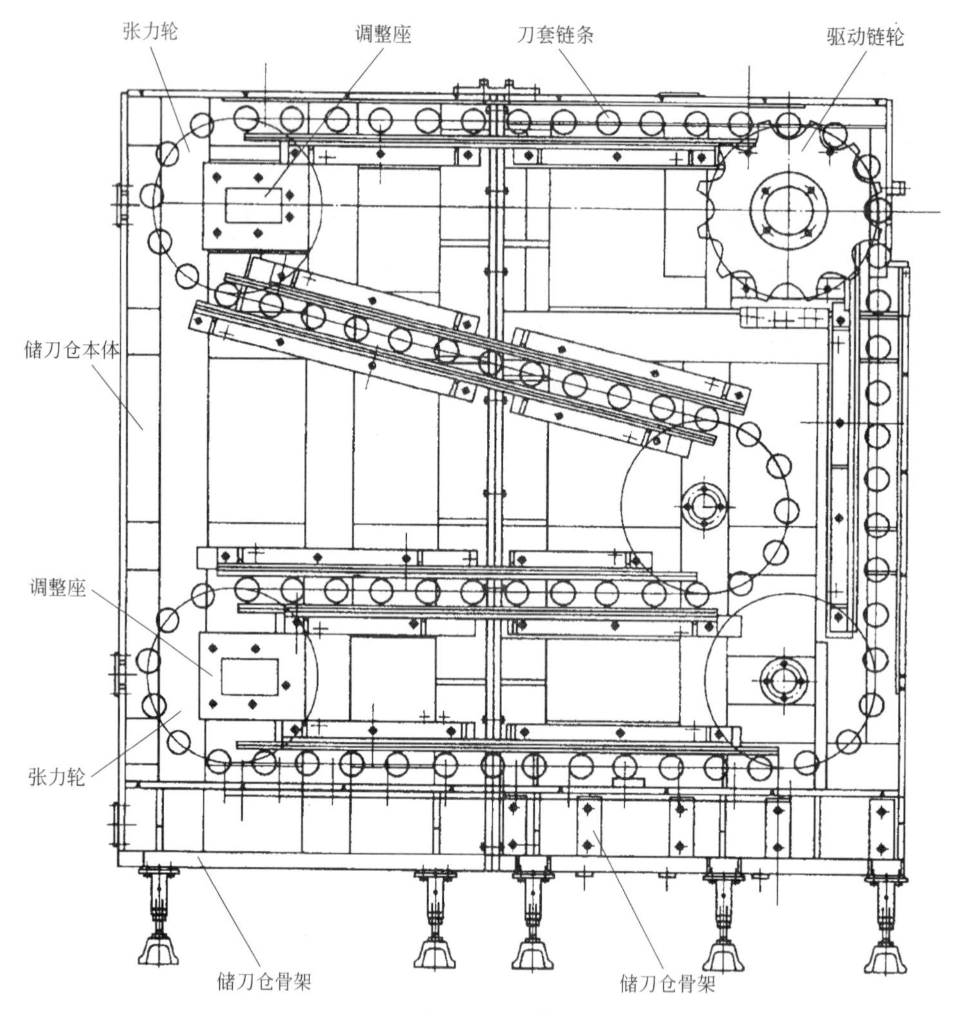

图 3.113 链式刀库外形

（3）格子盒式刀库 图 3.114 所示为固定型格子盒式刀库。刀具分几排直线排列，由纵、横向移动的取刀机械手完成选刀运动，将选取的刀具送到固定的换刀位置刀座上，由换刀机械手交换刀具。这种形式刀具排列密集，空间利用率高，刀库容量大。

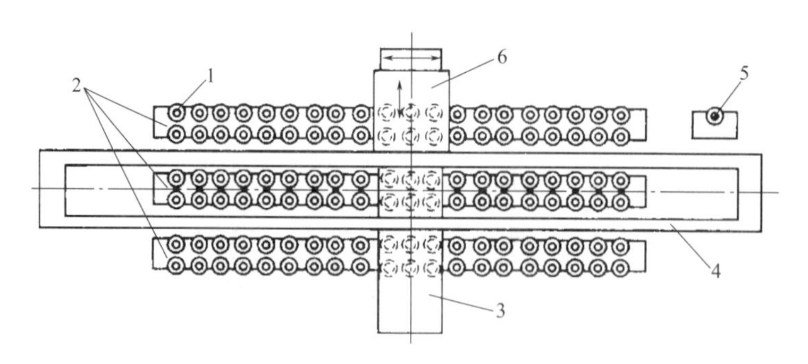

图 3.114 固定型格子盒式刀库

1—刀座；2—刀具固定板架；3—取刀机械手横向导轨；4—取刀机械手纵向导轨；5—换刀位置刀座；6—换刀机械手

2）加工中心的自动换刀装置

自动换刀装置的换刀过程由选刀和换刀两部分组成。当执行选刀指令后，刀库自动将要用的刀具移动到换刀位置，完成选刀过程，为下面换刀做好准备；当执行到开始自动换刀指令时，把主轴上用过的刀具取下，将选好的刀具安装在主轴上。

（1）机械手换刀　采用机械手进行刀具交换的方式应用最为广泛，如图 3.115 所示，是因为机械手换刀具有很大的灵活性，换刀时间也较短。

图 3.115　机械手换刀

机械手的结构形式多种多样，换刀运动也有所不同。下面介绍两种最常见的换刀形式。

① 180°回转刀具交换装置　最简单的刀具交换装置是 180°回转刀具交换装置，如图 3.116 所示。这种刀具交换装置既可用于卧式机床，也可用于立式机床。

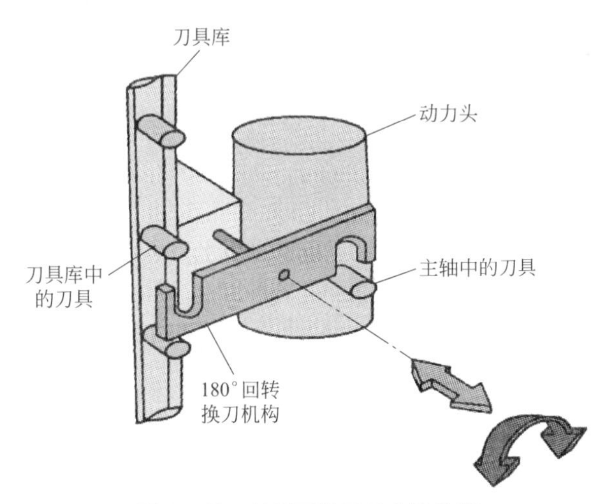

图 3.116　180°回转刀具交换装置

② 回转插入式刀具交换装置　回转插入式刀具交换装置是最常用的形式之一，是回转式的改进形式。这种装置，刀库位于机床立柱一侧，避免了切屑造成主轴或刀夹损坏的可能。但刀库中存放的刀具的轴线与主轴的轴线垂直，因此机械手需要三个自由度。机械手沿主轴轴线的插拔刀具动作，由液压缸实现；绕竖直轴 90°的摆动进行刀库与主轴间刀具的传送，由液压马达实现；绕水平轴旋转 180°完成刀库与主轴上刀具交换的动作，由液压马达实

现。其换刀分解动作如图 3.117 所示。

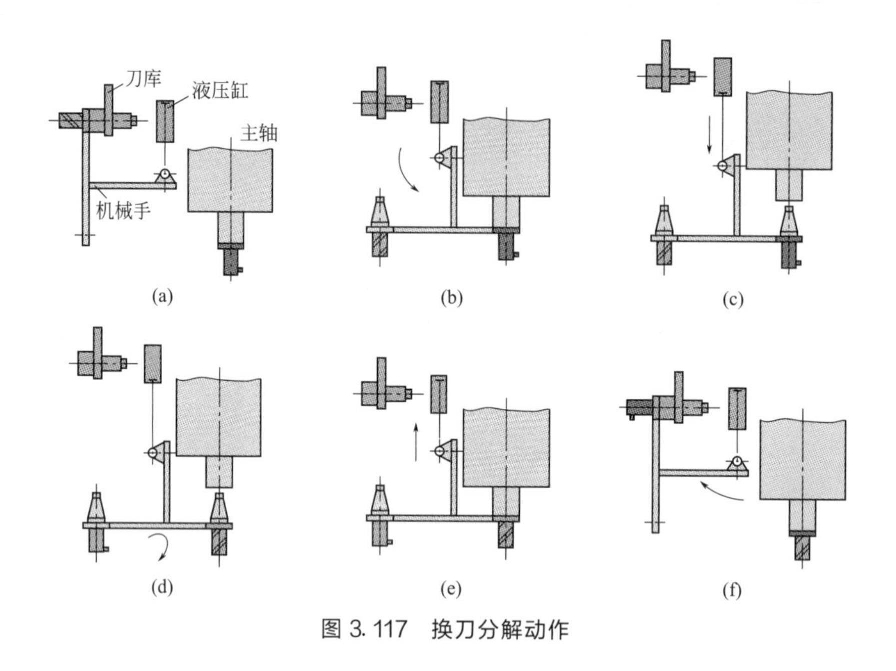

图 3.117 换刀分解动作

为了防止刀具掉落，各种机械手的刀爪都必须带有自锁机构，如图 3.118 所示。

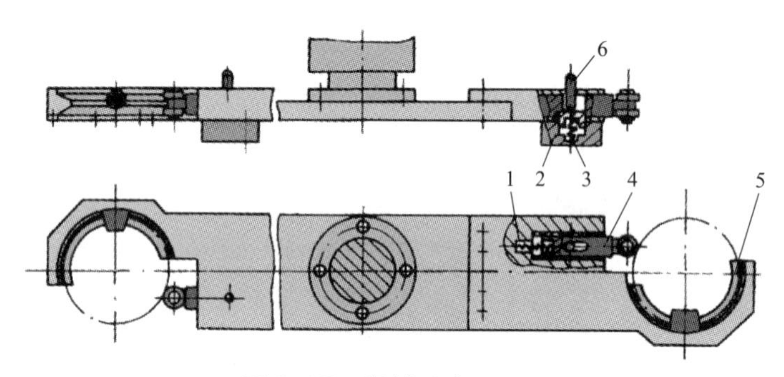

图 3.118 机械手臂和刀爪

1,3—弹簧；2—锁紧销；4—活动销；5—刀爪；6—销

它有两个固定刀爪 5，每个刀爪上还有一个活动销 4，它依靠后面的弹簧 1，在抓刀后顶住刀具。

为了保证机械手在运动时刀具不被甩出，有一个锁紧销 2，当活动销 4 顶住刀具时，锁紧销 2 就被弹簧 3 顶起，将活动销 4 锁住不能后退。

当机械手处于上升位置要完成拔插刀动作时，销 6 被挡块压下使销 2 也退下，因此可自由地抓放刀具。

（2）无机械手换刀　在无机械手换刀时，刀库需要先旋转至空刀套将主轴上的刀具放回刀库，然后再旋转刀库至要换的刀具位置后装刀到主轴。无机械手换刀的方式是利用刀库与机床主轴的相对运动实现刀具交换的，也叫主轴直接式换刀，图 3.119 为 MOV37 主轴换刀装置。

图 3.119　MOV37 主轴换刀装置

XH754 型卧式加工中心就是采用这类刀具交换装置的实例，机床外形和换刀过程如图 3.120 所示。当加工工步结束后执行换刀指令，主轴实现准停，主轴箱沿 Y 轴上升[图(a)]。这是机床上方刀库的空挡刀位正好处在换刀位置，卡爪锁住要卸刀具［图(b)］，刀库移动卸下刀具［图(c)］；刀库旋转至要安装的刀具位置［图(d)］；刀库移动安装刀具［图(e)］；换刀完成，主轴移动执行其他指令［图(f)］。

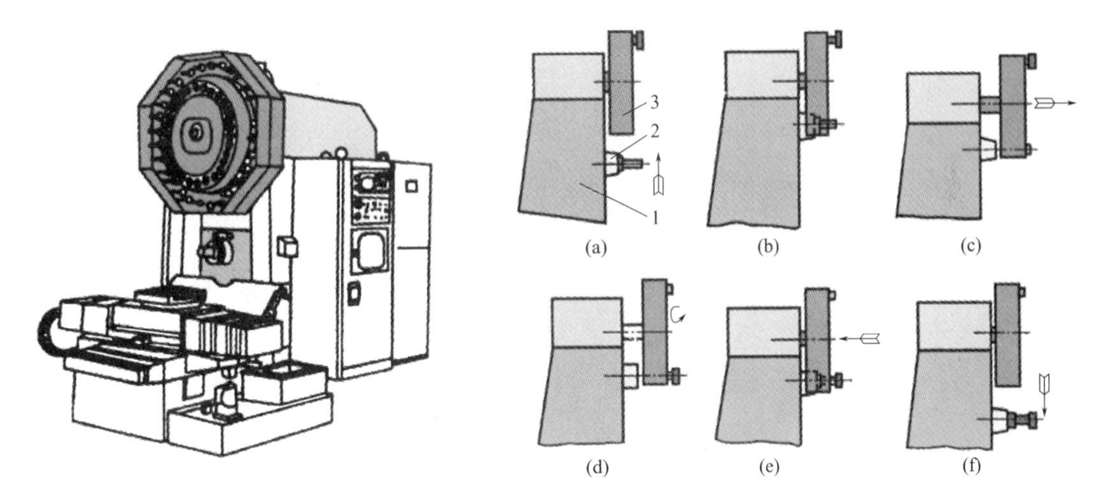

图 3.120　XH754 型卧式加工中心机床外形及其换刀过程

1—主轴箱；2—主轴；3—刀库

无机械手换刀方式特点：

① 这种换刀机构不需要机械手，结构简单、紧凑；

② 由于换刀时机床不工作，所以不会影响加工精度，但机床加工效率下降；

③ 刀库结构尺寸受限，装刀数量不能太多；

④ 这种换刀方式常用于小型加工中心。这种换刀方式，每把刀具在刀库上的位置是固定的，从哪个刀座上取下的刀具，用完后仍然放回到哪个刀座上。

3）常用的选刀方式

（1）顺序选刀　刀具的顺序选择方式是将刀具按加工工序的顺序，一次放入刀库的每一个刀座内，刀具顺序不能搞错；当加工工件改变时，刀具在刀库上的排列顺序也要改变。这种选刀方式的缺点是，同一工件上的相同刀具不能重复使用，因此刀具的数量增加，降低了刀具和刀库的利用率；优点是，它的控制以及刀库的运动等比较简单。

（2）任意选刀　任意选刀方式是预先把刀库中每把刀具(或刀座）都编上代码，按照编码选刀，刀具在刀库中不必按照工件的加工顺序排列。任意选刀有刀具编码式、刀座编码式、附件编码式、计算机记忆式四种方式。

5. 刀具的自动夹紧装置

加工中心和高速数控铣床刀具安装势必采用自动装刀机构。如图 3.121 所示，先由预紧弹簧控制轴向拉力，再由气压、液压或机械螺杆等执行机构实现松刀和夹刀动作。

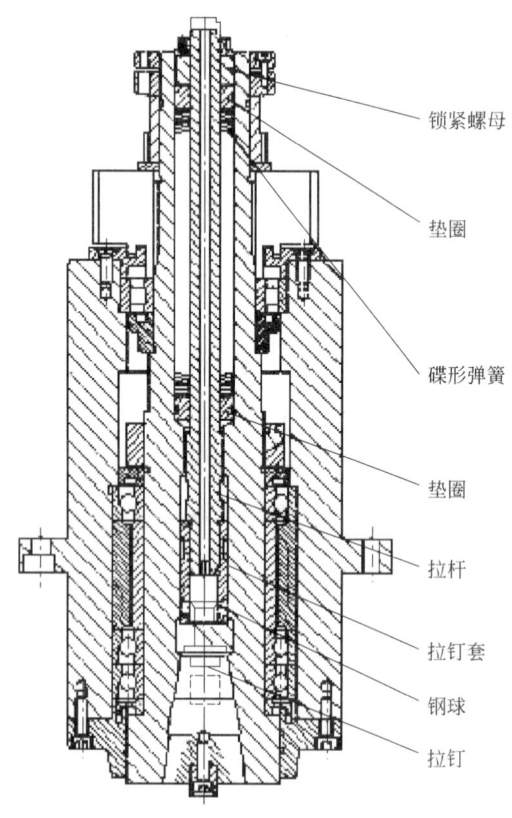

图 3.121　自动装刀机构

6. 主轴准停机构

主轴准停也叫主轴定向。在加工中心等数控机床上，由于有机械手自动换刀，要求刀柄上的键槽对准主轴的端面键，因此主轴每次必须停在一个固定的位置，所以主轴上必须设有准停装置。

主轴准停装置分为机械式准停和电气式准停，结构如图 3.122 所示。

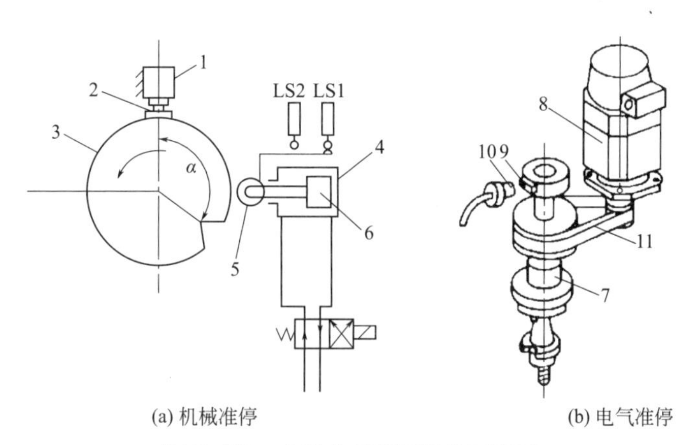

图 3.122　主轴准停装置结构示意图

1—无触点开关；2—感应块；3—凸轮锁定盘；4—定位液压缸；
5—滚轮；6—定向活塞；7—主轴；8—主轴电动机；9—磁铁；10—磁传感器；11—同步带

7. 主轴内孔的清洁装置

为了提高刀具重复安装精度，减少刀具锥柄和主轴锥孔的非正常接合，在自动装刀系统中必须对刀具锥柄安装孔进行清洁。

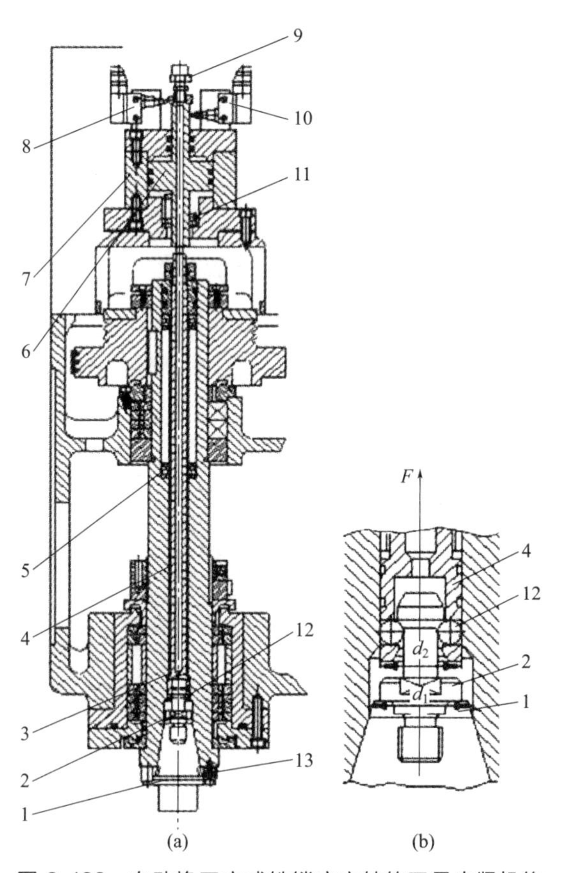

图 3.123　自动换刀立式铣镗床主轴的刀具夹紧机构

1—刀夹；2—拉钉；3—主轴；4—拉杆；5—碟形弹簧；6—活塞；7—液压缸；
8,10—行程开关；9—管接头；11—弹簧；12—钢球；13—端面键

在带有刀库的自动换刀数控机床中，为实现刀具在主轴上的自动装卸，其主轴必须设计有刀具的自动夹紧机构。自动换刀立式铣镗床主轴的刀具夹紧机构如图 3.123 所示。刀夹 1 以锥度为 7∶24 的锥柄在主轴 3 前端的锥孔中定位，并通过拧紧在锥柄尾部的拉钉 2 拉紧在锥孔中。夹紧刀夹时，液压缸上腔接通回油，弹簧 11 推活塞 6 上移，处于图(a) 所示位置，拉杆 4 在碟形弹簧 5 作用下向上移动；由于此时装在拉杆前端径向孔中的钢球 12 进入主轴孔中直径较小的 d_1 处，见图(b)，被迫径向收拢而卡进拉钉 2 的环形凹槽内，因而刀杆被拉杆拉紧，依靠摩擦力紧固在主轴上。切削扭矩则由端面键 13 传递。换刀前需将刀夹松开时，压力油进入液压缸上腔，活塞 6 推动拉杆 4 向下移动，碟形弹簧被压缩；当钢球 12 随拉杆一起下移至主轴孔直径较大的 d_2 处时，它就不再能约束拉钉的头部，紧接着拉杆前端内孔的台肩端面碰到拉钉，把刀夹顶松。此时行程开关 10 发出信号，换刀机械手随即将刀夹取下。与此同时，压缩空气由管接头 9 经活塞和拉杆的中心通孔吹入主轴装刀孔内，把切屑或脏物清除干净，以保证刀具的安装精度。机械手把新刀装上主轴后，液压缸 7 接通回油，碟形弹簧又拉紧刀夹。刀夹拉紧后，行程开关 8 发出信号。

8. 工作台

1）数控回转工作台

数控回转工作台的主要功能有两个：

(1) 工作台进给分度运动　在非切削时，装有工件的工作台在整个圆周(360°范围内)进行分度旋转；

(2) 工作台作圆周方向进给运动　即在进行切削时，与 X、Y、Z 三个坐标轴进行联动，加工复杂的空间曲面。

如图 3.124 所示为 TK15 系列手动可倾数控回转工作台，主要用于加工中心和数控镗铣床，作为主机第四回转轴，完成工件上任意角度的孔、槽、平面以及曲线、凸轮等要素的加工，并可达到较高的精度。工作台可以手动倾斜，与水平面呈 0°～90°的任意角度。

图 3.125 为中国台湾旭阳第五轴数控回转台、分度盘，主要产品有 CNCT-100、CNCT-200、CNCT-250、CNCT-320 共 4 个型号，容易安装、操作简易；体积小、加工范围大；可安装于 X 轴行程 1m 左右之工具机上；配合五轴工作母机可做同动加工，亦可配合四轴工作母机，而倾斜轴配合相应的 DC/AC 单轴伺服控制器，连接至控制信号。

图 3.124　TK15 系列手动可倾数控回转工作台

图 3.125　中国台湾旭阳第五轴数控回转台、分度盘

2）数控分度工作台

数控机床的分度工作台与回转工作台的区别在于，它是根据加工要求将工件回转至所需的角度，以达到加工不同面的目的；它不能实现圆周进给运动，故而结构上两者有所差异。

图 3.126 为 FK 系列数控等分分度头，是数控铣床、加工中心等机床的必备附件，亦可作为半自动精密铣床、镗床或其他类机床的主要附件。该系列产品可以水平与垂直两种方式安放在机床的工作台上；其刹紧动力可为气压或液压两种方式。主轴松开后，通过伺服电动机驱动和编码器的反馈，可完成 5°的整数倍的分度工作。

图 3.126　FK 系列数控等分分度头

9. 加工中心进给传动系统

加工中心通常都是 3～5 轴联动。进给系统是一个非常重要的部分，如果机床整体结构和精度都非常好，但是没有进给系统，就不能完成对零件的加工。加工中心的进给系统是数字控制的直接对象，工件的坐标、工件的轮廓等都是受进给系统的控制，所以进给系统要满足以下几点要求。

（1）传动精度和刚度要高，要达到这个要求，进给系统中的丝杠螺母副、蜗轮蜗杆副等零件的精度要高，刚度也要强。

在加工中心的进给系统中，能实现直线运动的滚珠丝杠副有 3 种，滚珠丝杠螺母副、静压丝杠螺母副、静压蜗杆蜗条和齿轮齿条副。静压丝杠螺母副摩擦系数小，但是比滚珠丝杠的转矩小，蜗杆蜗条和齿轮齿条副的传动不够稳定，会影响加工中心的精度，所以加工中心选择滚珠丝杠螺母副。

（2）摩擦阻力要小，进给运动过程中，如果摩擦阻力非常大，会产生摩擦热，影响系统传动效率。

（3）运动惯量要小，传动元件的惯量对伺服系统的启动和制动都有影响。

注：加工中心的进给传动系统可以参考前面数控机床进给传动系统简介部分。

10. 辅助装置

包括润滑、冷却、排屑、防护、液压、气动和检测系统等部分。这些虽然不直接参与切削运动，但对加工中心的加工效率、加工精度和可靠性起着保障作用，因此，也是加工中心中不可缺少的部分。这些装置前面数控车床部分做过介绍，这里不再赘述。

二、加工中心控制系统的电气连接

（1）了解 GSK-25i 加工中心系统的基本特点；

（2）理解 GSK-25i 加工中心系统连接。

技能目标

（1）掌握 GSK-25i 加工中心连接注意事项和常见接口定义；

（2）理解 GSK-25i 配 GR 系列总线伺服驱动互连图和其他相关图。

（一）GSK-25i 加工中心系统简介

1. 概述

GSK-25i 系统是广州数控自主研发的多轴联动的功能齐全的高档数控系统，并且配置广数自主研发的最新 DAH 系列 17 位绝对式编码器的高速高精伺服驱动单元，实现全闭环控制功能，在国内处于领先水平，图 3.127 为 XKR40 五轴联动加工中心。GSK-25i 系统基于 Linux 的开放式系统，提供远程监控、远程诊断、远程维护、网络 DNC 功能及 G 代码运行三维仿真功能，有丰富的通信接口（具有 RS232、USB 接口，SD 卡接口，基于 TCP/IP 的高速以太网接口），I/O 单元可以灵活扩展；开放式的 PLC，支持 PLC 在线编辑、诊断、信号跟踪。

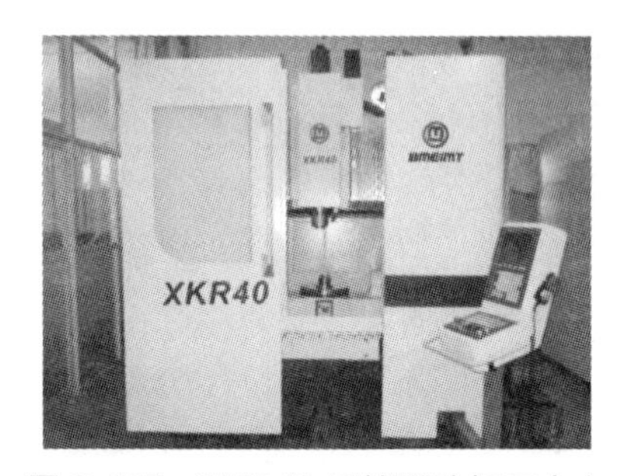

图 3.127　XKR40 五轴联动加工中心

2. 产品特点

（1）可控 6 轴、5 轴联动，采用开放式结构和接口，配套支持功能丰富强大的上位机软件。

（2）高达 2000 段的前瞻及轨迹平滑处理能力、0.5ms 插补周期，可在高达 5000mm/min 进给速度下平稳运行微小线段程序，实现高速高精加工。

（3）采用位置闭环控制，PID、速度前馈控制使定位精度高，配置高速高精伺服单元，构成闭环中高档数控系统。

（4）中英文显示可配置，用户可自定义图形化操作界面，功能强大、操作简便快捷，直观友好的帮助功能使初学者更易掌握，图 3.128 为 GSK-25i 系列数控系统操作面板。

（5）采用基于 GSK-Link 的工业以太网总线作为数据控制通信通道，实时控制，使安装调试维护方便、控制精度高、抗干扰能力强。

（6）采用开放式 PLC，支持 PLC 在线编辑、诊断、信号跟踪，配置灵活的 I/O 可满足用户的二次开发要求。

（7）丰富的通信接口，具有 RS232、USB 接口，基于 TCP/IP 的以太网接口。

（8）采用双 CPU 开放式体系结构，具有 64 位硬浮点数运算能力；采用 6 层线路板设计，集成度高，整机工艺结构合理，抗干扰能力强，可靠性高。

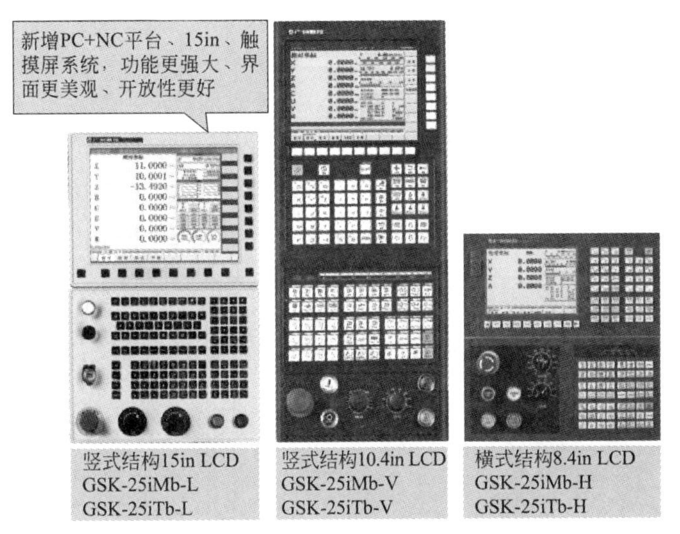

图 3.128　GSK-25i 系列数控系统操作面板

（9）屏幕采用高亮度、高分辨率 800 像素×600 像素彩色 10.4in 液晶显示器，美观大方。

（10）功能丰富强大的上位 PC 机软件提供远程监控、远程诊断、远程维护、网络 DNC 功能及 G 代码运行三维仿真功能。

（二）GSK-25i 硬件配置及连线

1. 连接安装注意事项

1）机床电柜箱的要求

安装系统和驱动单元的机床电柜箱应该采用全封闭防尘设计，必须能有效防止灰尘以及润滑油、冷却液等液体进入系统任何部件内部；电柜箱内外的温差不能超过 10℃，如果不能满足此要求，必须安装热交换系统。系统周围环境温度最高不能超过 45℃。

2）系统安装位置

CNC 主机是整个数控机床的控制核心，必须优先考虑置于温升最小、电磁辐射干扰最小的位置安装。在机床电柜箱内，大功率主轴驱动单元和进给轴驱动单元工作时发热量大，应尽量安装在上方，I/O 单元在其下方安装。

3）保护接地

机床电柜箱应设置保护接地，保护接地的连续性应符合 GB 5226.1—2008 的要求，图 3.129为保护电路接线图。良好的接地是系统稳定运行的必备条件，系统各部件接地线不能相互串联，应在电柜箱内安排有接地排(可采用厚度≥3mm 的铜板)，接地排接入与大地相连的接地电阻不大于 0.1Ω 的接地体，系统各部件保护接地端子用粗短的黄绿双色线各自单独接到接地排上。

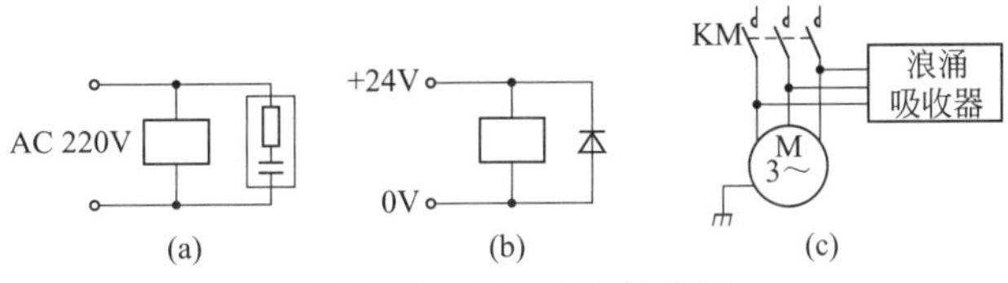

图 3.129　保护电路接线图

2. 系统连接总图

1）GSK-25iMb 配 GR 系列总线伺服驱动互连图(图 3.130)

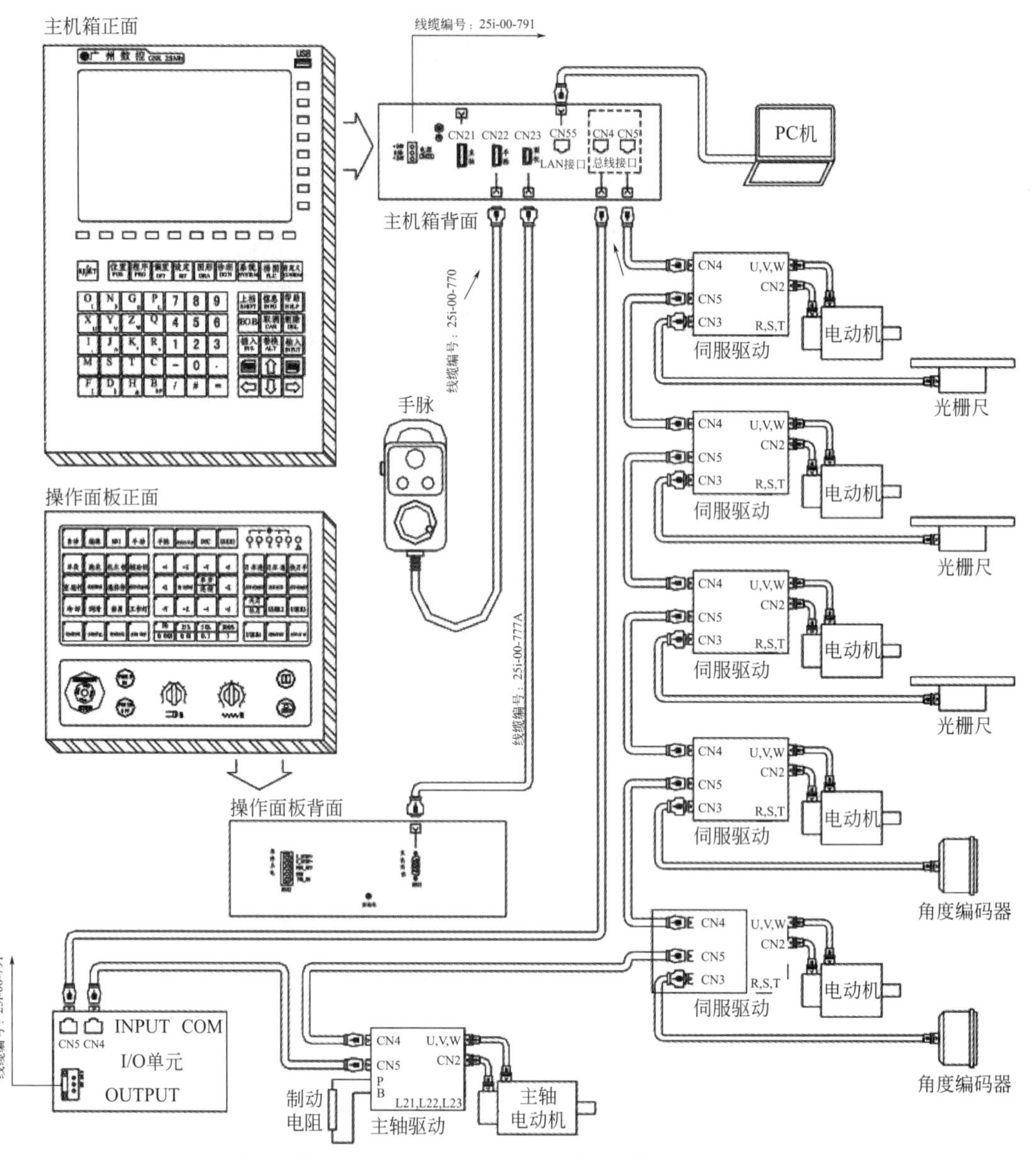

图 3.130 GSK-25iMb 配 GR 系列总线驱动互连图

2）I/O 单元与机床的连接

输入信号是从机床到 CNC 的信号，它们来自机床侧的按键、开关、继电器的触点等。输入信号可选择高电平有效或低电平有效。

低电平(0V) 有效：I/O 单元内部公共端接+24V，外部公共端接 0V；

高电平(+24V) 有效：I/O 单元内部公共端接 0V，外部公共端接+24V。

以 X9 组信号为例，如图 3.131 所示。

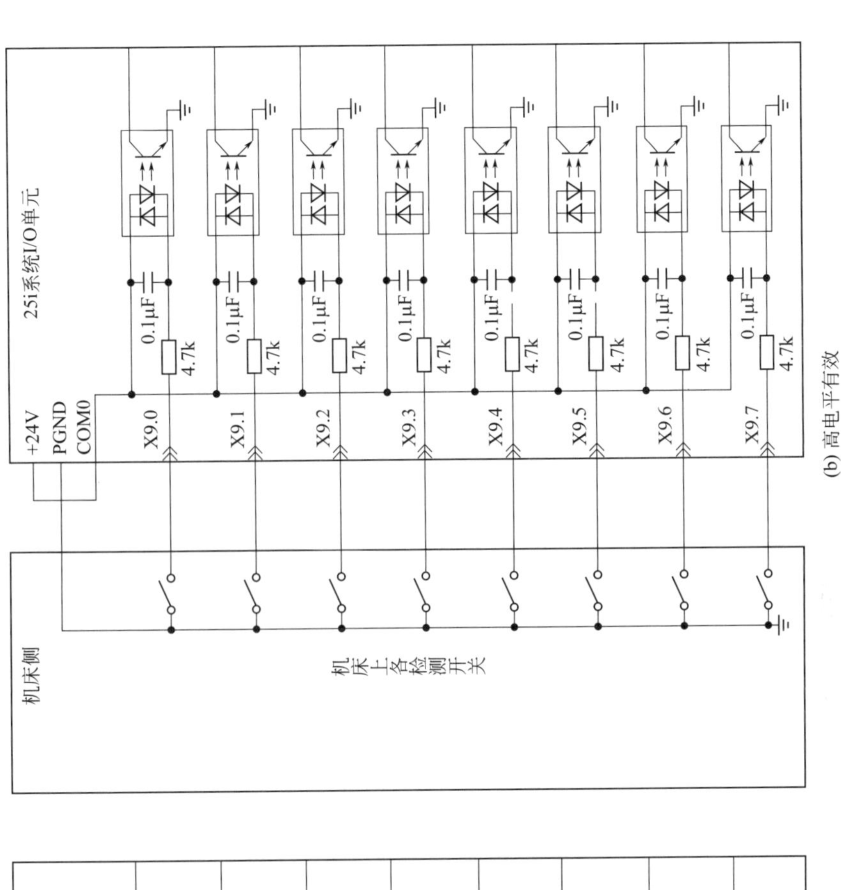

(b) 高电平有效

25i系统I/O单元

+24V PGND COM0

X9.0 X9.1 X9.2 X9.3 X9.4 X9.5 X9.6 X9.7

0.1μF 4.7k

机床侧

机床上各检测开关

(a) 低电平有效

图 3.131 X9组信号

注：图 3.131 是以 X9.0～X9.7 组为例，其公共端为 COM9，X10～X16 公共端依次为 COM10～COM16。

3）系统主机接口(图 3.132)

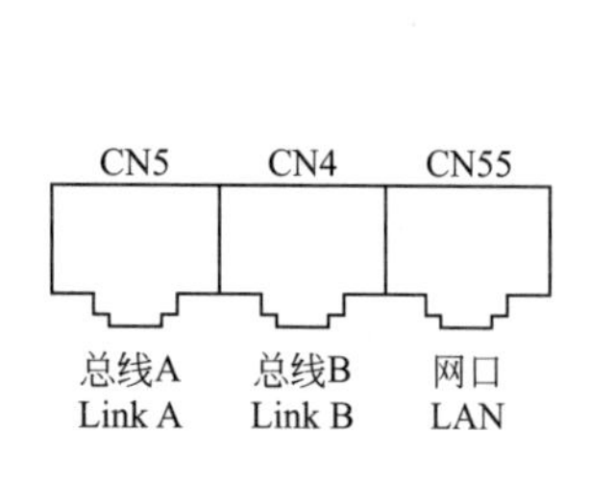

CN5:总线A

引脚号	引脚说明
1	TX1+
2	TX1−
3	RX1+
4	NC
5	NC
6	RX1−
7	NC
8	NC

CN4:总线B

引脚号	引脚说明
1	TX2+
2	TX2−
3	RX2+
4	NC
5	NC
6	RX2−
7	NC
8	NC

CN55:网口

引脚号	引脚说明
1	TX1+
2	TX1−
3	RX1+
4	NC
5	NC
6	RX1−
7	NC
8	NC

(a)

CN23
机床操作面板
Machin Panel

CN23:操作面板接口

引脚	引脚说明	引脚	引脚说明
1	P24V	8	DNCRX
2	P24V	9	DNCTX
3	P0V	10	P0V
4	P0V	11	P0V
5	I03	12	I02
6	RXD−	13	TXD+
7	RXD+	14	TXD−

(b)

CN22
手脉
MPG

CN22:手脉接口

引脚	引脚说明	引脚	引脚说明
1	+5V	11	P_24V
2	HDCRX	12	HDCTX
3	STP	13	
4	LED	14	PB−
5	HX	15	PB+
6	HY	16	PA+
7	HZ	17	PA−
8	H4	18	X100
9	H5	19	X1
10	P_0V	20	X10

(c)

CN21
主轴
Spindle

CN21:主轴接口

引脚	引脚说明	引脚	引脚说明
1	SVC+	14	PZ−
2	I01	15	PZ+
3	SVC−	16	PB+
4	CP+	17	PB−
5	CP−	18	PA+
6	DIR−	19	PA−
7	DIR+	20	P_5V
8	ALM	21	P_0V
9	COIN	22	VP
10	ZSP	23	EN
11	VP0	24	STA0
12	SAR	25	ZSL
13	P_24V	26	ARST

(d)

CN20
+24V
GND
+24V
电源
Power Supply

CN20：电源
P24V
P0V
P24V

(e)

图 3.132　系统主机接口

3. 操作面板接口

1）机床操作面板接口(图 3.133)

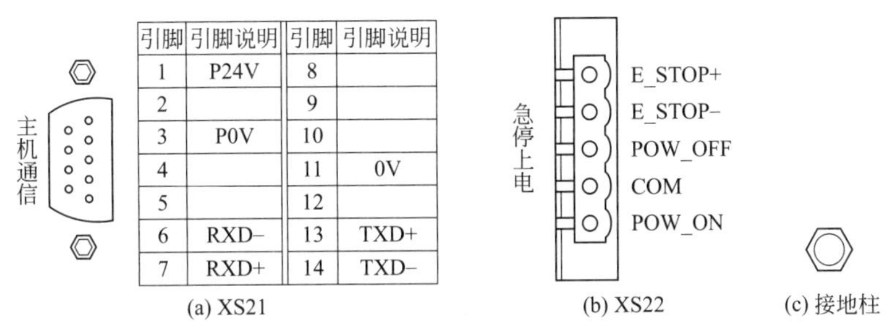

图 3.133　机床操作面板接口

2）主机通信接口 XS21

TXD＋，TXD－，RXD＋，RXD－：RS485 的差分通信信号。

0V：为差分信号参考地。

P24V，P0V：24V 电源输入。

3）急停、上电接口 XS22(图 3.134)

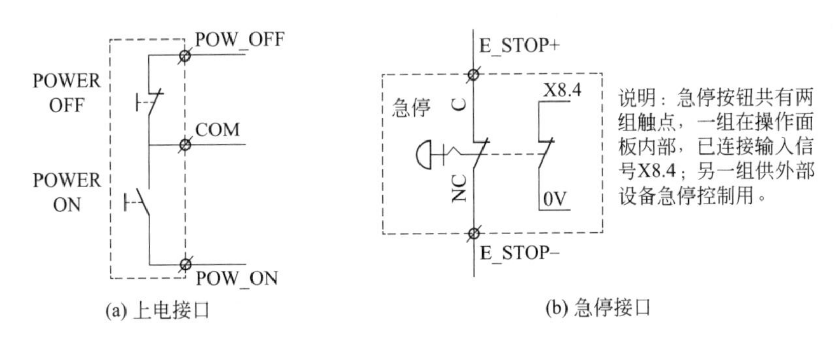

图 3.134　急停、上电接口 XS22

4. I/O 单元接口

1）I/O 单元规格

GSK-25iMb 系列产品提供四种规格 I/O 单元。

表 3.3　I/O 单元规格表

名称	I/O 点数	输入/输出类型
IOR-44F	DI：48　DO：32 AO：4 路(0～＋10V 输出)	50PIN 牛角插座、高电平输入、高电平输出
IOR-04T	DI：48　DO：32	端子接线式、高电平输入、低电平输出
IOR-44T	DI：48　DO：32 AO：2 路(0～＋10V 输出)	端子接线式、高电平输入、低电平输出
IOR-21F	DI：24　DO：16 AO：2 路(0～＋10V 输出)	50PIN 牛角插座、高电平输入、高电平输出

2）IOR-04T、IOR-44T 接口(图 3.135)

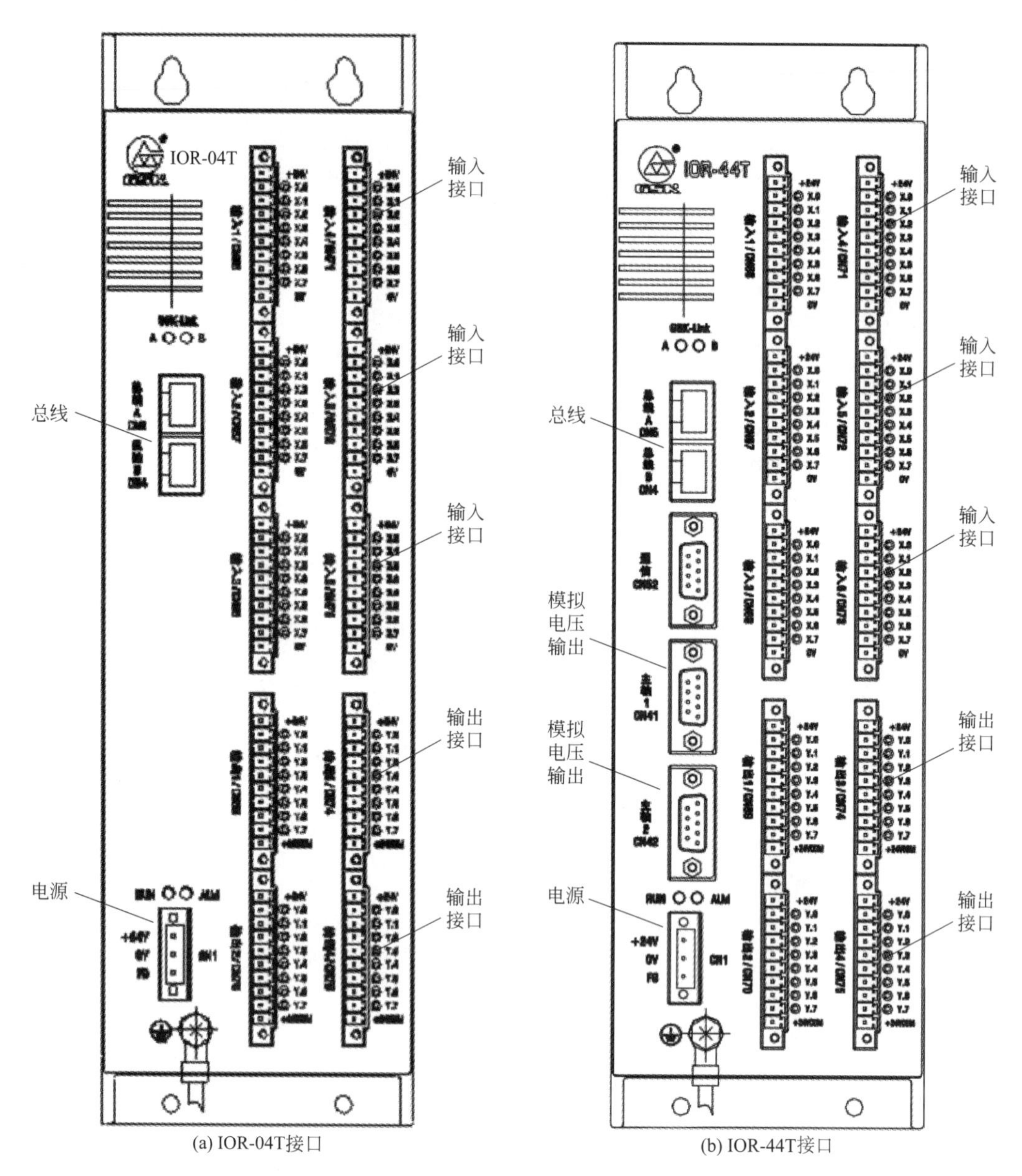

(a) IOR-04T接口 (b) IOR-44T接口

图 3.135 I/O 单元接口

3）工业以太网总线接口 CN5、CN4(图 3.136)

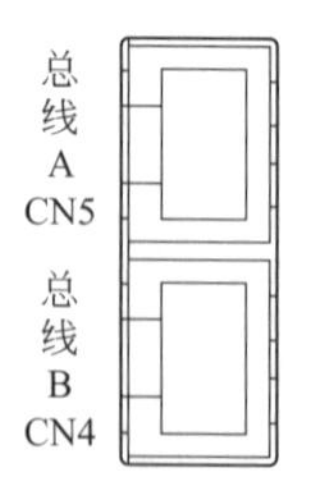

图 3.136 工业以太网总线接口 CN5、CN4

IOR 系列 I/O 单元与 CNC 系统通过 GSK-Link 总线接口进行连接，GSK-Link 总线通信连接线如图 3.137 所示。

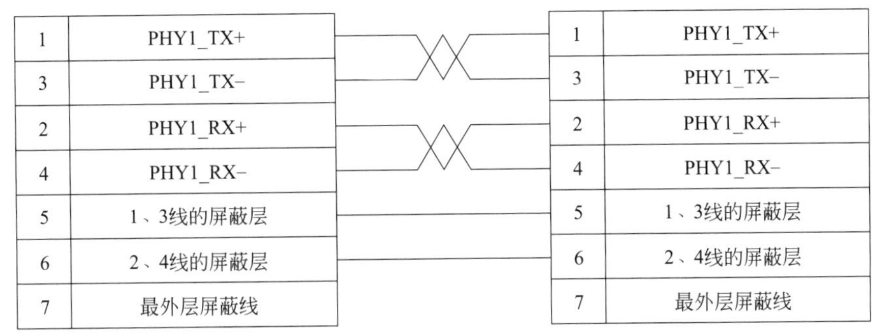

图 3.137　GSK-Link 总线通信连接线图

4）I/O 单元电源接口 CN1（图 3.138）

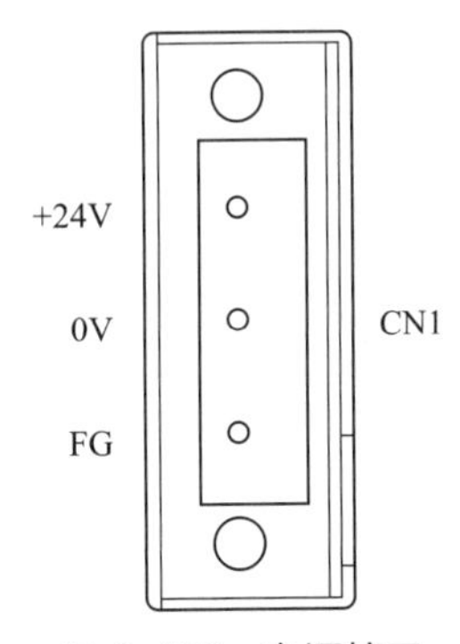

图 3.138　电源接口

5. 模拟电压输出接口 CN41、CN42

第 1 主轴接口如图 3.139 所示。

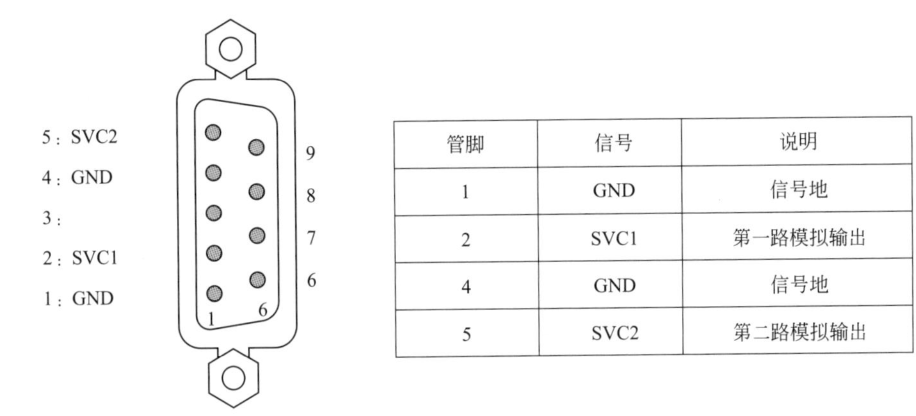

管脚	信号	说明
1	GND	信号地
2	SVC1	第一路模拟输出
4	GND	信号地
5	SVC2	第二路模拟输出

图 3.139　第 1 主轴接口（9 针）

第 2 主轴接口如图 3.140 所示。

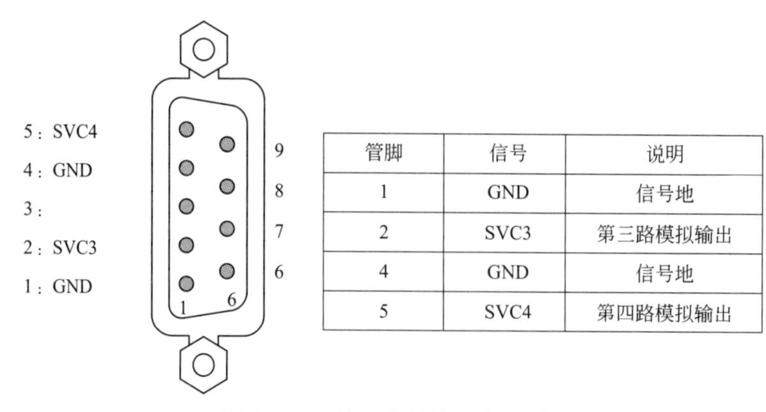

管脚	信号	说明
1	GND	信号地
2	SVC3	第三路模拟输出
4	GND	信号地
5	SVC4	第四路模拟输出

图 3.140　第 2 主轴接口（9 针）

6. 输入/输出接口信号地址

I/O 单元上的输入信号地址为 X9～X14，共 6 个字节 48 个点；I/O 单元上的输出信号地址为 Y8～Y11，共 4 个字节 32 个点。

使用多个 I/O 扩展连接时，根据以太网连接顺序，其地址分配依次是：第一，I/O 为输入信号地址 X9～X14，输出信号地址 Y8～Y11；第二，I/O 为输入信号地址 X15～X20，输出信号地址 Y12～Y15；第三，I/O 为输入信号地址 X21～X26，输出信号地址 Y16～Y19。

1）IOR-04T、IOR-44T 输入接口地址定义

输入 1(CN66)	引脚	地址	输入 2(CN67)	引脚	地址
+24V X.0 X.1 X.2 X.3 X.4 X.5 X.6 X.7 0V	X. 0	X9. 0	+24V X.0 X.1 X.2 X.3 X.4 X.5 X.6 X.7 0V	X. 0	X10. 0
	X. 1	X9. 1		X. 1	X10. 1
	X. 2	X9. 2		X. 2	X10. 2
	X. 3	X9. 3		X. 3	X10. 3
	X. 4	X9. 4		X. 4	X10. 4
	X. 5	X9. 5		X. 5	X10. 5
	X. 6	X9. 6		X. 6	X10. 6
	X. 7	X9. 7		X. 7	X10. 7
输入 3(CN68)	引脚	地址	输入 4(CN71)	引脚	地址
+24V X.0 X.1 X.2 X.3 X.4 X.5 X.6 X.7 0V	X. 0	X11. 0	+24V X.0 X.1 X.2 X.3 X.4 X.5 X.6 X.7 0V	X. 0	X12. 0
	X. 1	X11. 1		X. 1	X12. 1
	X. 2	X11. 2		X. 2	X12. 2
	X. 3	X11. 3		X. 3	X12. 3
	X. 4	X11. 4		X. 4	X12. 4
	X. 5	X11. 5		X. 5	X12. 5
	X. 6	X11. 6		X. 6	X12. 6
	X. 7	X11. 7		X. 7	X12. 7

续表

输入 5(CN72)	引脚	地址	输入 6(CN73)	引脚	地址
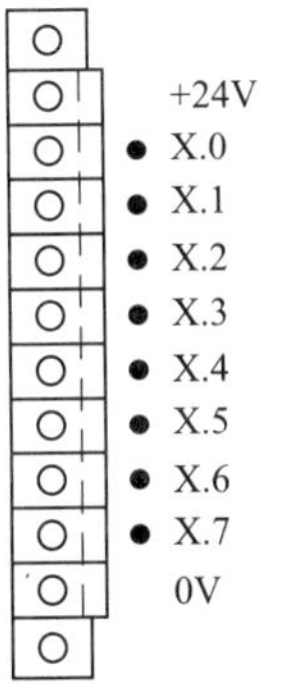 +24V X.0 X.1 X.2 X.3 X.4 X.5 X.6 X.7 0V	X. 0	X13. 0	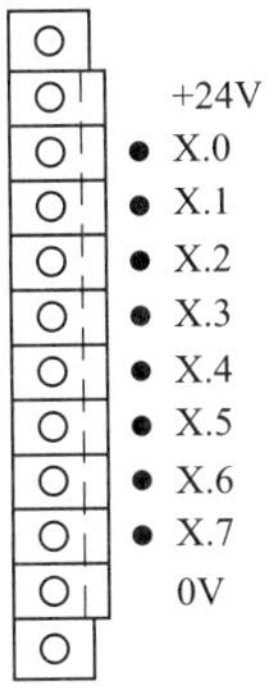 +24V X.0 X.1 X.2 X.3 X.4 X.5 X.6 X.7 0V	X. 0	X14. 0
	X. 1	X13. 1		X. 1	X14. 1
	X. 2	X13. 2		X. 2	X14. 2
	X. 3	X13. 3		X. 3	X14. 3
	X. 4	X13. 4		X. 4	X14. 4
	X. 5	X13. 5		X. 5	X14. 5
	X. 6	X13. 6		X. 6	X14. 6
	X. 7	X13. 7		X. 7	X14. 7

2）IOR-04T、IOR-44T 输出接口地址定义

输入 1(CN69)	引脚	地址	输入 2(CN70)	引脚	地址
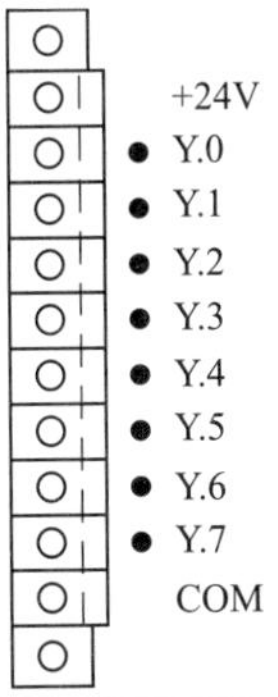 +24V Y.0 Y.1 Y.2 Y.3 Y.4 Y.5 Y.6 Y.7 COM	Y. 0	Y8. 0	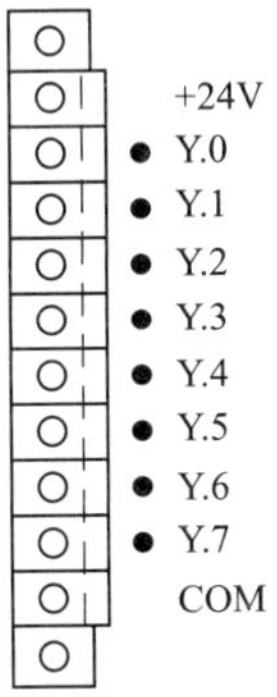 +24V Y.0 Y.1 Y.2 Y.3 Y.4 Y.5 Y.6 Y.7 COM	Y. 0	Y9. 0
	Y. 1	Y8. 1		Y. 1	Y9. 1
	Y. 2	Y8. 2		Y. 2	Y9. 2
	Y. 3	Y8. 3		Y. 3	Y9. 3
	Y. 4	Y8. 4		Y. 4	Y9. 4
	Y. 5	Y8. 5		Y. 5	Y9. 5
	Y. 6	Y8. 6		Y. 6	Y9. 6
	Y. 7	Y8. 7		Y. 7	Y9. 7
输入 3(CN74)	引脚	地址	输入 4(CN75)	引脚	地址
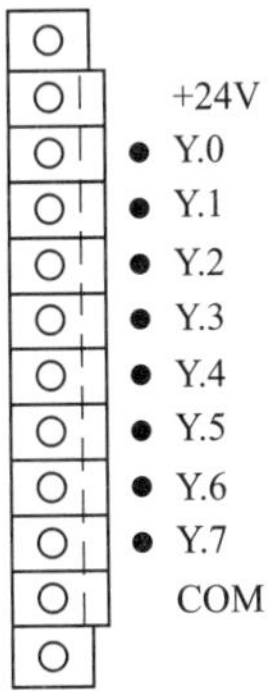 +24V Y.0 Y.1 Y.2 Y.3 Y.4 Y.5 Y.6 Y.7 COM	Y. 0	Y10. 0	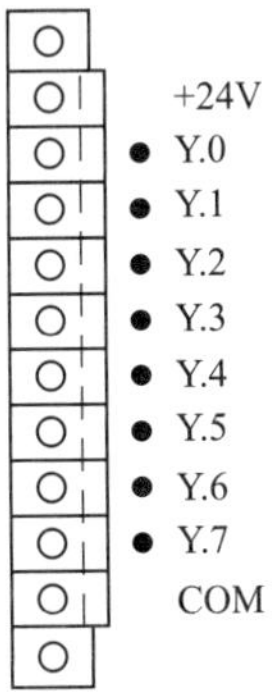 +24V Y.0 Y.1 Y.2 Y.3 Y.4 Y.5 Y.6 Y.7 COM	Y. 0	Y11. 0
	Y. 1	Y10. 1		Y. 1	Y11. 1
	Y. 2	Y10. 2		Y. 2	Y11. 2
	Y. 3	Y10. 3		Y. 3	Y11. 3
	Y. 4	Y10. 4		Y. 4	Y11. 4
	Y. 5	Y10. 5		Y. 5	Y11. 5
	Y. 6	Y10. 6		Y. 6	Y11. 6
	Y. 7	Y10. 7		Y. 7	Y11. 7

输入信号最大可扩展至 X11. 9，输出信号最大可扩展至 Y11. 9。

3）输入信号电路连接

输入信号是指从机床到 I/O 单元的信号，该输入信号与＋24V 接通时，输入有效；该输入信号与＋24V 断开时，输入无效。

输入信号的外部输入有两种方式：一种使用有触点开关输入，采用这种方式的信号来自机床侧的按键、极限开关以及继电器的触点等，连接如图 3. 141 所示。

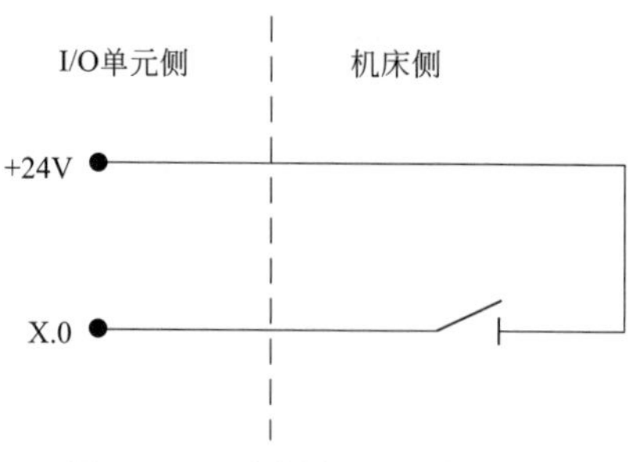

图 3.141　有触点开关输入连接

另一种使用无触点开关(晶体管）输入，连接如图 3.142 所示。

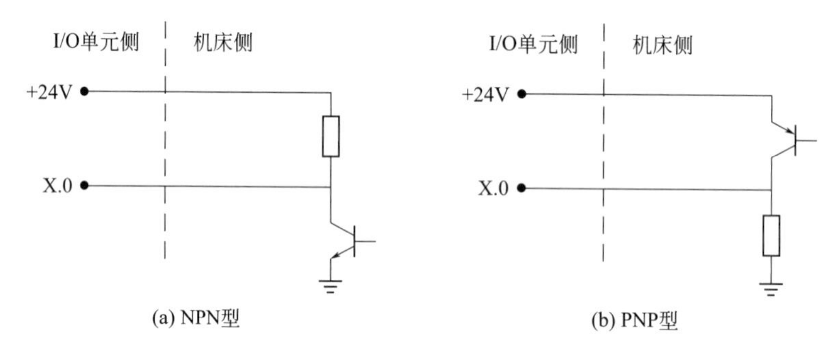

图 3.142　无触点开关输入连接

4）输出信号电路连接

输出信号用于驱动机床侧的继电器和指示灯，该输出信号与 0V 接通时，输出功能有效；与 0V 断开时，输出功能无效。

输出信号点共 32 个，均为 ULN280-3 输出，每个点最大通过电流 200mA。驱动发光二极管输出信号用于驱动发光二极管，需要串联一个电阻，限制流经发光二极管的电流(一般约为 10mA)，如图 3.143 所示。

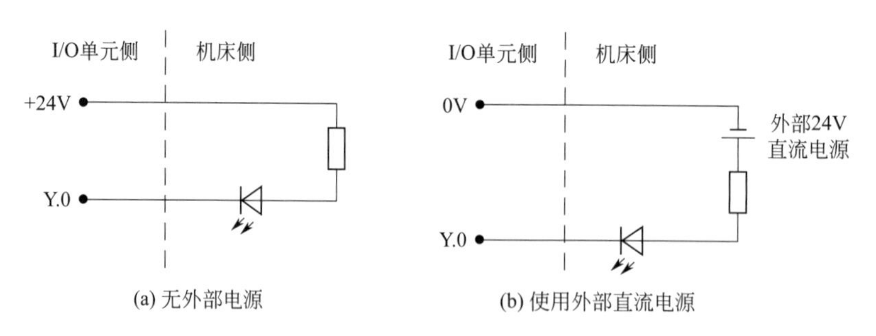

图 3.143　输出信号电路连接

5）驱动灯丝型指示灯

输出信号用于驱动灯丝型指示灯，需外接一预热电阻以减少导通时的电流冲击，预热电阻阻值大小以使指示灯不亮为原则，如图 3.144 所示。

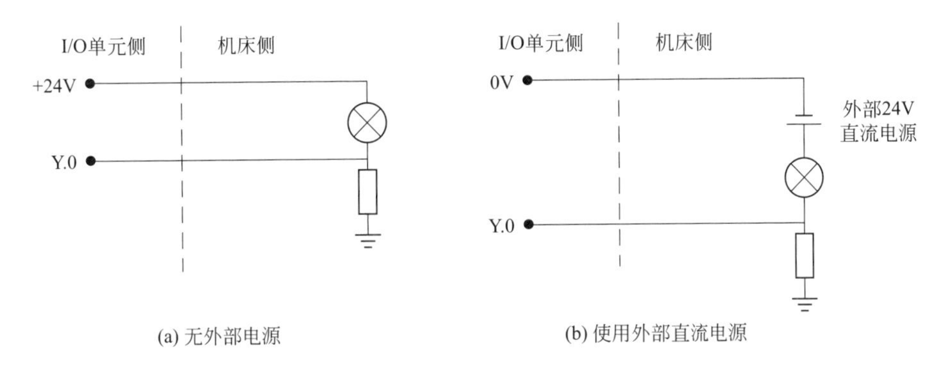

图 3.144　驱动灯丝型指示灯

6）驱动感性负载(如继电器)

输出信号用于驱动感性负载，此时需要在线圈附近接入续流二极管，以保护输出电路，减少干扰，如图 3.145 所示。

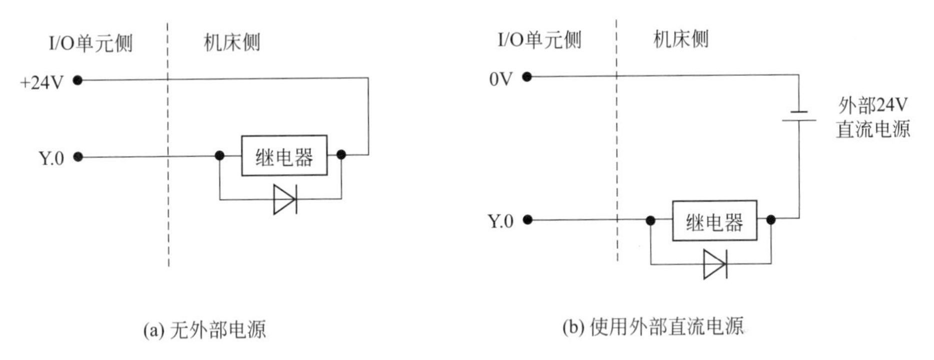

图 3.145　驱动感性负载

7）输出信号的 COM 接口

输出接口中有 COM、COM0、COM1 端子，在输出信号驱动感性负载并且感性负载没有续流二极管时，可使用这些端口，其作用相当于续流二极管，接线如图 3.146 所示。

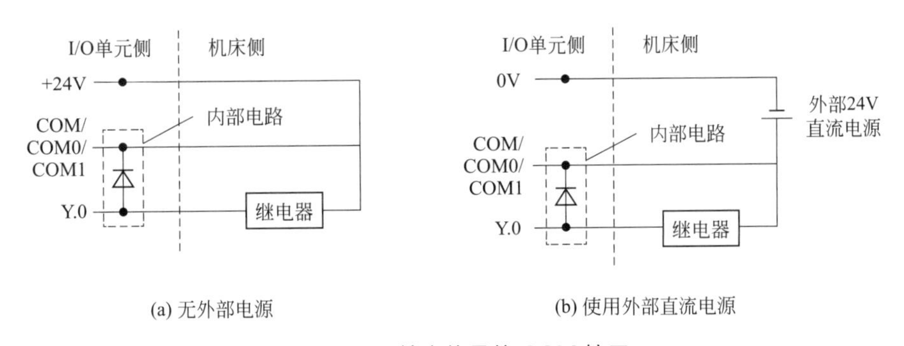

图 3.146　输出信号的 COM 接口

注：COM、COM0、COM1 端子不可与 0V 短接。

7. IOR-21F、IOR-44F 接口(图 3.147)

1）工业以太网总线接口 CN5、CN4(图 3.148)

IOR 系列 I/O 单元与 CNC 系统通过 GSK-Link 总线接口进行连接，GSK-Link 总线通信连接线如图 3.149 所示。

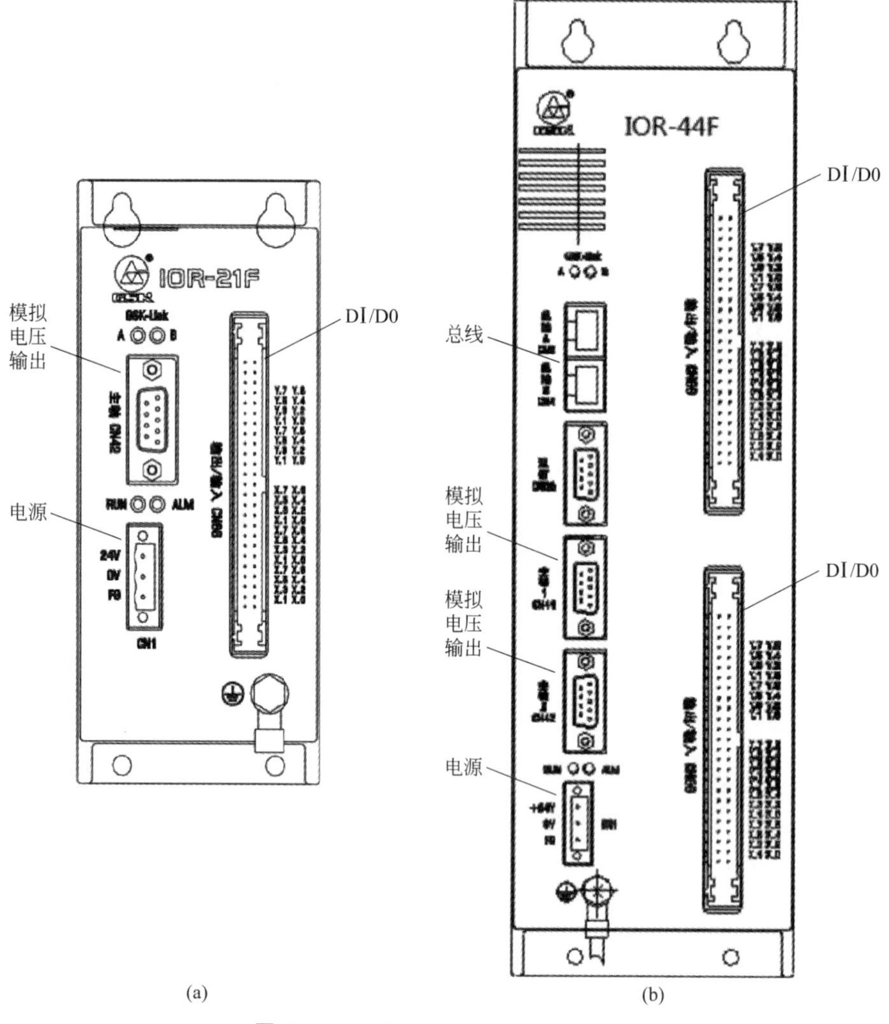

图 3.147 IOR-21F、IOR-44F 接口

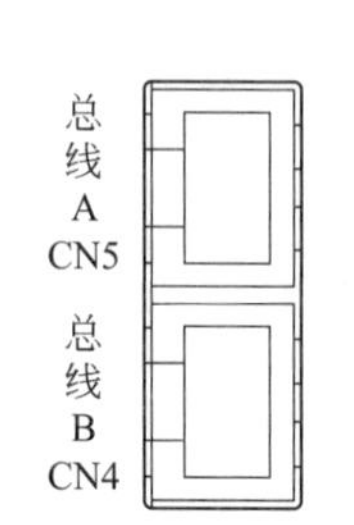

图 3.148 工业以太网总线接口 CN5、CN4

1	PHY1_TX+	1	PHY1_TX+
3	PHY1_TX−	3	PHY1_TX−
2	PHY1_RX+	2	PHY1_RX+
4	PHY1_RX−	4	PHY1_RX−
5	1、3线的屏蔽层	5	1、3线的屏蔽层
6	2、4线的屏蔽层	6	2、4线的屏蔽层
7	最外层屏蔽线	7	最外层屏蔽线

图 3.149 GSK-Link 总线通信连接线

2）模拟量输出接口 CN42(图 3.150)

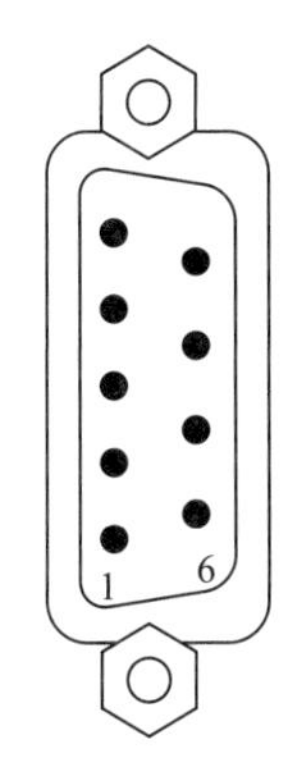

信号定义	信号说明
1:GND	模拟电压输出地
2:IO-AOT1	0～+10V模拟电压输出
4:GND	模拟电压输出地
5:IO-AOT0	0～+10V第二路模拟电压输出

图 3.150　模拟量输出接口 CN42

3）数字输入/输出信号接口 CN66

I/O 点为单个 50PIN 牛角插座，高电平输出有效，如图 3.151 所示。

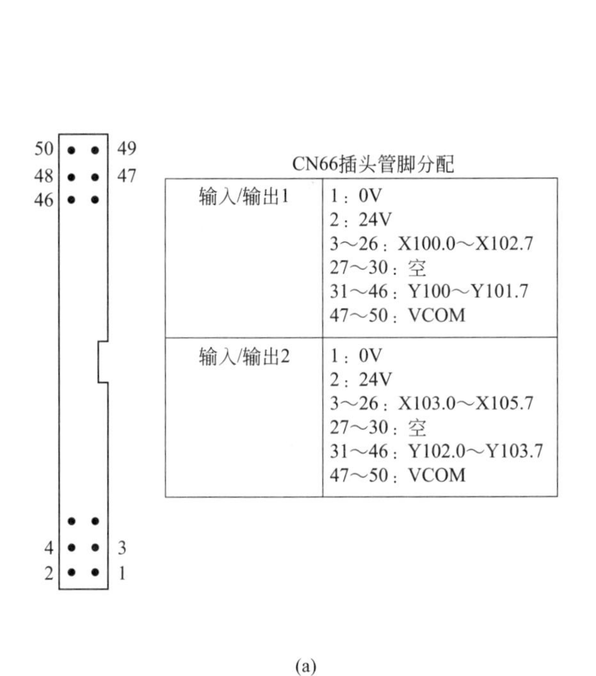

CN66插头管脚分配

输入/输出1	1：0V 2：24V 3～26：X100.0～X102.7 27～30：空 31～46：Y100～Y101.7 47～50：VCOM
输入/输出2	1：0V 2：24V 3～26：X103.0～X105.7 27～30：空 31～46：Y102.0～Y103.7 47～50：VCOM

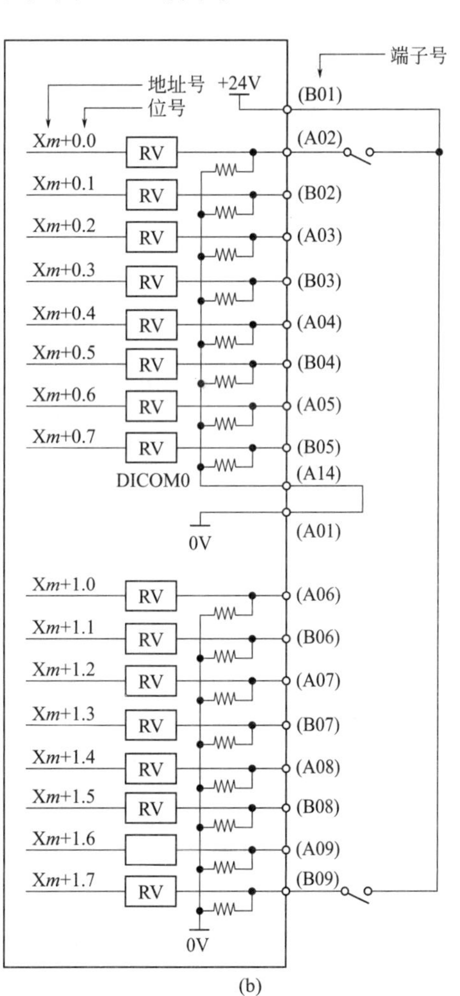

(a)　　(b)

图 3.151　输入信号连接图

8. PC 机通信线

系统与 PC 机网口的通信连接如图 3.152 所示。

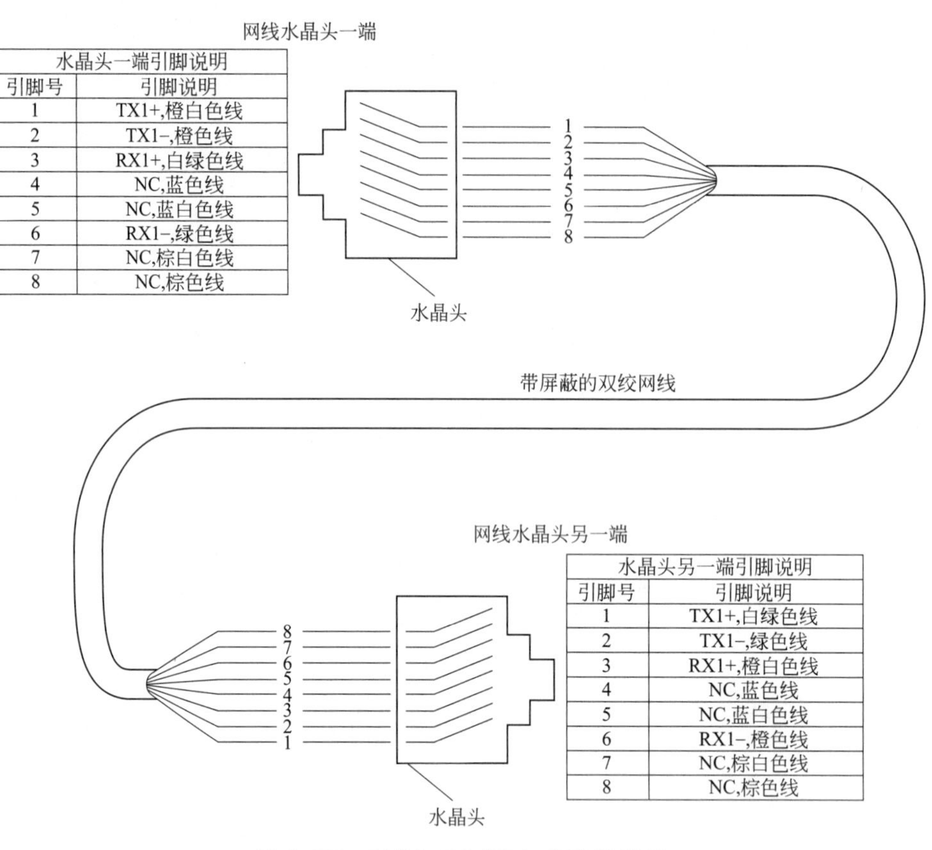

图 3.152　系统与 PC 机网口通信连接图

9. 手脉连接线

1）外置手脉单元与主机箱连接(图 3.153)

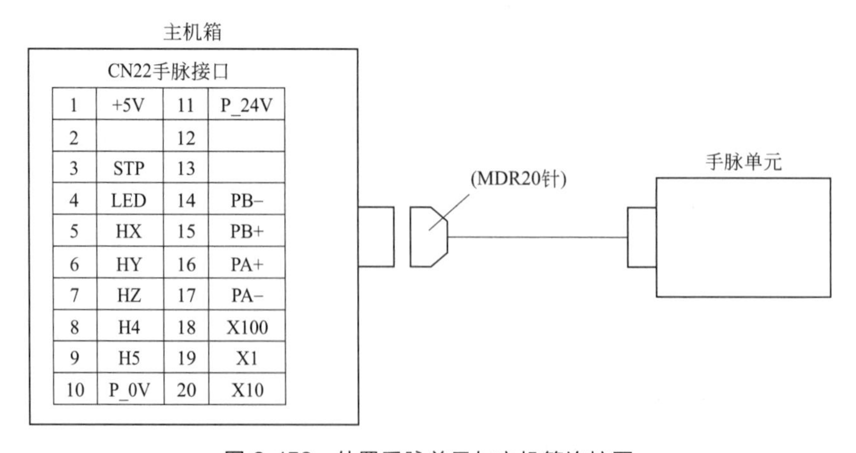

图 3.153　外置手脉单元与主机箱连接图

2）外置手脉信号线连接(图 3.154)

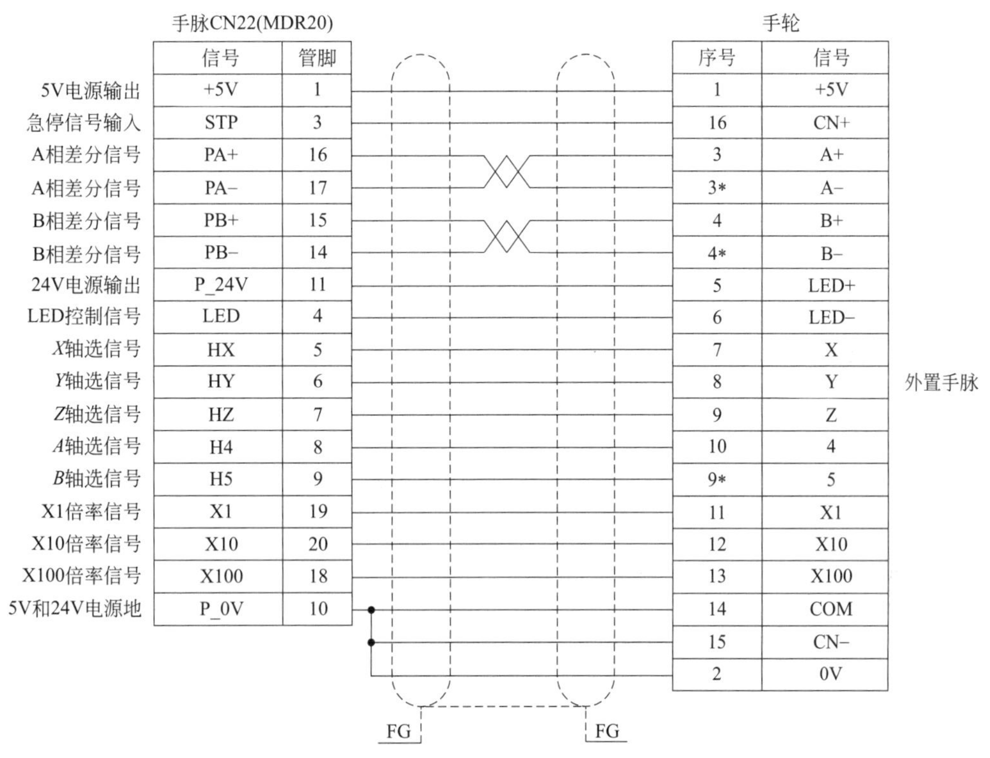

图 3.154　外置手脉信号线连接图

3）信号接口电路

(1) PA+、PA−、PB+、PB−分别为手脉 A、B 相的输入信号，如图 3.155 所示。

(2) 手脉输入信号 X1、X10、X100、HX、HY、HZ、H4、H5、STP，其内部接口电路如图 3.156 所示。

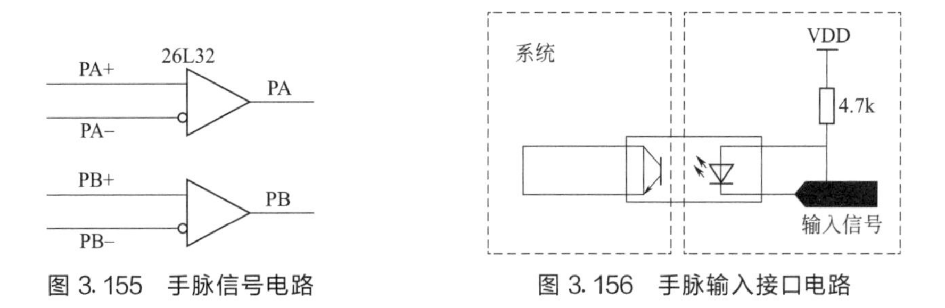

图 3.155　手脉信号电路

图 3.156　手脉输入接口电路

4）手脉信号接点定义(表 3.4)

表 3.4　手脉信号接点定义

信号名称	PLC 地址	信号功能	I/O
HX	X120.7	X 轴选信号输入	I
HY	X120.6	Y 轴选信号输入	I

续表

信号名称	PLC 地址	信号功能	I/O
HZ	X120.5	*Z* 轴选信号输入	I
H4	X120.4	4 轴选信号输入	I
H5	X120.3	5 轴选信号输入	I
X1	X120.2	X1 倍率信号输入	I
X10	X120.1	X10 倍率信号输入	I
X100	X120.0	X100 倍率信号输入	I
STP	X121.0	急停信号输入	I
LED	Y120.0	LED 灯输出	O

10. 操作面板连接

1）GSK-25i 数控系统主机箱通过 RS485 串行接口与操作面板进行通信(图 3.157)

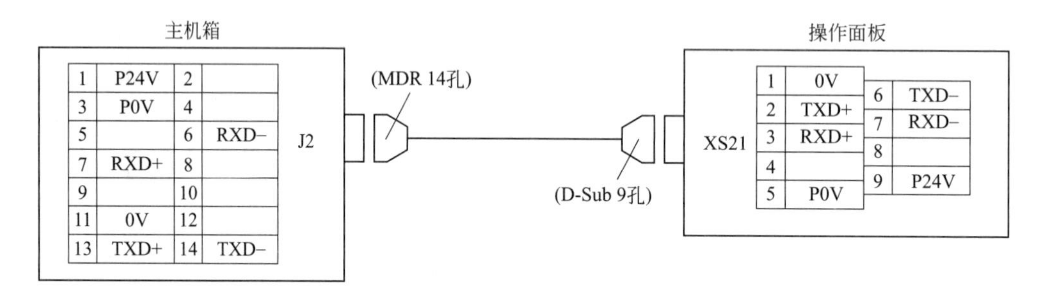

图 3.157 主机箱与操作面板连接图

2）操作面板线缆连接(图 3.158)

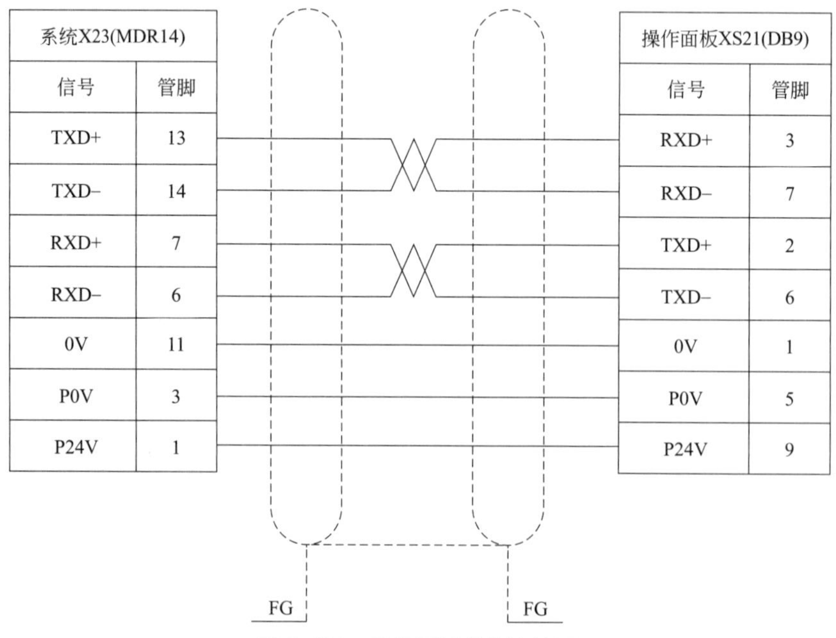

图 3.158 操作面板线缆连接图

11. 以太网通信线连接

1）GSK-25iMb 系统以太网通信连接(图 3.159)

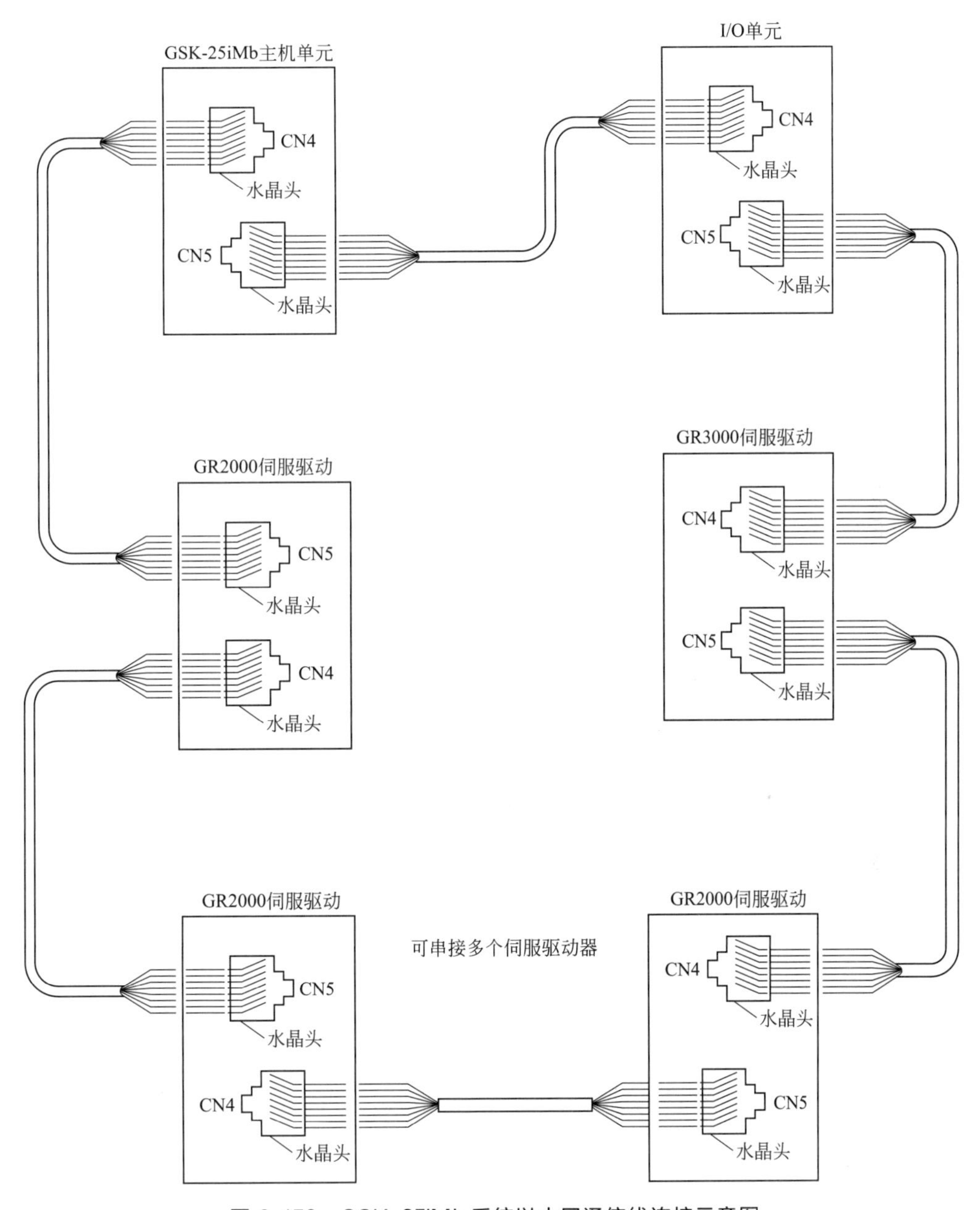

图 3.159　GSK-25iMb 系统以太网通信线连接示意图

2）以太网线缆连接(图 3.160、图 3.161)

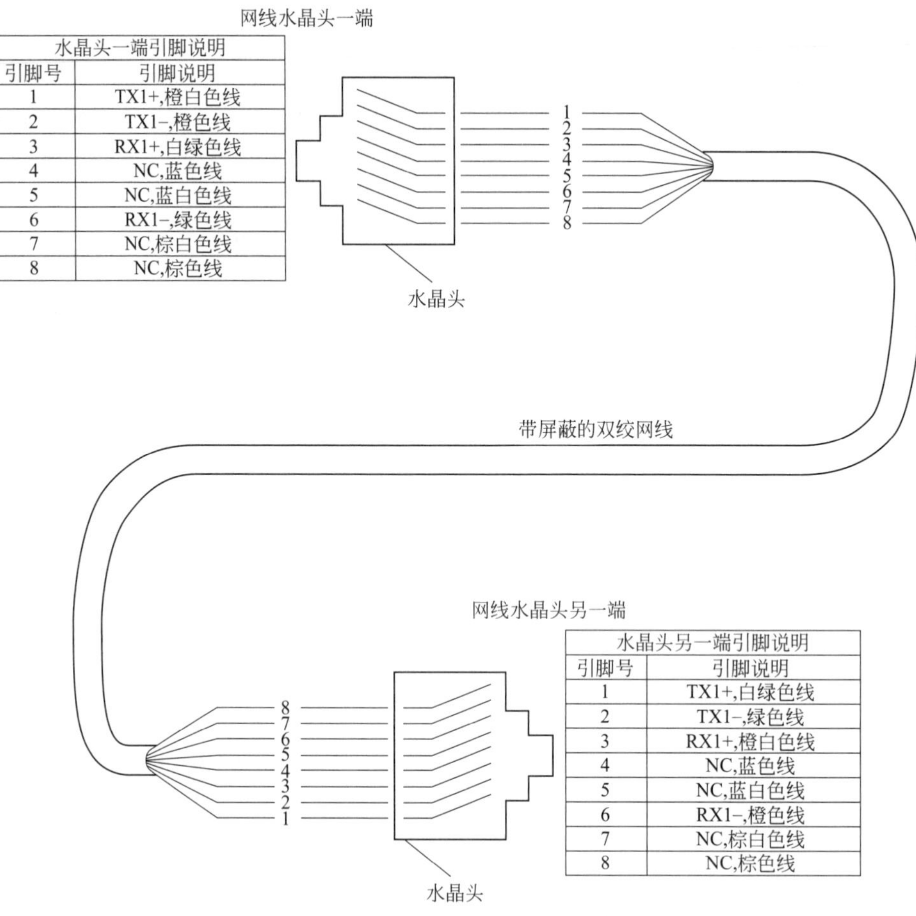

水晶头一端引脚说明	
引脚号	引脚说明
1	TX1+,橙白色线
2	TX1-,橙色线
3	RX1+,白绿色线
4	NC,蓝色线
5	NC,蓝白色线
6	RX1-,绿色线
7	NC,棕白色线
8	NC,棕色线

水晶头另一端引脚说明	
引脚号	引脚说明
1	TX1+,白绿色线
2	TX1-,绿色线
3	RX1+,橙白色线
4	NC,蓝色线
5	NC,蓝白色线
6	RX1-,橙色线
7	NC,棕白色线
8	NC,棕色线

图 3.160　以太网线缆连接（1）

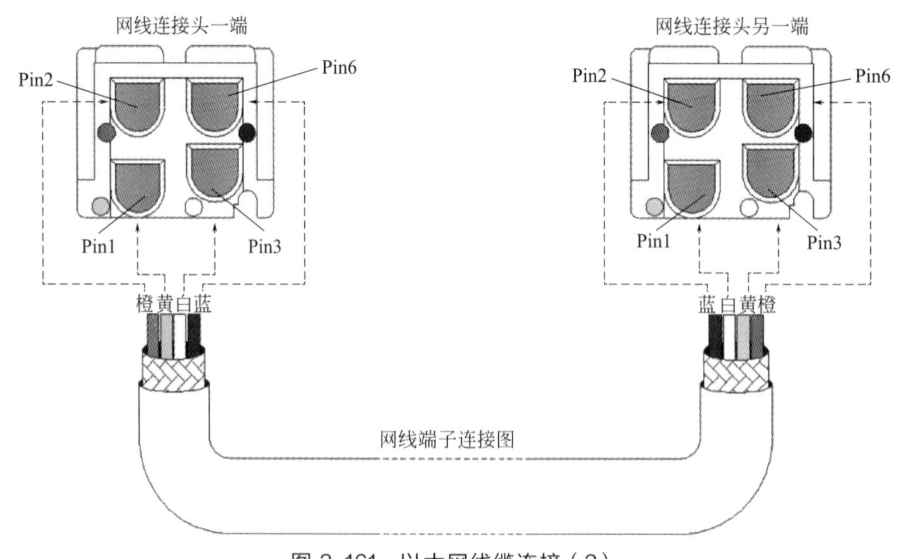

图 3.161　以太网线缆连接（2）

12. 配主轴伺服信号线

1）主轴驱动器连接(图 3.162)

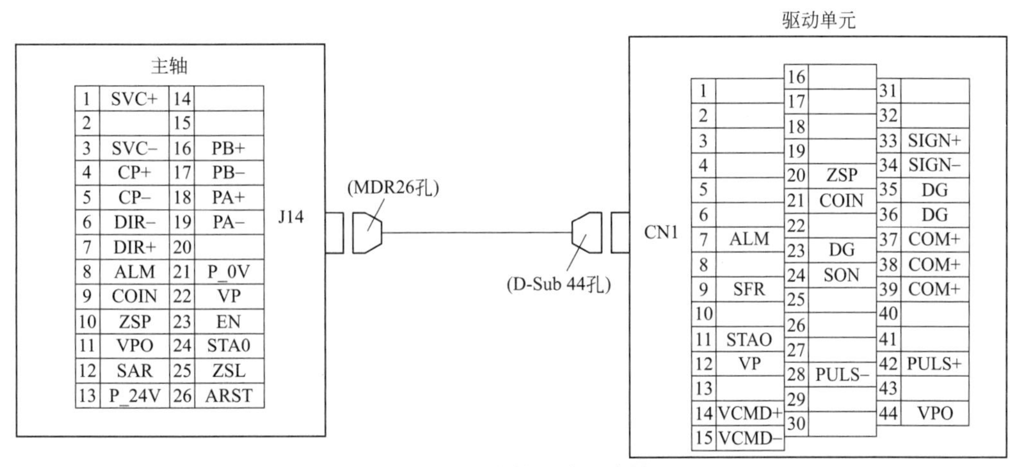

图 3.162　主轴驱动器连接

2）配 DAP03 主轴驱动线缆连接(图 3.163)

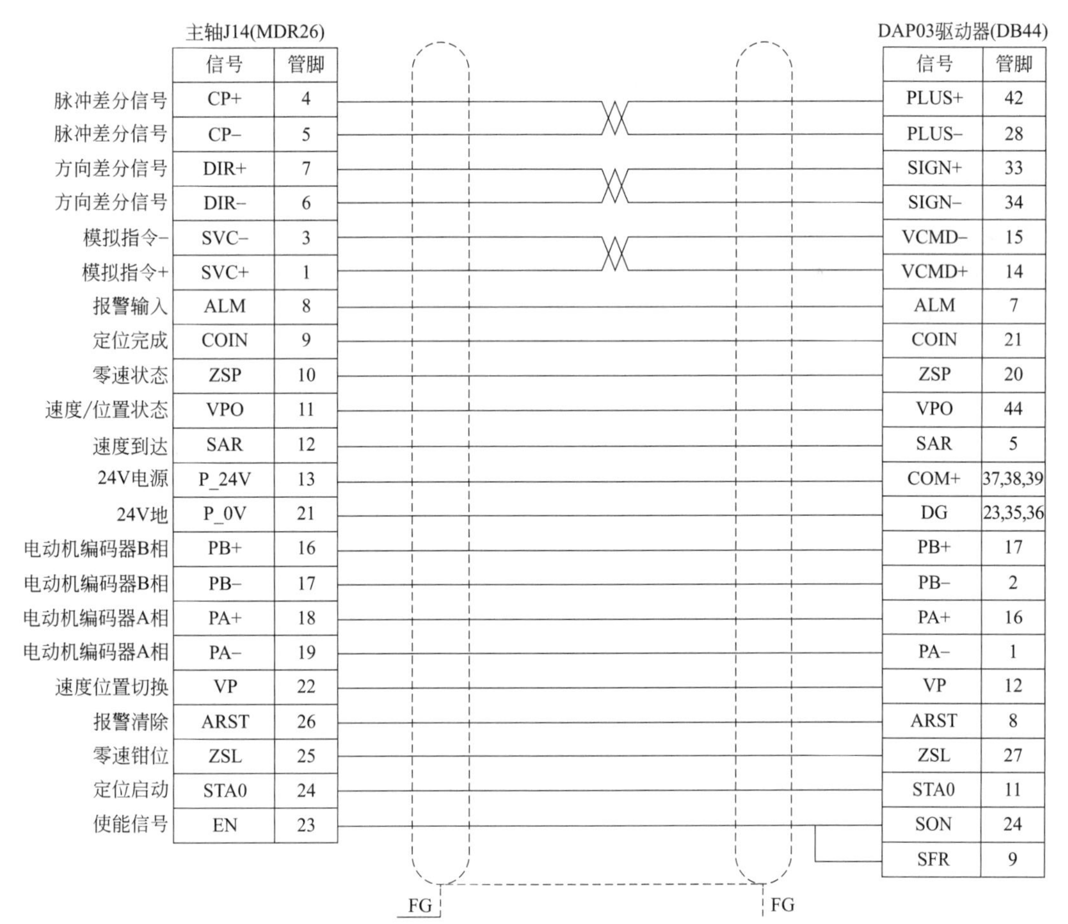

	信号	管脚	信号	管脚
脉冲差分信号	CP+	4	PLUS+	42
脉冲差分信号	CP−	5	PLUS−	28
方向差分信号	DIR+	7	SIGN+	33
方向差分信号	DIR−	6	SIGN−	34
模拟指令−	SVC−	3	VCMD−	15
模拟指令+	SVC+	1	VCMD+	14
报警输入	ALM	8	ALM	7
定位完成	COIN	9	COIN	21
零速状态	ZSP	10	ZSP	20
速度/位置状态	VPO	11	VPO	44
速度到达	SAR	12	SAR	5
24V电源	P_24V	13	COM+	37,38,39
24V地	P_0V	21	DG	23,35,36
电动机编码器B相	PB+	16	PB+	17
电动机编码器B相	PB−	17	PB−	2
电动机编码器A相	PA+	18	PA+	16
电动机编码器A相	PA−	19	PA−	1
速度位置切换	VP	22	VP	12
报警清除	ARST	26	ARST	8
零速钳位	ZSL	25	ZSL	27
定位启动	STA0	24	STA0	11
使能信号	EN	23	SON	24
			SFR	9

图 3.163　配 DAP03 主轴驱动线缆连接

3）配 GS××××-NP2 主轴驱动线缆(图 3.164)

	GSK-25i X21(MDR26)		GS驱动器(DB44)	
	信号	管脚	信号	管脚
脉冲差分信号	CP+	4	PLUS+	2
脉冲差分信号	CP–	5	PLUS–	17
方向差分信号	DIR+	7	SIGN+	1
方向差分信号	DIR–	6	SIGN–	16
模拟指令-	SVC–	3	VCMD–	14
模拟指令+	SVC+	1	VCMD+	44
报警输入	ALM	8	ALM	9
定位完成	COIN	9	COIN	12
零速状态	ZSP	10	ZSP	42
速度/位置状态	VPO	11	VPO	10
速度到达	SAR	12	SAR	41
24V电源	P_24V	13	COM+	39
24V地	P_0V	21	COM–	24
			ALM–	25
			VPO–	26
			COIN–	28
电动机编码器B相	PB+	16	PB+	18
电动机编码器B相	PB–	17	PB–	3
电动机编码器A相	PA+	18	PA+	19
电动机编码器A相	PA–	19	PA–	4
位置反馈PZ输出	ENC-PZ+	15	PZ0+	31
位置反馈PZ输出	ENC-PZ–	14	PZ0–	32
速度位置切换	VP	22	VP	38
报警清除	ARST	26	ALRS	36
零速钳位	ZSL	25	ZSL	37
定位启动	STA0	24	OSTA	8
使能信号	EN	23	SON	23
			SFR	20

FG FG

图 3.164 主轴驱动线缆定义图

13. 配主轴变频器连接线

1）主轴变频器连接(图 3.165)

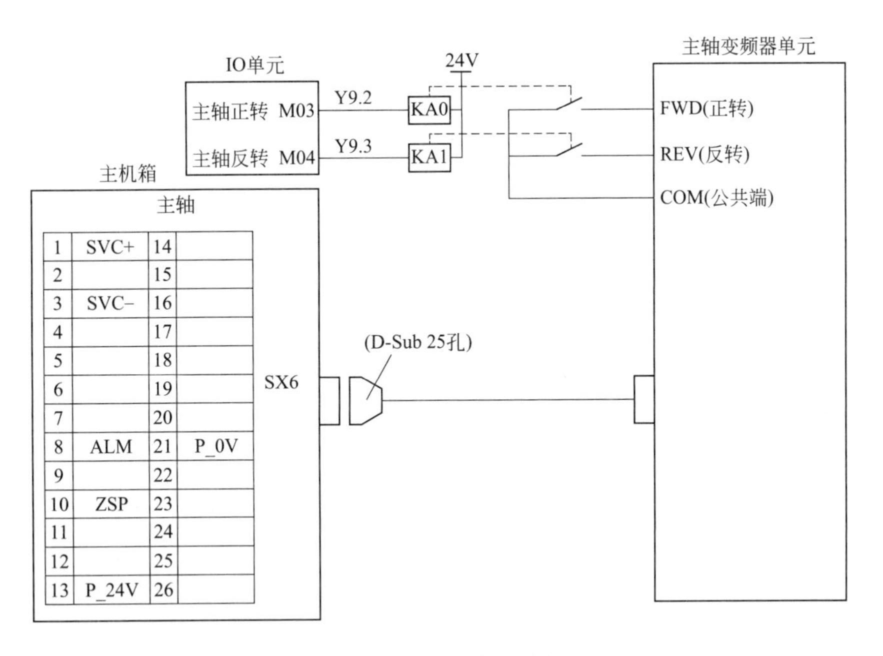

图 3.165　主轴变频器连接图

2）主轴变频器线缆连接（图 3.166、图 3.167）

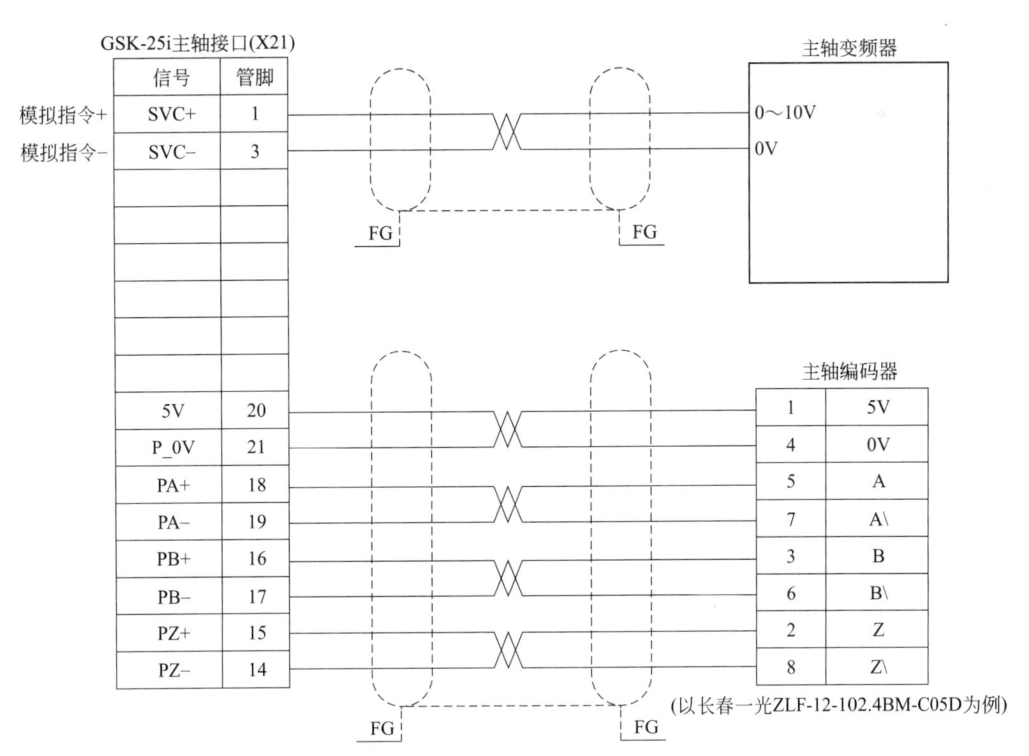

图 3.166　主轴变频器线缆连接（1）

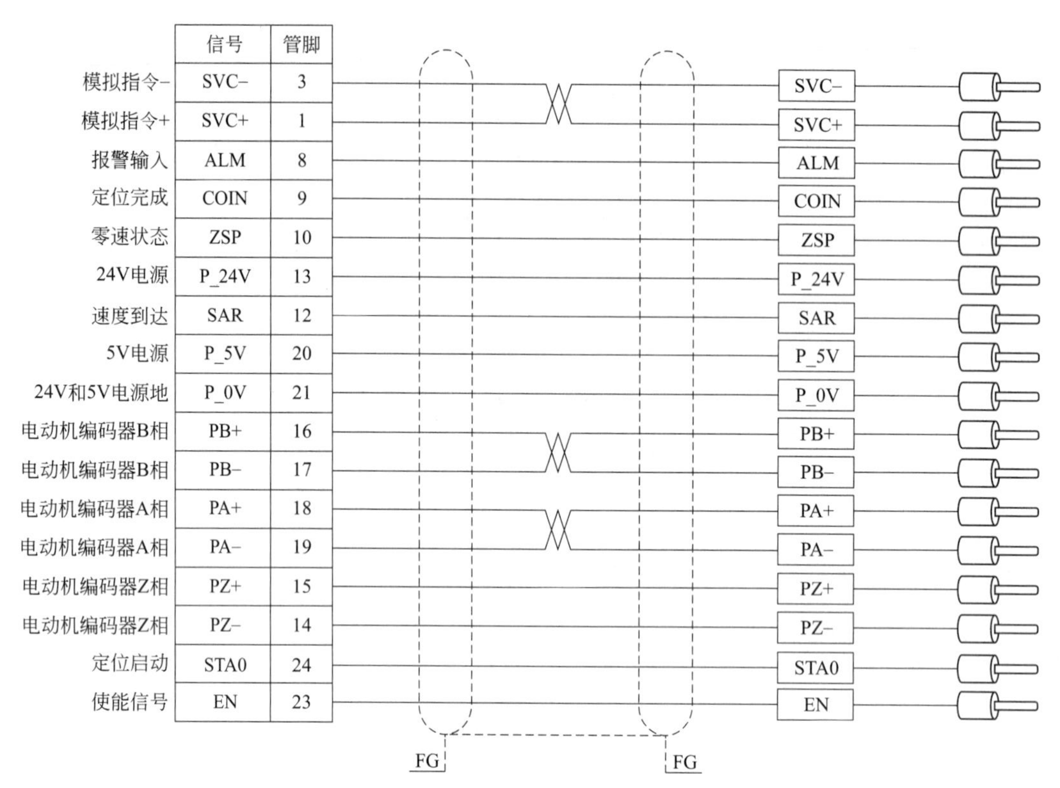

图 3.167 主轴变频器线缆连接（2）

14. 系统上电、垂直轴抱闸控制连接方法

1）系统上电控制(图 3.168)

2）垂直轴抱闸控制(图 3.169)

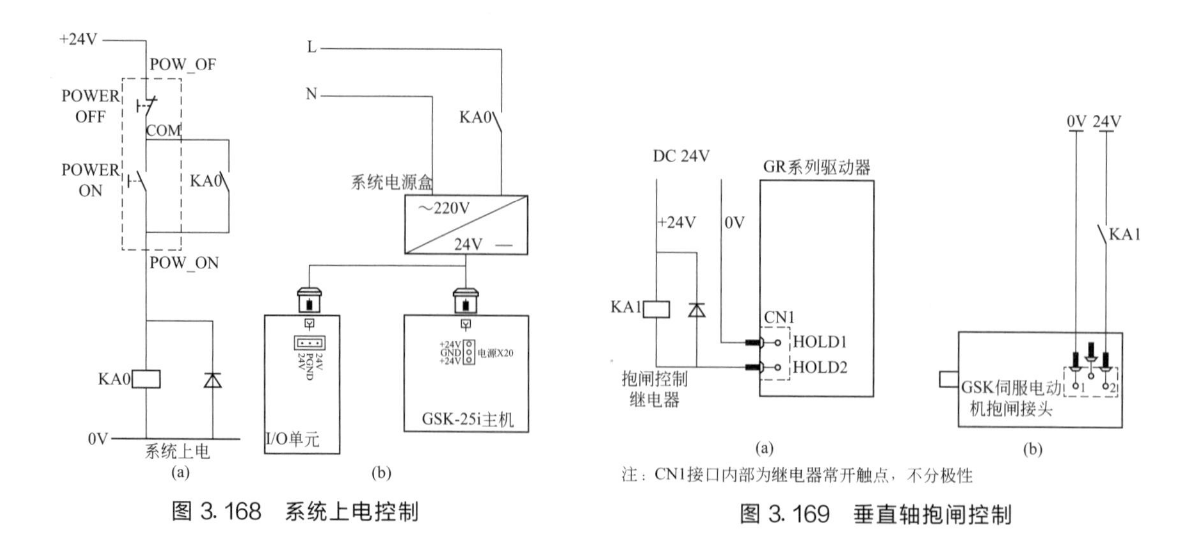

图 3.168 系统上电控制

图 3.169 垂直轴抱闸控制

15. GSK-25i 附图（图 3.170～图 3.183）

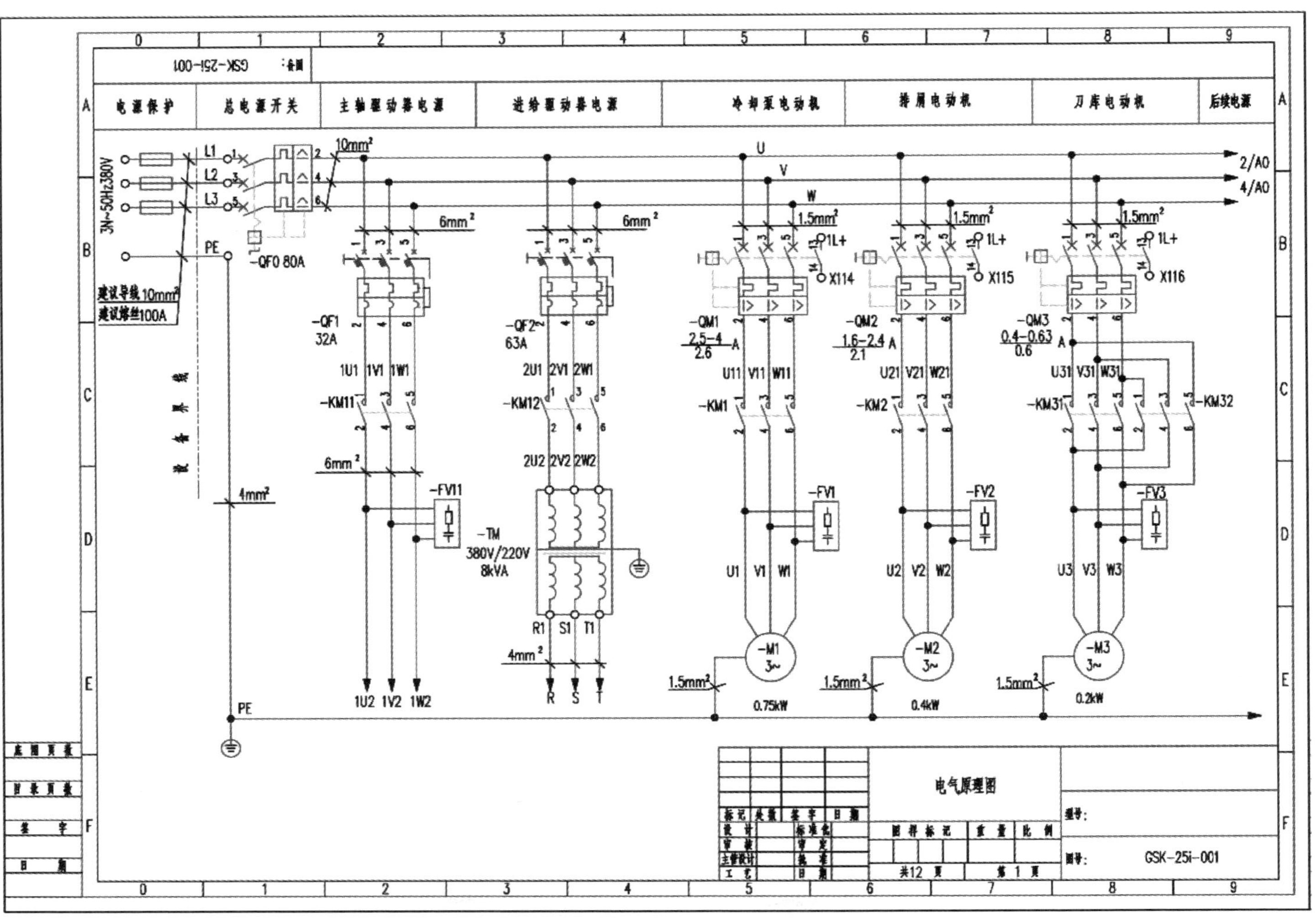

图 3.170　GSK-25i 附图（1）

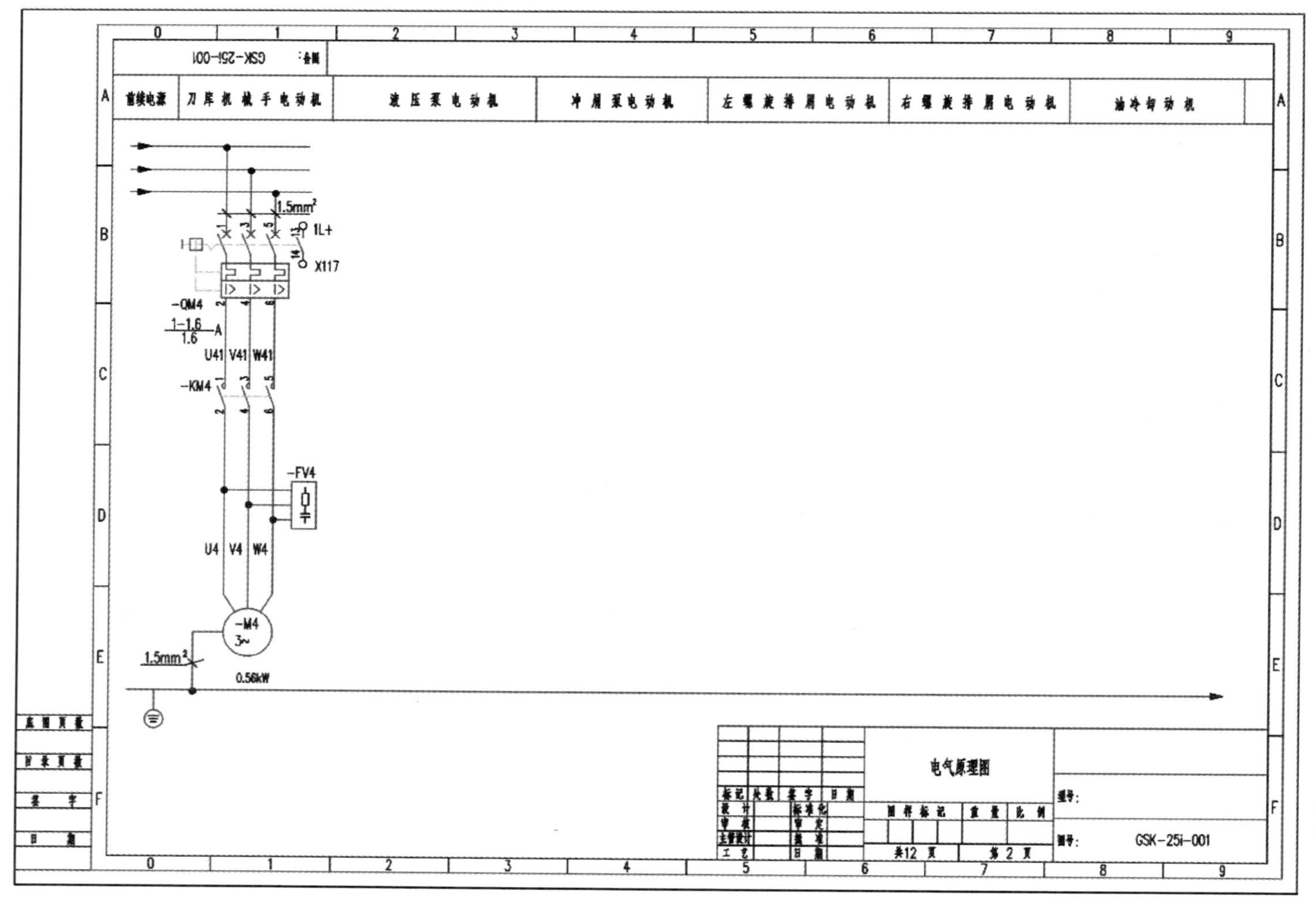

图 3.171 GSK-25i 附图（2）

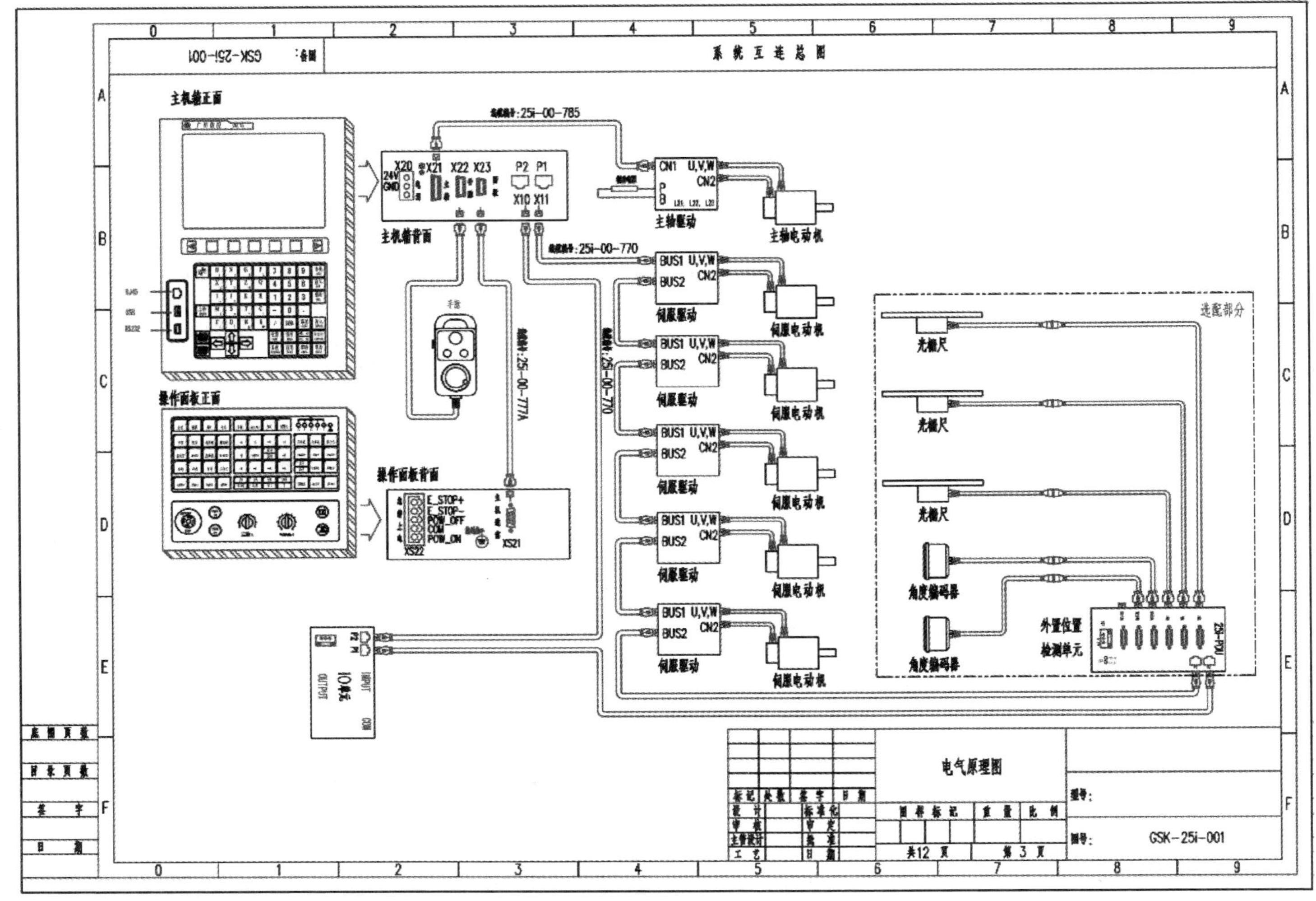

图 3.172　GSK-25i 附图（3）

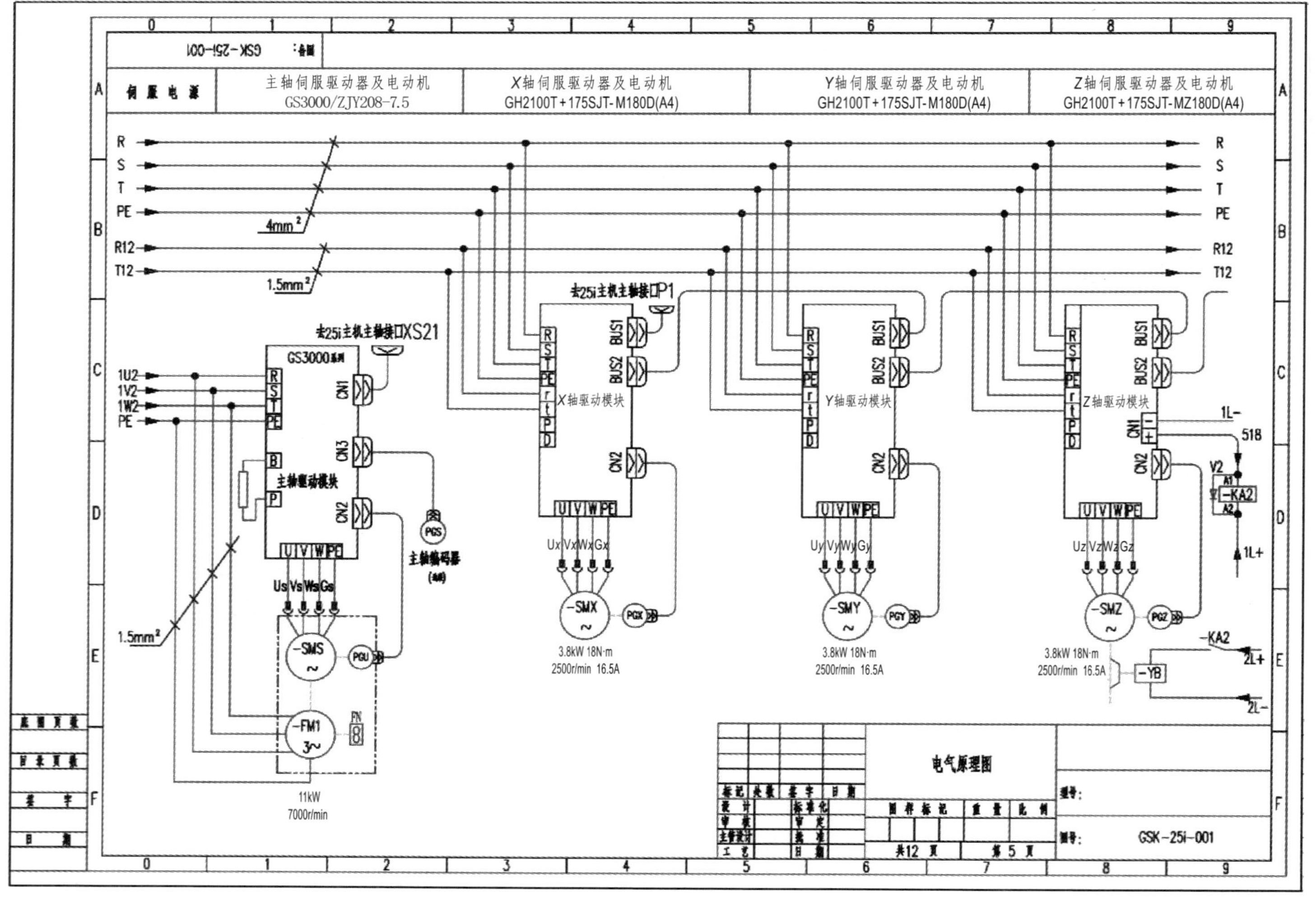

图 3.173　GSK-25i 附图（4）

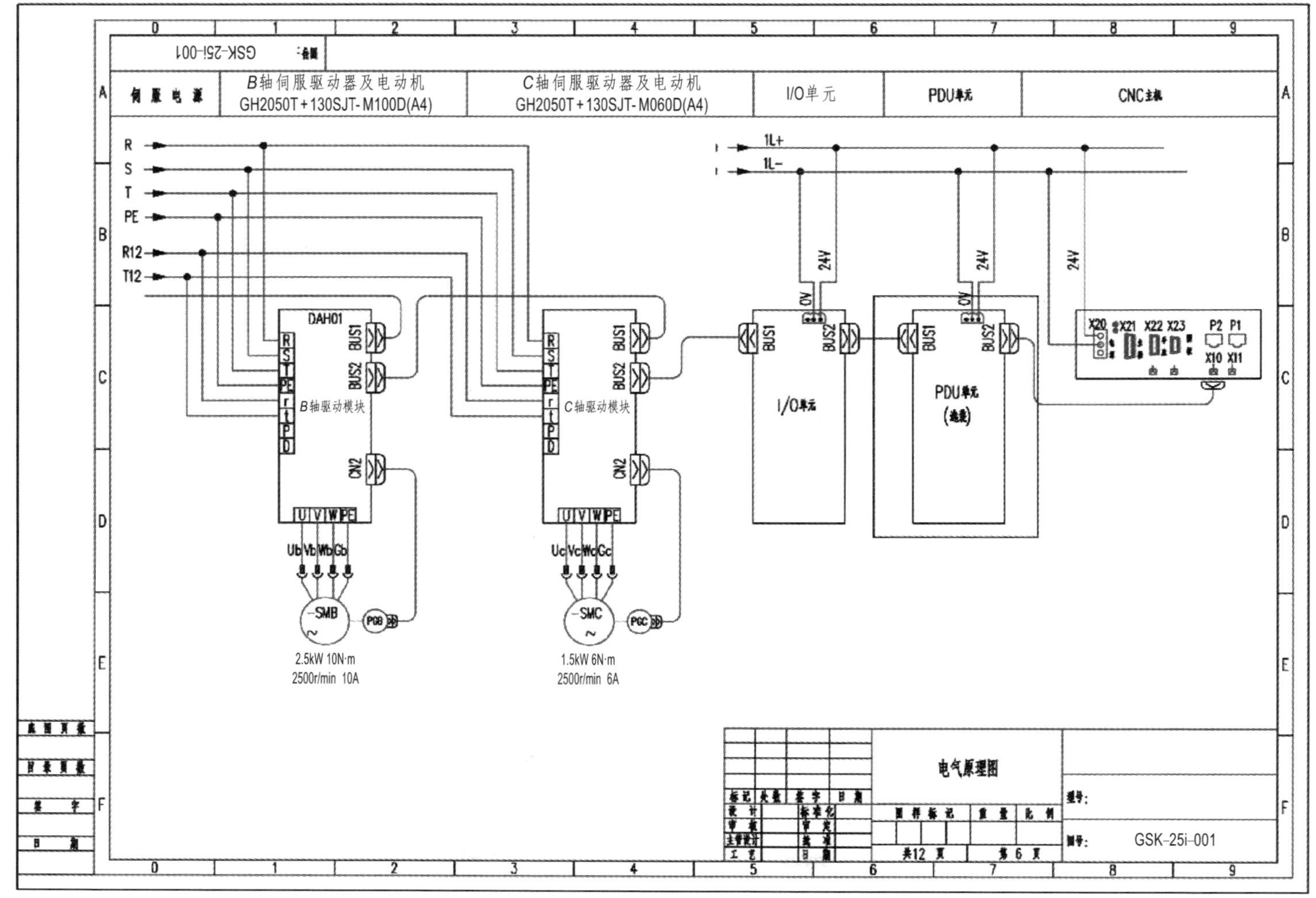

图 3.174　GSK-25i 附图（5）

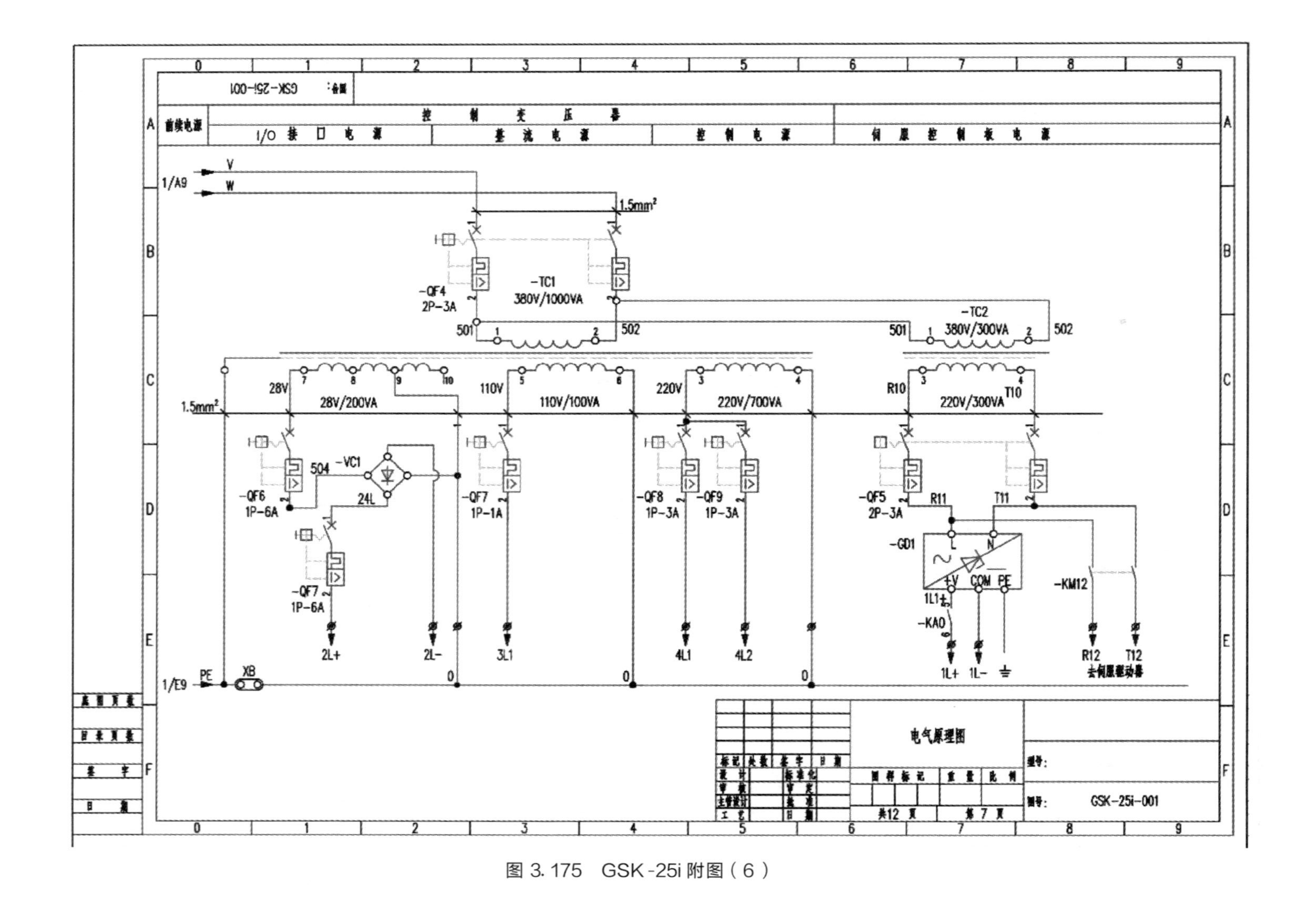

图 3.175 GSK-25i附图（6）

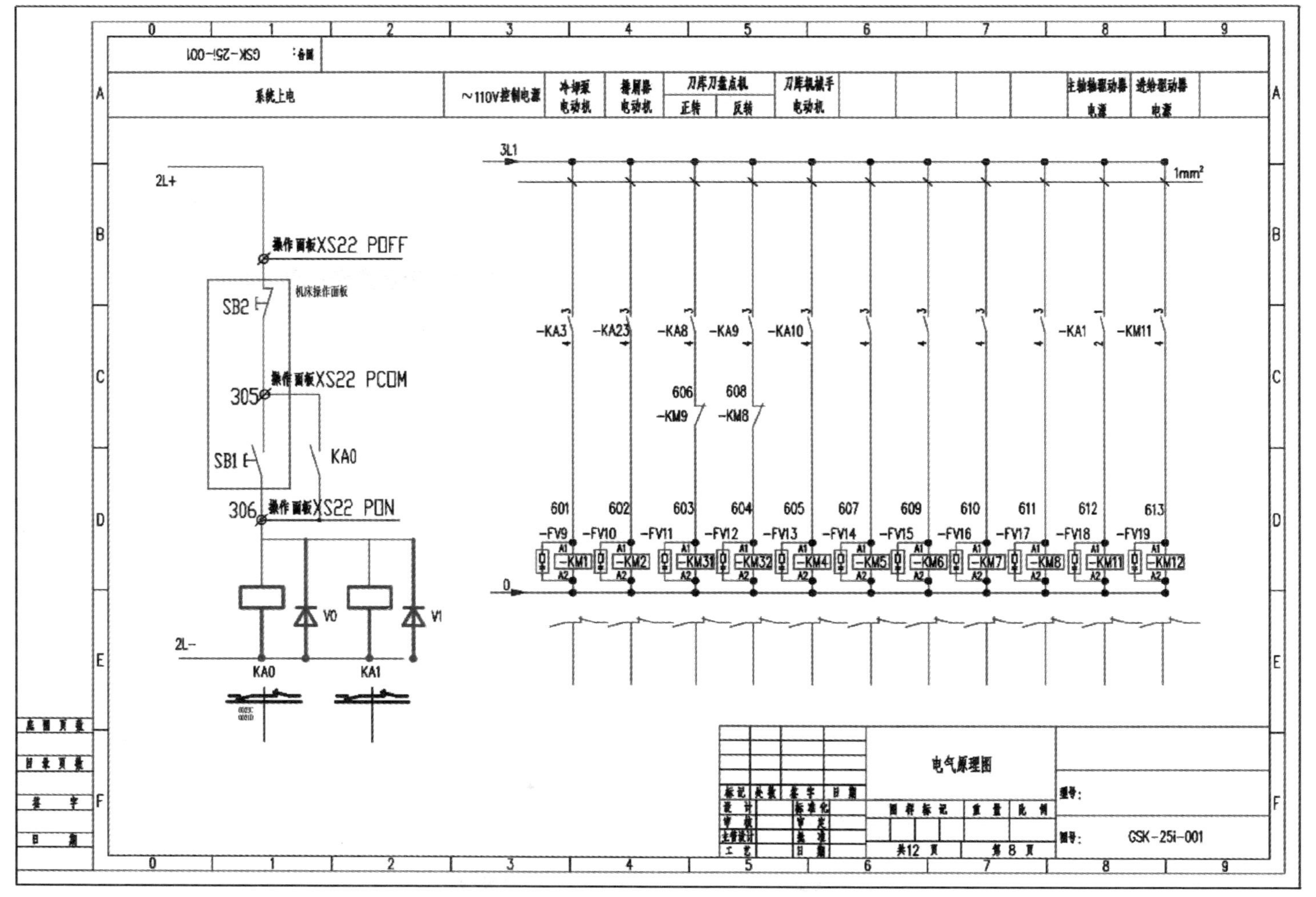

图 3.176　GSK-25i附图（7）

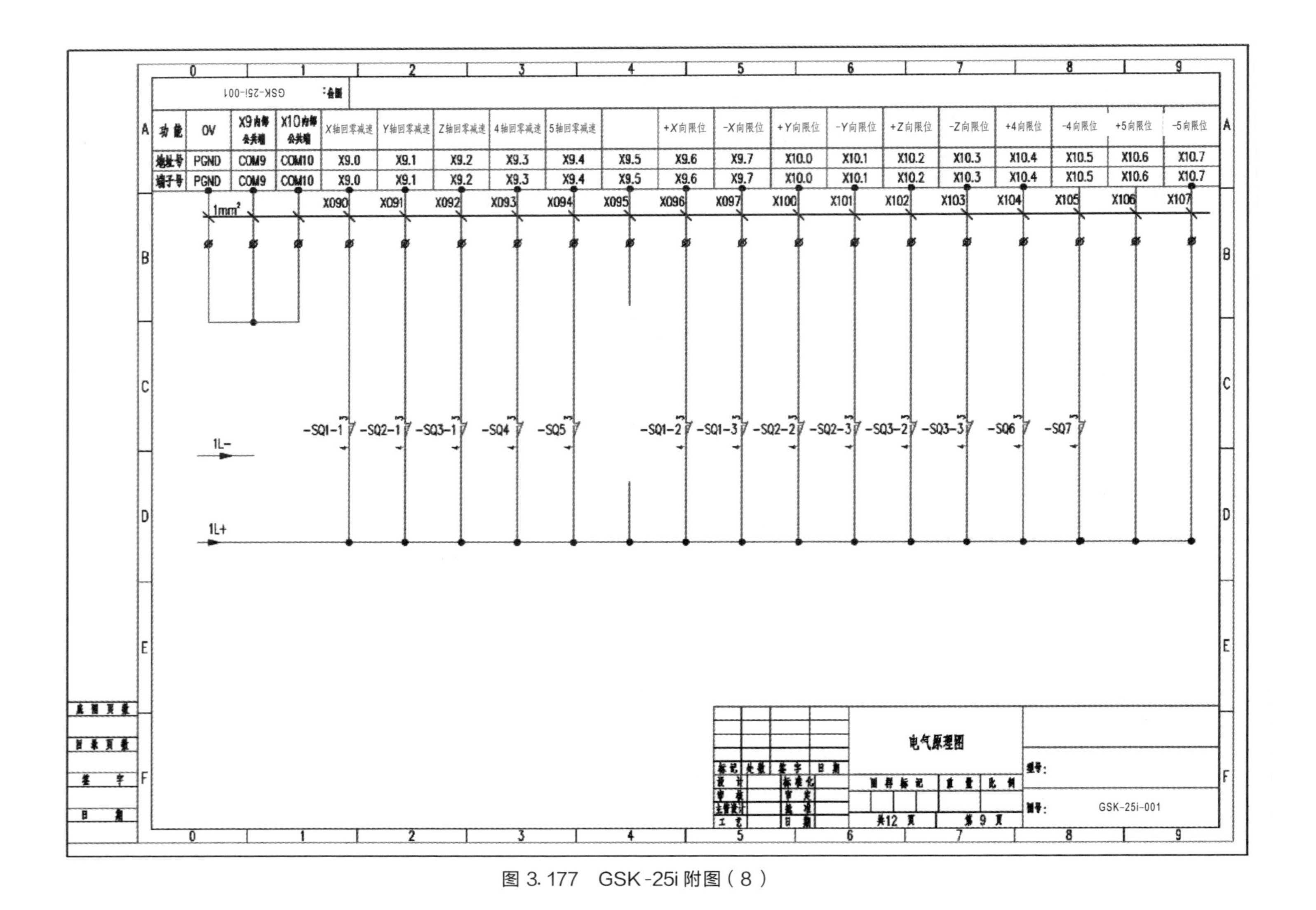

图 3.177 GSK-25i 附图（8）

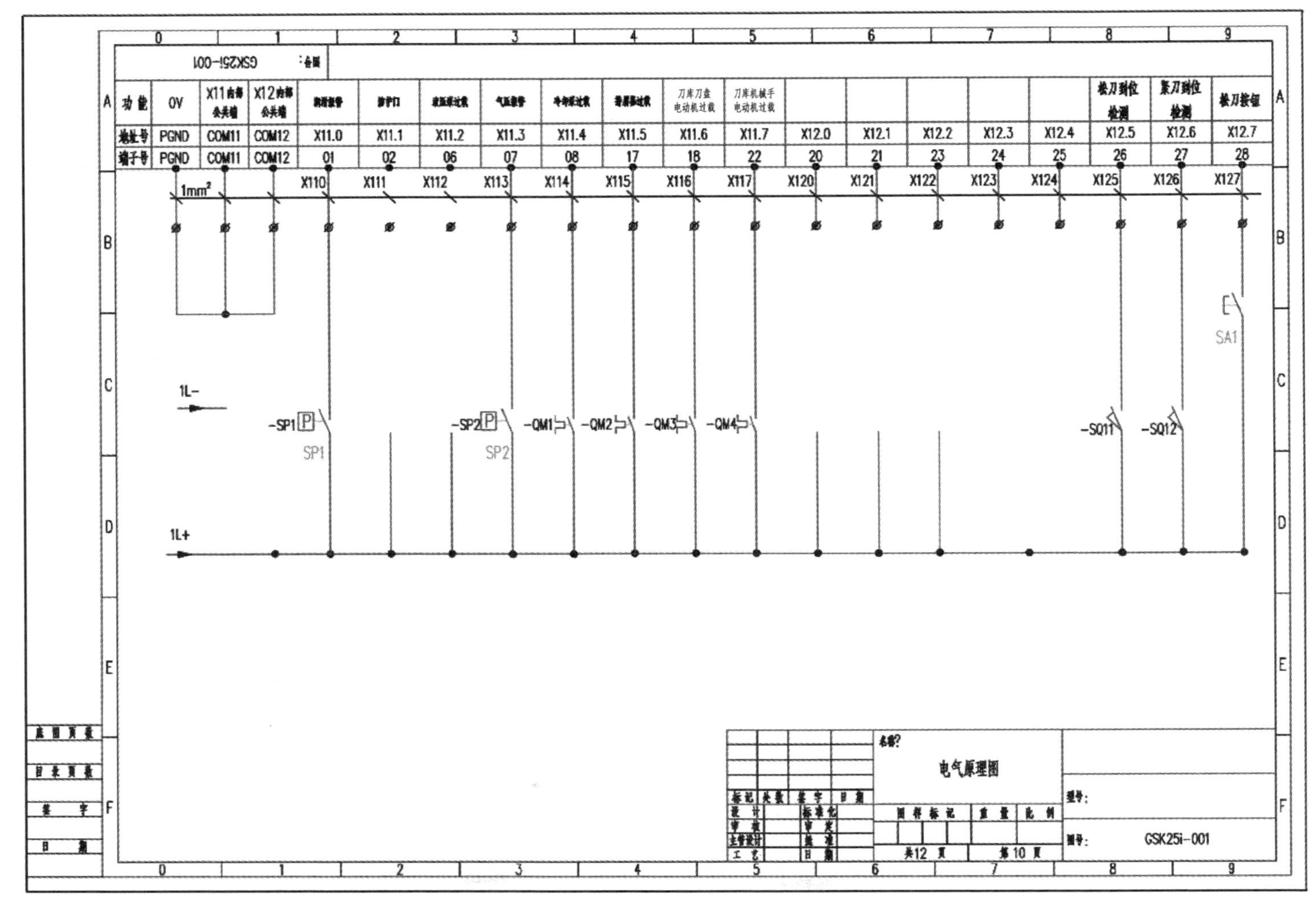

图 3.178　GSK-25i 附图（9）

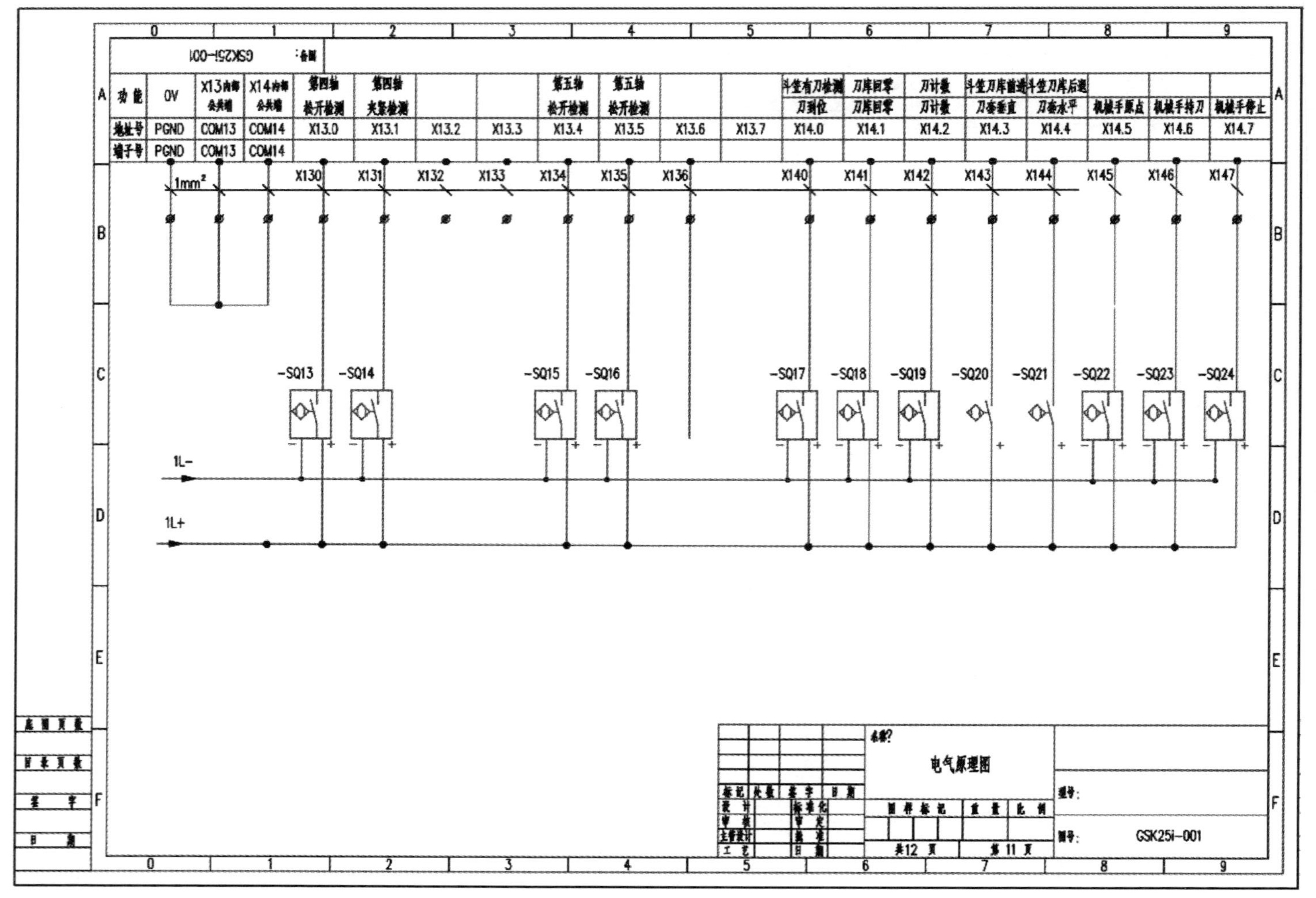

图 3.179　GSK-25i 附图（10）

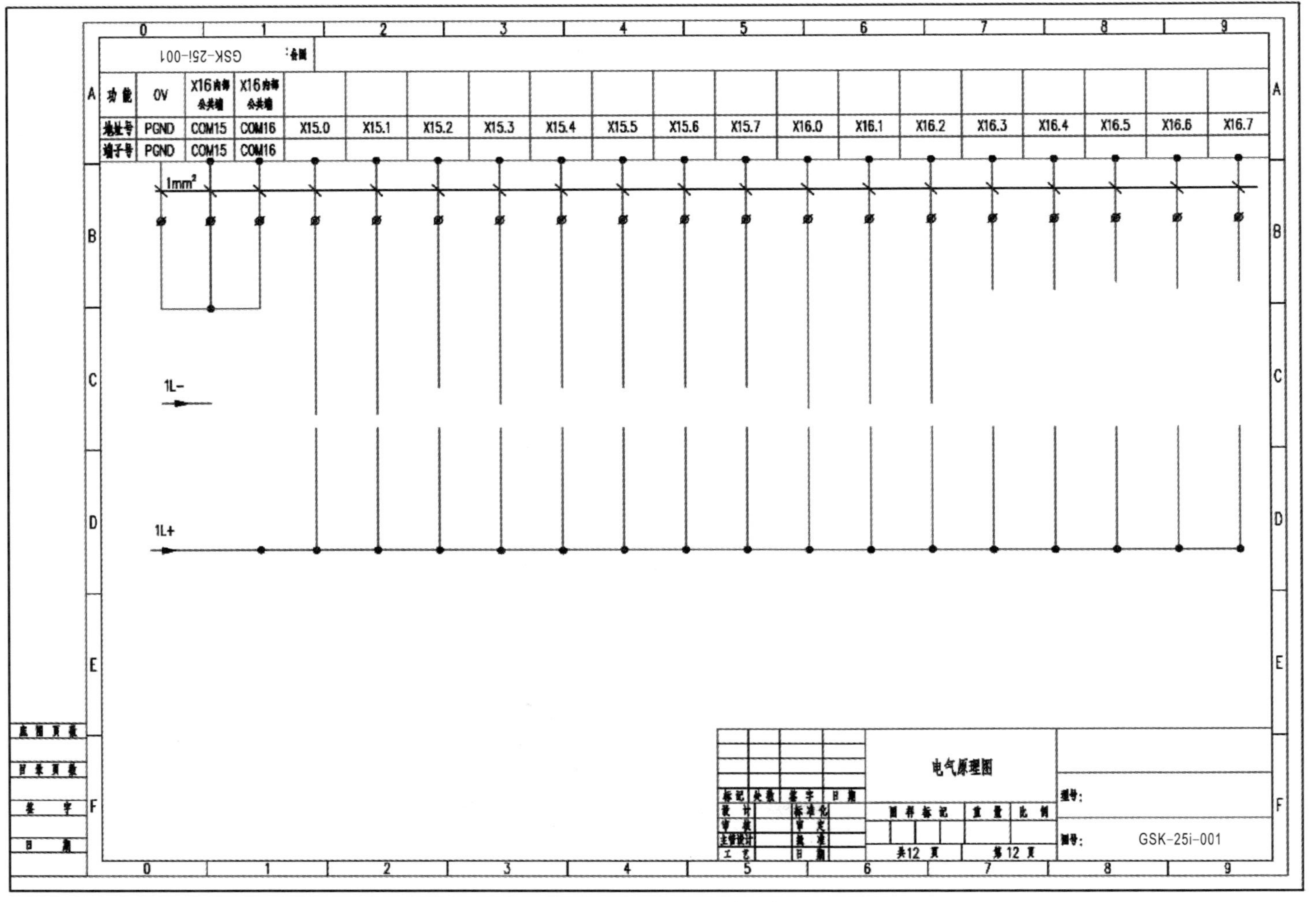

图 3.180 GSK-25i 附图（11）

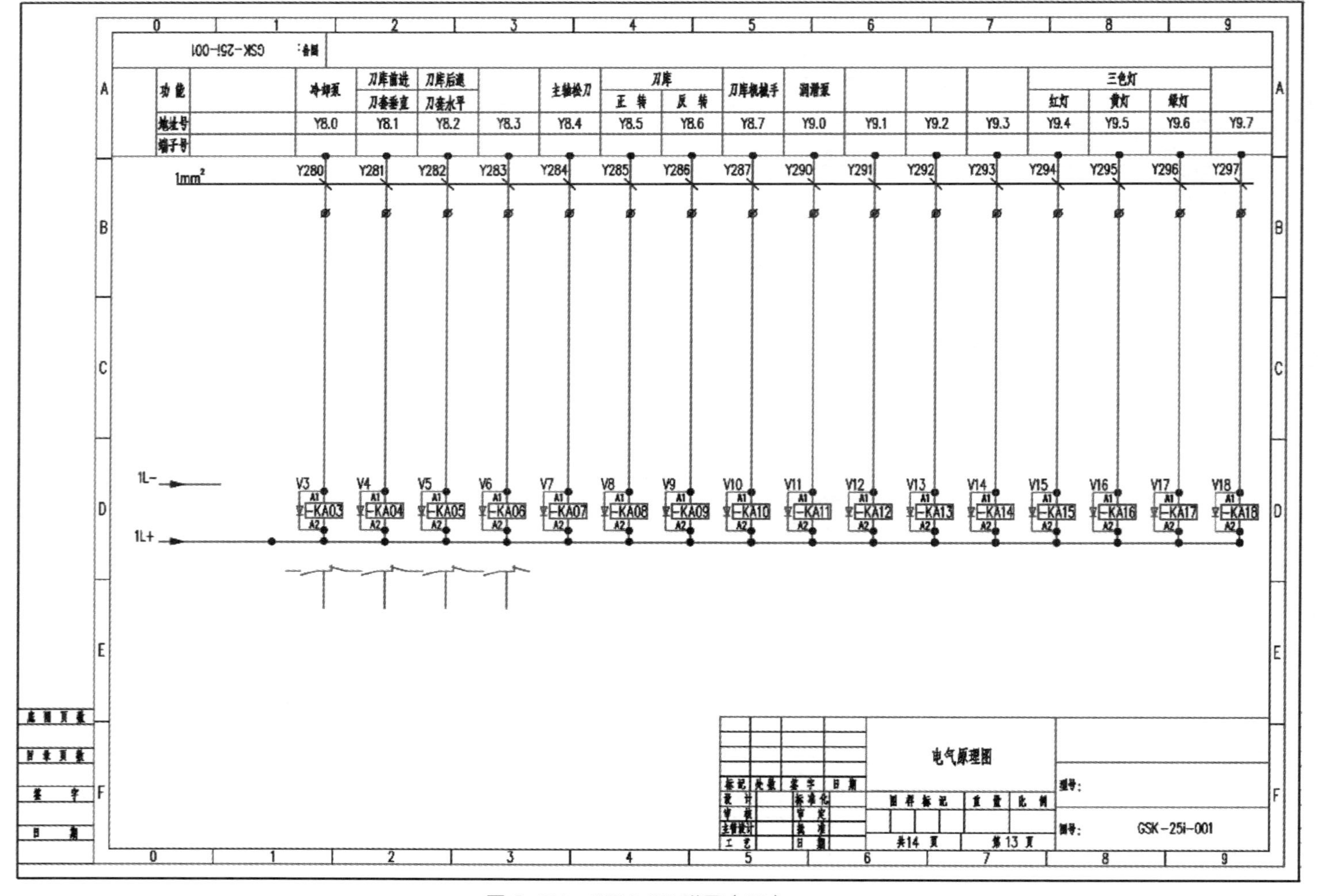

图 3.181 GSK-25i 附图(12)

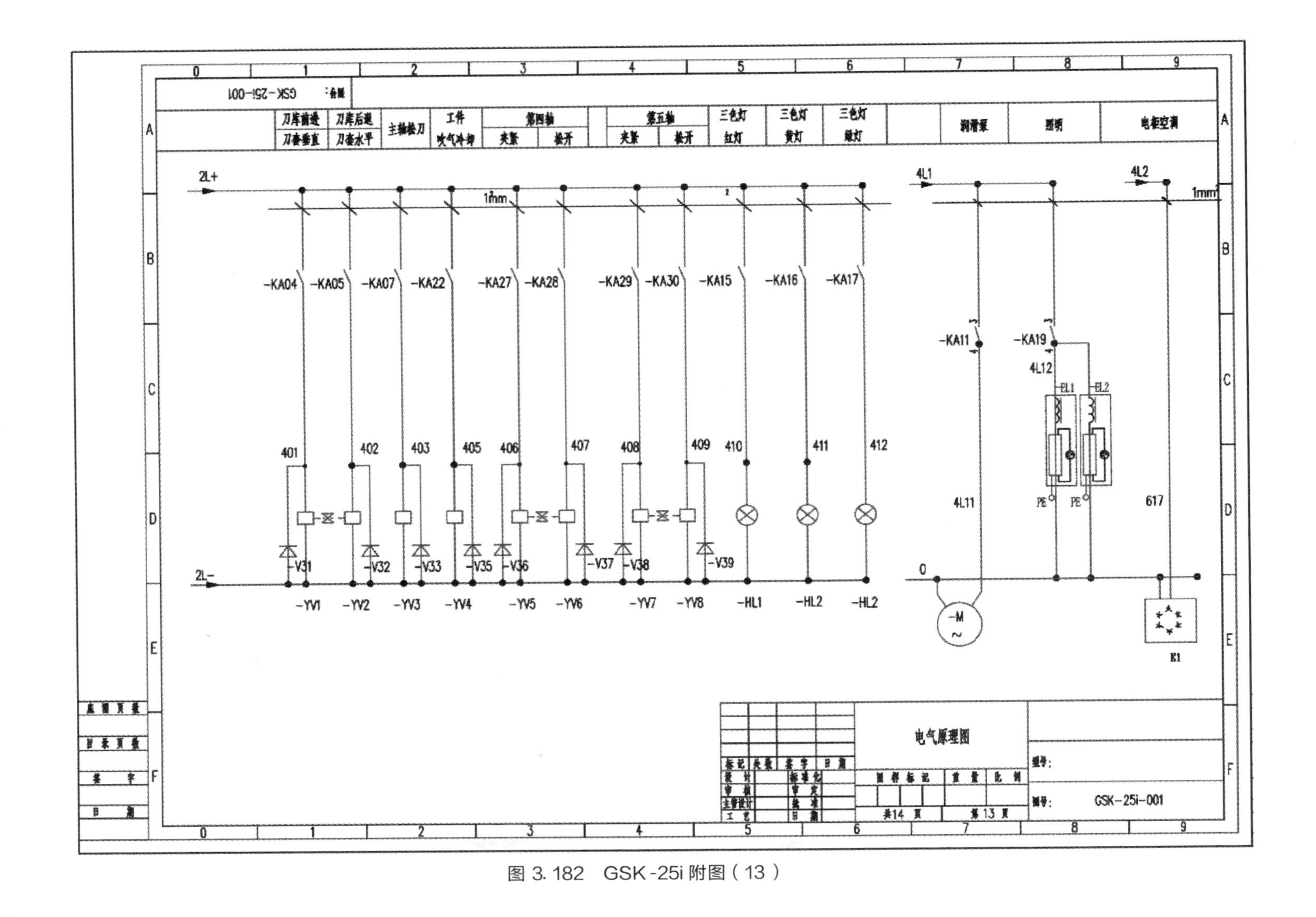

图 3.182　GSK-25i 附图（13）

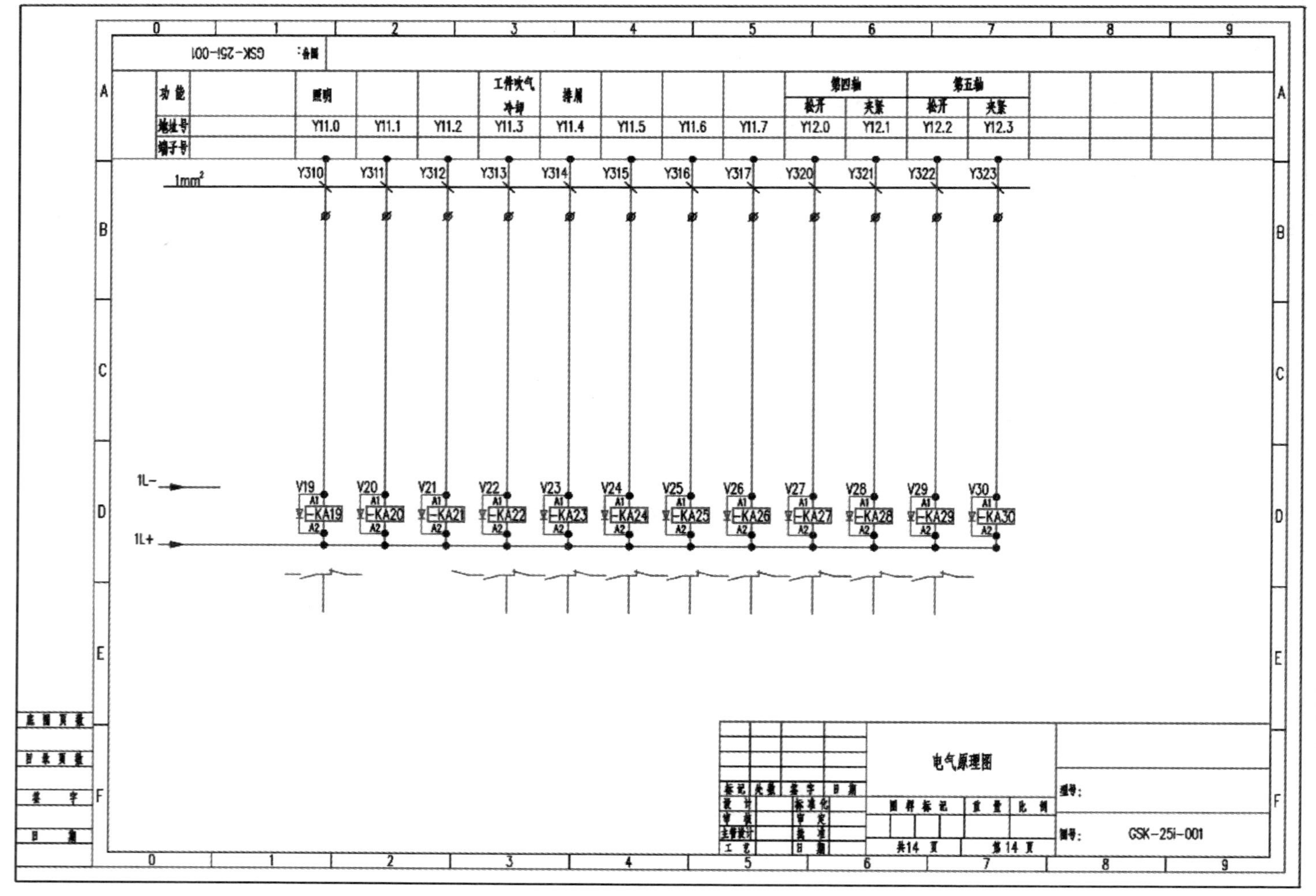

图 3.183　GSK-25i 附图（14）

三、加工中心编程基础知识

知识目标

（1）理解 FANUC 0i Mc 加工中心相关坐标系的基本概念；

（2）理解 FANUC 0i Mc 加工中心常见固定循环。

技能目标

（1）掌握 FANUC 0i Mc 加工中心 G00～G03 的格式及应用；

（2）掌握 FANUC 0i Mc 加工中心常用辅助指令的格式及应用。

1. FANUC 0i Mc 数控系统简介

FANUC 公司创建于 1956 年，中文名称发那科(也有译成法兰克的)，是日本一家专门研究数控系统的公司，是世界上最大的专业数控系统生产厂家，占据了全球 70%的市场份额。FANUC 于 1959 年首先推出了电液步进电机，在后来的若干年中逐步发展并完善了以硬件为主的开环数控系统；进入 20 世纪 70 年代，微电子技术、功率电子技术，尤其是计算技术得到了飞速发展。目前，FANUC 公司中国分公司主要介绍如下。

1）北京 FANUC

北京 FANUC(北京发那科机电有限公司)是由北京机床研究所与日本 FANUC 公司于 1992 年共同组建的合资公司，专门从事机床数控装置的生产、销售与维修；注册资金 1130 万美元，美国 GE-FANUC 和北京实创开发总公司各参股 10%，中外双方股比各占 50%。北京机床研究所是中国机床工业最大的研究开发基地，国内第一台数控机床在该所诞生，1980 年引进 FANUC 技术，成立了国内第一家数控装置生产厂，为我国数控机床的发展奠定了基础，并在数控技术及其应用方面具有领先的优势。

2）上海 FANUC

上海 FANUC(上海发那科机器人有限公司) 成立于 1997 年 12 月，是由上海电气实业公司与日本 FANUC 公司联合组建的高科技合资企业。经过 20 多年的发展，公司已发展成为一个拥有成熟的精英团队，并在行业内具有良好竞争力的实力公司。上海电气集团股份有限公司是我国著名的大型装备制造业集团。

注：FANUC 0i Mc 系统的数控铣床和加工中心目前市场占有率大，国内大多数数控铣床和加工中心使用的 G 代码和 M 指令都与它比较一致，具体数控系统在使用时参照厂家配套说明书。

2. FANUC 0i Mc 数控编程简介

1）可编程功能

通过编程并运行这些程序而使数控机床能够实现的功能，我们称之为可编程功能。一般可编程功能分为如下两类。

一类用来实现刀具轨迹控制，即各进给轴的运动，如直线/圆弧插补、进给控制、坐标系原点偏置及变换、尺寸单位设定、刀具偏置及补偿等。这一类功能被称为准备功能，以字母 G 以及两位数字组成，也被称为 G 代码。

另一类功能被称为辅助功能，用来完成程序的执行控制、主轴控制、刀具控制、辅助设备控制等功能。在这些辅助功能中，T××用于选刀，S××××用于控制主轴转速；其他功能由以字母M与两位数字组成的M代码来实现。

2）准备功能

地址：G00～G99(或G999)，前置的“0”可以省略，如G00与G0、G01与G1等可以互用。

功能：是建立机床或控制系统工作方式的一种命令。

指令使用说明：

① 不同数控系统，G代码各不相同；同一数控系统中不同型号，G代码也有变化，使用中应以数控机床使用说明书为准。

② G代码有模态代码和非模态代码两种，模态代码一经使用持续有效，直至同组的G代码出现为止。

③ 非模态代码仅在本程序段中有效，又称程序段有效代码。

表3.5　G代码

G代码	分组	功能
*G00	01	定位(快速移动)
*G01	01	直线插补(进给速度)
G02	01	顺时针圆弧插补
G03	01	逆时针圆弧插补
G04	00	暂停,精确停止
G09	00	精确停止
*G17	02	选择 *XY* 平面
G18	02	选择 *ZX* 平面
G19	02	选择 *YZ* 平面
G27	00	返回并检查参考点
G28	00	返回参考点
G29	00	从参考点返回
G30	00	返回第二参考点
*G40	07	取消刀具半径补偿
G41	07	左侧刀具半径补偿
G42	07	右侧刀具半径补偿
G43	08	刀具长度补偿+
G44	08	刀具长度补偿−
*G49	08	取消刀具长度补偿
G52	00	设置局部坐标系
G53	00	选择机床坐标系
*G54	14	选用1号工件坐标系
G55	14	选用2号工件坐标系
G56	14	选用3号工件坐标系

续表

G 代码	分组	功能
G57	14	选用 4 号工件坐标系
G58	14	选用 5 号工件坐标系
G59	14	选用 6 号工件坐标系
G60	00	单一方向定位
G61	15	精确停止方式
* G64	15	切削方式
G65	00	宏程序调用
G66	12	模态宏程序调用
* G67	12	模态宏程序调用取消
G73	09	深孔钻削固定循环
G74	09	反螺纹攻螺纹固定循环
G76	09	精镗固定循环
* G80	09	取消固定循环
G81	09	钻削固定循环
G82	09	钻削固定循环
G83	09	深孔钻削固定循环
G84	09	攻螺纹固定循环
G85	09	镗削固定循环
G86	09	镗削固定循环
G87	09	反镗固定循环
G88	09	镗削固定循环
G89	09	镗削固定循环
* G90	03	绝对值指令方式
* G91	03	增量值指令方式
G92	00	工件零点设定
* G98	10	固定循环返回初始点
G99	10	固定循环返回 R 点

从表 3.5 中可以看到，G 代码被分为了不同的组，这是由于大多数的 G 代码是模态的；所谓模态 G 代码，是指这些 G 代码不只在当前的程序段中起作用，而且在以后的程序段中一直起作用，直到程序中出现另一个同组的 G 代码为止；同组的模态 G 代码控制同一个目标，但起不同的作用，它们之间是不相容的。00 组的 G 代码是非模态的，这些 G 代码只在它们所在的程序段中起作用。标有 * 的 G 代码是上电时的初始状态。对于 G00 和 G01、G90 和 G91，上电时的初始状态由参数决定。

在固定循环模态下，任何一个 01 组的 G 代码都将使固定循环模态自动取消，成为 G80 模态。

3）辅助功能

机床用 S 代码来对主轴转速进行编程，用 T 代码来进行选刀编程，其他可编程辅助功能由 M 代码来实现。本机床可供用户使用的 M 代码如表 3.6 所示。

表 3.6 M 代码（指令）

M 代码	功能
M00	程序停止
M01	条件程序停止
M02	程序结束
M03	主轴正转
M04	主轴反转
M05	主轴停止
M06	刀具交换
M08	冷却开
M09	冷却关
M18	主轴定向解除
M19	主轴定向
M29	刚性攻螺纹
M30	程序结束并返回程序头
M98	调用子程序
M99	子程序结束返回/重复执行

（1）主轴正、反转转动指令　M03 表示主轴正转；M04 表示主轴反转。

M03、M04 指令一般与 S 指令结合在一起使用，如 M03 S1000，主轴正转，转速 1000r/min。

（2）冷却液开、关指令　M08 表示冷却液开；M09 表示冷却液关。

（3）子程序调用

① 子程序功能　对经常需要进行重复加工的轮廓形状，或零件上相同形状轮廓的加工，可编制子程序，在程序适当的位置进行调用、运行。原则上子程序和主程序之间没有区别。

② 子程序名　子程序名与主程序名完全相同，由字母“O”开头，后跟四位数字，如“O1233”。

③ 子程序结构　子程序结构与主程序结构完全相同，由各程序段组成。

④ 子程序结束及返回　用 M99 指令结束子程序并返回。

（4）子程序调用　主程序可以在适当位置调用子程序，子程序还可以再调用其他子程序。

```
M98 P×××  ××××
```

P 后跟子程序被重复调用次数及子程序名，如 N20 M98 P2233，调用子程序“O2233”；N40 M98 P31133，重复调用子程序“O1133” 3 次。

（5）子程序使用说明　主程序调用子程序，子程序还可再调用其他子程序，这被称为子程序嵌套，一般子程序嵌套深度为三层，也就是有四个程序界面(包括主程序界面)。注意，固定循环是子程序的一种特殊形式，也属于四个程序界面中的一个。

子程序可以重复调用，最多 999 次。

在子程序中可以改变模态有效的 G 功能，比如 G90～G91 的变换。在返回调用程序时注意检查一下所有模态有效的功能指令，并按照要求进行调整。

四、加工中心零件编程

知识目标

（1）理解加工中心程序的基本格式；

（2）理解加工中心二维图形零件加工程序的编程方法。

技能目标

（1）掌握 G00～G03 进行二维图形零件的加工程序编程；

（2）掌握常用固定循环的使用方法。

1. 平面轮廓加工

如图 3.184 所示，材料为 45 钢，已经进行 6 面加工。

加工时，选用 ϕ20mm 的立铣刀，刀具号为 T01，刀具半径补偿号为 D01，补偿值为 10.0mm，所有台阶一刀完成加工。

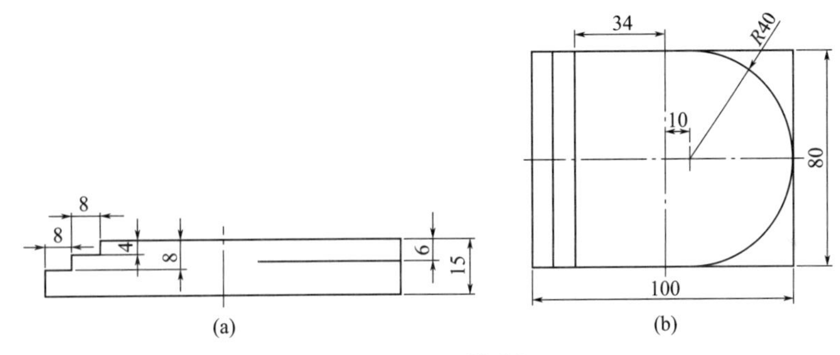

图 3.184　平面轮廓加工

参考程序(图 3.185 为带刀具半径补偿的刀路仿真) 如下。

```
O3010
G90 G21 G17 G54                  系统初始化;
G00 Z100                         主轴到安全高度;
M06 T01                          使用 1 号刀;
M03 S600                         主轴启动, 转速 600r/min;
M08                              打开冷却液;
G00 X-60.0 Y-50.0                X、Y 快速定位;
Z5.0                             Z 快速定位;
G01 Z-4.0 F50                    Z 到-4mm 台阶;
G41 G01 X-34.0 Y-42.0 D01 F52    建立刀具半径补偿;
Y42.0                            加工-4mm 台阶;
G00 Z5.0                         快速提刀;
G40 G00 X-60.0 Y-50.0            取消刀补, X、Y 快速定位;
G01 Z-8.0 F50                    Z 到-8mm 台阶;
G41 G01 X-42.0 Y-42.0 D01 F52    建立刀具半径补偿;
```

```
Y42.0                          加工-8mm 台阶;
G00 Z5.0                       快速提刀;
G40 X0.0 Y60.0                 取消刀补，X、Y 快速定位;
G01 Z-6.0 F50                  Z 到-6mm 圆弧台阶;
G41 G01 X10.0 Y40.0 D01 F52    建立刀具半径补偿，斜线切入;
G02 X10.0 Y-40.0 R40.0 F52     加工-6mm 圆弧台阶;
G40 G01 X0.0 Y-50.0            取消刀补，斜线切出;
G00 Z100.0                     快速提刀;
M09                            关闭切削液;
M30                            程序结束返回。
```

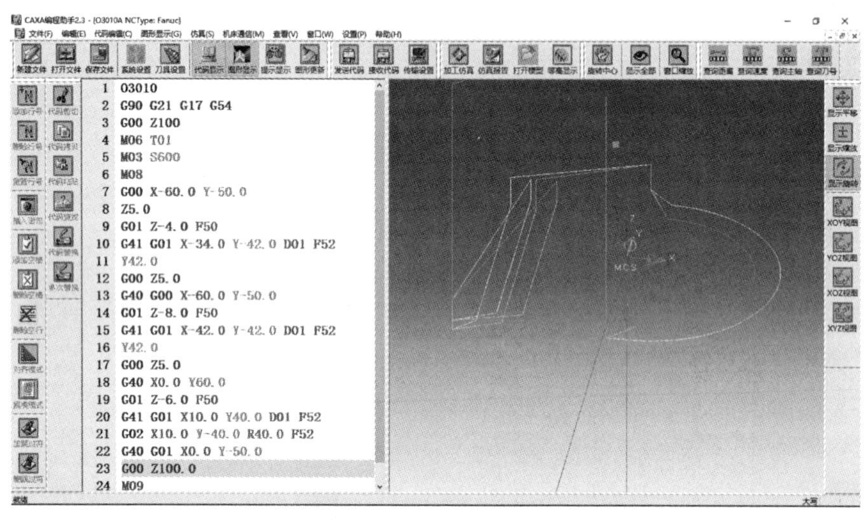

图 3.185 带刀具半径补偿的刀路仿真

2. 型腔加工

如图 3.186 所示，材料为 45 钢，已经进行 6 面加工。

编程时可以利用 CAD 软件计算编程关键点，如图 3.187 所示。加工时，选用 ϕ16mm 的立铣刀，刀具号为 T01，刀具半径补偿号为 D01，补偿值为 8.00mm，Z 轴方向两刀加工，利用子程序可以简化程序。

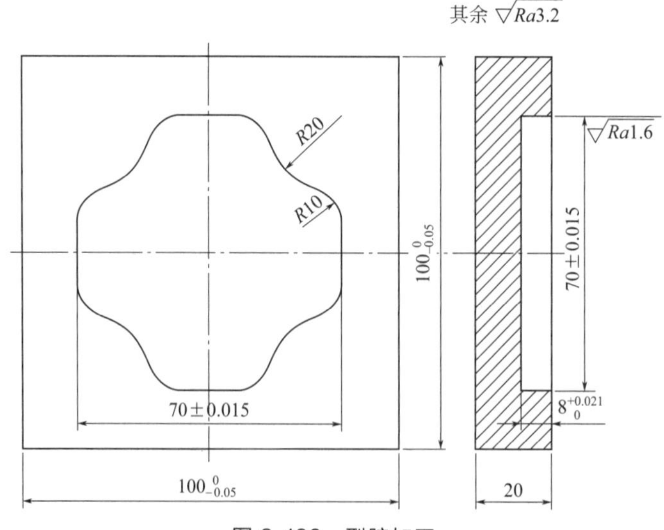

图 3.186 型腔加工

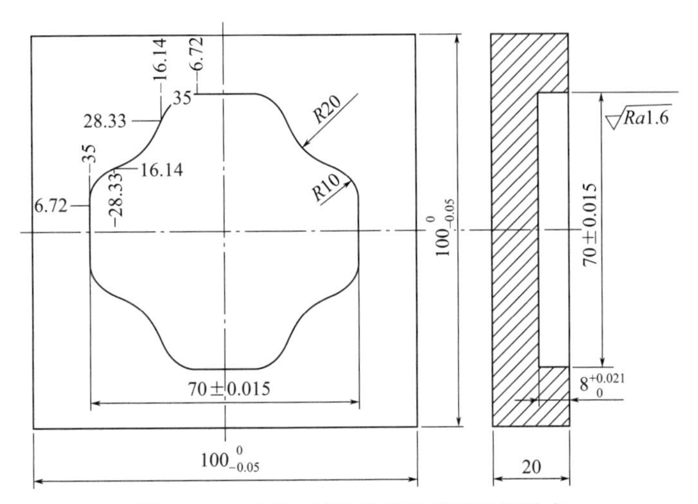

图 3.187　利用 CAD 软件计算编程关键点

参考程序(图 3.188 为带刀具半径补偿的刀路仿真）如下。

(1) 型腔加工程序

```
O3020
G90 G40 G21 G94 G17
M06 T01
G91 G28 Z0
G90 G54 M3 S480
G00 X0 Y0
Z5.0 M08
G01 Z0 F50
M98 P3021 L02
G00 Z20.0 M09
G91 G28 Z0
G90 G40 G21 G94 G17
G91 G28 Z0
G90 G54 M3 S480
G00 X5.0 Y0
Z5.0 M08
G01 Z0 F80
M98 P3022 L02
G00 Z20.0 M09
G91 G28 Z0
M30
```

(2) 型腔中心部位加工程序

```
O3021                          子程序。
G91 G01 Z-4.0 F40
G90 G01 X7.0 Y0 F48
G03 I-7.0 J0
G01 X19.0 Y0
G03 I-19.0 J0
G01 X0 Y0 F100
```

```
M99
```

(3) 型腔内轮廓精加工程序

```
O3022                                子程序。
G91 G01 Z-4.0 F80
G90 G41 D01 G01 X20.0 Y-15.0 F48
G03 X35.0 Y0 R15.0
G01 Y6.72
G03 X28.33 Y16.14 R10.0
G02 X16.14 Y28.33 R20.0
G03 X6.72 Y35.0 R10.0
G01 X-6.72
G03 X-16.14 Y28.33 R10.0
G02 X-28.33 Y16.14 R20.0
G03 X-35.0 Y6.72 R10.0
G01 Y-6.72
G03 X-28.33 Y-16.14 R10.0
G02 X-16.1438 Y-28.33 R20.0
G03 X-6.72 Y-35.0 R10.0
G01 X6.72
G03 X16.14 Y-28.33 R10.0
G02 X28.33 Y-16.14 R20.0
G03 X35.0 Y-6.72 R10.0
G01 Y0
G03 X20.0 Y15.0 R15.0
G40 G01 X5.0 Y0
M99
```

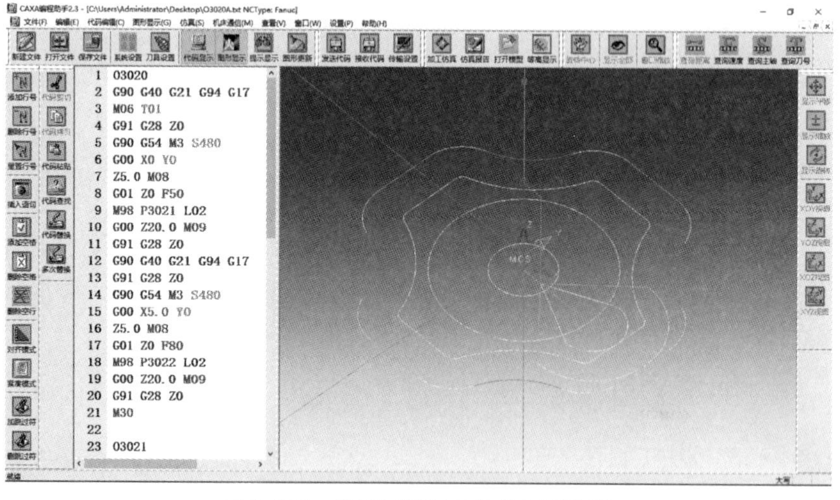

图 3.188　带刀具半径补偿的刀路仿真

3. 钻孔、攻螺纹加工

如图 3.189 所示，材料为 45 钢，已经进行 6 面加工。

工艺安排，先选用 ϕ3mm 中心钻钻定位孔，再选用 ϕ6mm 钻头钻底孔，然后选用 ϕ7.8mm 钻头扩孔，然后选用 ϕ10.2mm 钻头扩 M12 底孔，然后选用 90°锪孔刀倒角，然后

再选用 ϕ8mm 铰刀铰孔，最后用 M12 机用丝锥攻螺纹。

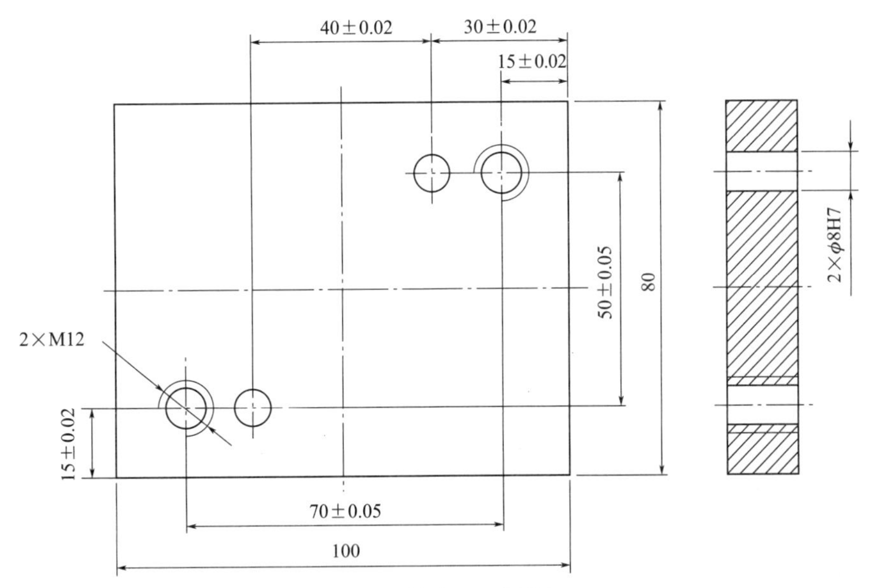

图 3.189　钻孔、攻螺纹加工

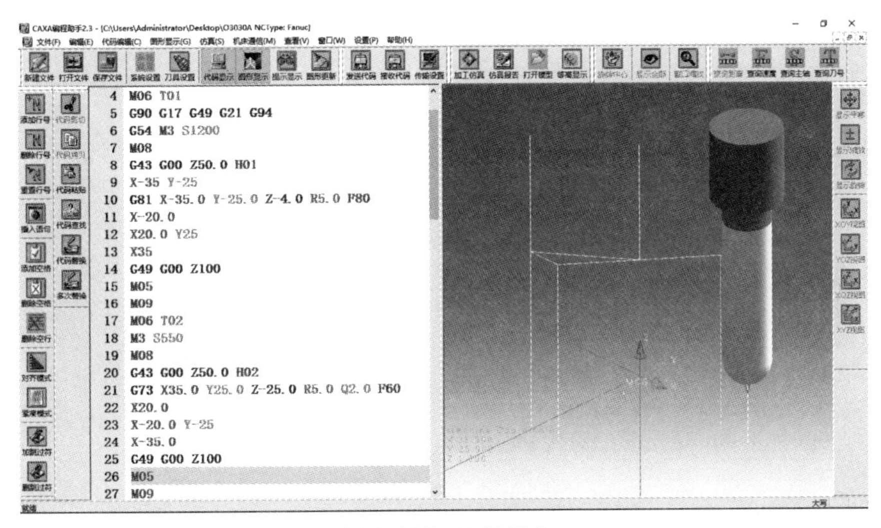

图 3.190　刀路仿真

参考程序(图 3.190 为刀路仿真）如下。

```
O3030
G54 G21 G80
G00
M06 T01                                中心钻;
G90 G17 G49 G21 G94
G54 M3 S1200
M08
G43 G00 Z50.0 H01
X-35 Y-25
```

```
G81 X-35.0 Y-25.0 Z-4.0 R5.0 F80
X-20.0
X20.0 Y25
X35
G49 G00 Z100
M05
M09
M06 T02                                    φ6mm 钻头钻底孔;
M3 S550
M08
G43 G00 Z50.0 H02
G73 X35.0 Y25.0 Z-25.0 R5.0 Q2.0 F60
X20.0
X-20.0 Y-25
X-35.0
G49 G00 Z100
M05
M09
M06 T03
M3 S500
M08
G43 G00 Z50.0 H03                          φ7.8mm 钻头扩孔;
X-35 Y-25
G83 X-35.0 Y-25.0 Z-21.0 R5.0 Q2.0 F60
X-20.0
X20 Y25.0
X35
G49 G00 Z10
M05
M09
M06 T04                                    φ10.2mm 钻头钻 M12 底孔;
M3 S350
G00 X-35.0 Y-25.0
M08
G43 G00 Z50.0 H04
G82 X-35.0 Y-25.0 Z-26.0 R5.0 F60
X35.0 Y25.0
G49 G00 Z100
M09
M05
M06 T05                                    φ90°锪孔刀倒角;
M3 S50
G00 X20.0 Y25.0
M08
G43 H05 G00 Z50.0
G83 X20.0 Y25.0 Z-0.50 R5.0 P2000 F40
X-20.0 Y-25.0
G49 G00 Z100.0
G00 X-35
G43 G00 Z50 H06
```

```
G83 X-35.0 Y-25.0 Z-1.50 R5.0 P2000 F40
X35.0 Y25.0
G49 G00 Z100
M09
M05
M06 T06                                    ϕ8mm 铰刀；
M3 S450
G00 X20.0 Y25.0
M08
G43 G00 Z50.0 H04
G81 X20.0 Y25.0 Z-26.0 R5.0 F50
X-20.0 Y-25.0
G49 G00 Z100
M09
M05
M06 T07                                    M12 机用丝锥。
M3 S100
G00 X35.0 Y25.0
M08
G43 G00 Z50.0 H07
G84 X35.0 Y25.0 Z-26.0 R5.0 F1.75
X-35.0 Y-25.0
G49 G00 Z100
M09
M05
M30
```

4. 外轮廓台阶铣孔和镗孔加工

如图 3.191 所示，材料为 45 钢，已经进行 6 面加工。

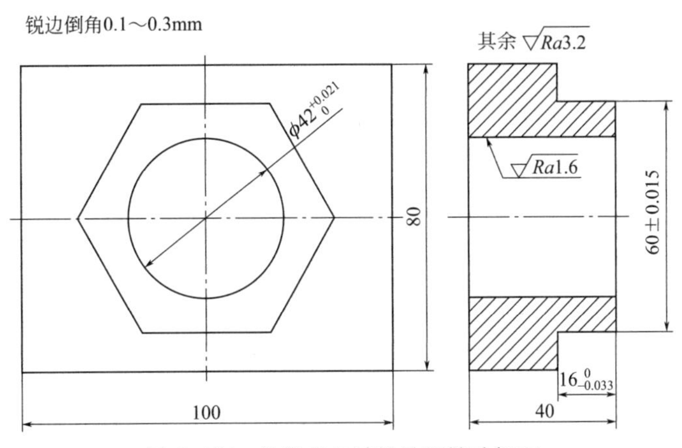

图 3.191 外轮廓台阶铣孔和镗孔加工

工艺安排：选用 ϕ20mm 立铣刀加工六方台阶，铣削 ϕ42mm 中心孔(留 0.2mm 精加工余量)，用镗刀进行镗孔，六方台阶和 ϕ42mm 中心孔利用 CAM 软件编程，图 3.192 为立铣刀加工六方台阶刀路仿真，图 3.193 为中心孔刀路仿真。

(1) 六方台阶加工　参考程序(图 3.192 为利用 CAM 进行编程) 如下。

```
O3040
N10 T01 M6
N12 G90 G54 G0 X-59.9 Y49.9
N13 S1200 M03
N14 G43 H0 Z100.0 M07
N16 Z7.0
N18 G1 Z-3.0 F100
N20 X59.9
N22 Y-49.9
N24 X-59.9
N26 Y49.9
N28 X-54.9 Y44.9
N30 X54.9
N32 Y-44.9
N34 X-54.9
N36 Y44.9
N38 X-49.9 Y39.9
N40 X49.9
N42 Y-39.9
N44 X-49.9
N46 Y39.9
N48 X-44.9 Y34.9
N50 X-25.513
N52 X-44.9 Y1.321
N54 Y34.9
N56 X-39.9 Y29.9
N58 X-34.173
N60 X-39.9 Y19.981
N62 Y29.9
N64 X-44.315 Y2.335
N66 X-45.662 Y0
N68 X-44.9 Y-1.321
N70 X-25.513 Y-34.9
N72 X-44.9
N74 Y-1.321
N76 X-39.9 Y-19.981
N78 X-34.173 Y-29.9
N80 X-39.9
N82 Y-19.981
N84 X-36.011 Y-16.718
N86 X-45.662 Y0
N88 X-22.831 Y39.545
N90 X22.831
N92 X25.513 Y34.9
N94 X44.9
N96 Y1.321
N98 X25.513 Y34.9
N100 X34.173 Y29.9
N102 X39.9
N104 Y19.981
N106 X34.173 Y29.9
N108 X33.088 Y21.78
N110 X45.662 Y0
N112 X25.513 Y-34.9
N114 X44.9 Y-1.321
N116 Y-34.9
N118 X25.513
N120 X34.173 Y-29.9
N122 X39.9 Y-19.981
N124 Y-29.9
N126 X34.173
N128 X29.426 Y-28.122
N130 X22.831 Y-39.545
N132 X-22.831
N134 X-45.662 Y0
N136 X-22.831 Y-39.545
N138 X22.831
N140 X45.662 Y0
N142 X22.831 Y39.545
N144 X-22.831
N146 X-45.662 Y0
N148 Z7.0
N150 G0 Z100.0
N152 X-59.9 Y49.9
N154 Z3.0
N156 G1 Z-7.0 F100
N158 X59.9
N160 Y-49.9
N162 X-59.9
N164 Y49.9
N166 X-54.9 Y44.9
N168 X54.9
N170 Y-44.9
N172 X-54.9
N174 Y44.9
N176 X-49.9 Y39.9
N178 X49.9
N180 Y-39.9
N182 X-49.9
N184 Y39.9
N186 X-44.9 Y34.9
N188 X-25.513
N190 X-44.9 Y1.321
N192 Y34.9
N194 X-39.9 Y29.9
N196 X-34.173
N198 X-39.9 Y19.981
N200 Y29.9
N202 X-44.315 Y2.335
```

```
N204 X-45.662 Y0
N206 X-44.9 Y-1.321
N208 X-25.513 Y-34.9
N210 X-44.9
N212 Y-1.321
N214 X-39.9 Y-19.981
N216 X-34.173 Y-29.9
N218 X-39.9
N220 Y-19.981
N222 X-36.011 Y-16.718
N224 X-45.662 Y0
N226 X-22.831 Y39.545
N228 X22.831
N230 X25.513 Y34.9
N232 X44.9
N234 Y1.321
N236 X25.513 Y34.9
N238 X34.173 Y29.9
N240 X39.9
N242 Y19.981
N244 X34.173 Y29.9
N246 X33.088 Y21.78
N248 X45.662 Y0
N250 X25.513 Y-34.9
N252 X44.9 Y-1.321
N254 Y-34.9
N256 X25.513
N258 X34.173 Y-29.9
N260 X39.9 Y-19.981
N262 Y-29.9
N264 X34.173
N266 X29.426 Y-28.122
N268 X22.831 Y-39.545
N270 X-22.831
N272 X-45.662 Y0
N274 X-22.831 Y-39.545
N276 X22.831
N278 X45.662 Y0
N280 X22.831 Y39.545
N282 X-22.831
N284 X-45.662 Y0
N286 Z3.0
N288 G0 Z100.0
N290 X-59.9 Y49.9
N292 Z-1.0
N294 G1 Z-11.0 F100
N296 X59.9
N298 Y-49.9
N300 X-59.9
N302 Y49.9
N304 X-54.9 Y44.9
N306 X54.9
N308 Y-44.9
N310 X-54.9
N312 Y44.9
N314 X-49.9 Y39.9
N316 X49.9
N318 Y-39.9
N320 X-49.9
N322 Y39.9
N324 X-44.9 Y34.9
N326 X-25.513
N328 X-44.9 Y1.321
N330 Y34.9
N332 X-39.9 Y29.9
N334 X-34.173
N336 X-39.9 Y19.981
N338 Y29.9
N340 X-44.315 Y2.335
N342 X-45.662 Y0
N344 X-44.9 Y-1.321
N346 X-25.513 Y-34.9
N348 X-44.9
N350 Y-1.321
N352 X-39.9 Y-19.981
N354 X-34.173 Y-29.9
N356 X-39.9
N358 Y-19.981
N360 X-36.011 Y-16.718
N362 X-45.662 Y0
N364 X-22.831 Y39.545
N366 X22.831
N368 X25.513 Y34.9
N370 X44.9
N372 Y1.321
N374 X25.513 Y34.9
N376 X34.173 Y29.9
N378 X39.9
N380 Y19.981
N382 X34.173 Y29.9
N384 X33.088 Y21.78
N386 X45.662 Y0
N388 X25.513 Y-34.9
N390 X44.9 Y-1.321
N392 Y-34.9
N394 X25.513
N396 X34.173 Y-29.9
N398 X39.9 Y-19.981
N400 Y-29.9
N402 X34.173
```

```
N404 X29. 426 Y-28. 122
N406 X22. 831 Y-39. 545
N408 X-22. 831
N410 X-45. 662 Y0
N412 X-22. 831 Y-39. 545
N414 X22. 831
N416 X45. 662 Y0
N418 X22. 831 Y39. 545
N420 X-22. 831
N422 X-45. 662 Y0
N424 Z-1. 0
N426 G0 Z100. 0
N428 X-59. 9 Y49. 9
N430 Z-5. 0
N432 G1 Z-15. 0 F100
N434 X59. 9
N436 Y-49. 9
N438 X-59. 9
N440 Y49. 9
N442 X-54. 9 Y44. 9
N444 X54. 9
N446 Y-44. 9
N448 X-54. 9
N450 Y44. 9
N452 X-49. 9 Y39. 9
N454 X49. 9
N456 Y-39. 9
N458 X-49. 9
N460 Y39. 9
N462 X-44. 9 Y34. 9
N464 X-25. 513
N466 X-44. 9 Y1. 321
N468 Y34. 9
N470 X-39. 9 Y29. 9
N472 X-34. 173
N474 X-39. 9 Y19. 981
N476 Y29. 9
N478 X-44. 315 Y2. 335
N480 X-45. 662 Y0
N482 X-44. 9 Y-1. 321
N484 X-25. 513 Y-34. 9
N486 X-44. 9
N488 Y-1. 321
N490 X-39. 9 Y-19. 981
N492 X-34. 173 Y-29. 9
N494 X-39. 9
N496 Y-19. 981
N498 X-36. 011 Y-16. 718
N500 X-45. 662 Y0
N502 X-22. 831 Y39. 545
N504 X22. 831
N506 X25. 513 Y34. 9
N508 X44. 9
N510 Y1. 321
N512 X25. 513 Y34. 9
N514 X34. 173 Y29. 9
N516 X39. 9
N518 Y19. 981
N520 X34. 173 Y29. 9
N522 X33. 088 Y21. 78
N524 X45. 662 Y0
N526 X25. 513 Y-34. 9
N528 X44. 9 Y-1. 321
N530 Y-34. 9
N532 X25. 513
N534 X34. 173 Y-29. 9
N536 X39. 9 Y-19. 981
N538 Y-29. 9
N540 X34. 173
N542 X29. 426 Y-28. 122
N544 X22. 831 Y-39. 545
N546 X-22. 831
N548 X-45. 662 Y0
N550 X-22. 831 Y-39. 545
N552 X22. 831
N554 X45. 662 Y0
N556 X22. 831 Y39. 545
N558 X-22. 831
N560 X-45. 662 Y0
N562 Z-5. 0
N564 G0 Z100. 0
N566 X-59. 9 Y49. 9
N568 Z-6. 0
N570 G1 Z-16. 0 F100
N572 X59. 9
N574 Y-49. 9
N576 X-59. 9
N578 Y49. 9
N580 X-54. 9 Y44. 9
N582 X54. 9
N584 Y-44. 9
N586 X-54. 9
N588 Y44. 9
N590 X-49. 9 Y39. 9
N592 X49. 9
N594 Y-39. 9
N596 X-49. 9
N598 Y39. 9
N600 X-44. 9 Y34. 9
N602 X-25. 513
```

```
N604 X-44.9 Y1.321
N606 Y34.9
N608 X-39.9 Y29.9
N610 X-34.173
N612 X-39.9 Y19.981
N614 Y29.9
N616 X-44.315 Y2.335
N618 X-45.662 Y0
N620 X-44.9 Y-1.321
N622 X-25.513 Y-34.9
N624 X-44.9
N626 Y-1.321
N628 X-39.9 Y-19.981
N630 X-34.173 Y-29.9
N632 X-39.9
N634 Y-19.981
N636 X-36.011 Y-16.718
N638 X-45.662 Y0
N640 X-22.831 Y39.545
N642 X22.831
N644 X25.513 Y34.9
N646 X44.9
N648 Y1.321
N650 X25.513 Y34.9
N652 X34.173 Y29.9
N654 X39.9
N656 Y19.981
N658 X34.173 Y29.9
N660 X33.088 Y21.78
N662 X45.662 Y0
N664 X25.513 Y-34.9
N666 X44.9 Y-1.321
N668 Y-34.9
N670 X25.513
N672 X34.173 Y-29.9
N674 X39.9 Y-19.981
N676 Y-29.9
N678 X34.173
N680 X29.426 Y-28.122
N682 X22.831 Y-39.545
N684 X-22.831
N686 X-45.662 Y0
N688 X-22.831 Y-39.545
N690 X22.831
N692 X45.662 Y0
N694 X22.831 Y39.545
N696 X-22.831
N698 X-45.662 Y0
N700 Z-6.0
N702 G0 Z100.0
N704 M05
N706 M30
```

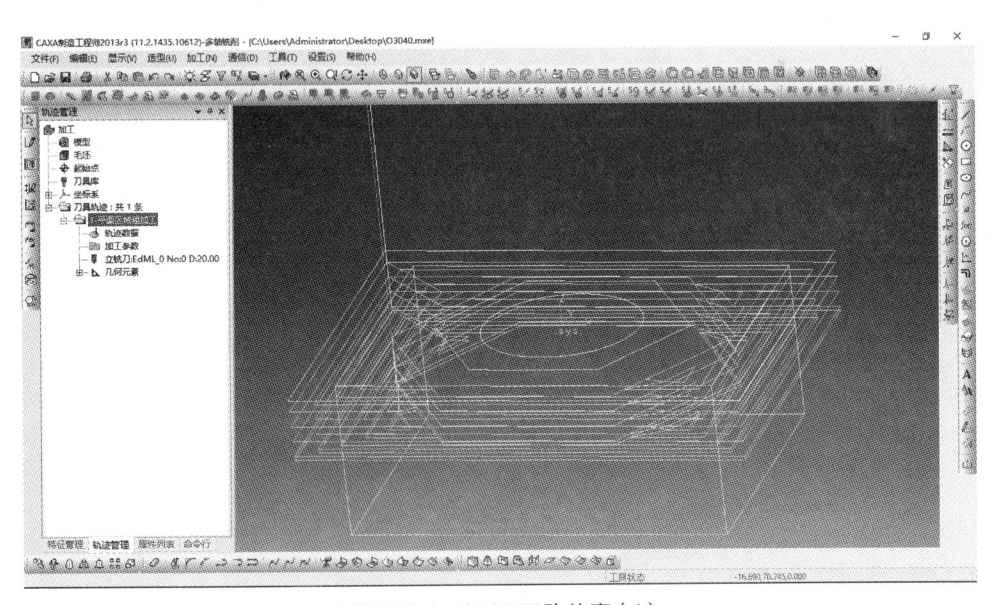

图 3.192　CAM 刀路仿真（1）

（2）铣中心孔　参考程序(图 3.193 为利用 CAM 软件编程）如下。

```
O3041
N10 T01 M6
N12 G90 G54 G0 X-59.9 Y49.9 S1200 M03
```

```
N14 G43 H0 Z100. M07
N16 Z7.0
N18 G1 Z-3. F100
N20 X59.9
N22 Y-49.9
N24 X-59.9
N26 Y49.9
N28 X-54.9 Y44.9
N30 X54.9
N32 Y-44.9
N34 X-54.9
N36 Y44.9
N38 X-49.9 Y39.9
N40 X49.9
N42 Y-39.9
N44 X-49.9
N46 Y39.9
N48 X-44.9 Y34.9
N50 X-25.513
N52 X-44.9 Y1.321
N54 Y34.9
N56 X-39.9 Y29.9
N58 X-34.173
N60 X-39.9 Y19.981
N62 Y29.9
N64 X-44.315 Y2.335
N66 X-45.662 Y0
N68 X-44.9 Y-1.321
N70 X-25.513 Y-34.9
N72 X-44.9
N74 Y-1.321
N76 X-39.9 Y-19.981
N78 X-34.173 Y-29.9
N80 X-39.9
N82 Y-19.981
N84 X-36.011 Y-16.718
N86 X-45.662 Y0
N88 X-22.831 Y39.545
N90 X22.831
N92 X25.513 Y34.9
N94 X44.9
N96 Y1.321
N98 X25.513 Y34.9
N100 X34.173 Y29.9
N102 X39.9
N104 Y19.981
N106 X34.173 Y29.9
N108 X33.088 Y21.78
N110 X45.662 Y0
N112 X25.513 Y-34.9
N114 X44.9 Y-1.321
N116 Y-34.9
N118 X25.513
N120 X34.173 Y-29.9
N122 X39.9 Y-19.981
N124 Y-29.9
N126 X34.173
N128 X29.426 Y-28.122
N130 X22.831 Y-39.545
N132 X-22.831
N134 X-45.662 Y0
N136 X-22.831 Y-39.545
N138 X22.831
N140 X45.662 Y0
N142 X22.831 Y39.545
N144 X-22.831
N146 X-45.662 Y0
N148 Z7.0
N150 G0 Z100.0
N152 X-59.9 Y49.9
N154 Z3.0
N156 G1 Z-7.0 F100
N158 X59.9
N160 Y-49.9
N162 X-59.9
N164 Y49.9
N166 X-54.9 Y44.9
N168 X54.9
N170 Y-44.9
N172 X-54.9
N174 Y44.9
N176 X-49.9 Y39.9
N178 X49.9
N180 Y-39.9
N182 X-49.9
N184 Y39.9
N186 X-44.9 Y34.9
N188 X-25.513
N190 X-44.9 Y1.321
N192 Y34.9
N194 X-39.9 Y29.9
N196 X-34.173
N198 X-39.9 Y19.981
N200 Y29.9
N202 X-44.315 Y2.335
N204 X-45.662 Y0
N206 X-44.9 Y-1.321
N208 X-25.513 Y-34.9
N210 X-44.9
N212 Y-1.321
```

```
N214 X-39. 9 Y-19. 981
N216 X-34. 173 Y-29. 9
N218 X-39. 9
N220 Y-19. 981
N222 X-36. 011 Y-16. 718
N224 X-45. 662 Y0
N226 X-22. 831 Y39. 545
N228 X22. 831
N230 X25. 513 Y34. 9
N232 X44. 9
N234 Y1. 321
N236 X25. 513 Y34. 9
N238 X34. 173 Y29. 9
N240 X39. 9
N242 Y19. 981
N244 X34. 173 Y29. 9
N246 X33. 088 Y21. 78
N248 X45. 662 Y0
N250 X25. 513 Y-34. 9
N252 X44. 9 Y-1. 321
N254 Y-34. 9
N256 X25. 513
N258 X34. 173 Y-29. 9
N260 X39. 9 Y-19. 981
N262 Y-29. 9
N264 X34. 173
N266 X29. 426 Y-28. 122
N268 X22. 831 Y-39. 545
N270 X-22. 831
N272 X-45. 662 Y0
N274 X-22. 831 Y-39. 545
N276 X22. 831
N278 X45. 662 Y0
N280 X22. 831 Y39. 545
N282 X-22. 831
N284 X-45. 662 Y0
N286 Z3. 0
N288 G0 Z100. 0
N290 X-59. 9 Y49. 9
N292 Z-1. 0
N294 G1 Z-11. 0 F100
N296 X59. 9
N298 Y-49. 9
N300 X-59. 9
N302 Y49. 9
N304 X-54. 9 Y44. 9
N306 X54. 9
N308 Y-44. 9
N310 X-54. 9
N312 Y44. 9
N314 X-49. 9 Y39. 9
N316 X49. 9
N318 Y-39. 9
N320 X-49. 9
N322 Y39. 9
N324 X-44. 9 Y34. 9
N326 X-25. 513
N328 X-44. 9 Y1. 321
N330 Y34. 9
N332 X-39. 9 Y29. 9
N334 X-34. 173
N336 X-39. 9 Y19. 981
N338 Y29. 9
N340 X-44. 315 Y2. 335
N342 X-45. 662 Y0
N344 X-44. 9 Y-1. 321
N346 X-25. 513 Y-34. 9
N348 X-44. 9
N350 Y-1. 321
N352 X-39. 9 Y-19. 981
N354 X-34. 173 Y-29. 9
N356 X-39. 9
N358 Y-19. 981
N360 X-36. 011 Y-16. 718
N362 X-45. 662 Y0
N364 X-22. 831 Y39. 545
N366 X22. 831
N368 X25. 513 Y34. 9
N370 X44. 9
N372 Y1. 321
N374 X25. 513 Y34. 9
N376 X34. 173 Y29. 9
N378 X39. 9
N380 Y19. 981
N382 X34. 173 Y29. 9
N384 X33. 088 Y21. 78
N386 X45. 662 Y0
N388 X25. 513 Y-34. 9
N390 X44. 9 Y-1. 321
N392 Y-34. 9
N394 X25. 513
N396 X34. 173 Y-29. 9
N398 X39. 9 Y-19. 981
N400 Y-29. 9
N402 X34. 173
N404 X29. 426 Y-28. 122
N406 X22. 831 Y-39. 545
N408 X-22. 831
N410 X-45. 662 Y0
N412 X-22. 831 Y-39. 545
```

```
N414 X22.831
N416 X45.662 Y0
N418 X22.831 Y39.545
N420 X-22.831
N422 X-45.662 Y0
N424 Z-1.0
N426 G0 Z100.0
N428 X-59.9 Y49.9
N430 Z-5.0
N432 G1 Z-15.0 F100
N434 X59.9
N436 Y-49.9
N438 X-59.9
N440 Y49.9
N442 X-54.9 Y44.9
N444 X54.9
N446 Y-44.9
N448 X-54.9
N450 Y44.9
N452 X-49.9 Y39.9
N454 X49.9
N456 Y-39.9
N458 X-49.9
N460 Y39.9
N462 X-44.9 Y34.9
N464 X-25.513
N466 X-44.9 Y1.321
N468 Y34.9
N470 X-39.9 Y29.9
N472 X-34.173
N474 X-39.9 Y19.981
N476 Y29.9
N478 X-44.315 Y2.335
N480 X-45.662 Y0.
N482 X-44.9 Y-1.321
N484 X-25.513 Y-34.9
N486 X-44.9
N488 Y-1.321
N490 X-39.9 Y-19.981
N492 X-34.173 Y-29.9
N494 X-39.9
N496 Y-19.981
N498 X-36.011 Y-16.718
N500 X-45.662 Y0
N502 X-22.831 Y39.545
N504 X22.831
N506 X25.513 Y34.9
N508 X44.9
N510 Y1.321
N512 X25.513 Y34.9
N514 X34.173 Y29.9
N516 X39.9
N518 Y19.981
N520 X34.173 Y29.9
N522 X33.088 Y21.78
N524 X45.662 Y0
N526 X25.513 Y-34.9
N528 X44.9 Y-1.321
N530 Y-34.9
N532 X25.513
N534 X34.173 Y-29.9
N536 X39.9 Y-19.981
N538 Y-29.9
N540 X34.173
N542 X29.426 Y-28.122
N544 X22.831 Y-39.545
N546 X-22.831
N548 X-45.662 Y0
N550 X-22.831 Y-39.545
N552 X22.831
N554 X45.662 Y0
N556 X22.831 Y39.545
N558 X-22.831
N560 X-45.662 Y0
N562 Z-5.0
N564 G0 Z100.0
N566 X-59.9 Y49.9
N568 Z-6.0
N570 G1 Z-16.0 F100
N572 X59.9
N574 Y-49.9
N576 X-59.9
N578 Y49.9
N580 X-54.9 Y44.9
N582 X54.9
N584 Y-44.9
N586 X-54.9
N588 Y44.9
N590 X-49.9 Y39.9
N592 X49.9
N594 Y-39.9
N596 X-49.9
N598 Y39.9
N600 X-44.9 Y34.9
N602 X-25.513
N604 X-44.9 Y1.321
N606 Y34.9
N608 X-39.9 Y29.9
N610 X-34.173
N612 X-39.9 Y19.981
```

```
N614 Y29. 9
N616 X-44. 315 Y2. 335
N618 X-45. 662 Y0.
N620 X-44. 9 Y-1. 321
N622 X-25. 513 Y-34. 9
N624 X-44. 9
N626 Y-1. 321
N628 X-39. 9 Y-19. 981
N630 X-34. 173 Y-29. 9
N632 X-39. 9
N634 Y-19. 981
N636 X-36. 011 Y-16. 718
N638 X-45. 662 Y0
N640 X-22. 831 Y39. 545
N642 X22. 831
N644 X25. 513 Y34. 9
N646 X44. 9
N648 Y1. 321
N650 X25. 513 Y34. 9
N652 X34. 173 Y29. 9
N654 X39. 9
N656 Y19. 981
N658 X34. 173 Y29. 9
N660 X33. 088 Y21. 78
N662 X45. 662 Y0
N664 X25. 513 Y-34. 9
N666 X44. 9 Y-1. 321
N668 Y-34. 9
N670 X25. 513
N672 X34. 173 Y-29. 9
N674 X39. 9 Y-19. 981
N676 Y-29. 9
N678 X34. 173
N680 X29. 426 Y-28. 122
N682 X22. 831 Y-39. 545
N684 X-22. 831
N686 X-45. 662 Y0
N688 X-22. 831 Y-39. 545
N690 X22. 831
N692 X45. 662 Y0
N694 X22. 831 Y39. 545
N696 X-22. 831
N698 X-45. 662 Y0
N700 Z-6. 0
N702 G0 Z100. 0
N704 M05
N706 M30
```

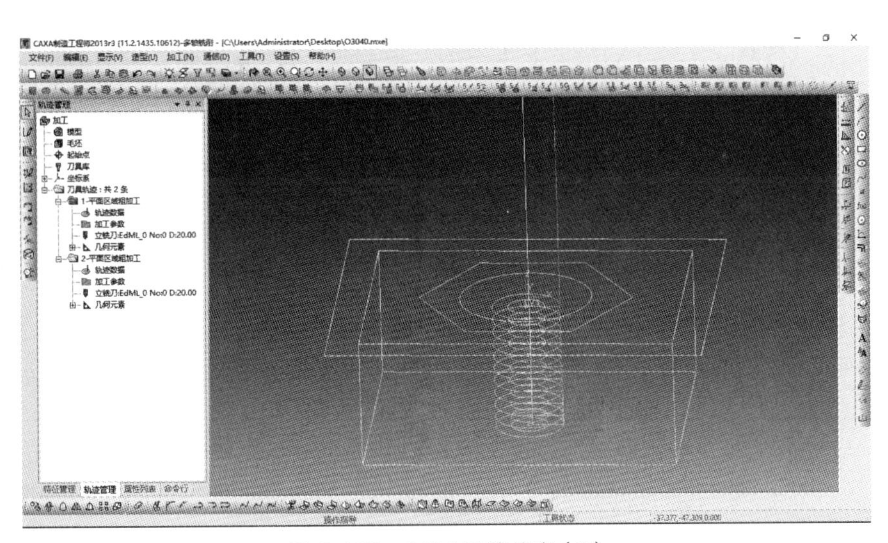

图 3. 193　CAM 刀路仿真（2）

（3）镗孔　参考程序如下。

```
O3042
G54 G17 G21 G80
G00 Z100
G09
M06 T02
M08
```

```
M03 S800
G00 X0 Y0
G43 G00 Z50 H02
G76 X0 Y0 Z-41.0 R2.0 Q1.0 F70
G49 G00 Z100
G80
M05
M09
M30
```

5. 综合加工

如图 3.194 所示，材料为 45 钢，已经进行 6 面加工。

工艺安排：选用 ϕ10mm 立铣刀进行加工，粗加工时刀具半径值为 5.2mm，孔留 0.2mm 精加工余量，精加工时根据测量结果调整刀补。本实例编程关键点不易手工计算，采用 CAD 软件进行辅助计算，图 3.195 为 CAD 软件计算的相关关键点。

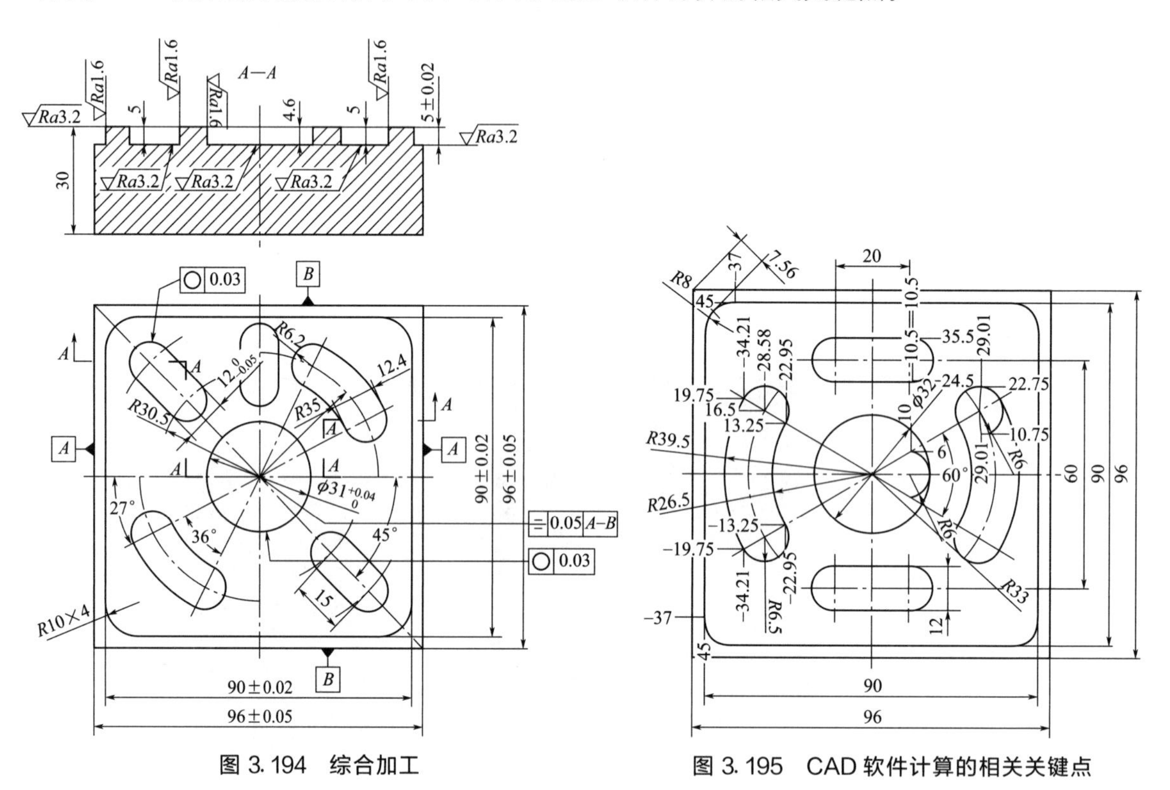

图 3.194 综合加工

图 3.195 CAD 软件计算的相关关键点

参考程序如下。

（1）外轮廓粗加工

```
O3111
N05 G21
N10 G54 G17 G90
N15 G0 Z50
N20 M6 T1
N25 M3 S1500
N30 M8
```

```
N35 G0 X-60 Y-60
N40 Z3
N45 G1 Z-6 F100
N50 G41 G1 X-45 Y-37 D2 F90
N55 G1 Y37
N60 G2 X-37 Y45 R8
N65 G1 X37
N70 G2 X45 Y37 R8
N75 G1 Y-37
N80 G2 X37 Y-45 R8
N85 G1 X-37
N90 G2 X-45 Y-37 R8
N95 G40 G1 X-60 Y-25
N100 G0 Z30
N105 M5
N110 M30
```

（2）外轮廓精加工

```
O3112
N05 G21
N10 G54 G17 G90
N15 G0 Z50
N20 M6 T1
N25 M3 S1500
N30 M8
N35 G0 X-60 Y-60
N40 Z3
N45 G1 Z-6 F70
N50 G41 G1 X-45 Y-37 D2
N55 G1 Y37
N60 G2 X-37 Y45 R8
N65 G1 X37
N70 G2 X45 Y37 R8
N75 G1 Y-37
N80 G2 X37 Y-45 R8
N85 G1 X-37
N90 G2 X-45 Y-37 R8
N95 G40 G1 X-60 Y-25
N100 G0 Z30
N105 M5
N110 M30
```

（3）中心孔粗加工

```
O3121
N05 G21
N10 G54 G17 G90
N15 G0 Z50
N20 M6 T1
N25 M3 S1200
N30 M8
```

```
N35 G0 X0 Y0
N40 Z3
N45 G1 Z-6 F70
N50 X6
N55 G3 I-6
N60 G1 X10.5
N65 G3 I-10.5
N70 G1 X0 Y0
N75 G0 Z50
N80 M5
N85 M30
```

（4）中心孔精加工

```
O3122
N05 G21
N10 G54 G17 G90
N15 G0 Z50
N20 M6 T1
N25 M3 S1500
N30 M8
N35 G0 X0 Y0
N40 Z3
N45 G1 Z-6 F70
N50 G41 G1 X10 Y-6 D3
N55 G3 X16 Y0 R6
N60 I-16
N65 X10 Y6 R6
N70 G40 G1 X0 Y0
N75 G0 Z50
N80 M5
N85 M30
```

（5）12mm 直槽粗加工

```
O3131
N00 G21
N05 G54 G17 G90
N10 G0 Z50
N15 M6 T1
N20 M3 S1200
N25 M8
N30 G0 X10 Y30
N35 Z3
N40 G1 Z-5.5 F70
N45 X-10
N50 G0 Z50
N55 Y-30
N60 Z3
N65 G1 Z-5.5 F70
N70 X10
N75 M5
```

```
N80 M30
```

（6）12mm 直槽精加工

```
O3132
N00 G21
N05 G54 G17 G90
N10 G0 Z50
N15 M6 T1
N20 M3 S1500
N25 M8
N30 G0 X10 Y30
N35 Z3
N40 G1 Z-5.5 F70
N45 G41 G1 X10.5 Y24.5 D4
N50 G3 X16 Y30 R5.5 F70
N55 X10 Y36 R6
N60 G1 X-10
N65 G3 X-10 Y24 R6
N70 G1 X10
N75 G3 X16 Y30 R6
N80 X10.5 Y35.5 R5.5
N85 G40 G1 X10 Y30
N90 G0 Z50
N95 G0 X10 Y-30
N100 Z3
N105 G1 Z-5.5 F70
N110 G41 G1 X10.5 Y-35.5 D4
N115 G3 X16 Y-30 R5.5 F70
N120 X10 Y-24 R6
N125 G1 X-10
N130 G3 X-10 Y-36 R6
N135 G1 X10
N140 G3 X16 Y-30 R6
N145 X10.5 Y-24.5 R5.5
N150 G40 G1 X10 Y-30
N155 G0 Z50
N160 M5
N165 M30
```

（7）13mm 腰槽粗加工

```
O3141
N00 G21
N05 G54 G17 G90
N10 G0 Z50
N15 M6 T1
N20 M3 S1200
N25 M8
N30 G0 X-28.58 Y16.5
N35 Z3
N40 G1 Z-5.02 F70
```

```
N45 G3 Y-16.5 R33
N50 G0 Z50
N55 X28.58 Y16.5
N60 Z3
N65 G1 Z-5.02
N70 G2 Y-16.5 R33
N75 G0 Z50
N80 M5
N85 M30
```

（8）13mm 腰槽精加工

```
O3142
N00 G21
N05 G54 G17 G90
N10 G0 Z50
N15 M6 T1
N20 M3 S1200
N25 M8
N30 G0 X-28.58 Y16.5
N35 Z3
N40 G1 Z-5.02 F70
N45 G41 G1 X-29.01 Y22.75 D5
N50 G3 X-34.21 Y19.75 R6
N55 Y-19.75 R39.5
N60 X-22.95 Y-13.25 R6.5
N65 G2 Y13.25 R26.5
N70 G3 X-34.21 Y19.75 R6.5
N75 X-29.01 Y10.75 R6
N80 G40 G1 X-28.85 Y16.50
N85 G0 Z50
N90 X28.85
N95 Z3 G1 Z-5.02 F70
N100 G41 G1 X29.01 Y10.75 D5
N105 G3 X34.21 Y19.75 R6
N110 X22.95 Y13.25 R6.5
N115 G2 Y-13.25 R26.5
N120 G3 X34.21 Y-19.75 R6.5
N125 Y19.75 R39.5
N130 X29.01 Y22.75 R6
N135 G40 G1 X28.58 Y16.50
N140 G0 Z50
N145 M5
N150 M30
```

练习与思考

一、填空题

1. 主轴部件主要由主轴箱、主轴（　　）、主轴和主轴轴承等零件组成。

2. 数控系统、它是执行（　　）控制动作和完成加工过程的控制中心。
3. 机床在动态力作用下所表现的刚度称为机床的（　　）度。
4. 加工中心 95% 以上的主轴传动都采用（　　）主轴伺服系统，速度可实现 10～20000r/min 无级变速。
5. 具有一个以上的孔系且内部有较多（　　）的零件为箱体类零件。
6. 异形件是外形不规则的零件，大多需要点、线、（　　）多工位混合加工（如支架、基座、靠模等）。
7. 曲面的盘类零件常使用立式加工中心，有径向孔的可使用（　　）加工中心。
8. 卧式加工中心，其主轴中心线为水平状态设置，多采用（　　）式立柱结构，通常都带有可进行回转运动的正方形分度工作台。
9. 加工中心可分为单工作台加工中心、双工作台加工中心和（　　）工作台加工中心。
10. 数字控制系统能够控制立式加工中心按照不同的工序进行自动选择、更换需要的刀具、自动进行对刀、自动改变（　　）的转速以及进给量等。
11. 立式加工中心可以在工件上连续完成钻孔、（　　）、铰孔、铣削、攻螺纹等多种工序。
12. 立式加工中心上，是主轴带动（　　）的旋转运动。
13. 数控机床对工件能完成大切削用量的粗加工及（　　）旋转下的精加工。
14. 电主轴通常用于小（　　）高速数控机床上，电主轴部件结构紧凑，重量轻，惯量小，可提高启动、停止的响应特性，有利于控制振动和噪声；缺点是制造和维护困难，且成本较高。
15. 主传动系统是由主轴电动机经过一系列传动元件和主轴构成的具有运动和（　　）联系的整体。
16. 卧式加工中心的常用布局形式为（　　）型床身结构。
17. 电动机直接带动主轴（　　）。其结构紧凑，提高了主轴刚度，占用空间小，转换效率高。
18. 加工中心的导轨大都采用直线（　　）导轨，滚动导轨摩擦系数很低，动静摩擦系数差别小，低速运动平稳、无爬行，因此可以获得较高的定位精度。
19. 数控回转工作台的主要功能有两个：一是工作台（　　）进给运动，二是工作台作圆周方向进给运动。
20. 加工中心进给系统的机电部分主要由伺服电动机、检测元件、联轴器、减速机构、滚珠丝杠副、（　　）及运动部件组成。
21. 一级变速这种结构主轴（　　）经定比传动传递给主轴，采用齿轮传动或带传动。

二、选择题

1. 加工中心的基础结构，由床身、（　　）和工作台等组成。

A. 立柱　　B. 轴承　　C. 冷却　　D. 加工

2. 加工中心的数控部分是由 CNC 装置、可编程控制器、（　　）驱动装置以及操作面板等组成的。

A. 伺服　　B. 主轴　　C. 切削　　D. 床身

3. 为了满足加工中心高自动化、高速度、高精度、高可靠性的要求，加工中心的静刚度、动刚度和机械结构系统的（　　）比都高于普通机床。

A. 冷却　　B. 电动机　　C. 阻尼　　D. 切削

4. 加工中心的（　）都采用了耐磨损材料和新结构。

A. 导轨　　B. 主轴　　C. 切削　　D. 系统

5. 加工中心适用于形状复杂、工序多、（　）要求高、需要多种类型普通机床经过多次安装才能完成加工的零件。

A. 机床　　B. 精度　　C. 加工　　D. 运动

6. 立式加工中心，其主轴中心线为（　）状态设置，有固定立柱式和移动立柱式等两种结构形式。

A. 工序　　B. 安装　　C. 垂直　　D. 机械

7. 箱体类零件在机床、汽车、飞机等行业应用较多，如汽车的发动机缸体、（　）箱体、机床的主轴箱、柴油机缸体、齿轮泵壳体等。

A. 变速　　B. 立柱　　C. 传动　　D. 运动

8. 立式加工中心结构简单，占地面积（　），价格相对较（　），装夹工件方便，调试程序容易，应用广泛。

A. 小　　B. 大　　C. 高　　D. 低

9. 龙门加工中心具有立式加工中心和卧式加工中心的功能，工件一次安装后能完成除安装面外的所有侧面和顶面等（　）个面的加工，也称为万能加工中心或复合加工中心。

A. 五　　B. 三　　C. 一　　D. 八

10. 立式加工中心是一种高速、（　）、自动化技术和数控技术最佳结合的高性能和经济型完美统一的数控机床设备，在机床行业声名赫赫。

A. 安装　　B. 高效　　C. 卧式　　D. 模具

11. 立式加工中心最主要的特点是机床具有独立的（　），能够实现自动更换刀具的功能，是机电一体化产品的典型代表。

A. 运动　　B. 传动　　C. 滚珠　　D. 刀库

12. 主传动用来实现机床的主（　），它将主电动机的原变成可供主轴上刀具切削加工的切削力矩和切削速度。

A. 动力　　B. 性能　　C. 设备　　D. 运动

13. 为了满足不同的加工要求，就要有不同的加工速度。由于数控机床的加工通常在（　）的情况下进行，尽量减少人的参与，因而要求能够实现无级变速。

A. 刀具　　B. 自动　　C. 加工　　D. 电动

14. 传动链越（　），累积误差越小，机床精度相应就高。

A. 大　　B. 小　　C. 长　　D. 短

15. 在切削加工过程中，主传动系统的（　）往往使零部件产生热变形，破坏零部件之间的相对位置精度和运动精度，造成加工误差。

A. 发热　　B. 速度　　C. 要求　　D. 传动

16. 主传动系统采用的结构形式主要决定于主轴转速高低、传递（　）大小和对运动平稳性的要求。

A. 扭矩　　B. 加工　　C. 累积　　D. 精度

17. 卧式加工中心根据其技术特点常采用（　）结构双立柱。

A. 切削　　B. 框架　　C. 主轴　　D. 变速

18. 框架结构的双立柱由于结构对称，主轴箱在两（　　）中间上下运动，与传动的主轴箱侧挂式结构相比，大大提高了整机的结构刚度。

A. 传动　　B. 立柱　　C. 性能　　D. 系统

19. 进给运动的传动精度、（　　）度和稳定性直接影响工件的轮廓精度和位置精度。

A. 灵敏　　B. 变速　　C. 静态　　D. 功率

20. 数控机床分度工作台与回转工作台的区别在于，它根据加工要求将工件（　　）至所需的角度，以达到加工不同面的目的。

A. 传动　　B. 回转　　C. 加工　　D. 主轴

21. 数控回转工作台主要应用于铣床等，特别是在加工（　　）的空间曲面方面（如航空发动机叶片、船用螺旋桨等）。

A. 位置　　B. 工件　　C. 复杂　　D. 变速

三、判断题

1.（　　）主轴的启、停和变速等动作均由数控系统控制，并且通过装在主轴上的刀具参与切削运动。

2.（　　）加工中心传动装置主要有三种，即滚珠丝杠副；静压蜗杆-蜗母条；预加载荷双齿轮-齿条。

3.（　　）机床在静态力作用下所表现的刚度称为机床的静刚度。

4.（　　）目前驱动主轴的伺服电动机功率一般都很大，是普通机床的1～2倍。

5.（　　）加工中心主要适用于加工状复杂、工序多、精度要求低的工件。

6.（　　）加工异形件时，形状越复杂，精度要求越高，使用加工中心越能显示其优越性。

7.（　　）加工中心具有广泛的适应性和较高的灵活性，更换加工对象时，只需编制并输入新程序即可实现加工。

8.（　　）立式加工中心最适宜加工高度方向尺寸相对较大的工件。

9.（　　）加工中心可分为三轴二联动、三轴三联动、四轴三联动、五轴四联动、六轴五联动等。

10.（　　）立式加工中心是指机床主轴的轴线与工作台垂直分布的一类加工中心设备，区别于卧式加工中心和万能加工中心。

11.（　　）立式加工中心是加工中心中数量最多的一种，应用范围也最为广泛。

12.（　　）数控机床主传动系统包括主轴电动机、传动装置、主轴部件和运动控制装置。

13.（　　）在加工端面时，为了保证端面稳定的加工质量，要求工件端面的各部位能保持恒定的线切削速度。

14.（　　）粗加工时，扭矩要小；精加工时，转速要高。

15.（　　）在主传动系统中的主要零部件不但要具有一定的静刚度，而且要求具有良好的抗振性。

16.（　　）电动机运转产生的热量直接影响主轴，主轴的热变形严重。

17.（　　）加工中心的传动系统一般即进给驱动装置，它完成加工中心各曲线坐标轴的定位和切削进给。

18.（　　）自动换刀装置的换刀过程由选刀和换刀两部分组成。

19.（　　）分度工作台主要有两种形式：定位销式分度工作台和鼠齿盘式分度工作台。

20.（　　）工作台的动作分为交换、旋转、移动三种。

21.（　　）加工中心主传动系统大致分为五类。

四、问答题

1. 数控机床主要由什么电动机驱动？

2. 加工中心的主要加工对象是什么？

3. 龙门加工中心有哪些优点？

4. 卧式加工中心适用于加工什么零件？

5. 立柱移动式结构的优点是什么？

五、编程题

1. 外形轮廓加工。如图 3.196 所示，材料为 45 钢，已经进行 6 面加工。

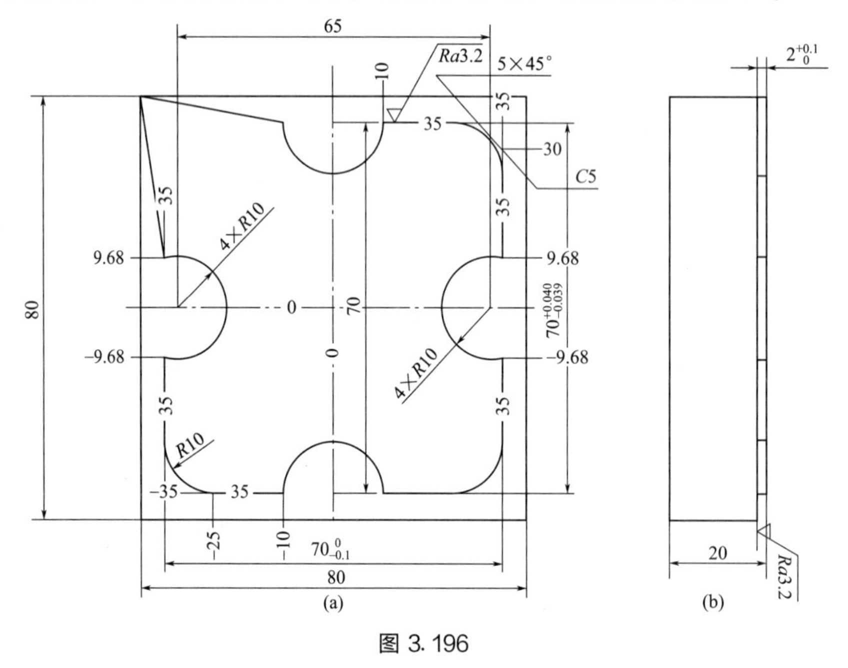

图 3.196

2. 台阶加工。如图 3.197 所示，材料为 45 钢，已经进行 6 面加工。

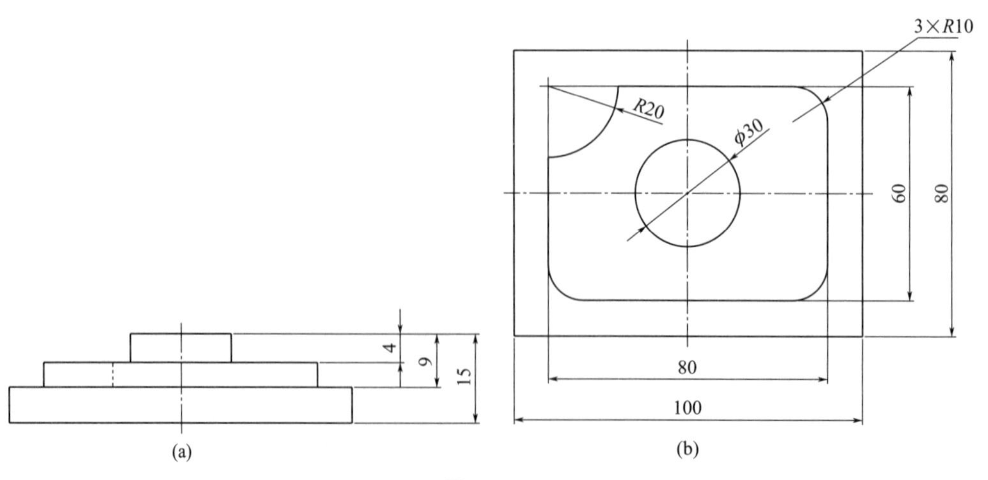

图 3.197

3. 型腔加工。如图 3.198 所示，材料为 45 钢，已经进行 6 面加工。

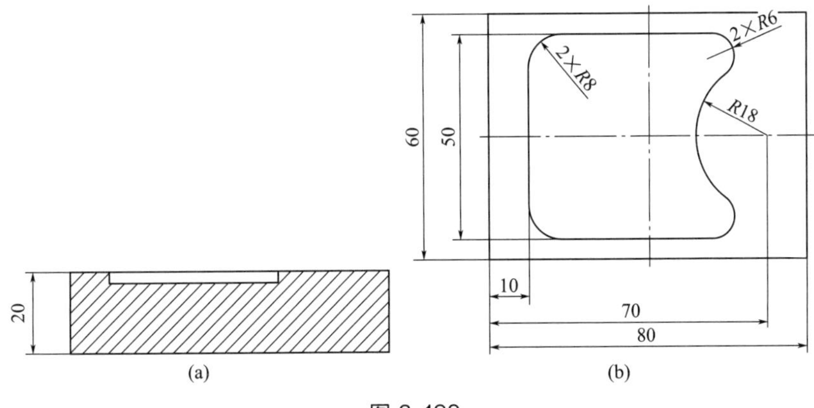

图 3.198

4. 综合练习一。如图 3.199 所示，材料为 45 钢，已经进行 6 面加工。

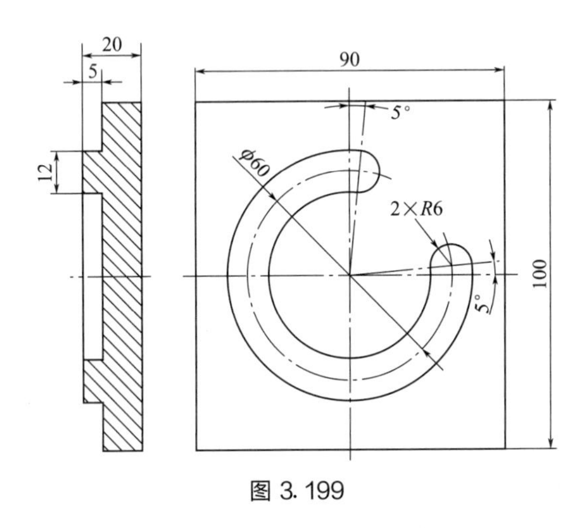

图 3.199

5. 综合练习二。如图 3.200 所示，材料为 45 钢，已经进行 6 面加工。

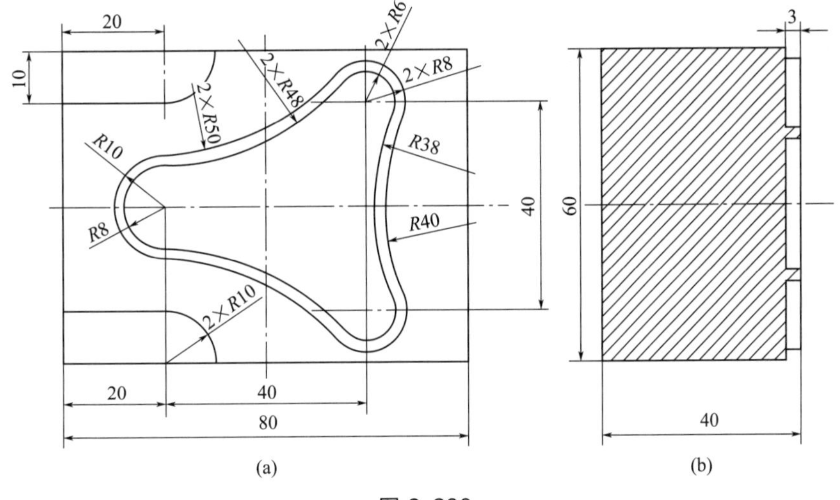

图 3.200

6. 综合练习三。如图 3.201 所示，材料为 45 钢，已经进行 6 面加工。

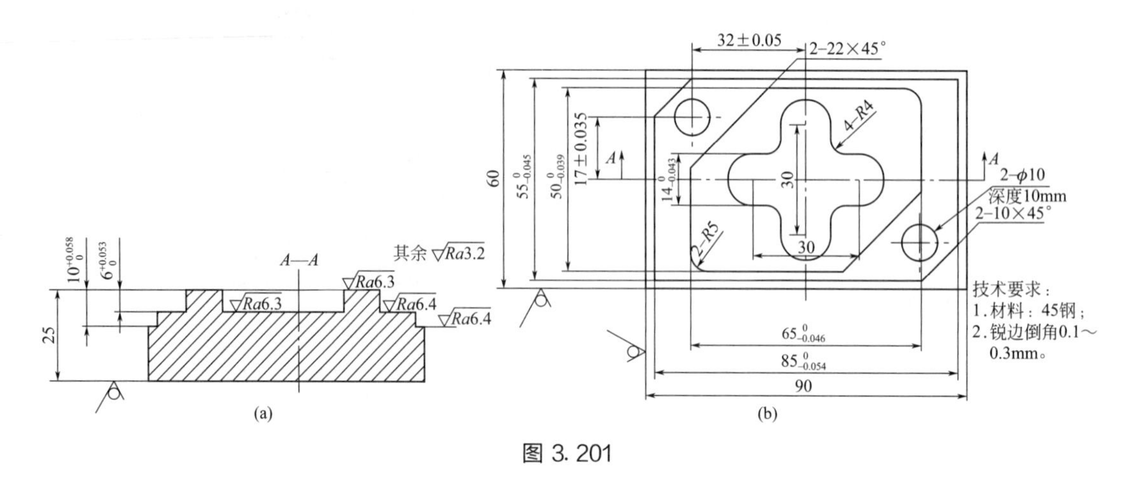

图 3.201

7. 综合练习四。如图 3.202 所示，材料为 45 钢，已经进行 6 面加工。

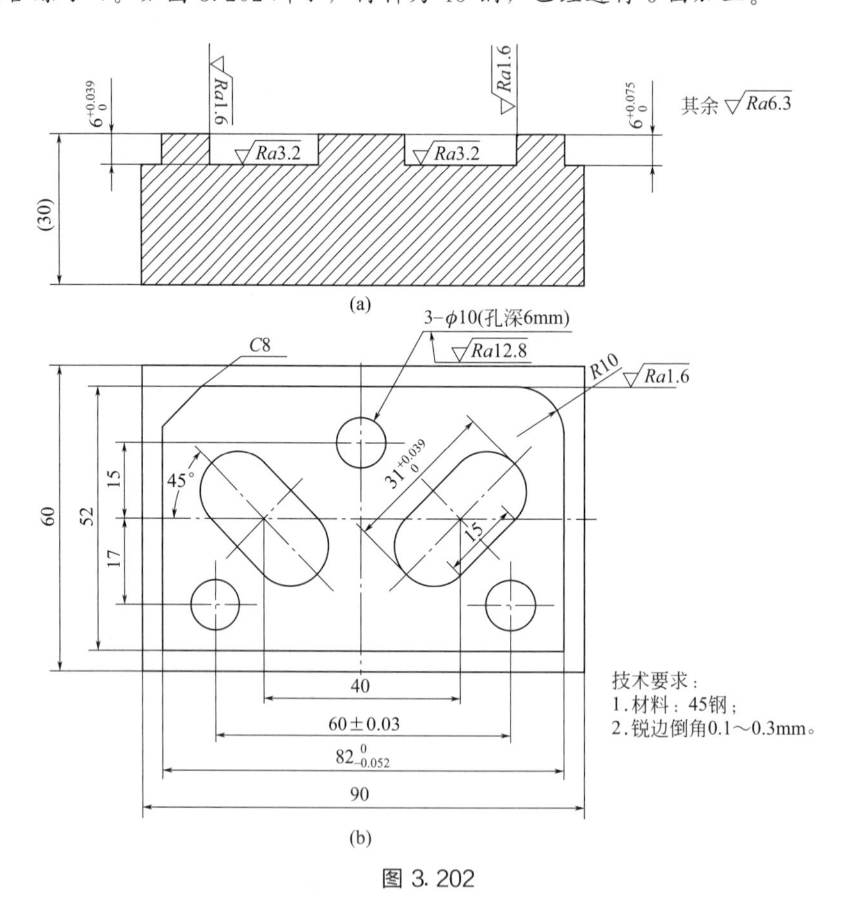

图 3.202

第三节　立体仓库

一、立体仓库的机构介绍

知识目标

（1）理解自动化立体仓库的分类及特点；

（2）熟悉立体仓库常见机构的主要组成及功能。

技能目标

（1）掌握自动化立体仓库的基本组成及特点；

（2）熟悉密集化仓储系统的一般组成。

（一）立体仓库基础知识

1. 立体仓库定义

立体仓库的定义版本有很多，本文采用百度百科的描述，货架自动化立体仓库简称立体仓库。一般是指采用几层、十几层乃至几十层高的货架储存单元货物，用相应的物料搬运设备进行货物入库和出库作业的仓库。由于这类仓库能充分利用空间储存货物，故常形象地将其称为"立体仓库"。

2. 自动化立体仓库

自动化立体仓库，也叫自动化立体仓储，是物流仓储中出现的新概念；利用立体仓库设备可实现仓库高层合理化、存取自动化、操作简便化；自动化立体仓库是当前技术水平较高的形式。自动化立体仓库的主体由货架、巷道式堆垛起重机、入（出）库工作台和自动运进（出）及操作控制系统组成。货架是钢结构或钢筋混凝土结构的建筑物或结构体，货架内是标准尺寸的货位空间，巷道堆垛起重机穿行于货架之间的巷道中，完成存、取货的工作。管理上采用计算机及条形码技术。

3. 立体仓库发展简介

仓库的产生和发展，是第二次世界大战之后生产和技术发展的结果。20 世纪 50 年代初，美国出现了采用桥式堆垛起重机的立体仓库；50 年代末 60 年代初，出现了司机操作的巷道式堆垛起重机立体仓库；1963 年美国率先在高架仓库中采用计算机控制技术，建立了第一座计算机控制的立体仓库。此后，自动化立体仓库在美国和欧洲得到迅速发展，并形成了专门的学科。20 世纪 60 年代中期，日本开始兴建立体仓库，并且发展速度越来越快，成为当今世界上拥有自动化立体仓库最多的国家之一。

我国对立体仓库及其物料搬运设备的研制开始并不晚，1963 年研制成第一台桥式堆垛起重机，1973 年开始研制我国第一座由计算机控制的自动化立体仓库（高 15m），该库 1980 年投入运行。到 2003 年为止，我国自动化立体仓库数量已超过 200 座。立体仓库由于具有很高的空间利用率、很强的入出库能力、采用计算机进行控制管理而利于企业实施现代化管理等特点，已成为企业物流和生产管理不可缺少的仓储技术，越来越受到企业的重视。

自动化立体仓库(AS/RS) 是由立体货架、有轨巷道堆垛机、出入库托盘输送机系统、尺寸检测条码阅读系统、通信系统、自动控制系统、计算机监控系统、计算机管理系统以及其他如电线电缆、桥架、配电柜、托盘、调节平台、钢结构平台等辅助设备组成的复杂的自动化系统；运用一流的集成化物流理念，采用先进的控制、总线、通信和信息技术，通过以上设备的协调动作进行出入库作业。

4. 立体仓库的特点

(1) 立体仓库一般都较高。其高度一般在 5m 以上，最高达到 40m，常见的立体仓库在 7～25m 之间。

(2) 立体仓库必然是机械化仓库。由于货架在 5m 以上，人工难以对货架进行进出货操作，因而必须依靠机械进行作业；而立体仓库中的自动化立体仓库，则是当前技术水平较高的形式。

(3) 立体仓库中配置有多层货架。由于货架较高，所以又称为高层货架仓库。

5. 自动化立体仓库主要优点

1) 提高空间利用率

早期立体仓库构想的基本出发点是提高空间利用率，充分节约有限且昂贵的场地。在西方有些发达国家，提高空间利用率的观点已有更广泛、更深刻的含义，节约土地已与节约能源、保护环境等更多方面联系起来；有些甚至把空间利用率作为考核仓库系统合理性和先进性的重要指标。仓库空间利用率与其规划紧密相连，一般来说，立体仓库的空间利用率为普通仓库的 2～5 倍。

2) 先进的物流系统提高企业生产管理水平

传统的仓库只是货物的储存场所，保存货物是其唯一的功能，属于静态储存。立体仓库采用先进的自动化物料搬运设备，不仅能使货物在仓库内按需要自动存取，而且还可以与仓库以外的生产环节进行有机的连接，并通过计算机管理系统和自动化物料搬运设备使仓库成为企业物流中的重要环节。企业外购件和自制件进入立体仓库短时储存是整个生产的一个环节，是为了在指定的时间自动输出到下一道工序进行生产，从而形成自动化的物流系统环节，属于动态储存，是当今立体仓库发展的明显技术趋势。以上所述的物流系统又是整个企业生产管理系统(订货、设计和规划、计划编制和生产安排、制造、装配、试验以及发运等)的一个子系统，建立物流系统与企业生产管理系统间的实时连接是目前自动化立体仓库发展的另一个明显技术趋势。

3) 加快货物存取，减轻劳动强度，提高生产效率

建立以立体仓库为中心的物流系统，其优越性还表现在立体仓库具有快速的入出库能力，能妥善地将货物存入立体仓库，及时自动地将生产所需零部件和原材料送达生产线。同时，立体仓库系统减轻了工人综合劳动强度。

4) 减少库存资金积压

通过对一些大型企业调查，我们了解到由于历史原因造成管理手段落后、物资管理零散，使生产管理和生产环节的紧密联系难以到位。为了达到预期的生产能力和满足生产要求，就必须准备充足的原材料和零部件，这样，库存积压就成为较大的问题。如何降低库存资金积压和充分满足生产需要，已经成为大型企业面对的大问题。立体仓库系统就是解决这一问题的最有效手段之一。

5）现代化企业的标志

现代化企业采用的是集约化大规模生产模式，这就要求生产过程中各环节紧密相连，成为一个有机整体；要求生产管理科学实用，做到决策科学化。建立立体仓库系统是其有力的措施之一。由于采用了计算机管理和网络技术，因而使企业领导能宏观快速地掌握各种物资信息，且使工程技术人员、生产管理人员和生产技术人员能及时了解库存信息，以便合理安排生产工艺，提高生产效率。国际互联网和企业内部网络更为企业取得与外界在线连接、突破信息瓶颈、开阔视野及外引内联提供了广阔的空间和坚实强大的技术支持。

6. 立体仓库的分类

1）按货架高度分类

根据货架高度不同，可细分为高层立体仓库(15m 以上)、中层立体仓库(5～15m）及低层立体仓库(5m 以下）等。

由于高层立体仓库造价过高，对机械装备要求特殊且安装难度较大，因而相对建造较少；低层立体仓库主要用于老库改造，是提高老库技术水平和库容的可行之路；目前较多的是中层立体仓库。

2）按货架构造分类

（1）单元货格式立体仓库　单元货格式立体仓库是一种标准格式的通用性较强的立体仓库，其特点是每层货架都是由同一尺寸的货格组成，货格开口面向货架之间的通道，装取货机械在通道中行驶并能对左、右两边的货架进行装、取作业。每个货格中存放一个货物单元或组合货物单元。

（2）贯通式立体仓库　贯通式立体仓库又称流动型货架仓库，是一种密集型的仓库，这种仓库货架之间没有间隔，不留通道，货架紧靠在一起，实际上成了一个货架组合整体。货架的独特之处在于，每层货架的每一列纵向贯通，就像一条条隧道，隧道中能依次放入货物单元，使货物单元排成一列。这种货架运行方式是从货架高端送入单元货物(进货)，单元货物自动向低端运动，从低端出库；或一端送入，在行走机构推动下运动到另一端。

贯通式立体仓库的适用领域：在拥挤地区的工厂或流通仓库的储备库，主要是减少占地面积、提高储存量；用作配送中心的拣选仓库，尤其是成单元件的自动拣选；用于站台发货仓库，发货端于站台之上，有利于提高装车速度，减少装车距离。

（3）自动化柜式立体仓库　自动化柜式立体仓库是小型可移动的封闭式立体仓库，由柜外壳、控制装置、操作盘、储物箱及传动机构组成；其主要特点是小型化、轻量化、智能化，尤其是封闭性强，有很强的保密性；适合于贵重的电子元件、贵金属、首饰、资料文献、档案材料、音像制品、证券票据等的储存。

（4）条型货架立体仓库　货架每层都伸出支臂，专门利用侧式叉车进出货，是用于存放条形、筒形货物的立体仓库。

3）按结构形式分类

（1）一体型立体仓库　高层货架与建筑物是一体，不能单独拆装。这种仓库，高层货架兼仓库的支撑结构，仓库不再单设柱、梁；货架顶部铺设屋面，也起屋架作用，是一种永久性设施，造价可获一定程度的节约。

（2）分离型立体仓库　建筑物与高层货架不是联结为一体，而是分别建造。一般是在建筑物完成之后，按设计及规划在建筑物内部安装高层货架及相关的机械装备。

分离型立体仓库可以不形成永久性设施，可按需要进行重新安装和技术改造，因此比较机动。一般说来，由于是分别建造，造价较高。分离型立库仓库也适合旧库改造时采用。

4）按立体仓库装取货物机械种类分类

（1）货架叉车立体库　立体仓库中所用的叉车有三种，一种是高起升高度(高扬程）叉车，一种是前移式叉车，一种是侧式叉车。但后两种叉车也需要有一定的起升高度。叉车由地面承重，不是固定设施，因而较机动。但叉车运行所占通道宽度较宽，且最大起升高度一般不超过6m，因此，只适用于中、低层立体仓库使用。

（2）巷道堆垛机立体库　立体库的货架间通道采用巷道堆垛机，所用的巷道堆垛机主要是上部承重的下垂式和上部导轨限定的下部承重两种方式。主要用于中、高层立体仓库。

5）按操作方式分类

（1）人工寻址、人工装取方式　首先由人工操作机械运行并在高层货架上认址，然后由人工将货物从货架取出或将搬运车上的货物装入货架。

（2）自动寻址、人工装取方式　首先按输入的指令，机械自动运行寻址认址，运行到预定货位后，自动停住，然后由人工装货或从货架中取货。

（3）自动寻址、自动装取方式　无人操作方式，按控制者的指令或按计算机出库、入库的指令进行自动操作。

以上三方式，人工寻址、人工装取主要适用于中、低层立体仓库，另两种适用于中、高层立体仓库。

6）按功能分类

（1）储存式立体仓库　以大量存放货物为主要功能，货物种类不多，但数量大，存期较长。各种密集型货架的立体仓库都适于作储存式仓库。

（2）拣选式立体仓库　以大量进货，多用户、多种类、小批量发出为主要功能的立体仓库。这类仓库要创造方便拣选和快速拣选的条件，往往采取自动寻址认址的方式，较多用于配送中心。

7. 自动化立体仓库发展趋势

我国自动化仓储系统自20世纪70年代开始研制以来，一直处于比较缓慢的发展态势。自动化立体库的研究工作主要集中在北京起重运输机械研究所和北京自动化研究所等少数单位，高速分拣系统的研究工作则主要集中在邮电部少数单位。

1986年，在宝钢项目开始引入德国技术，自行消化；1995年，在烟草行业开始有外企提供系统集成；大部分企业的兴起均在1995～2005年之间。

2006年底，全国自动化立体库的保有量已超过500座。据不完全统计，2012年建设的具有较大规模的立体仓库在建项目有130多座，2012年全年共保有自动化立体库1800余座。截止到2016年，我国自动化立体库保有量已经达到了3650座，同比增长了19.3%。

2010年，我国在自动仓储系统及相关产品方面的市场总额接近150亿元。近几年，自动仓储应用领域不断拓展，行业应用规模也在不断提升，截止到2016年底，我国自动仓储系统及相关产品市场总额已经超过了390亿元，达到392亿元，同比增长了20%左右。

按照此种发展势头，专业人士预测未来我国自动化仓储市场规模增速将保持在18%～20%的增速水平，到2022年市场规模将超过1100亿元，前景十分广阔。

未来自动化立体仓库将朝着以下几个方面发展。

（1）自动化程度和管理水平不断提高，运转速度加快，出入库能力增强，货物周转率提高；

（2）储存货物的品种日益多样化，适用范围越来越广；

（3）与企业的工艺流程结合更为紧密，成为生产物流、销售物流的一个组成部分；

（4）仓库运转的可靠性与安全性不断提高。

（二）立体仓库的主要机构介绍

1. 自动化立体仓库的基本组成

1）货架(图 3.203)

用于存储货物的钢结构，主要有焊接式货架和组合式货架两种基本形式。

图 3.203　货架

2）托盘(货箱)(图 3.204)

用于承载货物的器具，亦称工位器具。

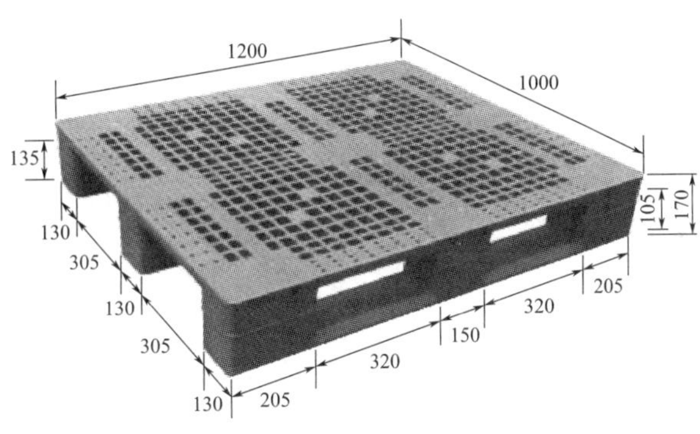

图 3.204　托盘

3）巷道堆垛机(图 3.205)

用于自动存取货物的设备。按结构形式分为单立柱和双立柱两种基本形式；按服务方式分为直道、弯道和转移车三种基本形式。

图 3.205　巷道堆垛机

4）输送机系统(图 3.206)

立体库的主要外围设备，负责将货物运送到堆垛机或从堆垛机将货物移走。输送机种类非常多，常见的有辊道输送机、链条输送机、升降台、分配车、提升机、皮带机等。

5）AGV 系统(图 3.207)

即自动导向小车，根据其导向方式分为感应式导向小车和激光导向小车。

图 3.206 输送机系统

图 3.207 自动导向小车

6）自动控制系统(图 3.208)

即驱动自动化立体库系统各设备的自动控制系统，以采用现场总线方式为控制模式为主。

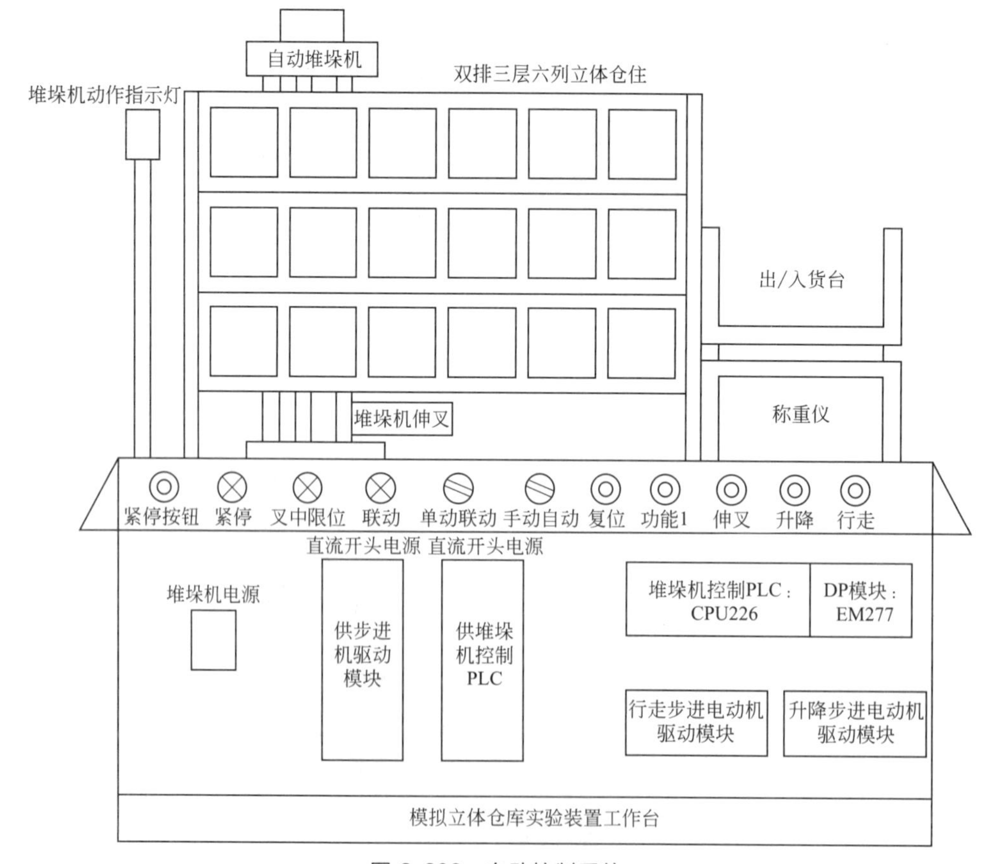

图 3.208 自动控制系统

控制系统采用现场控制总线直接通信的方式，真正做到计算机只监不控，所有的决策、作业调度和现场信息等均由堆垛机、出入库输送机等现场设备通过相互间的通信来协调完成。

每个货位的托盘号分别记录在堆垛机和计算机的数据库里，管理员可利用对比功能来比较计算机的记录和堆垛机里的记录，并进行修改，修改可自动完成和手动完成。

系统软、硬件功能齐全，用户界面清晰，便于操作维护。

堆垛机有自动召回原点的功能，即无论任何情况，只要货叉居中且水平运行正常，就可按照下达的命令自动返回原点。这意味着操作人员和维护人员可以尽量不进入巷道。

智能的控制系统，可以实现真正的自动盘库功能，避免了以往繁重的人工盘库工作，减轻了仓库管理人员的工作强度，同时保证了出库作业的出错率为零。

7）储存信息管理系统(图 3.209)

亦称中央计算机管理系统，是全自动化立体库系统的核心。典型的自动化立体库系统均采用大型的数据库系统(如 ORACLE、SYBASE 等）构筑典型的客户机/服务器体系，可以与其他系统(如 ERP 系统等）联网或集成。

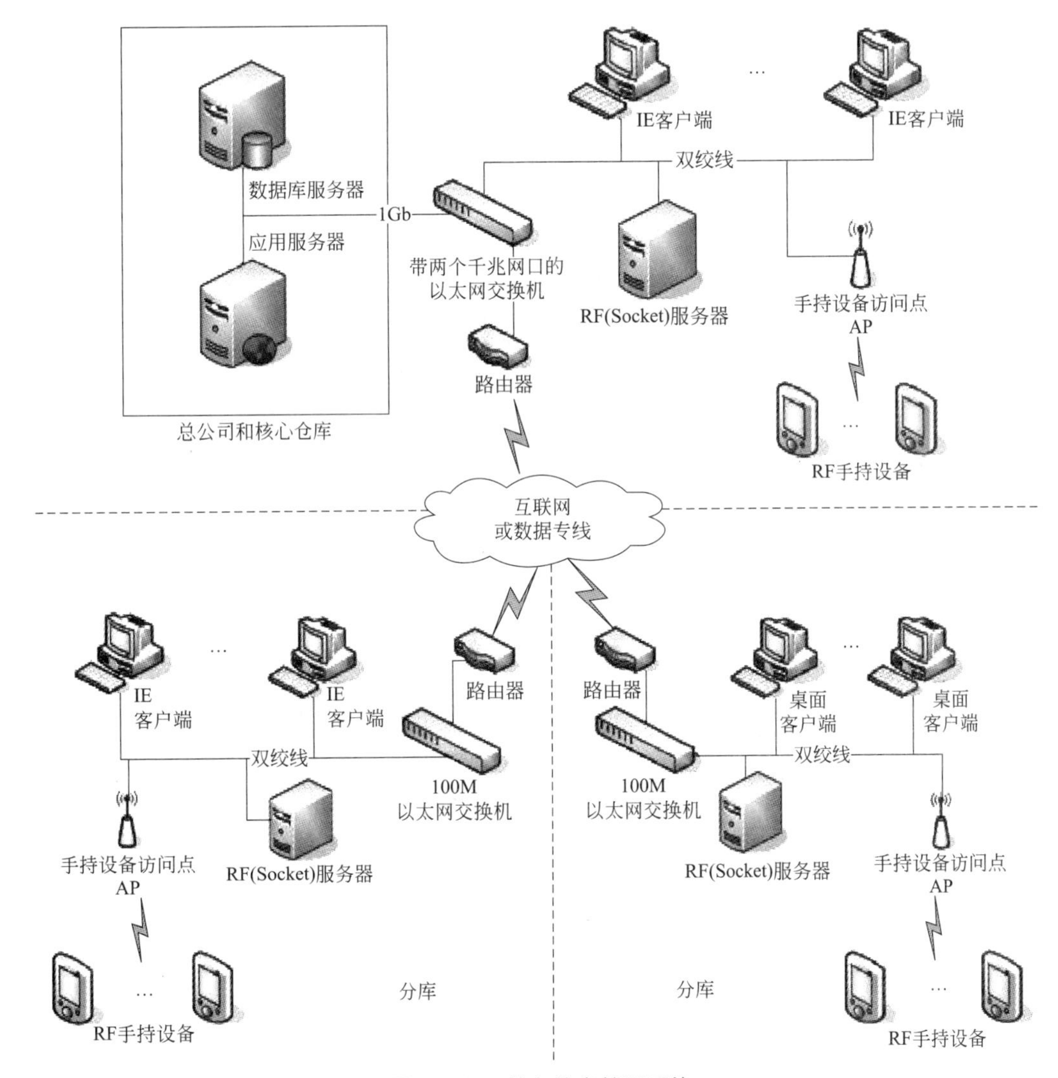

图 3.209　储存信息管理系统

2. 密集化仓储系统简介

密集化仓储系统近年在国内受到了比较多的关注，一方面是用户越来越注重土地资源的利用率，另一方面是国内出现了一些新兴的密集化仓储形式。

所谓密集化仓储系统，一般是指利用特殊的存取方式或货架结构，实现货架深度上的货物连续存储，达到存储密度最大化的仓储系统，但密集化仓储系统同时也伴随着作业通道少而带来的作业效率低等固有特点。因此密集化仓储系统更多地被应用在食品、饮料、化工、烟草等单品种批量大、品项相对单一的行业。

在密集化仓储系统中，货架是最重要的组成主体。在此，我们结合从事货架行业多年的经验以及各种货架的特点，来谈一下货架在密集化仓储系统中的应用与创新。

常见的密集化仓储货架主要有以下几种。

1）驶入式货架(图 3.210)

驶入式货架又称为贯通式货架或通廊式货架，顾名思义，驶入式货架是一种叉车进入货架内部进行存取货作业的货架，叉车的运行通道即货物的存储空间，托盘按深度方向连续存放于支撑导轨之上，为先进后出型货架。

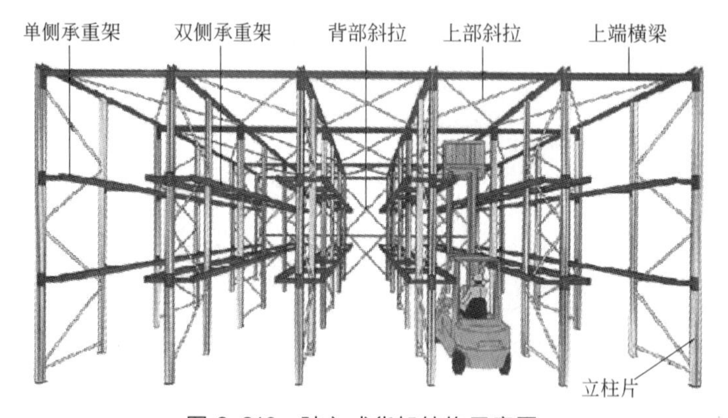

图 3.210　驶入式货架结构示意图

优点：驶入式货架是目前使用最广泛的密集化仓储货架，其成本最为低廉，结构简单，维护成本低，且能实现很高的存储率，广泛应用于饮料、烟草等行业。

2）压入式货架(图 3.211)

压入式货架又称为后推式货架，其储存的货物存放于专门制造的托盘小车之上，托盘小车通过前低后高、有一定斜度的导轨实现自滑功能。存放货物时利用叉车将货物从导轨较低的一端存放于托盘小车之上，接着叉车再用下一个托盘推着前一个托盘进入一个深位，以此类推；货物拿取时也是从导轨较低的一端进行，每取走一个货物，剩余的货物会在重力的作用下自动滑到导轨较低的一端，方便继续取货，为先进后出型货架。

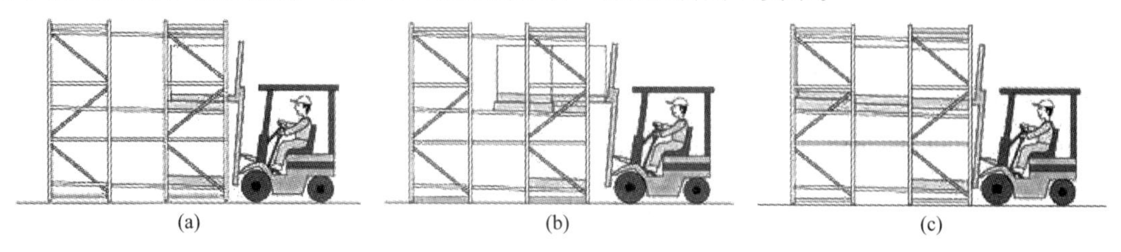

图 3.211　压入式货架

优点：压入式货架存取货物时叉车只在导轨较低的一端作业，无需进入货架货物存储通道，使其存取速度高于驶入式货架。这一特性使其适合用来作为仓库中的中转暂存区域，也非常适用于仓库空间有限，但又想在小面积内实现密集存储的客户，其典型布置为仓库内靠墙排布，制作 3～4 个深位。压入式货架结构较稳定，且对叉车操作人员的要求较低，能降低误操作撞击货架的概率。

3）重力式货架

重力式货架又称为辊道式货架，其与压入式货架结构类似，不同之处在于用辊道取代了导轨和托盘小车，在货架深度方向设置具有一定倾斜角度、无动力的重力辊道。货物存放时，从辊道高处放入，依靠重力自动滑动到辊道低处，辊道中需加设阻尼装置对货物进行速度控制。可实现先进先出功能。

优点：重力式货架的空间使用率很高，非常适用于规格统一、批量大的货物。由于进、出货分别位于货架两侧，故可作为车间内生产线不间断物料供给之用，也可作为配送中心出货暂存以及叉车或堆垛机的补货系统。

4）穿梭式货架

穿梭式货架通过在货架深度方向设置穿梭小车导轨，存货时只需将货物放在导轨的最前端，导轨上的无线遥控穿梭车就会自动承载托盘在导轨上运行，将其放置于导轨最深的货物处；取货时穿梭车会将托盘放置于导轨最前端，叉车取走即可。穿梭车货架既可以实现先进先出，也可以实现先进后出。

优点：穿梭式货架集合了多种密集化仓储货架的优点，比驶入式货架的叉车操作要求低，比压入式、重力式货架的存储率高，比移动式货架的效率高。适用范围广泛，没有明显的缺点就是其最大优点。可以实现货物在货架内的自动运输，适应性良好，多数密集仓储问题都可以解决，且可根据实际情况灵活地选择先进先出或先进后出功能，并且由于其运输货物实现自动化，非常适用于冷库等极端条件仓库，可减少人员活动，提高人员工作效率及作业安全性。

5）重型移动式货架

重型移动式货架的特点在于每排货架底部有一个电动机驱动，由装置于货架下的滚轮沿铺设于地面上的轨道移动，可实现货架连续排布，一组货架只需要一个通道空间，实现了高密度存储。在需要存取货物时，移动货架，现出一条作业通道空间，实现作业功能。移动式货架可以实现任意顺序存取。

优点：在能实现连续存放货物的密集仓储货架中，移动式货架是唯一能实现任意货位存取的货架类型，故十分适合出入库频率低、存储密度高，但库存品种繁多的客户使用。

6）多深位自动化立体仓库货架

多深位的自动化立体仓库货架是一种多类型的货架结合体，可以将堆垛机和重力式货架结合，也可以将堆垛机和穿梭式货架相结合。通俗来讲，该类型货架相当于以堆垛机取代传统叉车、以计算机控制取代人工操作的自动化密集式仓储货架。

3. 托盘的种类

根据托盘的制作材料可以分为塑料托盘、木托盘、纸托盘、钢托盘、复合材料托盘、金属托盘等。

1）木托盘(图 3.212)

以天然木材为原材料制造的托盘。木制托盘是托盘中最传统和最普及的类型。由于木材具有价格低廉、易于加工、成品适应性强、可以维修等特点，而为绝大多数用户采用。

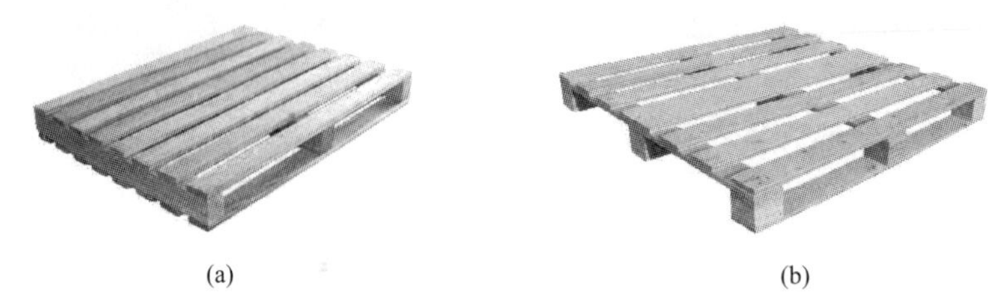

(a) (b)

图 3.212 木托盘

2）金属托盘(图 3.213)

由普通钢材、铝合金和不锈钢制作。与其他材质相比，金属托盘具有极好的承载性、牢固性及表面抗腐蚀性。

(a) (b)

图 3.213 金属托盘

3）塑料托盘(图 3.214)

以工业塑料为原材料制造的托盘，广泛应用于食品、医药、机械、汽车、烟草、化工等各行业的仓储作业中；具有质轻、美观、强度高、寿命长、耐腐蚀、可回收的特点。

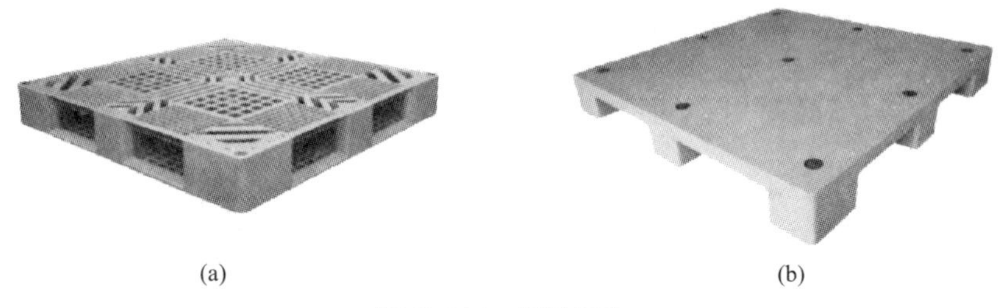

(a) (b)

图 3.214 塑料托盘

4）纸质托盘(图 3.215)

以纸浆、纸板为原料加工制作的托盘。具有绿色环保、质量轻、操作方便等特点，十分适合空运。

(a) (b)

图 3.215 纸质托盘

5）箱式托盘（图 3.216）

箱式托盘的面上具有上层结构，其四周至少有三个侧面固定，一个侧面是可拆叠的垂直面。箱式结构可有盖或无盖，有盖的板壁箱式托盘与小型集装箱无严格区别，适用于装载贵重货物；无盖的板壁箱式托盘适于企业内装载各种零件、元器件。

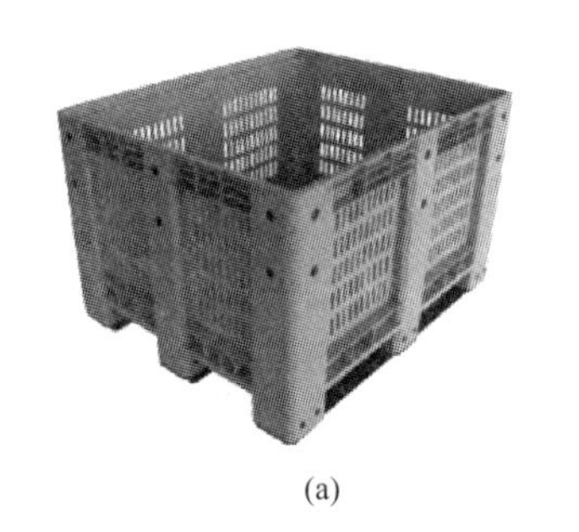
(a)

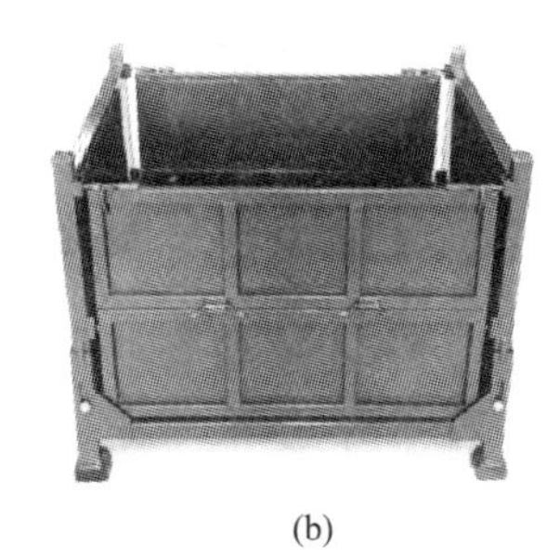
(b)

图 3.216 箱式托盘

6）柱式托盘（图 3.217）

四角有四根立柱的托盘称为柱式托盘。柱式托盘没有侧板，在托盘上部的四个角有固定式或可卸式的立柱，有的柱与柱之间有连接的横梁，使柱子成门框形。柱式托盘是在平托盘基础上发展起来的，其特点是在不压货物的情况下可进行码垛；多用于包装物料、棒料管材等的集装，还可以作为可移动的货架、货位。不用时，可叠套存放，节约空间。

(a)

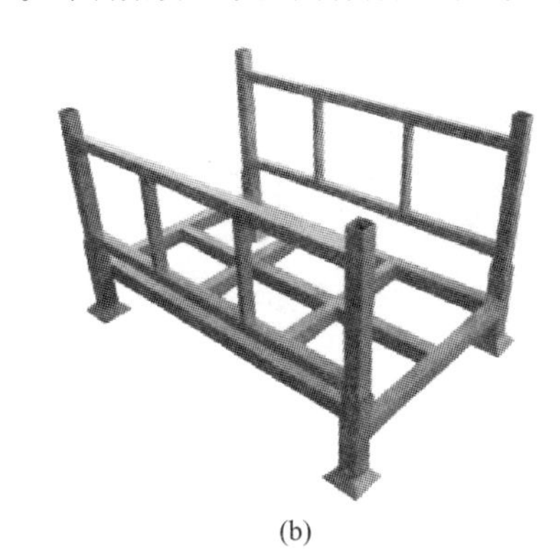
(b)

图 3.217 柱式托盘

7）托盘标准

科学地选用托盘国际标准，就能保证各类企业最大限度地发挥现有物流设备的作业效率和存储空间，最大限度地发挥现有运载工具的载货效率，最大限度地节约物流器具、设备和设施的成本，不仅有利于降低物流成本，而且有利于调动大多数企业参与托盘标准化的积极性，将有力地推动托盘标准化的进程。

现行托盘国际标准有 6 种尺寸：1200mm×800mm、1200mm×1000mm、1140mm × 1140mm、1016mm × 1219mm、1100mm × 1100mm、1067mm × 1067mm。1200mm × 1000mm 托盘在全球应用最为广泛。

目前，我国已推出自己的《联运通用平托盘主要尺寸及公差》国家标准，主要是 1200mm×1000mm 和 1100mm×1100mm 两种。但 1200mm ×1000mm 规格的托盘与集装箱、叉车以及货架的配合将会更好一些。

4. 机械设备

仓储中的设备主要有两类，一类是静态设备，如货架、托盘等；另一类是动态设备，如堆垛机、输送机等。

1）堆垛机(图 3.218)

堆垛机是专门用来堆码货垛或提升货物的机械。

特点：构造轻巧，能在很窄的走道内操作，减轻堆垛工人的劳动强度，且堆码或提升高度较高，作业灵活。

在立体仓库中，堆垛机是最重要的起重运输设备，是立体仓库的标志。其主要的作用是在立体仓库的通道内运行，将位于巷道口的货物存入货格，将货格中的货物取出，运送到巷道口并交给其他运输设备。

按照有无导轨可分为有轨堆垛机和无轨堆垛机。

按照自动化程度不同可分为手动、半自动和自动堆垛机。手动和半自动堆垛机上带有司机室，自动堆垛机不带有司机室，采用自动控制装置进行控制，可以进行自动寻址、自动装卸货物。

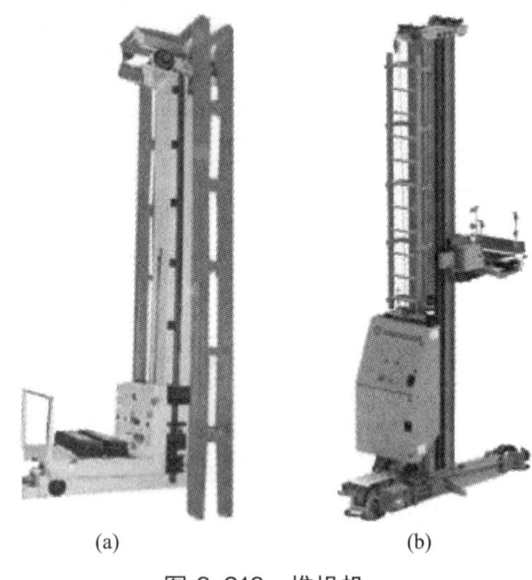

(a) (b)

图 3.218 堆垛机

按支撑形式可分为，悬挂式堆垛机：其行走机构安装在堆垛机门架的上部，地面上也铺设有导轨；地面支承式堆垛机：行走轨道铺设于地面上，上部导轮用来防倾倒或摆动。

2）输送机

输送机主要有两类，一类是负责水平输送的分类输送机，另一类是负责垂直输送的垂直输送机。

(1) 水平输送机

带式输送机：带式输送机是借由驱动装置拉紧输送带，中部构架和托辊组成输送带作为牵引和承载构件，从而连续输送散碎或成件的物料(图 3.219)。

链式输送机：是利用链条牵引、承载，或由链条上安装的板条、金属网、辊道等承载物料的输送机(图 3.220)。

图 3.219 带式输送机

图 3.220 链式输送机

链式输送机的特点：

① 输送能力大、高效，允许在较小空间内输送大量物料；

② 输送能耗低；

③ 使用寿命长，工艺布置灵活。

辊筒输送机：依靠转动着的辊子和物品间的摩擦使物品向前移动(图 3.221)。

辊筒输送机的特点：具有输送量大、速度快、运转轻快，能够实现多品种共线分流输送的特点。

(2) 垂直输送机　垂直输送机能连续地垂直输送物料，使不同高度上的连续输送机保持不间断的物料输送。也可以说，垂直输送机是把不同楼层间的输送机系统连接成一个更大的连续的输送机系统的重要设备(图 3.222)。

图 3.221　辊筒输送机

图 3.222　垂直输送机

垂直输送机的特点：

① 占地面积小，便于工艺布置；

② 节约电能，料槽磨损小；

③ 噪声低，结构简单，安装、维修便利；

④ 物料可向上输送，亦可向下输送。

垂直输送机的用途：垂直输送机是一种新型的垂直振动输送设备，广泛适用于冶金、煤炭、建材、粮食、机械、医药、食品等行业；用于粉状、颗粒状物料的垂直提升作业，也可对物料进行干燥、冷却作业。

3) 搬运设备

搬运设备是用于仓库内部对成件货物进行装卸、堆垛、牵引或推顶以及短距离运输作业的各种设备。

工业车辆兼有装卸与运输双重功能，能机动灵活地适应多变的物料搬运作业场合，经济高效地满足各种短距离物料搬运作业的要求。

(1) 手推车　是以人力推、拉的搬运车辆(图 3.223)。虽然手推车物料搬运技术不断发展，但手推车仍作为不可缺少的搬运工具而沿用。它造价低廉、维护简单、操作方便、自重轻，能在机动车辆不便使用的地方工作，在短距离搬运较轻的物品时十分方便。

手推车的特点：轻巧灵活、易于操作、回转半径小，每次搬运量为 5～500kg。

(2) 手动托盘搬运车　俗称“地牛”，是一种以人力为主，在路面上从事水平运输的搬运车辆(图 3.224)。

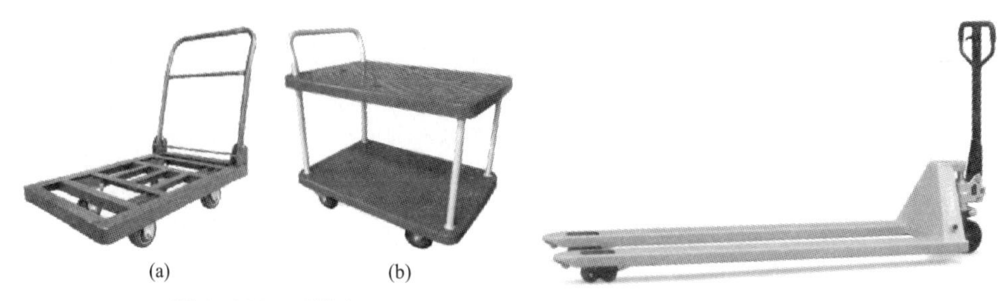

(a) (b)

图 3.223 手推车

图 3.224 手动托盘搬运车

(3) 叉车 是指对成件托盘货物进行装卸、堆垛和短距离运输作业的各种轮式搬运车辆(图 3.225)。工业搬运车辆广泛应用于港口、车站、机场、货场、工厂车间、仓库、流通中心和配送中心等。

(4) 自动搬运车 是一种使车辆按照给定的路线自动运行到指定场所，完成物料搬运作业的车辆(图 3.226)。自动搬运车装有自动导引装置，能够沿规定的路径行驶，在车体上还具有编程和停车选择装置、安全保护装置以及各种物料移载功能。

图 3.225 叉车

图 3.226 自动搬运车

(5) 电磁导向 沿运行线路地沟敷设导线，馈以 5～30kHz 的变频电流，形成沿导线扩展的交变电磁场(图 3.227)。车辆检拾传感器接收信号，并根据信号场的强度来判断车体是否偏离了路线，使车辆跟踪埋线沿正确的路线运行。

(6) 光学导向 在线路上敷设一种有稳定反光率的色带，导向车上装有发光源和接收反射光的光电传感器(图 3.228)。通过对传感器检测到的光信号进行计算，调整小车运动位置，使小车正确地导向运行。

图 3.227 电磁导向

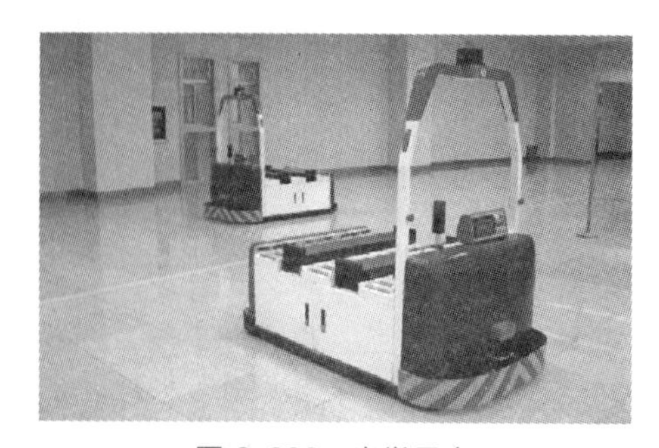

图 3.228 光学导向

二、立体仓库与中控系统的电气连接

知识目标

（1）理解立体仓库模型结构及特点；

（2）理解 PLC 在立体仓库模型中的应用。

技能目标

（1）掌握立体仓库 PLC 及其他常见器件的功能及应用；

（2）理解施耐德/德力西电器立体仓库的组成及各系统连接。

（一）立体仓库模型简介

1. 立体仓库的模型结构(图 3. 229)

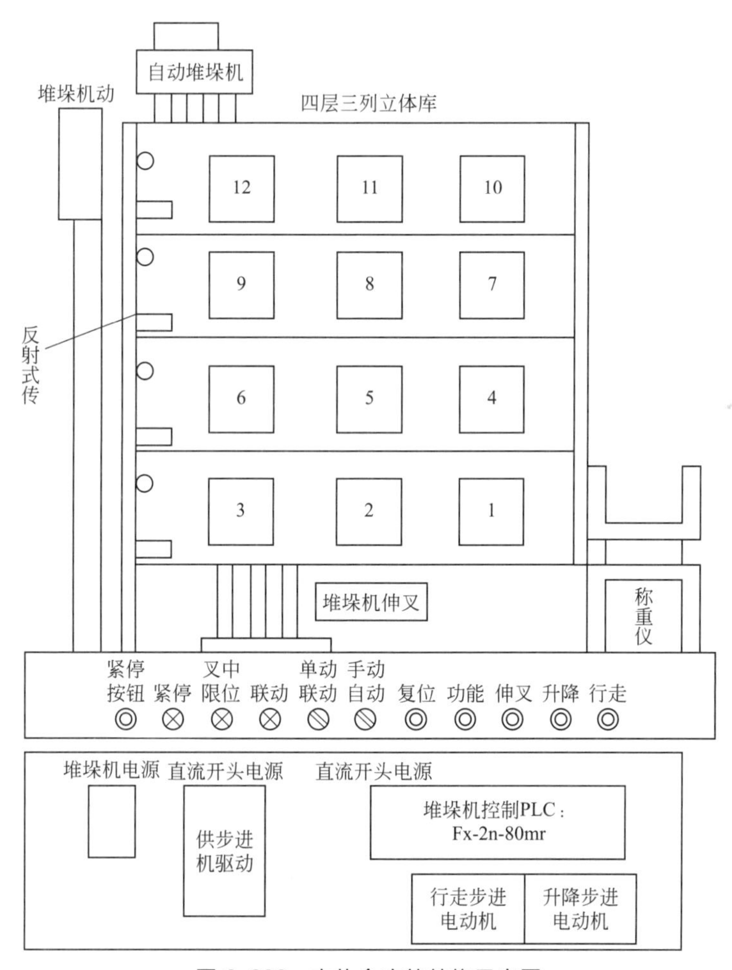

图 3. 229　立体仓库的结构示意图

2. 立体仓库模型功能

（1）堆垛机(机械手）要有三个自由度，即前进、后退；上、下；左、右。

(2) 堆垛机的运动由步进电动机驱动。

(3) 堆垛机前进(或后退) 运动和上(或下) 运动可同时进行。

(4) 堆垛机前进、后退和上、下运动时必须有超限位保护。

(5) 每个仓位必须有检测装置(微动开关),当操作有误时发出错误报警信号。

(6) 当按完仓位号后,没按入或取前,可以按取消键取消该操作。

(7) 整个电气控制系统必须设置急停按钮,以防发生意外。

3. 立体仓库技术参数的确定(表 3.7)

表 3.7 立体仓库具体参数

出/入货柜台最重物品	20kg
每个仓位的高度	4.5m
仓位的上下距离	1.5m
仓位的平行距	1.5m
仓位的体积	$4m^3$
可编程控制器(PLC)电源	24V DC
堆垛机电源	220V AC,50Hz

4. 控制系统结构简介

运用 PLC 控制系统来控制立体仓库模型运动的方式,能对输入信号做出快速反应,并且便于检修。PLC 控制系统结构如图 3.230 所示。

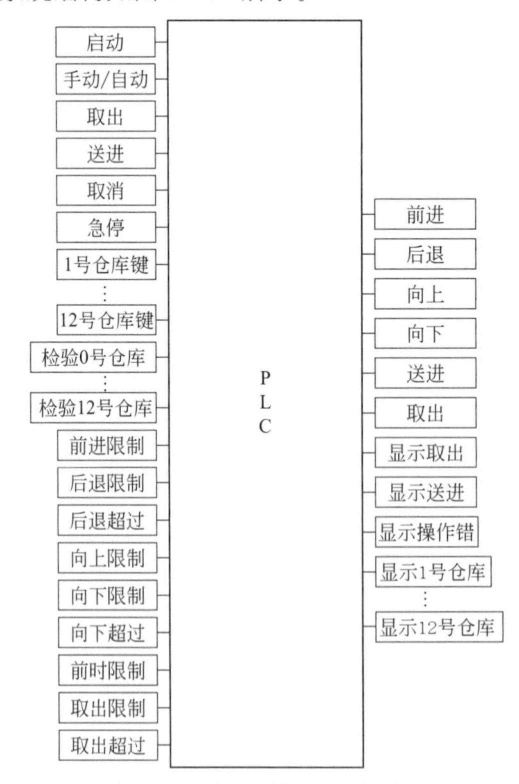

图 3.230 PLC 控制系统结构图

（二）可编程控制器（PLC）的选型

1. PLC 简介

可编程控制器(PLC) 能在工业环境下应用数字运算操作电子系统，它源于继电器控制技术。通过运行存储在其内存中的程序，把经输入电路的物理过程得到的输入信息，变换为所要求的输出信息，进而再通过输出电路的物理过程去实现对负载的控制。

PLC 有丰富的指令系统，有各种各样的 I/O 接口、通信接口，有大容量的内存，有可靠的自身监控系统，具有以下基本的功能。

(1) 逻辑处理功能；

(2) 数据运算功能；

(3) 准确定时功能；

(4) 高速计数功能；

(5) 中断处理(可以实现各种内外中断) 功能；

(6) 程序与数据存储功能；

(7) 联网通信功能；

(8) 自检测、自诊断功能。

2. PLC 的一般结构

PLC 采用了典型的计算机结构，主要由 CPU、RAM、ROM 和专门设计的输入输出接口电路等组成。PLC 结构示意图如图 3.231 所示，逻辑结构示意图如图 3.232 所示。

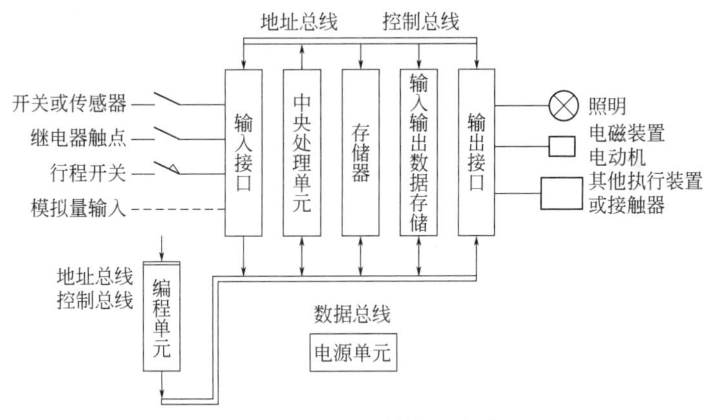

图 3.231　PLC 结构示意图

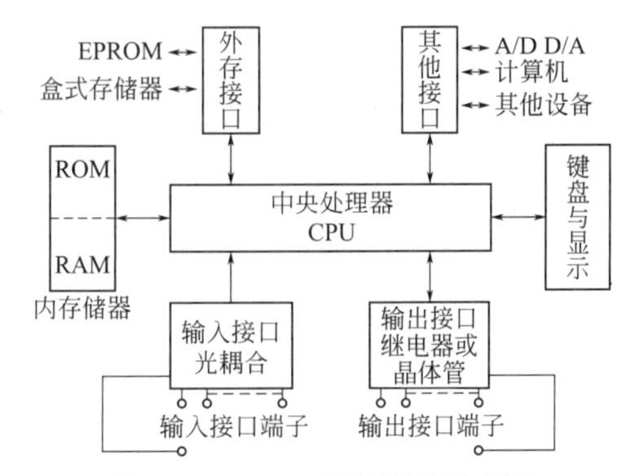

图 3.232　PLC 逻辑结构示意图

3. PLC 的选型

PLC 系统设计时，首先确定控制方案，然后再对 PLC 选型。工艺流程的特点和应用要求是设计选型的主要依据。工程设计选型和估算时，需要详细分析工艺过程的特点、控制要求，首先明确控制任务和范围，确定所需的操作和动作，然后根据控制要求，估算输入输出点数、所需存储器容量，确定 PLC 的功能、外部设备特性等，最后选择有较高性能价格比的 PLC 和设计相应的控制系统。主要步骤如下。

（1）输入输出(I/O) 点数的估算；

（2）存储器容量的估算；

（3）控制功能的选择。该选择包括运算功能、控制功能、通信功能、编程功能、诊断功能和处理速度等特性的选择。

4. 主要功能选择

1）控制功能

根据 PLC 系统指令进行各种控制。

2）编程功能

五种标准化编程语言：顺序功能图(SFC)、梯形图(LD)、功能模块图(FBD) 三种图形化语言和语句表(IL)、结构文本(ST) 两种文本语言。选用的编程语言应遵守其标准(IEC6113123)，同时，还应支持多种语言编程形式，如 C、Basic 等，以满足特殊控制场合的控制要求。

3）诊断功能

PLC 诊断功能的强弱，直接影响对操作和维护人员技术能力的要求，并影响平均维修时间。

5. 传感器

立体仓库模型中采用欧姆龙 EE-SPY402 凹槽型、反射型接插件式传感器做货物检测，它采用能抗周围外来光干扰的变调光式；采用变调光式，与直流光式比，不易受外来光干扰的影响；电源电压为 DC 5～24V 的大量程电压输出型；带有容易调整的光轴标识；带有便于调整、动作确认入光显示灯。反射式传感器的时间图和输出回路图如图 3.233 所示。

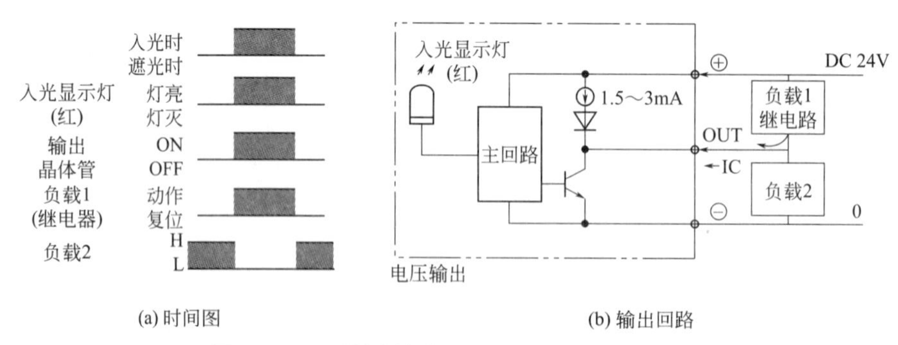

(a) 时间图　　(b) 输出回路

图 3.233　反射式传感器的时间图和输出回路图

6. 微动开关的选择

立体仓库模型控制系统中共有 13 个仓位(四层十二个仓位加 0 号仓位)，分别采用 13 只微动开关作为货物检测，当有货物时相应开关动作，其信号对应 PLC 的输入点是 X22～

X36；另外为保险起见，在 *X* 轴的左限位和 *Y* 轴的下限位处还分别加装了 1 只微动开关作限位保护，以确保立体仓库在程序出错时不损坏。微动开关原理图如图 3.234 所示。

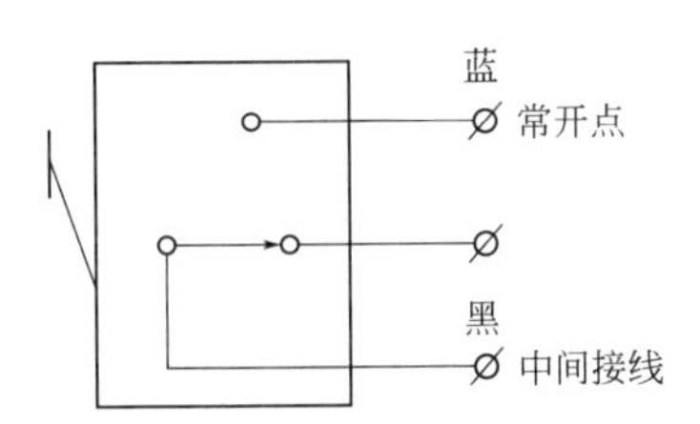

图 3.234　微动开关原理图

7. 步进电动机驱动器

主要由电源输入部分、信号输入部分、输出部分组成，步进电动机驱动器接线如图 3.235所示。

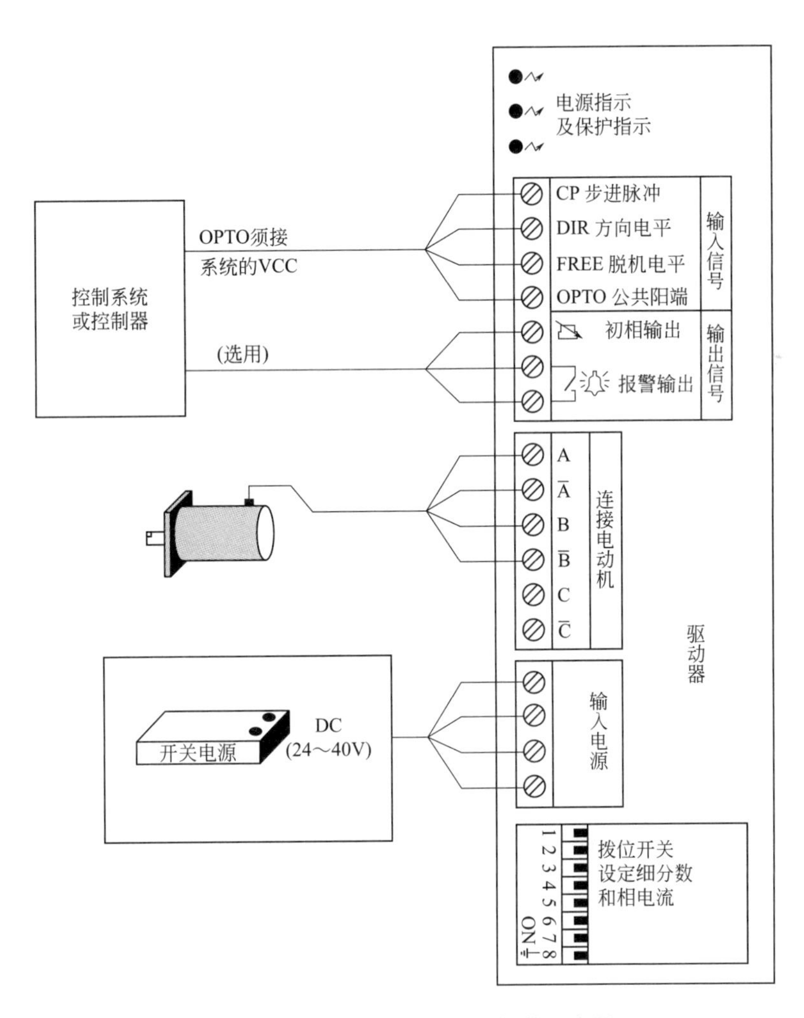

图 3.235　步进电动机驱动器接线示意图

（三）电气连接及原理图

电气连接及原理图如图 3.236 所示。

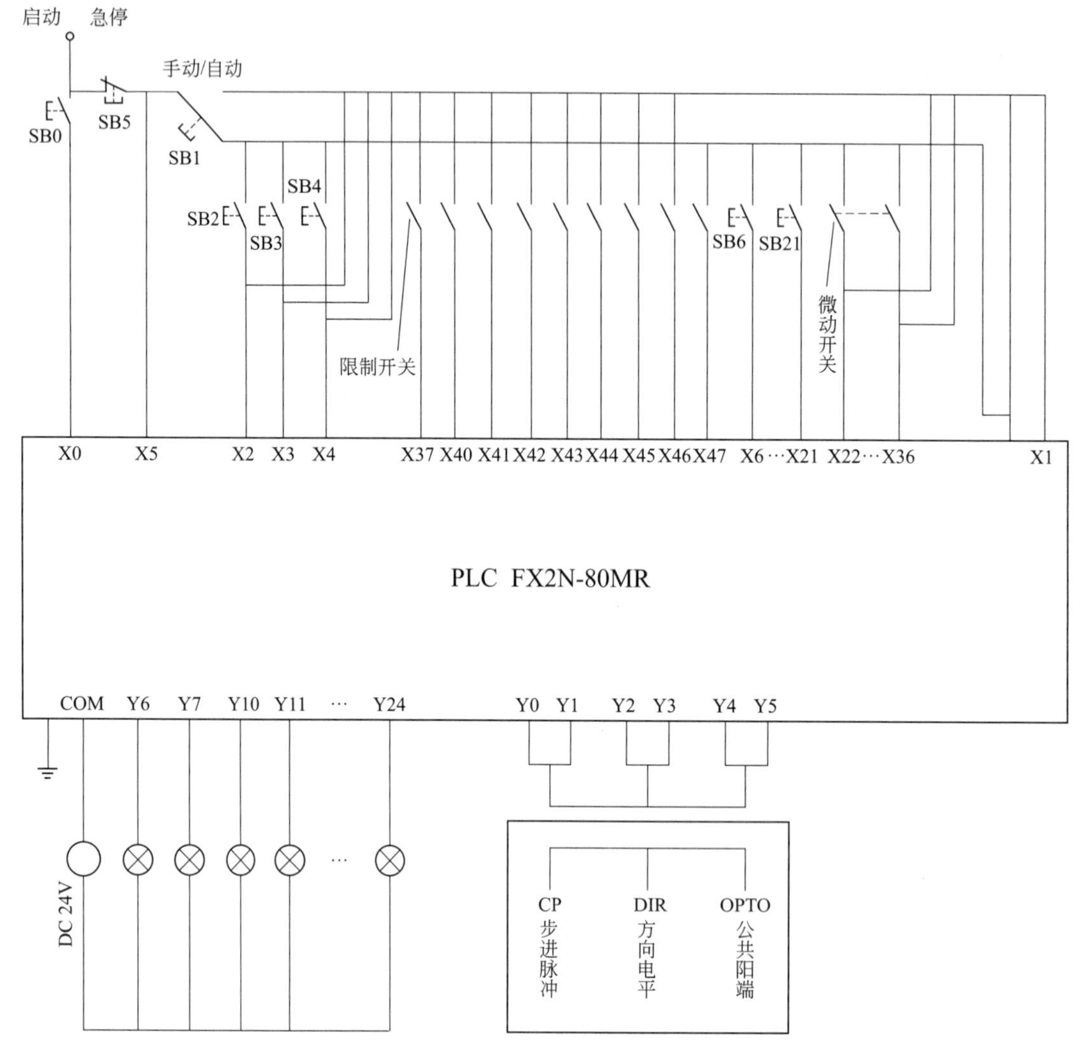

图 3.236　电气原理图

（四）施耐德/德力西电器立体仓库解决方案简介

1. 方案简介

用户：温州德力西电器有限公司。

应用领域：自动化立体仓库。

解决方案：全部使用施耐德电气品牌。

用户益处：本方案有利于生产管理、物料调度，能及时发现并解决故障，提高了生产效率，系统运行的安全性、可靠性。

2. 德力西立体仓库设备介绍

（1）巷道堆垛机(RM)　　单立柱式：3 台。

（2）输送机及有轨导引小车(RGV)　　入库输送机：5 台/巷道；出库输送机：4 台/巷

道；RGV：2 台。

（3）辊筒浮出式分拣机　1 套。

（4）连续式升降机　2 台。

3. 巷道堆垛机

堆垛机在运行方向采用德国 SICK 公司的激光测距仪定位，通过 DP 接口同 CPU 进行数据交换。利用施耐德变频器 ATV71 与测距仪的反馈实现闭环矢量控制，能很好地控制堆垛机的启停速度和定位，定位精度可达到±5mm，如图 3.237、图 3.238 所示。

图 3.237　堆垛机

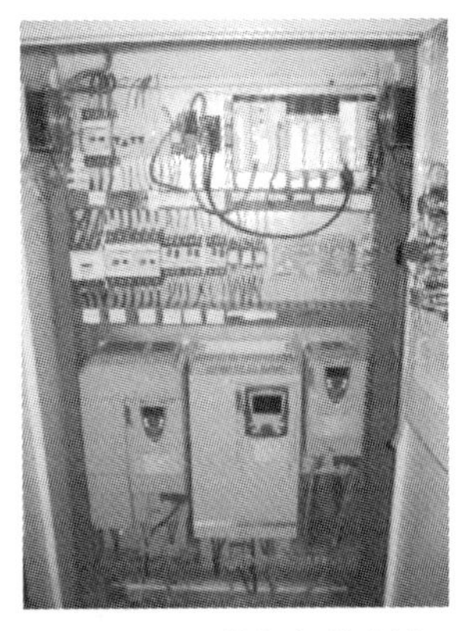

图 3.238　堆垛机控制盘

堆垛机运行参数：走行为 160m/min；货叉为 20m/min；升降时，有货为 40m/min，无货为 60m/min。

4. 输送机及 RGV（图 3.239、图 3.240）

入/出库输送机：12m/min；

RGV 运行：60m/min；

RGV 移载：12m/min。

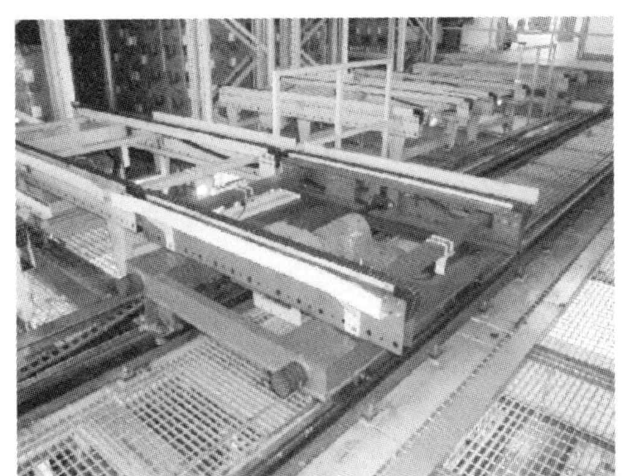

图 3.239　入/出库输送机及 RGV

图 3.240　控制盘

5. 分拣机（图 3.241、图 3.242）

主线运行速度：100m/min。

图 3.241 分拣机

图 3.242 分拣机控制盘

6. 连续式升降机(图 3.243、图 3.244)

升降机：60m/min；机内有 6 个链板，可存储 6 个货物。

图 3.243 连续式升降机

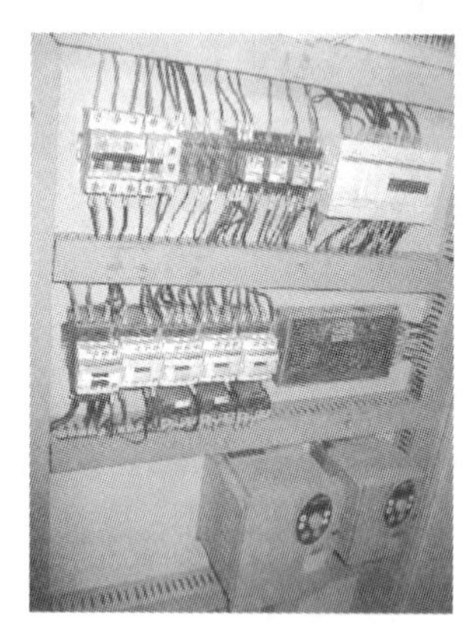

图 3.244 升降机控制盘

（五）施耐德解决方案

升降方向采用旋转编码器和齿形带，通过计数模块，测出实际升降高度，定位精度可达到±5mm。堆垛机在货叉采用旋转编码器，通过计数模块，测出实际伸缩长度，定位精度可达到±3mm。其控制方式与运行方向一样，利用变频器 ATV71 与编码器实现闭环矢量控制。

运行和升降采用绝对认址控制方式，这样每个货位的地址为一个唯一的值。堆垛机水平运行和升降运行定位，是依据实际运行的实测数和数据库中的数据相比较而产生的。

1. PLC

采用施耐德 Premium 系列的 572634 CPU 高性能处理器，处理速度快、通信功能强大、编程语言丰富。

2. 控制方式

水平走行：PLC+变频器 ATV71+激光测距仪，闭环矢量控制；

垂直升降：PLC+变频器 ATV71+绝对值编码器，闭环矢量控制；

货叉伸缩：PLC+变频器 ATV71+绝对值编码器，闭环矢量控制。

3. 通信方式

AGC—RM：红外线通信；

COV—BCR：RS485 通信；

PLC—变频器：CANOPEN；

PLC—激光测距仪：PROFIBUS；

AGC—WMS：以太网；

AGC—下位设备：以太网。

4. 立体仓库系统构架连接图

立体仓库系统构架连接图如图 3.245 所示。

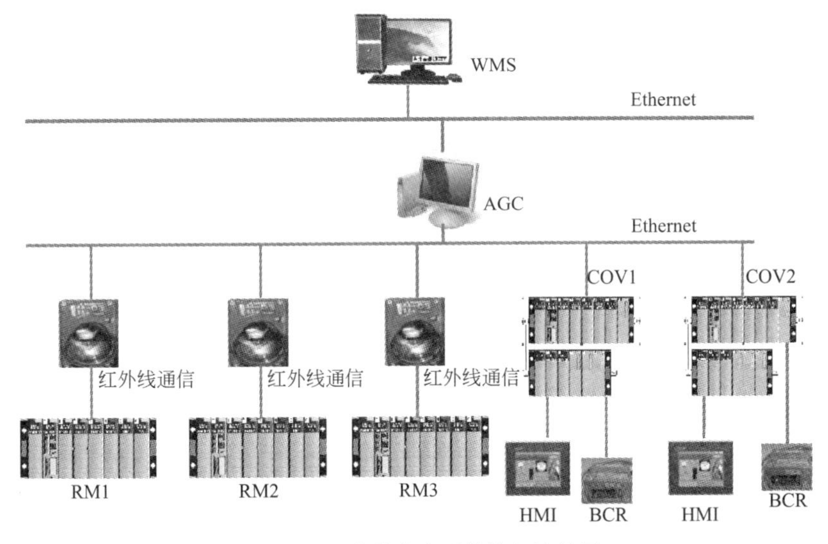

图 3.245　立体仓库系统构架连接图

5. 堆垛机系统构架连接图

堆垛机系统构架连接图如图 3.246 所示。

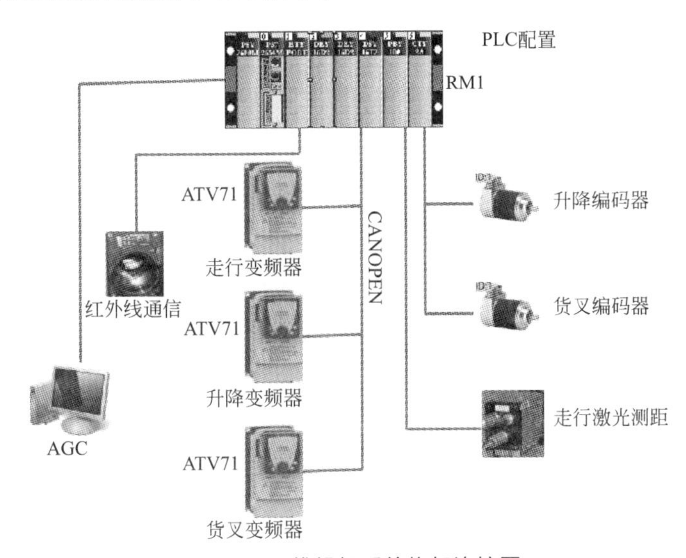

图 3.246　堆垛机系统构架连接图

6. 输送机系统构架连接图

输送机系统构架连接图如图 3.247 所示。

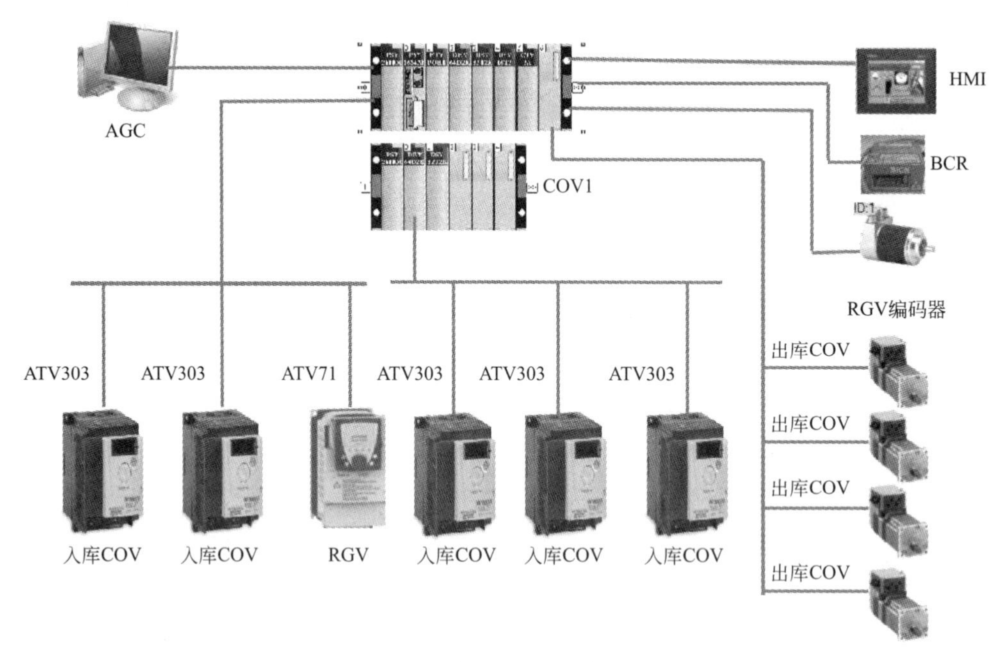

图 3.247　输送机系统构架连接图

7. 分拣系统构架连接图

分拣系统构架连接图如图 3.248 所示。

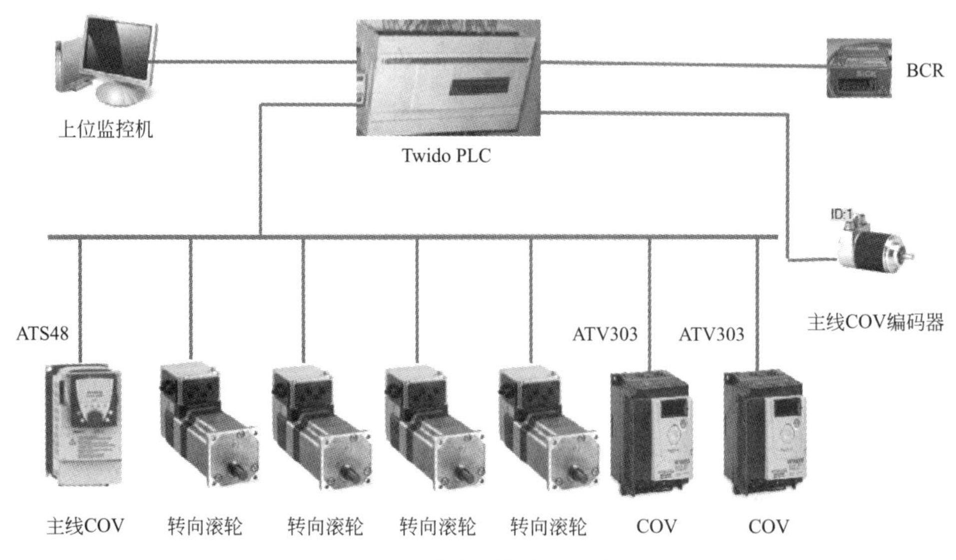

图 3.248　分拣系统构架连接图

8. 连续式升降机构架连接图

连续式升降机构架连接图如图 3.249 所示。

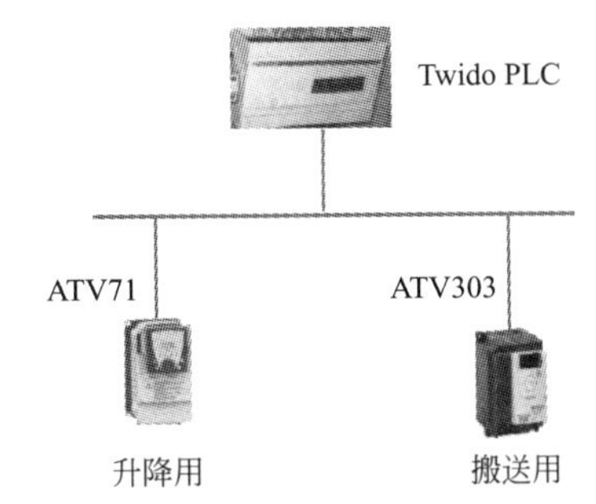

图 3.249　连续式升降机构架连接图

练习与思考

一、填空题

1. 立体仓库的定义版本有很多，（　　　　）自动化立体仓库简称立体仓库。
2. 自动化立体仓库，也叫自动化（　　　　）。
3. 自动化立体仓库的主体由（　　　　）、巷道式堆垛起重机、入（出）库工作台和自动运进（出）及操作控制系统组成。
4. 搬运设备是用于仓库内部对成件货物进行装卸、（　　　　）、牵引或推顶以及短距离运输作业的各种设备。
5. 自动导向小车英文缩写为（　　　　）。
6. PLC 有丰富的指令系统，有各种各样的 I/O 接口、（　　　　），有大容量的内存，有可靠的自身监控系统。
7. PLC 系统设计时，首先确定（　　　　）方案，再对 PLC 选型。工艺流程的特点和应用要求是设计选型的主要依据。
8. PLC 采用了典型的计算机结构，主要由（　　　　）、RAM、ROM 和专门设计的输入输出接口电路等组成。

二、判断题

1. （　　）我国对立体仓库及其物料搬运设备的研制开始比较晚，1980 年研制成第一台桥式堆垛起重机。
2. （　　）托盘是用于承载货物的器具，亦称工位器具。
3. （　　）堆垛机是专门用来堆码货垛或提升货物的机械。
4. （　　）PLC 不能在工业环境下应用数字运算操作电子系统。
5. （　　）PLC 只能控制立体仓库模型运动的方式，不能对输入信号做出快速反应。

三、简答题

1. 简述立体仓库的特点。
2. 简述什么是密集化仓储系统。
3. 简述塑料托盘的特点及应用。
4. 简述立体仓库输送机系统的基本组成。
5. 简述自动化立体仓库的主要优点。

第四节　搬运机器人

一、GSK RB50搬运机器人与中控系统的电气连接

知识目标

（1）熟悉 GSK RB50 机器人的外形尺寸和最大动作范围；

（2）理解 GSK RB50 搬运机器人的电气连接。

技能目标

（1）根据说明书分析 GSK RB50 机器人电气连接；

（2）熟悉 GSK RB50 机器人电器柜各器件模块安装位置。

（一）GSK RB50 机器人外形尺寸及安装尺寸

GSK 工业机器人是广州数控设备有限公司自主研发生产，具有独立知识产权的最新产品，包括并联机器人、码垛机器人等，主要有 RB03、RB08、RB20、RB50、MD120、MD200 六种型号。RB50 机器人广泛应用于物流搬运、机床上下料、冲压自动化、装配、打磨、抛光等，其外形尺寸及安装尺寸如图 3.250 所示。

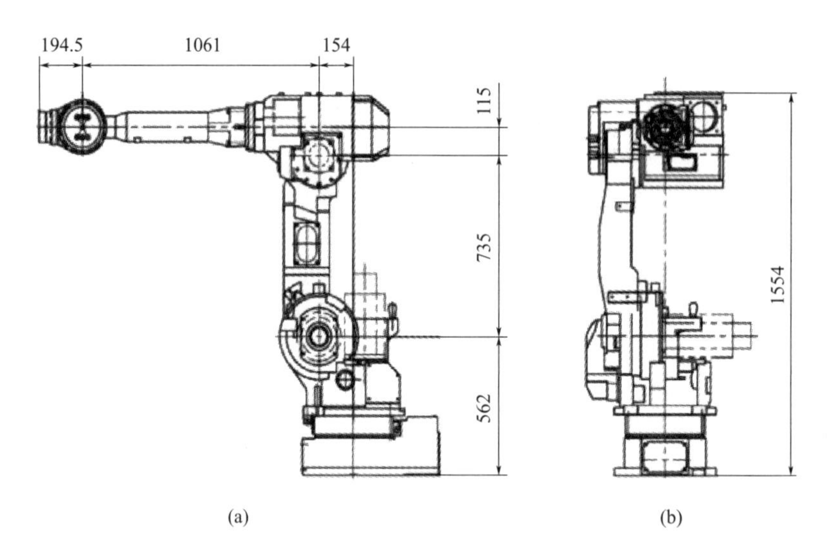

图 3.250　RB50 机器人外形尺寸及安装尺寸

（二）最大动作范围

在选择机器人的时候，需要了解机器人要到达的最大距离。选择机器人不单要关注负载，还要关注其最大运动范围。每一个公司都会给出机器人的运动范围，可以从中看出是否符合自己应用的需要。最大垂直运动范围是指机器人腕部能够到达的最低点(通常低于机器人的基座）与最高点之间的范围；最大水平运动范围是指机器人腕部能水平到达的最远点与

机器人基座中心线的距离。除此之外，还需要参考最大动作范围(用度表示)。这些规格不同的机器人区别很大，对某些特定的应用还存在限制。GSK BR50 机器人最大动作范围如图 3.251 所示。

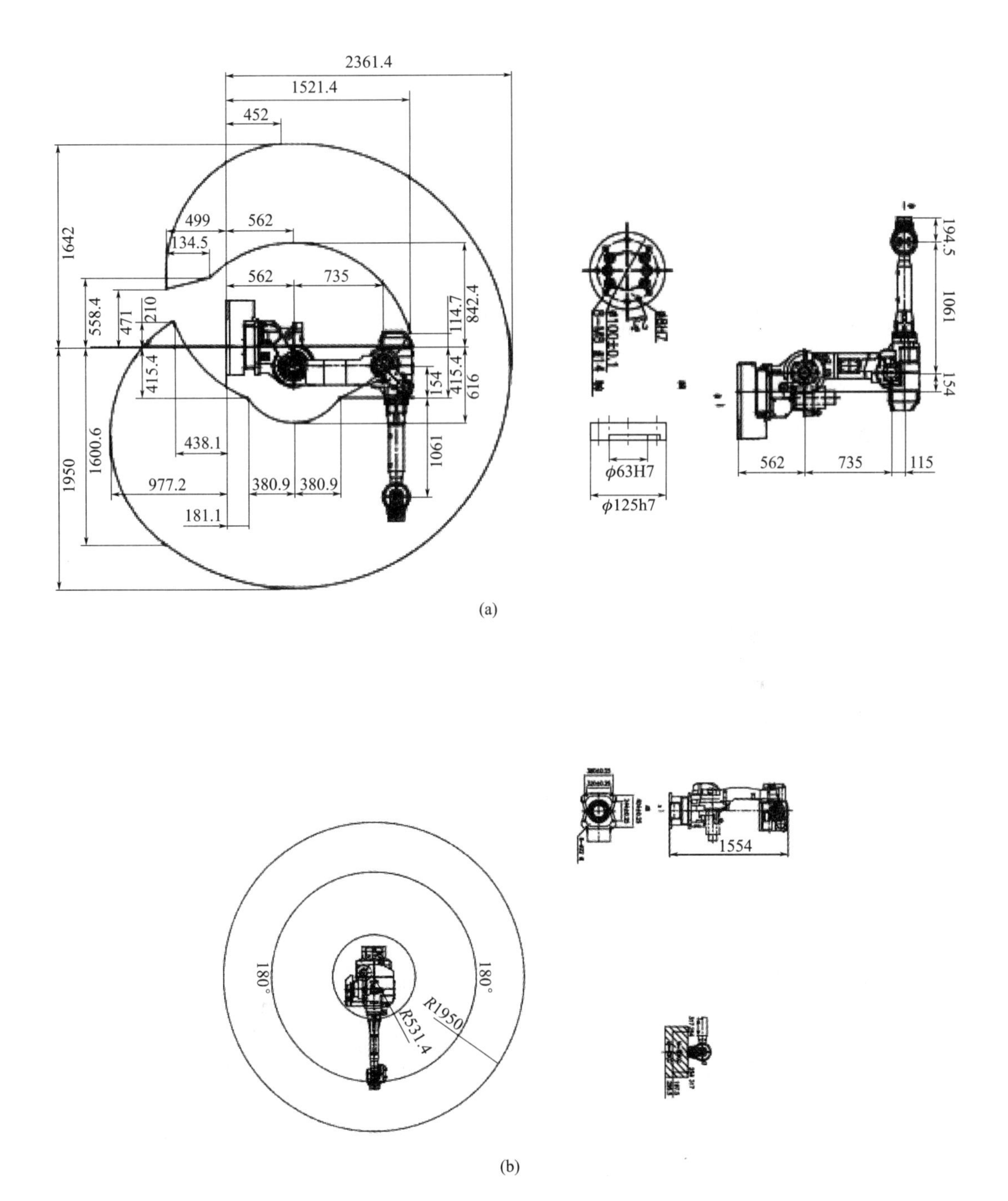

图 3.251　GSK BR50 机器人最大动作范围

（三）I/O 单元输入输出信号

1. 输入信号连接电路(图 3.252)

2. 输出信号连接电路(图 3.253)

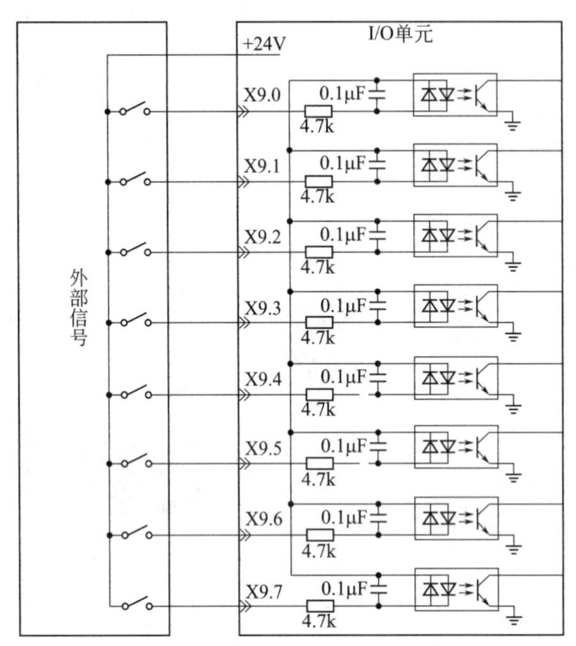

图 3.252　高电平输入有效连接示意图

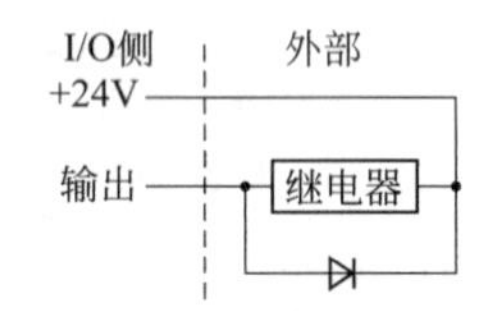

图 3.253　输出信号连接电路示意图

（四）电气控制柜内部布局

图 3.254、图 3.255 为 RB50/RB165 机型的控制柜内部布局。

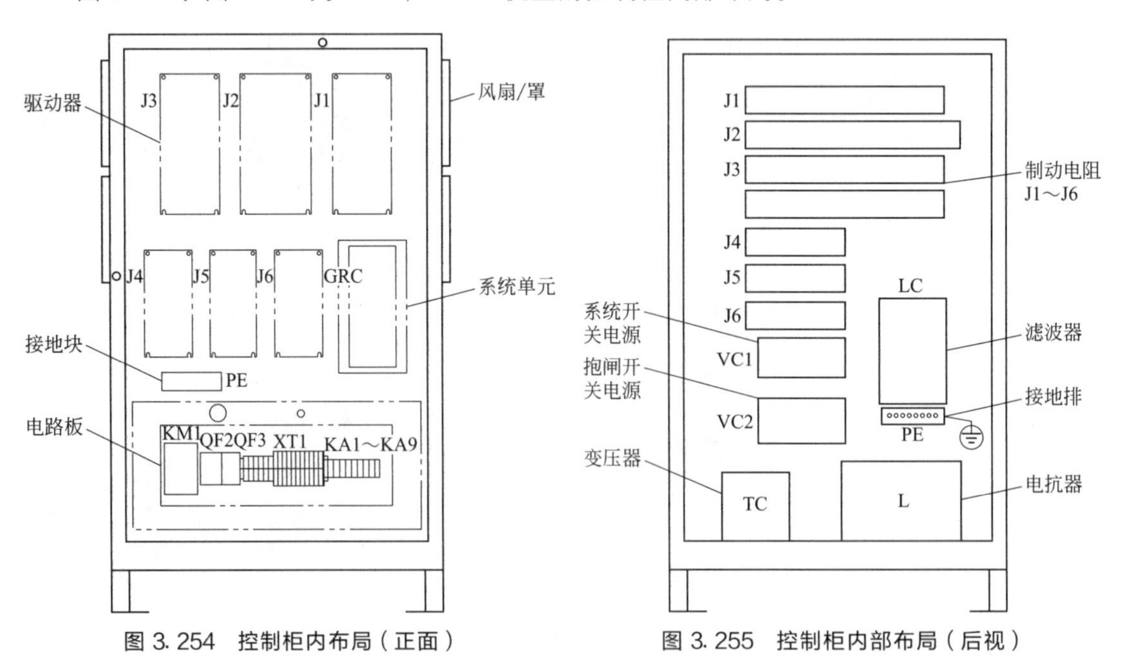

图 3.254　控制柜内布局（正面）　　图 3.255　控制柜内部布局（后视）

（五）电源通路

图 3.256 为电源通路，仅适用 RB50/RB165 产品。

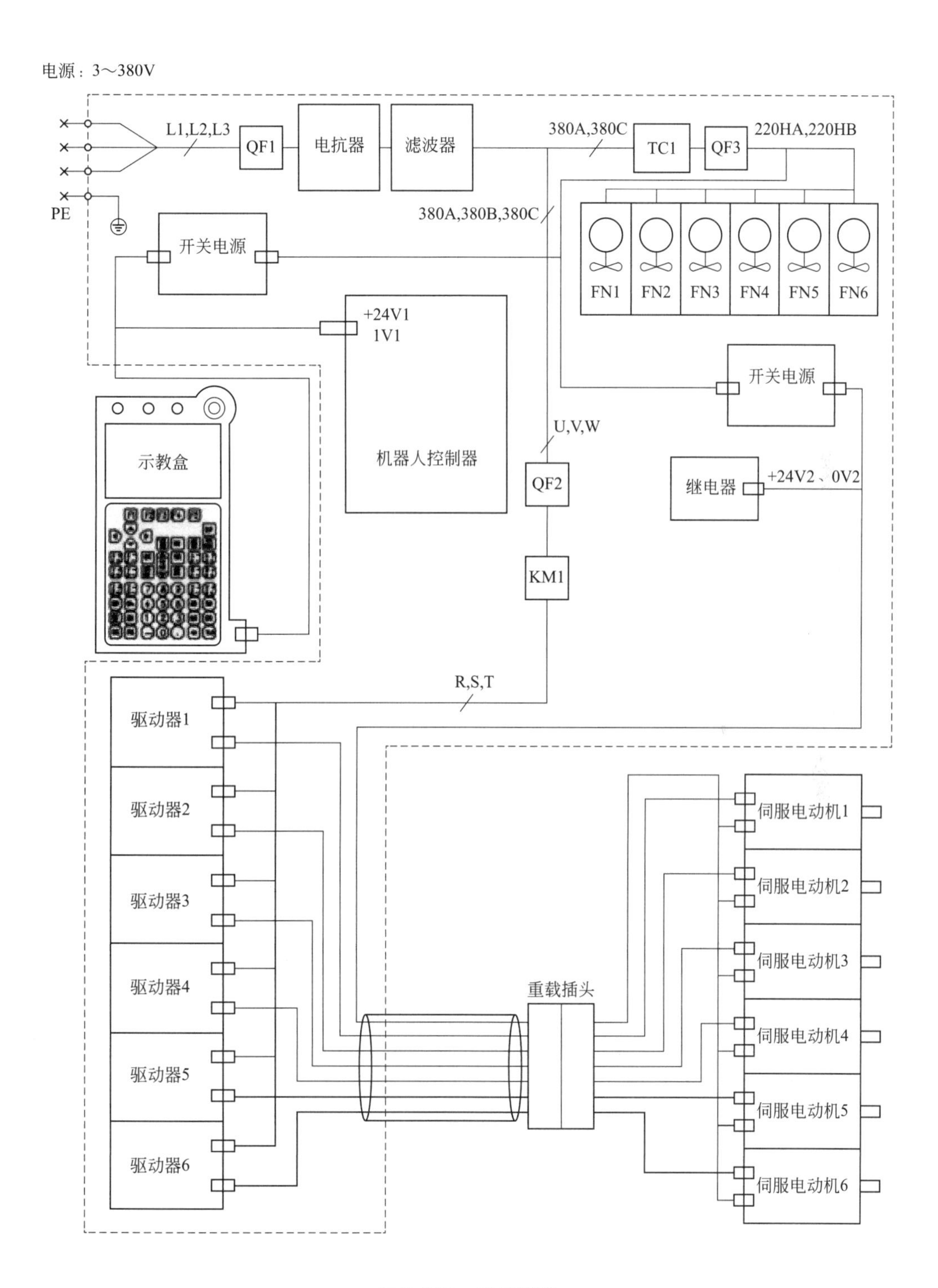

图 3.256　电源通路

（六）信号通路

图 3.257 为信号通路，适用于 RB03、RB08、RB08A、RB08-1、RB08-2、RB20、RB20A、RB06L、RB15L、RH06、RH06-1、RH06-2、RB50、RB165 产品。

注：以上机型中不含七轴、八轴的，即不接线。

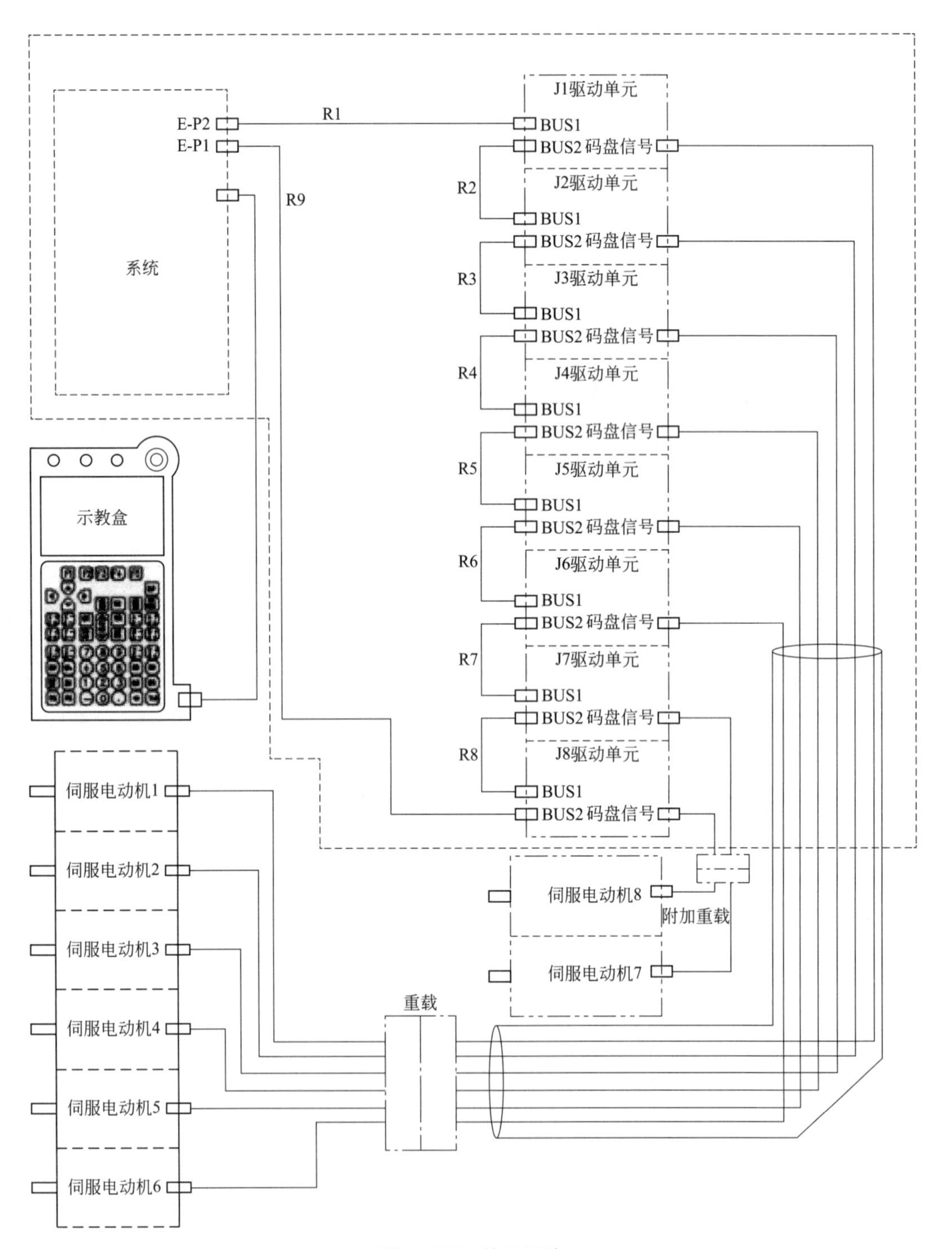

图 3.257　信号通路

（七）RB50 搬运机器人的相关电路图

BR50 机器人总电气图如图 3.258、图 3.259 所示。

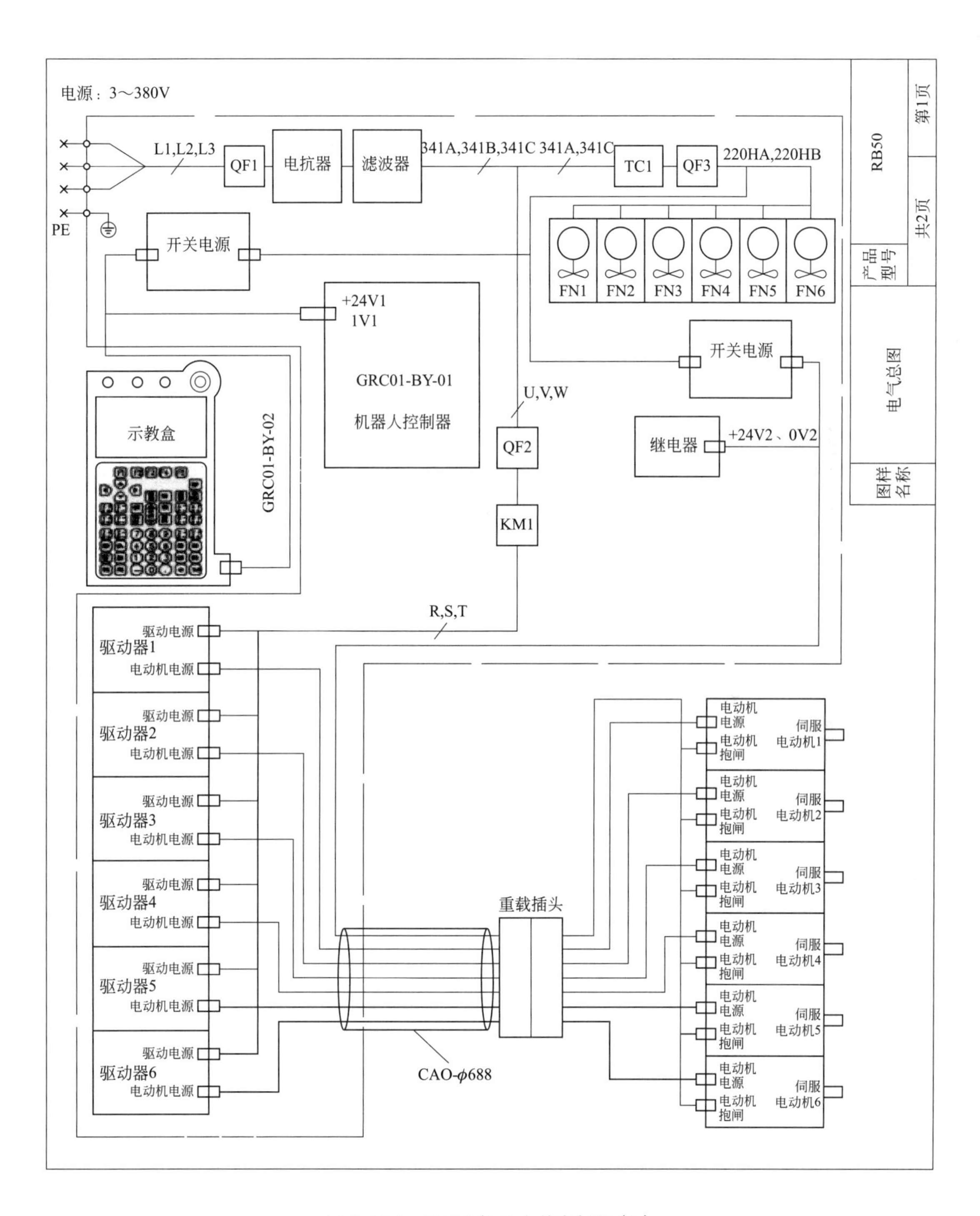

图 3.258　BR50 机器人总电气图（1）

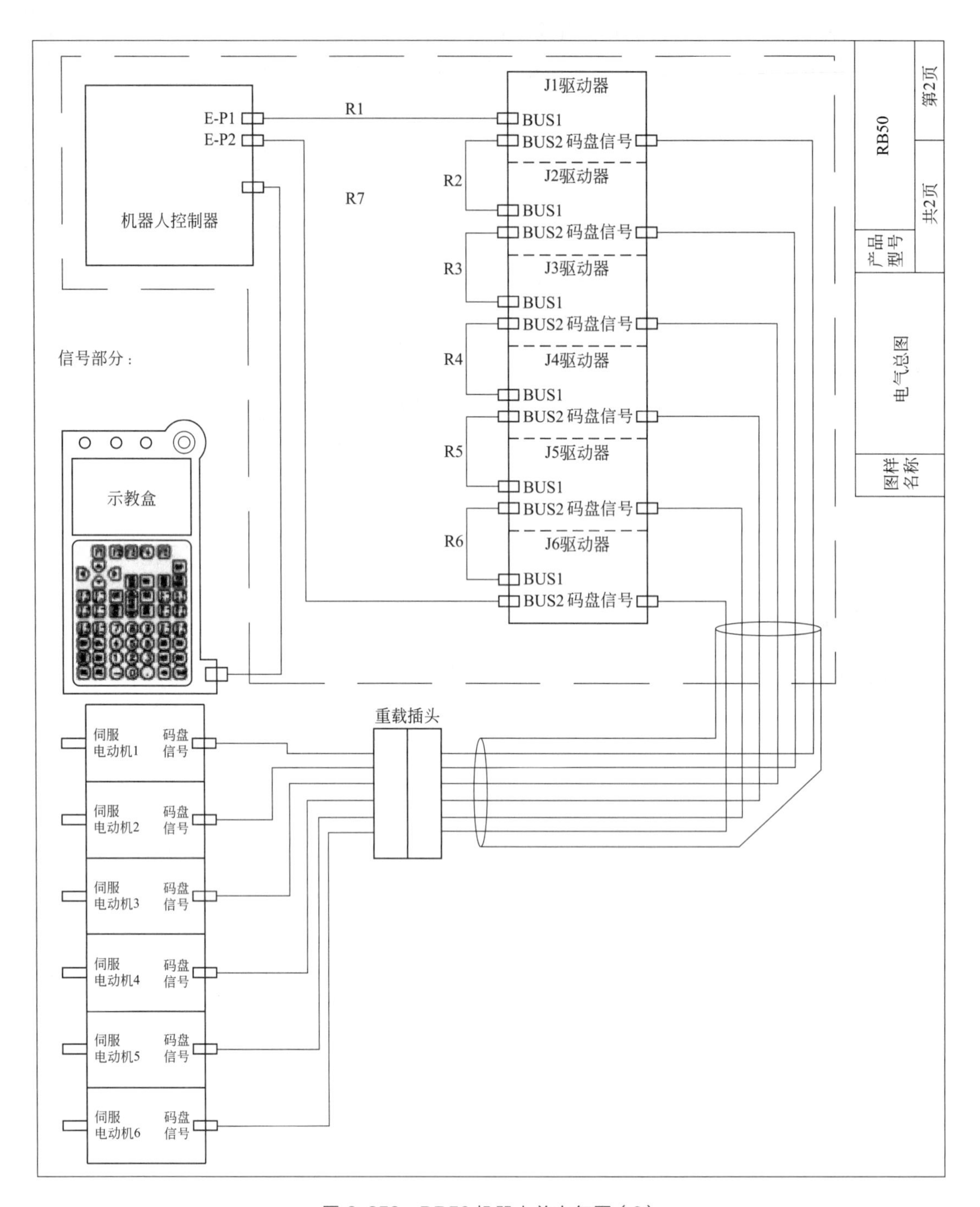

图 3.259　BR50 机器人总电气图（2）

（八）机器人本体与中控系统的电气连接

1. 整体结构及连接

GR-C 系列工业机器人控制系统由机器人本体、控制柜和示教盒三部分通过线缆连接而成，如图 3.260 所示。

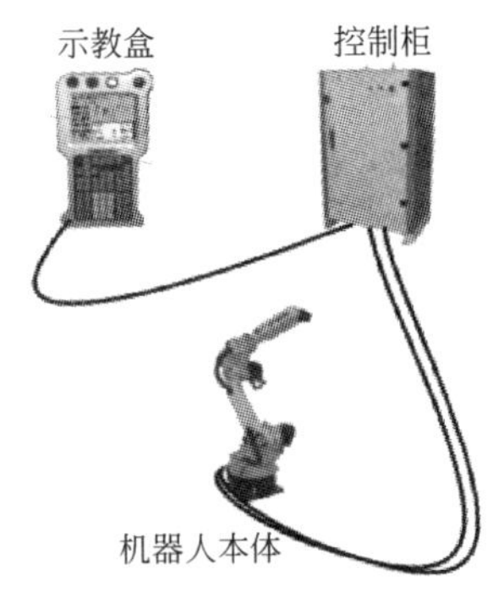

图 3.260　整体结构

2. 控制柜

控制柜(图 3.261）的正面左侧装有主电源开关和门锁，右上角有电源指示灯、报警指示灯、急停开关，报警指示灯下方的挂钩用来悬挂示教盒。

控制柜内部包含 GR-C 控制系统主机、机器人电动机驱动装置、抱闸释放装置、I/O 装置等部件，未经允许或不具备整改资格的人员严禁对控制柜内的电器元件、线路进行增添或变更等操作。

3. 示教盒

控制系统的示教盒如图 3.262 所示，为 GR-C 系统的人机交互装置。GR-C 系统主机在控制柜内，示教盒为用户提供了数据交换接口及友好可靠的人机接口界面，可以对机器人进行示教操作，对程序文件进行编辑、管理、示教检查及再现运行，监控坐标值、变量和输入输出，实现系统设置、参数设置和机器设置，及时显示报警信息及必要的操作提示等。

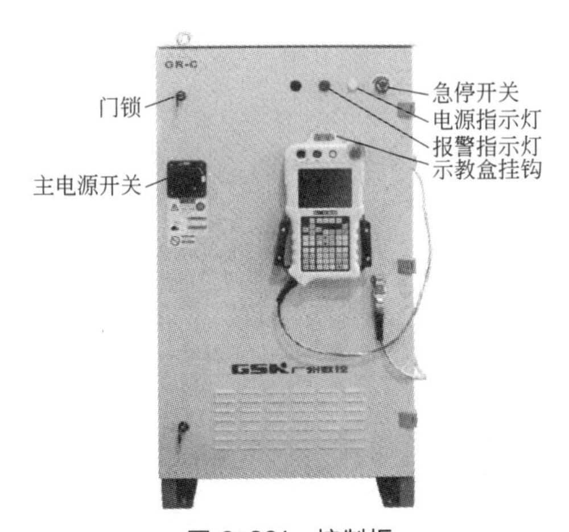

图 3.261　控制柜

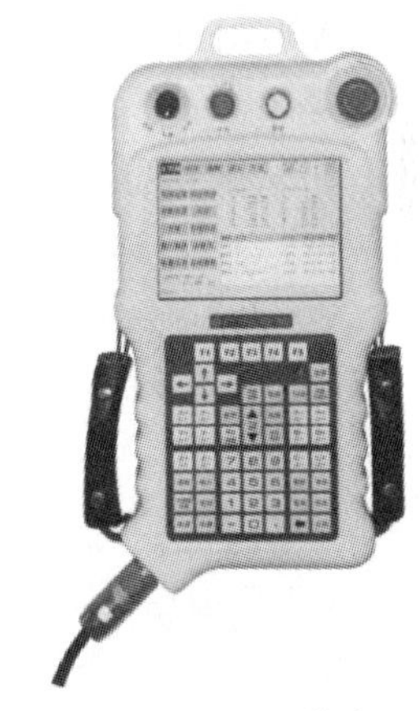

图 3.262　示教盒

二、GSK RB50 搬运机器人的指令介绍

知识目标

（1）理解机器人常用指令的分类；

（2）理解机器人常用指令的格式及参数。

技能目标

（1）掌握常见运动指令、信号处理指令、流程控制指令的应用；

（2）掌握常见运算指令和平移指令的应用。

（一）机器人指令基本组成

机器人指令由运动指令、信号处理指令、流程控制指令、运算指令和平移指令组成。

（二）操作符

指令输入中，需要用到的操作符主要有关系操作符、运算操作符和一些特殊符号。

1. 关系操作符

＝＝：等值比较符号，相等时为 TRUE，否则为 FALSE；

＞：大于比较符号，大于时为 TRUE，否则为 FALSE；

＜：小于比较符号，小于时为 TRUE，否则为 FALSE；

＞＝：大于或等于比较符号，大于或等于时为 TRUE，否则为 FALSE；

＜＝：小于或等于比较符号，小于或等于时为 TRUE，否则为 FALSE；

＜＞：不等于符号，不等于为 TRUE，否则为 FALSE。

2. 运算操作符

＝：变量赋值；

＋：两数相加；

－：两数相减。

（三）运动指令

运动指令由 MOVJ 指令、MOVL 指令和 MOVC 指令组成。

1. MOVJ 指令

功能：以点到点(PTP）方式移动到指定位姿。

格式：MOVJ 位姿变量名，P＊＜示教点号＞，V＜速度＞，Z＜精度＞，E1＜外部轴 1＞，E2＜外部轴 2＞，EV＜外部轴速度＞。

参数：

（1）位姿变量名　指定机器人的目标姿态，P＊为示教点号，系统添加该指令默认为“P＊”，可以编辑 P 示教点号，范围为 P0～P999。

（2）V＜速度＞　指定机器人的运动速度，这里的运动速度是指与机器人设定的最大速度的百分比，取值范围为 1％～100％。

（3）Z＜精度＞　指定机器人的精确到位情况，这里的精度表示精度等级。目前只有 0～4五个等级，Z0 表示精确到位，Z1～Z4 表示关节过渡。

（4）E1 和 E2　分别代表使用了外部轴 1 和外部轴 2，可单独使用，也可复合使用。

（5）EV　表示外部轴速度，若为 0，则机器人与外部轴联动；若非 0，则为外部轴的速度。

说明：

（1）当执行 MOVJ 指令时，机器人以关节插补方式移动；

（2）移动时，机器人从起始位姿到结束位姿的整个运动过程中，各关节移动的行程相对于总行程的比例是相等的；

（3）MOVJ 和 MOVJ 过渡时，过渡等级 Z1～Z4 结果一样，当 MOVJ 与 MOVL 或 MOVC 之间进行过渡时，过渡等级 Z1～Z4 才起作用。

示例：

```
MAIN;
MOVJ  P*, V30, Z0;
MOVJ  P*, V60, Z1;
MOVJ  P*, V60, Z1;
END;
```

2. MOVL 指令

功能：以直线插补方式移动到指定位姿。

格式：MOVL 位姿变量名，P＊＜示教点号＞，V＜速度＞，Z＜精度＞/CR＜半径＞，E1＜外部轴 1＞，E2＜外部轴 2＞，EV＜外部轴速度＞。

参数：

（1）位姿变量名　指定机器人的目标姿态，P＊为示教点号，系统添加该指令默认为“P＊”，可以编辑 P 示教点号，范围为 P0～P999。

（2）V＜速度＞　指定机器人的运动速度，取值范围为 0～9999mm/s，为整数。

（3）Z＜精度＞　指定机器人的精确到位情况，这里的精度表示精度等级。目前有 0～4 五个等级，Z0 表示精确到位，Z1～Z4 表示直线过渡，精度等级越高，到位精度越低。

（4）CR＜半径＞　表示直线以多少半径过渡，与 Z 不能同时使用，半径的范围为 1～6553.5mm。

（5）E1 和 E2　分别代表使用了外部轴 1、外部轴 2，可单独使用，也可复合使用。

（6）EV　表示外部轴速度，若为 0，则机器人与外部轴联动；若非 0，则为外部轴的速度。

说明：当执行 MOVL 指令时，机器人以直线插补方式移动。

示例：

```
MAIN;
MOVJ  P*, V30, Z0;    表示精确到位;
MOVL  P*, V30, Z0;    表示精确到位;
MOVL  P*, V30, Z1;    表示用 Z1 的直线过渡。
END;
```

3. MOVC 指令

功能：以圆弧插补方式移动到指定位姿。

格式：MOVC 位姿变量名，P＊＜示教点号＞，V＜速度＞，Z＜精度＞，E1＜外部轴 1＞，E2＜外部轴 2＞，EV＜外部轴速度＞。

参数：

（1）位姿变量名　指定机器人的目标姿态，P＊为示教点号，系统添加该指令默认为“P＊”，可以编辑 P 示教点号，范围为 P0～P999。

（2）V＜速度＞　指定机器人的运动速度，取值范围为 0～9999mm/s，为整数。

（3）Z＜精度＞　指定机器人的精确到位情况，这里的精度表示精度等级，范围为 0～4。

（4）E1、E2 和 EV　同其他运动指令类似。

说明：

（1）当执行 MOVC 指令时，机器人以圆弧插补方式移动；

（2）三点或以上确定一条圆弧，小于三点系统报警；

（3）直线和圆弧之间、圆弧和圆弧之间都可以过渡，即精度等级 Z 可为 0～4。

注：执行第一条 MOVC 指令时，以直线插补方式到达。

示例：

```
MAIN;                    程序头；
MOVJ    P1, V30, Z0;     程序起始点；
MOVC    P2, V50, Z1;     圆弧起点；
MOVC    P3, V50, Z1;     圆弧中点；
MOVC    P4, V60, Z1;     圆弧终点；
END;                     结束程序。
```

（四）信号处理指令

信号处理指令由 DOUT 指令、WAIT 指令、DELAY 指令、DIN 指令、PULSE 指令和 AOUT 指令组成。

1. DOUT 指令

功能：数字信号输出 I/O 置位指令。

格式：DOUT　OT＜输出端口＞，ON/OFF，STARTP/ENDP，DS＜距离(mm)＞/T＜时间(s)＞；DOUT　OG＜输出端口组号＞，＜变量/常量＞。

参数：

（1）＜输出端口＞　指定需要设置的 I/O 端口，范围为 0～1023。

（2）ON/OFF　设置为 ON 时，相应 I/O 置 1，即高电平；设置为 OFF 时，相应 I/O 置 0，即低电平。

（3）＜输出端口组号＞　指定需要设置的输出组端口，范围为 0～15。

（4）STARTP/ENDP　相对于起点还是终点，STARTP 是相对于该指令前的运动指令来说的，ENDP 是相对于该指令后的运动指令来说的。

（5）DS＜距离(mm)＞　相对于起点或者终点的距离值。

（6）T＜时间(s)＞　相对于起点或终点的时间值。

（7）＜变量/常量＞　可以是常量、B＜变量号＞、I＜变量号＞、D＜变量号＞、R＜变量号＞，变量号的范围为 0～99。

示例：

```
MAIN;
MOVL  P2, V30, Z0;
DOUT  OT16, ON, STARTP, DS100;  当离 P2 目标点 100mm 的距离时，输出端口“16”将置 ON;
MOVL  P3, V30, Z0;
DOUT  OT16, OFF, ENDP, DS100;   当离 P4 目标点 100mm 的距离时，输出端口“16”将置 OFF。
MOVL  P4, V30, Z0;
END;
```

2. WAIT 指令

功能：在设定时间内等待外部信号状态执行相应功能。

格式：WAIT　IN＜输入端口号＞，ON/OFF，T＜时间(s)＞LAB＜标号＞；WAIT　IG＜输入端口组号＞，＜变量/常量＞，T＜时间(s)＞LAB＜标号＞。

参数：

(1) IN＜输入端口号＞　指定相应的输入端口，范围为0～1023。

(2) IG＜输入端口组号＞　指定相应的输入组端口，范围为0～15。

(3) ＜变量/常量＞　可以是常量、B＜变量号＞、I＜变量号＞、D＜变量号＞、R＜变量号＞、LR＜变量号＞，变量号的范围为0～99。

(4) T＜时间(s)＞　指定等待时间，单位为s，范围为0.0～900.0s。

(5) LAB＜标号＞　当条件不满足，跳转至指定标号。

说明：编辑WAIT指令时，若等待时间T=0(s)，则WAIT指令执行时，会等待无限长时间，直至输入信号的状态满足条件；若T＞0(s)，则WAIT指令执行时，在等待相应的时间T而输入信号的状态未满足条件时，程序会继续顺序执行。

示例：

```
MAIN;
WAIT  IN16, ON, T3; 在执行该指令时，若是在3s内接收到IN16= ON，程序马上顺序运行，若是
                    3s内，等不到IN16= ON，程序也会顺序执行；
MOVL  P1, V30, Z0;  移动到示教点P1；
WAIT  IN16, ON, T0; 一直等待输入信号IN16的状态满足条件后，程序往下执行；
MOVL  P2, V30, Z0;  移动到示教点P2。
END;
```

3. DELAY指令

功能：使机器人延时运行指定时间。

格式：DELAY　T＜时间(s)＞。

参数：T＜时间(s)＞　指定延迟时间，单位为s，范围为0.0～900.0s。

示例：

```
MAIN;
MOVJ  P1, V60, Z0;
DELAY  T5.6;          延时5.6s后，结束程序。
END;
```

4. DIN指令

功能：把输入信号状态读入到变量中。

格式：DIN　＜变量＞，IN＜输入端口号＞；DIN　＜变量＞，IG＜输入组号＞。

参数：

(1) ＜变量＞　可以是B＜变量号＞、I＜变量号＞、D＜变量号＞、R＜变量号＞，变量号的范围为0～99。

(2) IN＜输入端口号＞　范围为0～1023。

(3) IG＜输入组号＞　范围为0～15；范围根据具体应用协议而定。

示例：

```
MAIN;                          程序开始；
LAB0;                          标签0；
DIN     R1, IN0;               把IN0的状态储存到变量R1中；
```

```
JUMP    LAB1, IF R1= = 0;    当R1等于0时，程序跳转到标签1结束程序，不等于0时，程序顺
                             序执行；
DELAY T5;                    延时5s；
DIN R1, IG0;                 把组输入的第0组二进制信号数据，储存到十进制数变量R1中；
LAB1;                        标签1；
END;                         结束程序。
```

5. PULSE 指令

功能：输出一定宽度的脉冲信号，作为外部输出信号。

格式：PULSE　OT<输出端口>，T<时间(s)>。

参数：

(1) OT<输出端口>　范围为0～1023。

(2) T<时间(s)>　指定脉冲时间宽度，单位为s，范围为0.0～900.0s。

6. AOUT 指令

功能：模拟信号输出指令。

格式：AOUT　AO<输出端口>，常数。

参数：

(1) AO<输出端口>　指定需要设置输出的模拟端口，范围为0～3。

(2) 常数　指定输出的模拟值，范围为0～10。

特别注意：此指令在焊接应用方式下无效。

（五）流程控制指令

流程控制指令由IF指令、LAB指令、JUMP指令、#注释指令、MAIN指令和END指令等组成。

1. IF 指令

功能：条件判断是否进入IF跟ENDIF之间的语句。

格式：IF<变量/常量><比较符><变量/常量>。

参数：

(1) <变量/常量>　可以是常量、B<变量号>、I<变量号>、D<变量号>、R<变量号>，变量号的范围为0～99。

(2) <比较符>　指定比较方式，包括==、>=、<=、>、<和<>。

说明：与ENDIF指令配合使用，IF与ENDIF指令之间不能嵌套其他跳转指令，并且多个IF指令只能配对最先出现的那个ENDIF指令。

示例：

```
MAIN:                    程序开始；
IF      I0> = 0;         当I0满足条件时执行运动指令MOVJ P0，不满足条件时，跳过P0点结
                         束程序；
MOVJ    P0, V20, Z0;     移动到示教点P0点；
ENDIF                    结束IF指令的条件；
END;                     结束程序。
```

2. LAB 指令

功能：标明要跳转到的语句。

格式：LAB<标号>。

参数：＜标号＞指定标签号，范围为 0～99。

说明：与 JUMP 指令配合使用，标签号不允许重复，最多能用 100 个标签。

示例：

```
MAIN;
LAB1:      标签 1;
MOVL    P1, V60, Z0;
MOVL    P2, V60, Z0;
JUMP    LAB1;    跳转到标签 1。
END;
```

3. JUMP 指令

功能：跳转到指定标签，常与 LAB 指令配对使用。

格式：JUMP　LAB＜标签号＞；JUMP　LAB＜标签号＞，IF＜变量/常量＞＜比较符＞＜变量/常量＞；JUMP　LAB＜标签号＞，IF IN＜输入端口＞＜比较符＞＜ON/OFF＞。

参数：

（1）LAB＜标签号＞　指定标签号，取值范围为 0～999。

（2）＜变量/常量＞　可以是常量、B＜变量号＞、I＜变量号＞、D＜变量号＞、R＜变量号＞，变量号的范围为 0～99。

（3）＜比较符＞　指定比较方式，包括＝＝、＞＝、＜＝、＞、＜和＜＞。

（4）IN＜输入端口＞　指定需要比较的输入端口，取值范围为 0～31。

说明：

（1）JUMP 指令必须与 LAB 指令配合使用，否则程序报错“匹配错误：找不到对应的标签”；

（2）当执行 JUMP 语句时，如果不指定条件，则直接跳转到指定标号；若指定条件，则需要符合相应条件后跳转到指定标号，如果不符合相应条件则直接运行下一条语句。

示例：

```
MAIN;                              程序开始;
LAB1:                              标签 1;
SET     B1, 0;                     将 B1 变量清零;
LAB0:                              标签 0;
MOVJ    P1, V30, Z0;               移动到示教点 P1;
MOVL    P2, V30, Z0;               移动到示教点 P2;
INC     B1;                        每运行一次该指令，变量 B1 的数值加 1;
JUMP    LAB0, IF B1< = 5;          当 B1 满足条件时跳转至标签 0，不满足条件则顺序执行;
JUMP    LAB1, IF IN1== ON;         当 IN1 满足条件时跳转到标签 1，不满足条件则结束程序。
END;
```

4. ＃注释指令

功能：注释语句。

格式：＃＜注释语句＞。

说明：

（1）前面添加“＃”指令，不执行该程序行；

（2）对已经被注释的指令再进行注释，则可取消该指令的注释状态，即反注释。

5. END 指令

功能：程序结束。

格式：END。

说明：程序运行到程序段 END 时，停止示教检查或再现运行状态，其后面有程序不被执行。

示例：

```
MAIN;
MOVL  P1, V30, Z0;
END;
MOVL  P2, V30, Z0;
END;
```

6. CALL 指令

功能：调用指定程序，最多 8 层，不能嵌套调用。

格式：CALL JOB；CALL JOB，IF＜变量/常量＞＜比较符＞＜变量/常量＞；CALL JOB，IF IN＜输入端口＞＜比较符＞＜ON/OFF＞。

说明：

(1) JOB　程序文件名称；

(2) ＜变量/常量＞　可以是常量、B＜变量号＞、I＜变量号＞、D＜变量号＞、R＜变量号＞，变量号的范围为 0～99；

(3) ＜比较符＞　指定比较方式，包括＝＝、＞＝、＜＝、＞、＜和＜＞；

(4) IN＜输入端口＞　指定需要比较的输入端口，取值范围为 0～31。

示例：

```
MAIN;
MOVJ  P1, V100, Z0;
CALL  JOB;         调用 JOB 程序。
END;
```

7. RET 指令

功能：子程序调用返回。

格式：RET。

说明：在被调用程序中出现，运行后将返回调用程序，否则将在 RET 行结束程序的运行。

示例：

```
MAIN;
MOVJ  P1, V60, Z0;
RET;         返回主程序。
END;
```

8. ENDIF 指令

功能：结束 IF 指令。

格式：ENDIF。

说明：多个 IF 指令只能对应一个 ENDIF 指令。

三、GSK RB50 搬运机器人的程序编写

知识目标

（1）理解机器人两种形式编程的特点；

（2）理解机器人各类坐标系的基本特征。

技能目标

（1）掌握立式加工中心和卧式加工中心的特点；

（2）理解标准型数控系统的一般组成。

（一）机器人编程基础

机器人编程（Robot Programming）是使机器人完成某种任务而设置的动作顺序描述。机器人运动和作业的指令都是由程序进行控制的，常见的编制方法有两种（示教编程方法和离线编程方法）。其中，示教编程方法包括示教、编辑和轨迹再现，可以通过示教盒示教和导引式示教两种途径实现。

由于示教方式实用性强、操作简便，因此大部分机器人都采用这种方式。离线编程方法是利用计算机图形学成果，借助图形处理工具建立几何模型，通过一些规划算法来获取作业规划轨迹的。与示教编程不同，离线编程不与机器人发生关系，在编程过程中机器人可以照常工作。

（二）机器人坐标系

机器人的坐标系包括关节坐标系、直角坐标系、手腕坐标系、工具坐标系、用户坐标系。各坐标系的定义及相互关系如图 3.263 所示。

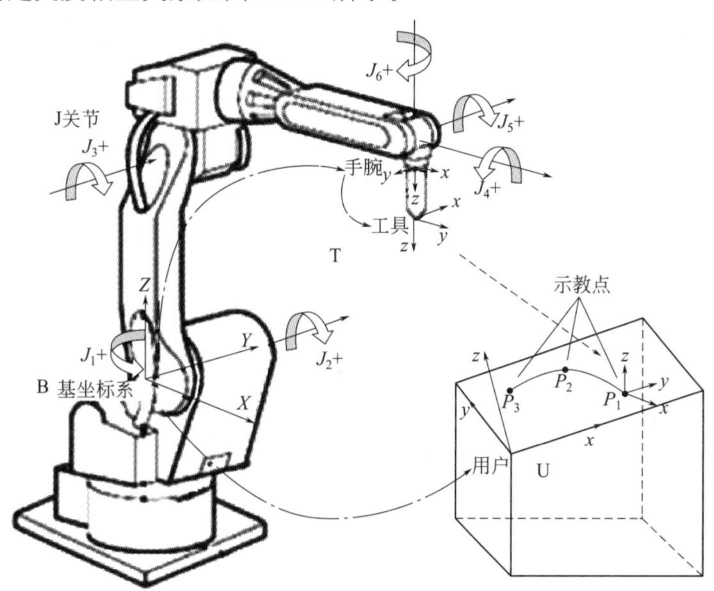

图 3.263　各坐标系的定义及相互关系

J—关节坐标系；B—基坐标系；T—工具坐标系；U—用户坐标系

直角坐标系(也称基坐标系）为机器人系统的基础坐标系，其他如笛卡尔坐标系均直接或者间接地基于此坐标系。其中，手腕坐标系为机器人的隐含坐标系，基于基坐标系定义，固结于机器人腕部法兰盘处，由机器人的运动学确定其在基坐标系中的位姿。

工具坐标系基于手腕坐标系定义，具体位姿可通过工具坐标系标定功能或直接输入相关参数确定。

用户坐标系基于基坐标系定义，可用于描述工件的位置。

1. 关节坐标系

机器人各轴相对原点位置的绝对角度，称为关节坐标系，各关节轴的方向规定如图 3.264 所示。

2. 直角坐标系

直角坐标系又称笛卡尔坐标系或基坐标系，为机器人默认存在的坐标系，在直角坐标系下，机器人控制端点可沿图 3.265 所示的 X、Y、Z 轴平行移动或绕相应坐标轴旋转。

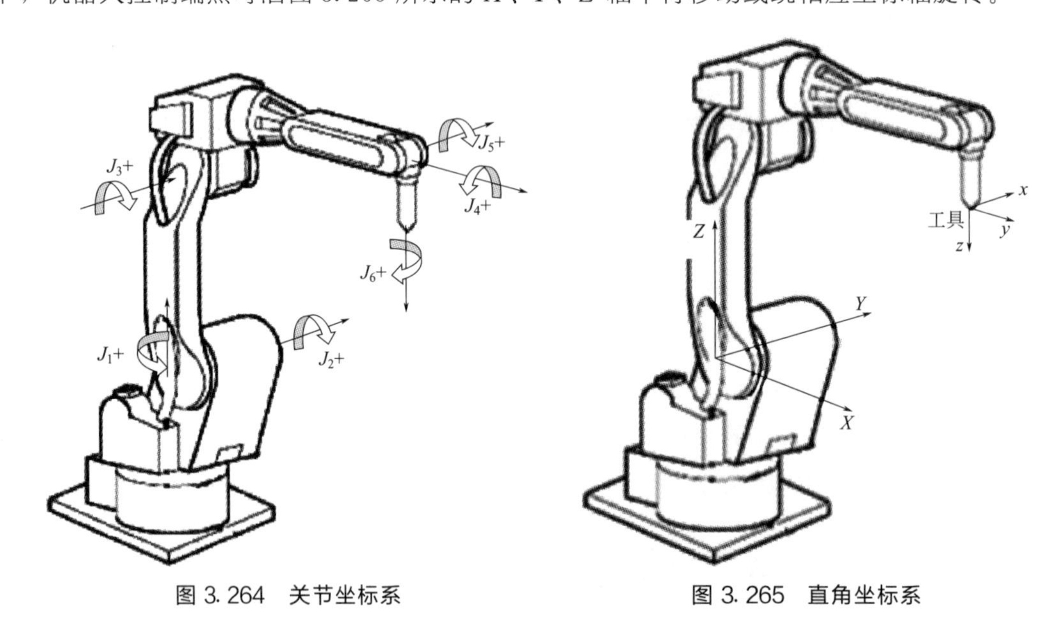

图 3.264　关节坐标系　　　　图 3.265　直角坐标系

3. 工具坐标系

工具坐标系把机器人腕部法兰盘所持工具的有效方向作为 Z 轴，并把坐标系原点定义在工具的尖端点，如图 3.266 所示。在工具坐标系未定义时，系统自动采用默认的工具，这时，工具坐标系与手腕法兰盘处的手腕坐标系重合。当机器人跟踪笛卡尔空间某路径时，必须正确定义工具坐标系。在机器人示教移动过程中，若所选坐标系为工具坐标系，则机器人将沿工具坐标系坐标轴方向移动或者绕坐标轴旋转。当绕坐标轴旋转时，工具坐标系的原点位置将保持不变，这叫作控制点不变的操作。在直角坐标系及用户坐标系中也可实现类似的动作。此方法可用于校核工具坐标系，若在转动过程中工具坐标系原点移动，则说明工具坐标系参数错误或者误差较大，需要重新标定或者设置工具坐标系。

4. 用户坐标系

在用户坐标系中，机器人可沿所指定的用户坐标系各轴平行移动或绕各轴旋转，如图 3.267所示。在某些应用场合，在用户坐标系下示教可以简化操作。

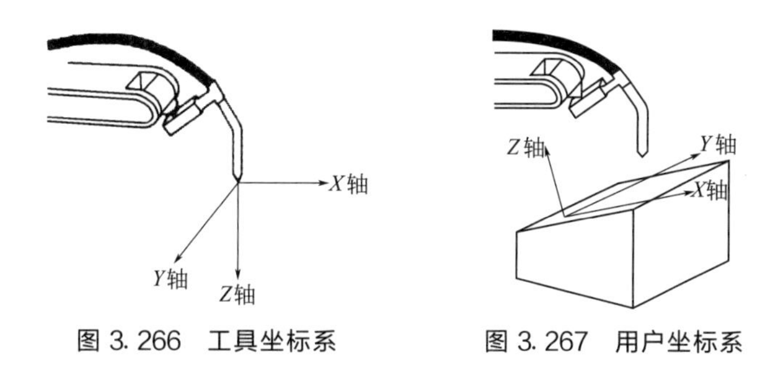

图 3.266　工具坐标系　　图 3.267　用户坐标系

（三）机器人程序格式

1. 程序数据

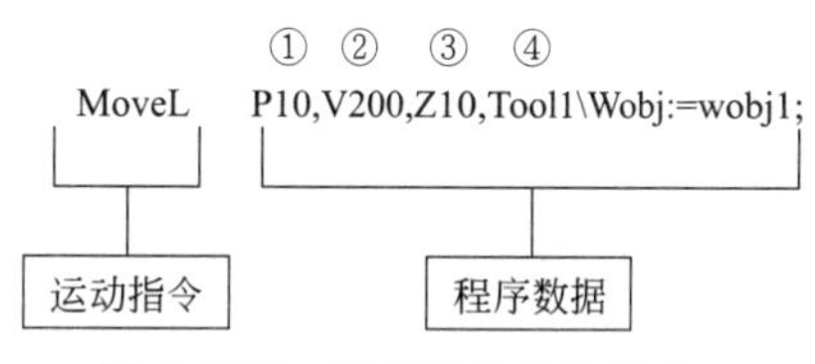

图 3.268　运动指令常见格式

程序数据是在程序模块或系统模块中设定的值和定义的一些环境数据。创建的程序数据由同一个模块或其他模块中的指令进行引用，例如图 3.268 所示的常用的机器人关节运动的指令就调用了 4 个程序数据。

说明：①运动目标位置数据；②运动速度数据；③运动转弯数据；④工具数据 TCP。

程序数据的建立一般可以分为两种形式：一种是直接在示教器中的程序数据画面中建立；另一种是在建立程序指令时，同时自动生成对应的程序数据。

2. ABB 机器人 MoveL/MoveJ 运动指令格式

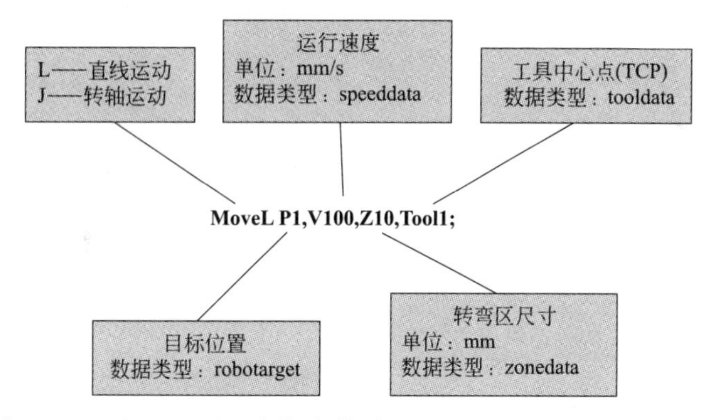

3. GSK 机器人 MOVL/MOVJ 运动指令格式

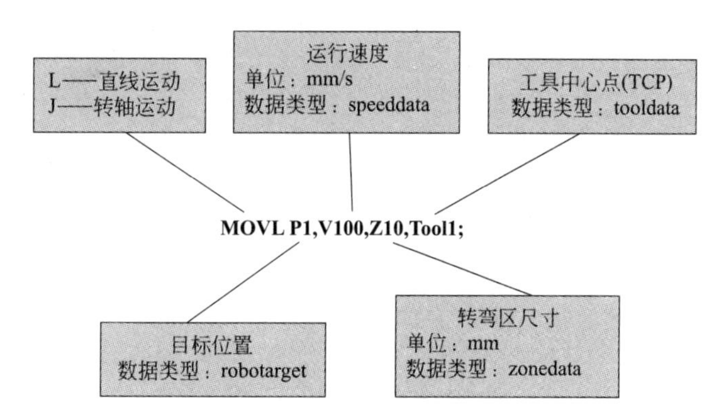

4. ABB 机器人 MoveC 运动指令格式

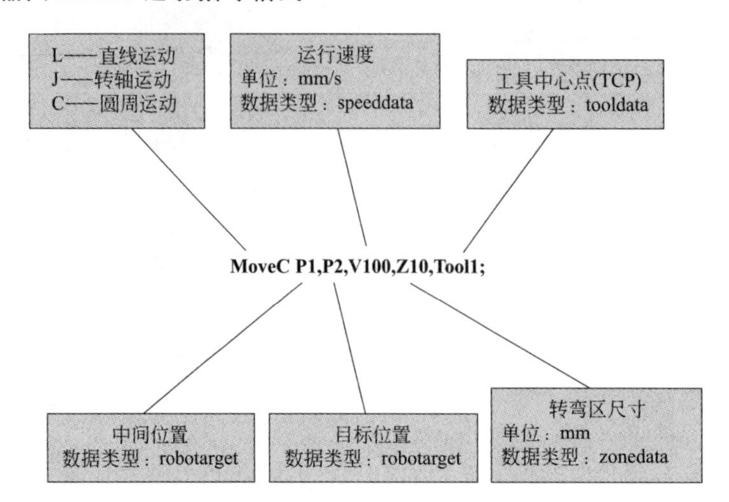

5. GSK 机器人 MOVC 运动指令格式

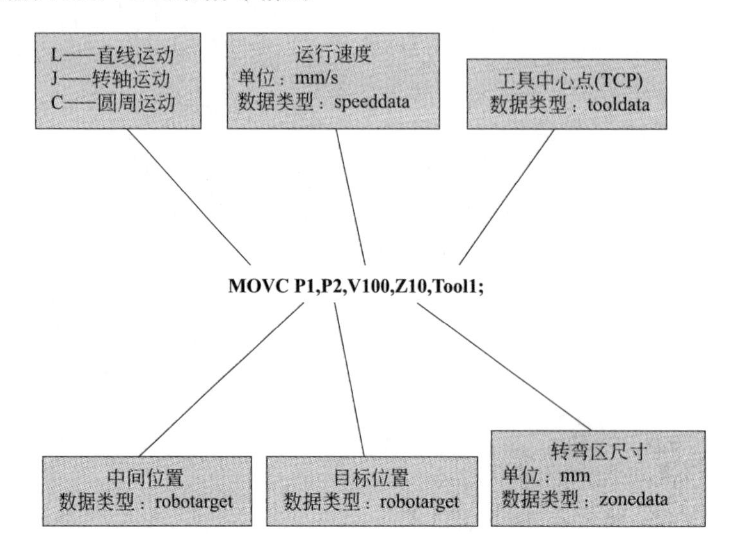

（四）编程示例

GSK 机器人机械手通过平移方式从 P_1 点平移到 P_4 点(位置配合示教器确定)，见图 3.269。

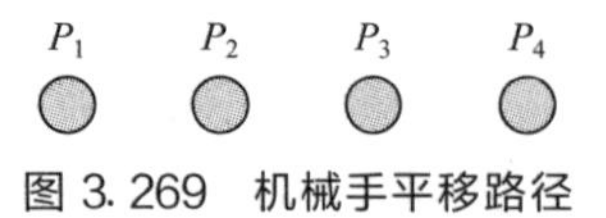

图 3.269　机械手平移路径

```
MAIN;                       程序开始;
MOVJ P0, V60, Z1;           程序安全点;
DOUT OT1, OFF;              手抓 2 松开;
DOUT OT2, ON;
WAIT IN1, ON, T0;           手抓 2 松开到位;
DOUT OT3, OFF;              手抓 1 松开;
DOUT OT4, ON;
```

```
WAIT IN3, ON, T0;              手抓 1 松开到位;
SET R0, 0;                     R0 清零;
R1= 0;                         将变量 R1 清零;
MSHIFT PX0, P001, P002;        获取平移量;
PX1= PX1-PX1;                  将平移量 PX1 清零;
LAB2;                          标签 2;
SHIFTON PX1;                   平移开始;
MOVL P1, V10, Z0;              移到示教点 1;
SHIFTOFF;                      平移结束;
PX1= PX1+ PX0;                 每次多加 PX0 的平移量;
INC R1;                        计算变量 R1 每次加 1;
JUMP LAB2, IF R1< 3;           控制平移四次;
END;                           程序结束。
```

练习与思考

一、填空题

1. GR-C 系列工业机器人控制系统由机器人本体、(　　　　　) 和示教盒三部分通过缆线连接而成。
2. GSK RB50 机器人广泛应用于 (　　　　)、机床上下料、冲压自动化、(　　　　　)、打磨、抛光等领域。
3. GSK 机器人指令由运动指令、(　　　　　　) 指令、流程控制指令、运算指令和平移指令组成。
4. 流程控制指令由 IF、(　　　　)、LAB、JUMP、# 注释、MAIN 和 END 指令等组成。GSK 机器人 CALL 指令调用指定程序，最多 8 层，(　　　　) 嵌套调用。
5. 选择机器人不单要关注负载，还要关注其 (　　　　　) 范围。
6. 机器人的坐标系包括关节坐标系、直角坐标系、(　　　　) 坐标系、工具坐标系、用户坐标系等。
7. 程序数据的建立一般可以分为两种形式：一种是直接在 (　　　　) 中的程序数据画面中建立；另一种是在建立程序指令时，同时自动生成对应的程序数据。
8. 直角坐标系 (也称基坐标系) 为机器人系统的 (　　　　) 坐标系，其他如笛卡尔坐标系均直接或者间接地基于此坐标系。

二、判断题

1. (　　) 在 GSK 机器人指令中，MOVJ 是流程控制指令。
2. (　　) 在 GSK 机器人指令中，MOVL 是以点到点方式移动到指定位姿的指令。
3. (　　) 在 GSK 机器人指令中，WAIT 是运动指令。
4. (　　) 在 GSK 机器人指令中，IF 是流程控制指令。
5. (　　) 机器人工具坐标系基于手腕坐标系定义，具体位姿不能通过工具坐标系标定功能或直接输入相关参数确定。
6. (　　) 机器人各轴相对原点位置的绝对角度，称为关节坐标系。

三、简答题

1. 简述选择机器人时如何考虑机器人的最大动作范围。

2. 简述机器人两种编程的特点。

3. 简述机器人的工具坐标系。

第五节　机床上下料机器人

一、GSK RB50机床上下料机器人与中控系统的电气连接

知识目标

（1）理解GSK RB50搬运机器人的电气连接；

（2）根据说明书提供的图纸和技术资料对机器人进行系统分析。

技能目标

（1）掌握机器人本体的电气布局及连接；

（2）根据说明书分析GSK RB50机器人电气连接。

1. 机器人性能指标

机器人外形尺寸及最大动作范围参考上一节相关内容。

2. 机器人重复精度

这个参数的选择取决于应用。重复精度是机器人在完成每一个循环后，到达同一位置的精确度/差异度。通常来说，机器人可以达到0.5mm以内的精度，甚至更高。例如，如果是用于制造电路板，那么就需要一台超高重复精度的机器人；如果所从事的应用精度要求不高，那么机器人的重复精度也可以不用那么高。精度在2D视图中通常用“±”表示。实际上，由于机器人并不是线性的，其可以在公差半径内的任何位置。

3. 机器人本体的电气布局(图3.270、图3.271)

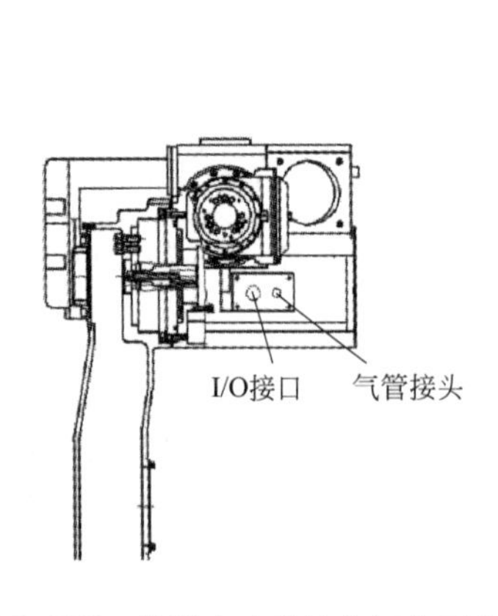

图3.270　机器人本体的电气布局（1）

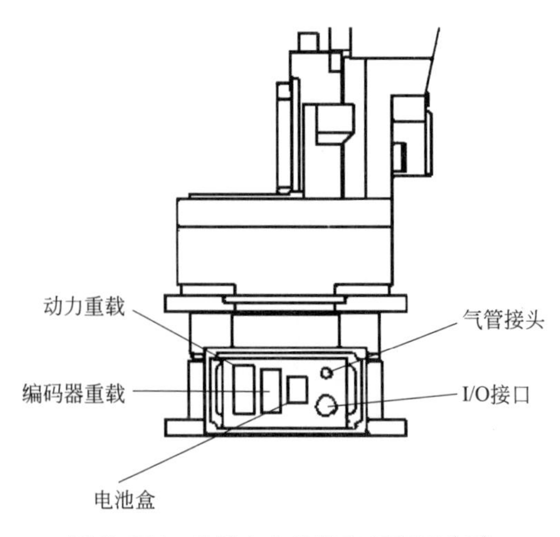

图3.271　机器人本体的电气布局（2）

4. 电源通路图

图 3.272 为电源通路，仅适用于 RB50/RB165 产品。

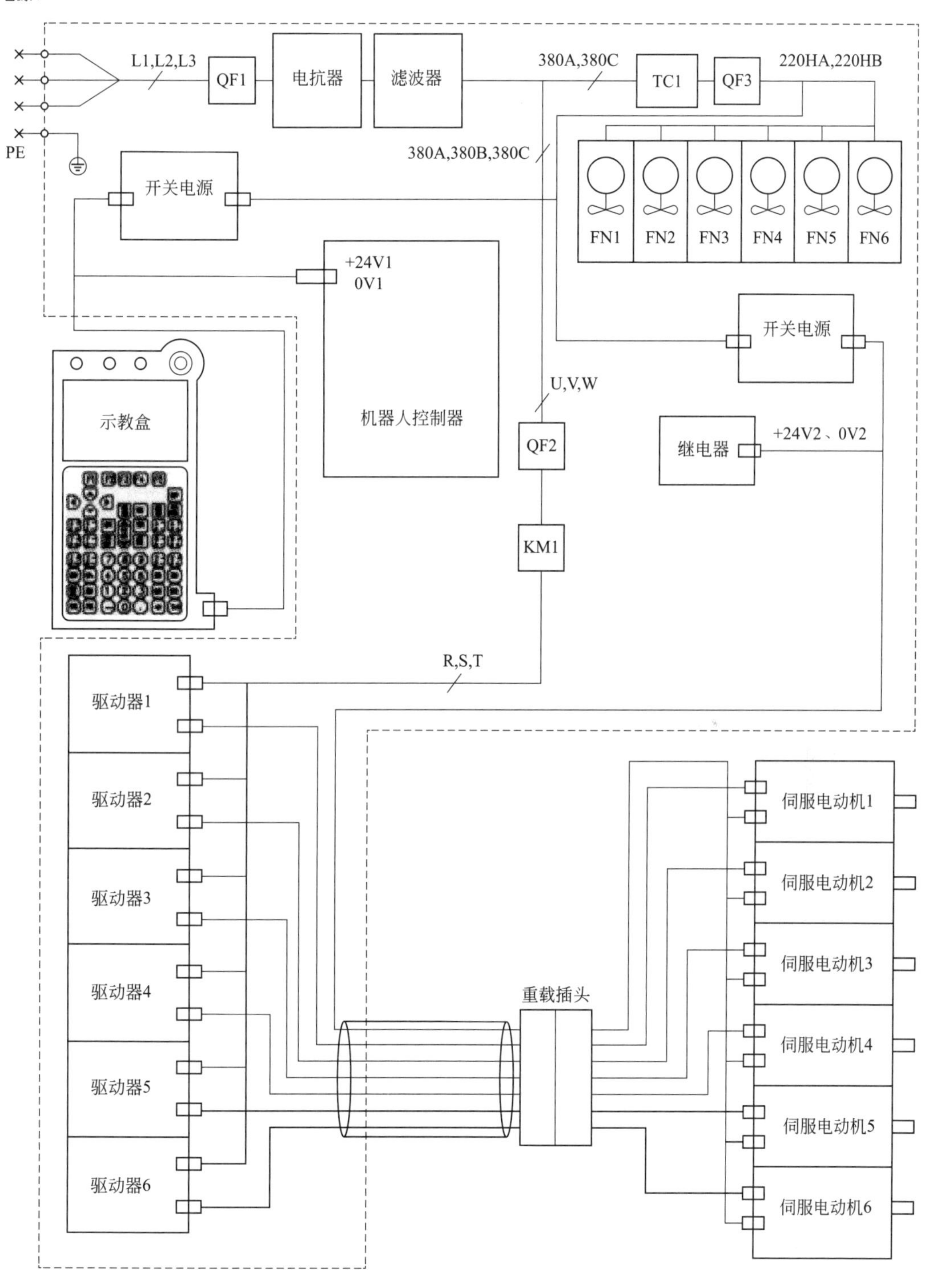

图 3.272　电源通路

5. RB50 搬运机器人的相关电路图(图 3.273～图 3.278)

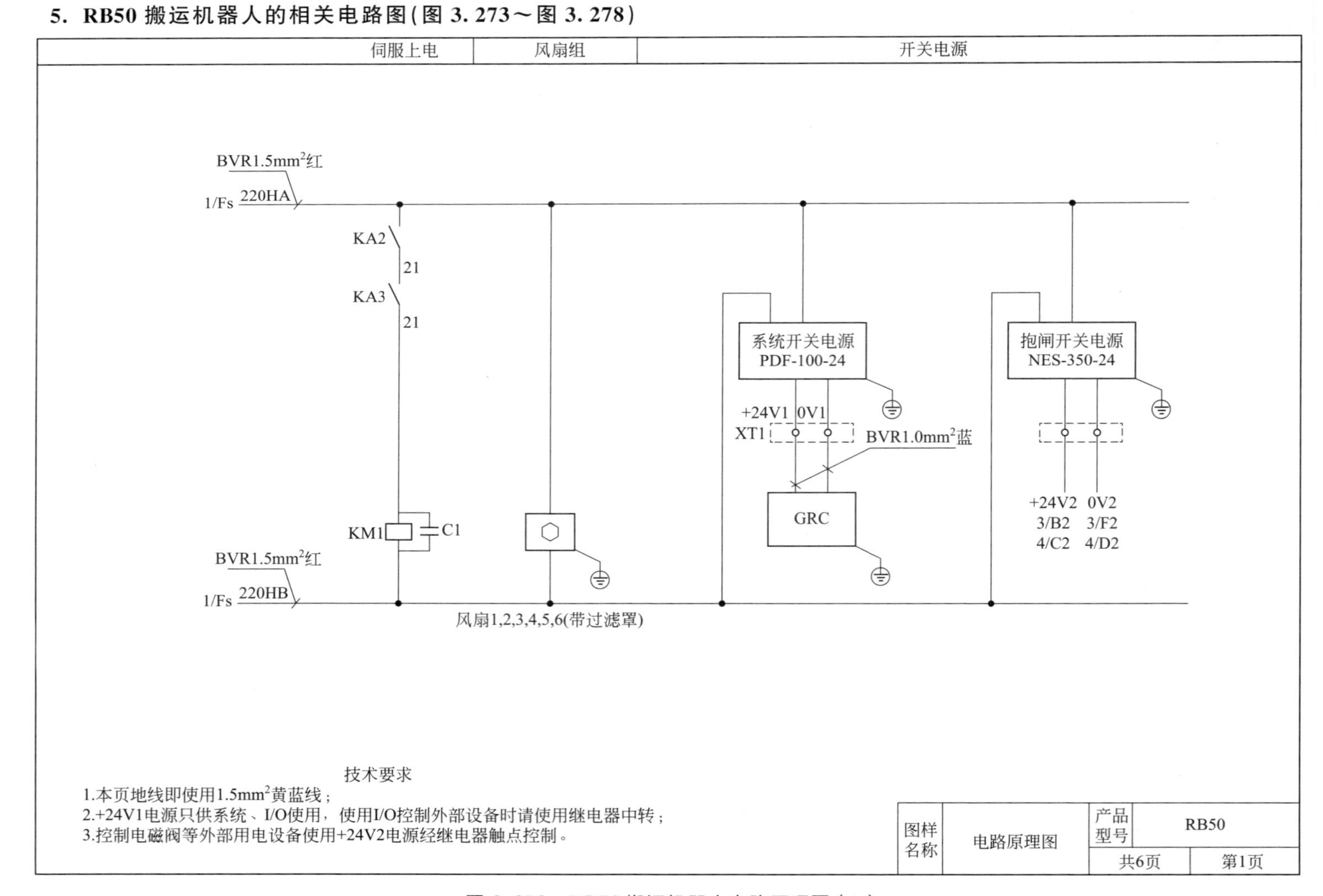

图 3.273 RB50 搬运机器人电路原理图（1）

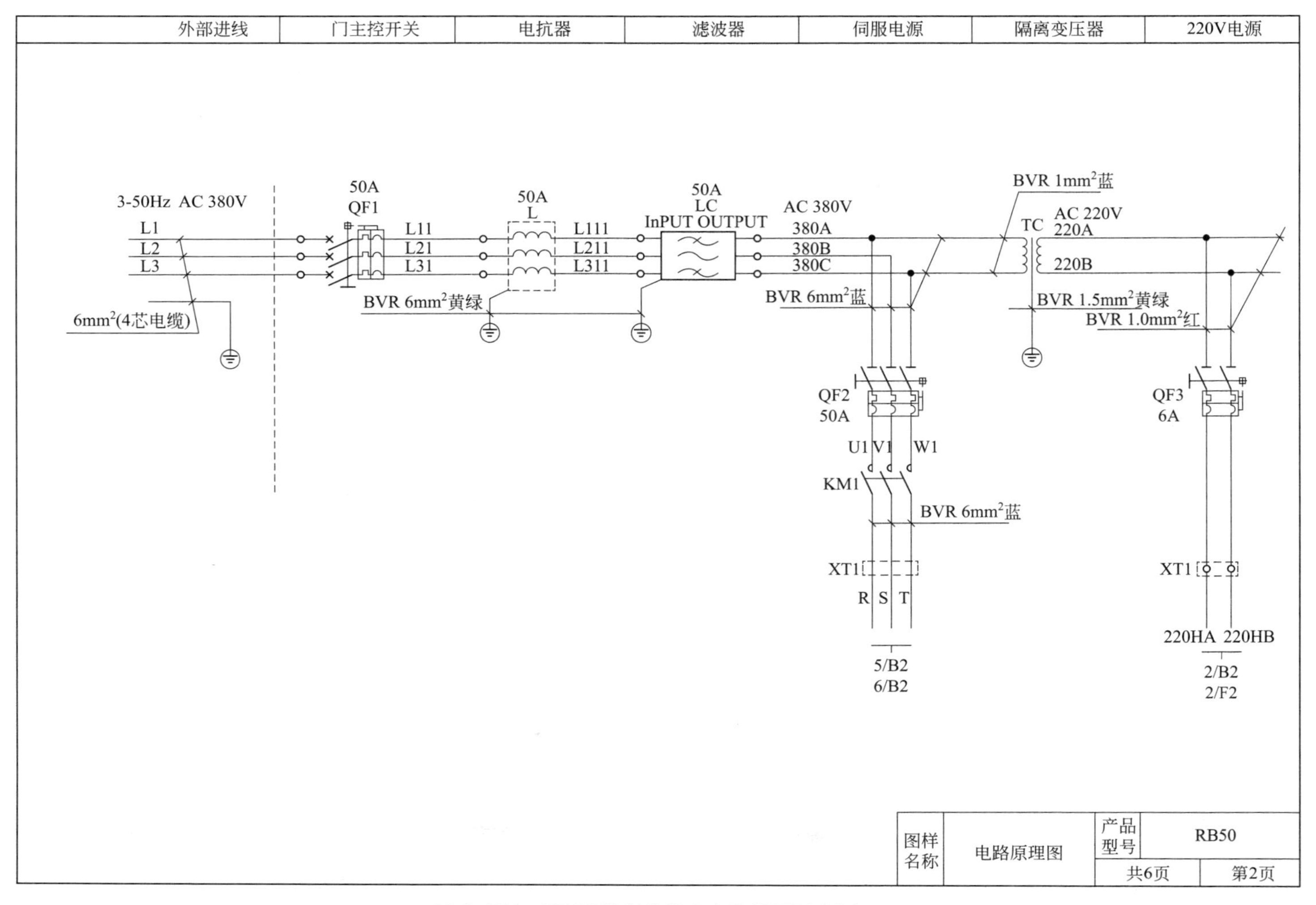

图 3.274　RB50搬运机器人电路原理图（2）

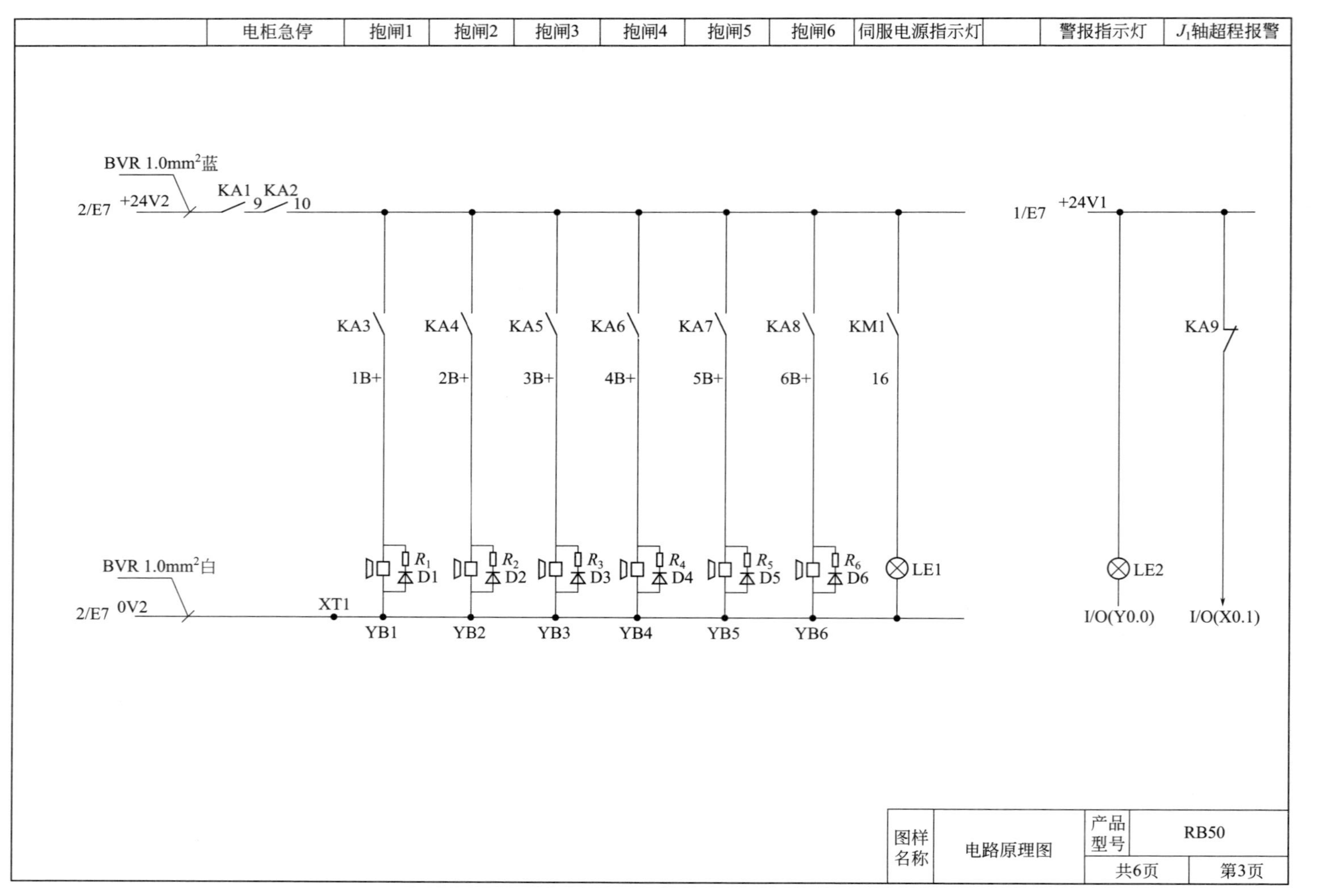

图 3.275 RB50 搬运机器人电路原理图（3）

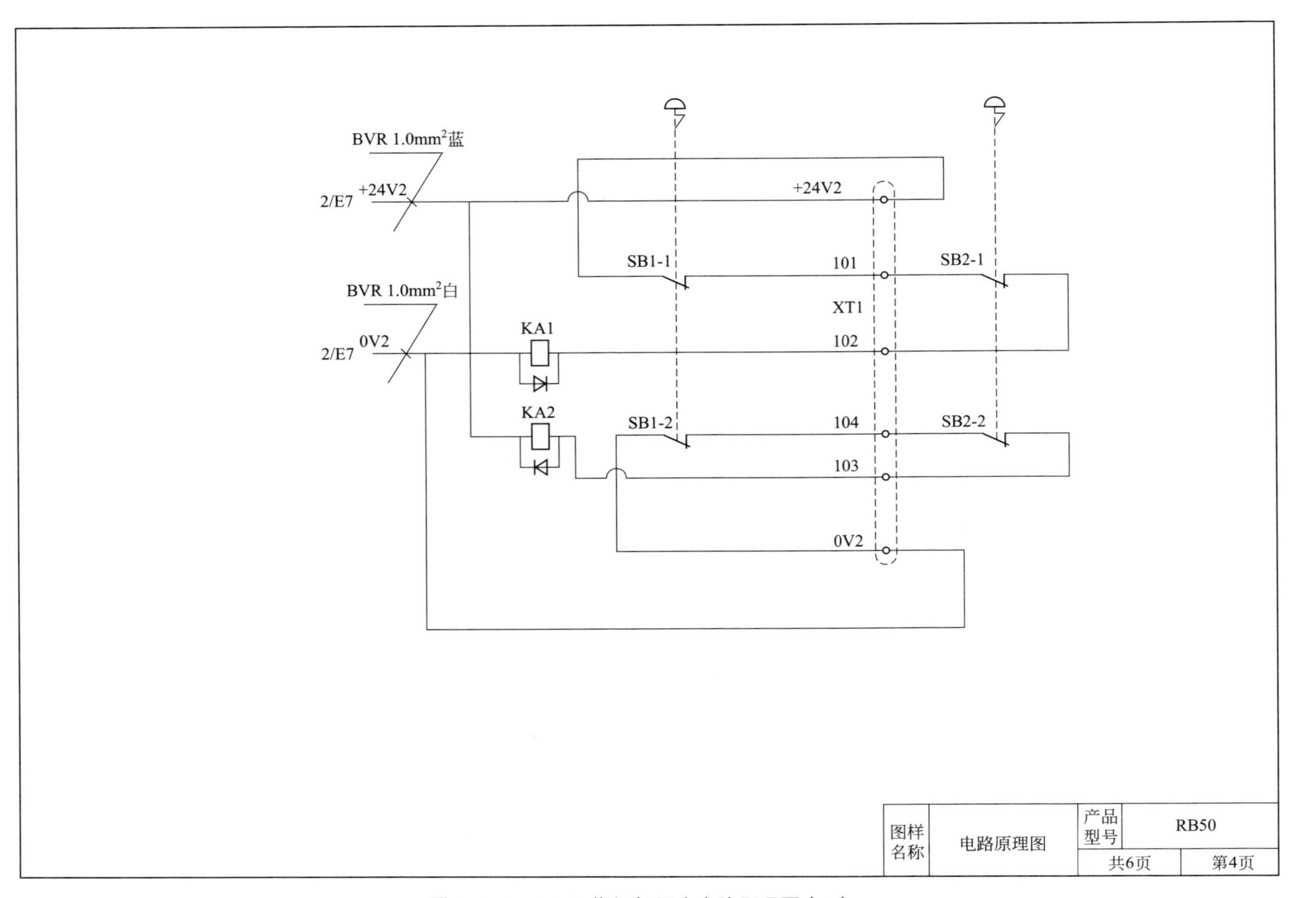

图 3.276 RB50搬运机器人电路原理图（4）

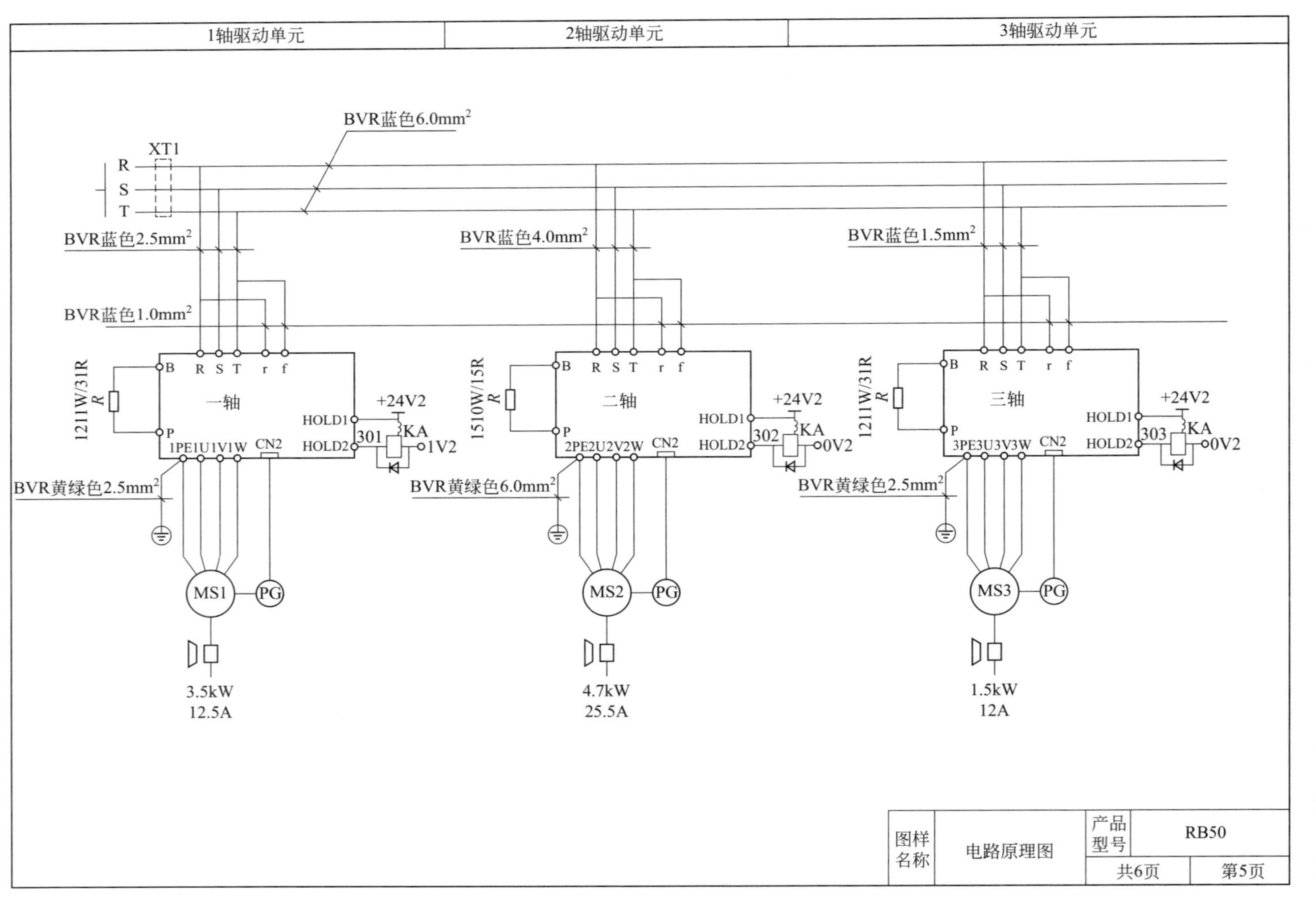

图 3.277 RB50搬运机器人电路原理图（5）

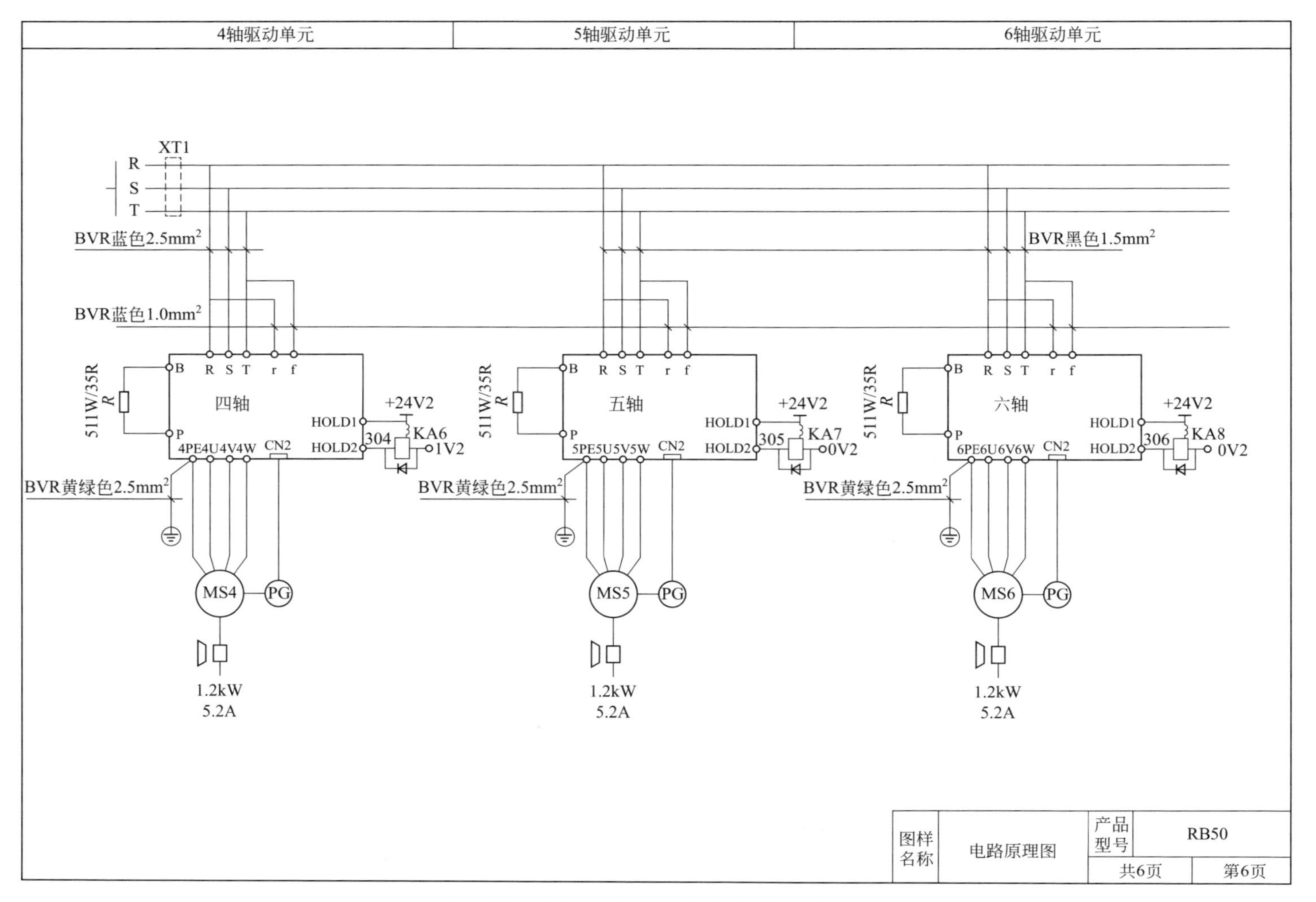

图 3. 278　RB50 搬运机器人电路原理图（6）

二、上下料机器人的指令介绍

知识目标

（1）理解运算指令的组成；

（2）理解常用运算指令格式及相关参数。

技能目标

（1）初步掌握SKG机器人INC、DEC、ADD、SUB、MUL、DIV、SET、SETE、GETE算术运算指令的应用；

（2）初步掌握SKG机器人逻辑运算指令AND、OR、NOT、XOR和平移指令SHIFTON、SHIFTOFF、MSHIFT及PX平移的应用。

（一）运算指令

运算指令由算术运算指令和逻辑运算指令组成。

运算指令主要对系统变量进行算术运算和逻辑运算操作。系统变量可分为全局变量和局部变量两种。全局变量包括全局字节型变量(B)、全局整数型变量(I)、全局双精度型变量(D)、全局实数型变量(R)、全局笛卡尔位姿变量(PX)，所有程序文件共享这些变量。各个程序文件中的局部变量相互独立。主菜单中的“变量”菜单显示了全局变量的信息，若要查看局部变量值的信息，可先将局部变量的值赋予相应的全局变量，然后再通过“变量”菜单查看。

（二）算术运算指令

算术运算指令由INC、DEC、ADD、SUB、MUL、DIV、SET、SETE、GETE指令组成。

1. INC指令

功能：在指定操作数的值上加1。

格式：INC　＜操作数＞。

参数：＜操作数＞可以是B＜变量号＞、I＜变量号＞、D＜变量号＞、R＜变量号＞，变量号的范围为0～99。

示例：

```
MAIN;
LAB1;
DELEY T0.5;
INC R0;            每运行一次该指令，R0 里面的数值会加 1。
JUMP  LAB1;
END;
```

2. DEC指令

功能：在指定操作数的值上减1。

格式：DEC　＜操作数＞。

参数：＜操作数＞可以是B＜变量号＞、I＜变量号＞、D＜变量号＞、R＜变量号＞，变量号的范围为 0～99。

示例：

```
MAIN;
LAB1;
DELEY  T0.5;
DEC  R0;          每运行一次该指令，R0 里面的数值会减 1。
JUMP  LAB1;
END;
```

3. ADD 指令

功能：把操作数 1 与操作数 2 相加，结果存入操作数 1 中。

格式：ADD　＜操作数 1＞，＜操作数 2＞。

参数：

（1）＜操作数 1＞可以是 B＜变量号＞、I＜变量号＞、D＜变量号＞、R＜变量号＞，变量号的范围为 0～99；

（2）＜操作数 2＞可以是常量、B＜变量号＞、I＜变量号＞、D＜变量号＞、R＜变量号＞，变量号的范围为 0～99。

示例：

```
SET  B0, 5;        将 B0 置 5;
SET  B1, 2;        将 B1 置 2;
ADD  B0, B1;       此时，B0 的值为 7。
```

4. SUB 指令

功能：把操作数 1 与操作数 2 相减，结果存入操作数 1 中。

格式：SUB　＜操作数 1＞，＜操作数 2＞。

参数：＜操作数 1＞、＜操作数 2＞与 ADD 指令一样。

示例：

```
SET  B0, 5;      将 B0 置 5;
SET  B1, 2;      将 B1 置 2;
SUB  B0, B1;     此时，B0 的值为 3。
```

5. MUL 指令

功能：把操作数 1 与操作数 2 相乘，结果存入操作数 1 中。

格式：MUL　＜操作数 1＞，＜操作数 2＞。

参数：＜操作数 1＞、＜操作数 2＞与 ADD 指令一样。

示例：

```
SET  B0, 5;      将 B0 置 5;
MUL  B0, 2;      此时，B0 的值为 10。
```

6. DIV 指令

功能：把操作数 1 除以操作数 2，结果存入操作数 1 中。

格式：DIV　＜操作数 1＞，＜操作数 2＞。

参数：＜操作数 1＞、＜操作数 2＞与 ADD 指令一样。

示例：

```
SET    B0, 6;      将 B₀ 置 6;
DIV    B0, 2;      此时, B₀ 的值为 3。
```

7. SET 指令

功能：把操作数 2 的值赋给操作数 1。

格式：SET <操作数 1>，<操作数 2>。

参数：<操作数 1>、<操作数 2>与 ADD 指令一样。

示例：

```
SET  B0, 5;    将 B₀ 置 5。
```

8. SETE 指令

功能：把操作数 2 变量的值赋给笛卡尔位姿变量中的元素。

格式：SETE PX<变量号>(元素号)，<操作数 2>；

参数：

(1) <变量号> 范围 0～99。

(2) 元素号 范围 0～6，0 表示给 P 变量全部元素赋同样的值。

(3) <操作数 2> 可以是 D<变量号>，或者是双精度整数型常量。

示例：

```
SET  D0, 6;
SETE PX1 (0), D0; 此时, PX₁ 变量的 X= 6, Y= 6, Z= 6, W= 6, P= 6, R= 6;
SETE PX1 (6), 3;  此时, PX₁ 变量的 X= 6, Y= 6, Z= 6, W= 6, P= 6, R= 3。
```

9. GETE 指令

功能：把笛卡尔位姿变量中的元素的值赋给操作数 1。

格式：GETE<操作数 1>，PX<变量号>(元素号)。

参数：

(1) <操作数 1> 是 D<变量号>。

(2) <变量号> 范围 0～99。

(3) <元素号> 范围 1～6。

示例：

```
SET  D0, 6;
SETE PX1 (0), D0;   此时, PX₁ 变量的 X= 6, Y= 6, Z= 6, W= 6, P= 6, R= 6;
SETE PX1 (6), 3;    此时, PX₁ 变量的 X= 6, Y= 6, Z= 6, W= 6, P= 6, R= 3;
GETE D0, PX1 (6);   此时, D₀= 3。
```

（三）逻辑运算指令

逻辑运算指令由 AND、OR、NOT、XOR 指令组成。

1. AND 指令

功能：把操作数 1 与操作数 2 相逻辑与，结果存入操作数 1 中。

格式：AND <操作数 1>，<操作数 2>。

参数：

（1）＜操作数 1＞　是 B＜变量号＞，变量号的范围为 0～99。

（2）＜操作数 2＞　可以是常量，也可以是 B＜变量号＞，变量号的范围为 0～99。

示例：

```
SET
B0, 5;       (0000 0101) 2;
AND  B0, 6;  (0000 0101)2& (0000 0110)2 = (0000 0100)2= (4)10, 此时 B0 的值为 4。
```

2. OR 指令

功能：把操作数 1 与操作数 2 相逻辑或，结果存入操作数 1 中。

格式：OR　＜操作数 1＞，＜操作数 2＞。

参数：＜操作数 1＞、＜操作数 2＞与 AND 指令一样。

示例：

```
SET
B0, 5;       (0000 0101) 2;
OR  B0, 6;   (0000 0101) 2| (0000 0110)2= (0000 0111)2= (7)10, 此时 B0 的值为 7。
```

3. NOT 指令

功能：取操作数 2 的逻辑非，结果存入操作数 1 中。

格式：NOT　＜操作数 1＞，＜操作数 2＞。

参数：＜操作数 1＞、＜操作数 2＞与 AND 指令一样。

示例：

```
SET  B0, 5;     (0000 0101) 2;
NOT  B0, B0;    ～(0000 0101)2= (1111 1010)2= (250)10, 此时 B0 的值为 250。
```

4. XOR 指令

功能：把操作数 1 与操作数 2 相逻辑异或，结果存入操作数 1 中。

格式：XOR　＜操作数 1＞，＜操作数 2＞。

参数：＜操作数 1＞、＜操作数 2＞与 AND 指令一样。

示例：

```
SET  B0, 5;   (0000 0101) 2;
XOR  B0, 6;   (0000 0101)2^(0000 0110)2= (0000 0011)2= (3)10, 此时 B0 的值为 3。
```

（四）平移指令

平移指令由 SHIFTON 指令、SHIFTOFF 指令、MSHIFT 指令和 PX 平移量组成。

1. SHIFTON 指令

功能：指定平移开始及平移量，与 SHIFTOFF 成对使用。

格式：SHIFTON　PX＜变量名＞。

参数：PX＜变量名＞指定平移量，范围为 0～99。

说明：

（1）PX 变量可以在“笛卡尔位姿”菜单界面中设置；

（2）平移量 PX＜变量名＞为一个多维度及方向的矢量，在平移开始与结束之间的移动指令都会移动这个矢量值。

示例：

```
MAIN;
SHIFTON  PX1;
MOVL  P1, V20, Z0;     把 P1 点平移到新的目标点，移动量为平移量 PX1；
SHIFTOFF;              指定平移开始及平移量 PX1；
END;                   结束平移标识。
```

2. SHIFTOFF 指令

功能：结束平移标识，与 SHIFTON PX<变量名>成对使用。

格式：SHIFTOFF。

说明：SHIFTOFF 语句后的运动指令不具有平移功能。

示例：

```
MAIN;
SHIFTON  PX1;
MOVC  P2, V50, Z1;
MOVC  P3, V50, Z1;
MOVC  P4, V50, Z1;
SHIFTOFF;
END;
```

3. MSHIFT 指令

功能：通过指令获取平移量(矢量)，平移量为第一个示教点位置值减第二个示教点位置值。

格式：MSHIFT PX<变量名>，P<变量名 1>，P<变量名 2>。

参数：

（1）PX<变量名>　指定平移量的变量序号，范围为 0～99；

（2）P<变量名 1>　获取第一个示教点，变量名 1 为示教点号，范围为 P0～P999；

（3）P<变量名 2>　获取第二个示教点，变量名 2 为示教点号，范围为 P0～P999。

说明：两个示教点位置值相减的方式可精确计算出平移量，避免手动设置产生的误差。

三、机床上下料机器人的程序编写

知识目标

（1）理解加工中心的分类；

（2）了解加工中心的主要组成。

技能目标

（1）掌握机器人示教盒的概念；

（2）根据说明书分析 GSK RB50 机器人的电气连接。

（一）示教盒

GSK 机器人控制系统的示教盒如图 3.279 所示，为 GR-C 系统的人机交互装置。GR-C 系统主机在控制柜内，示教盒为用户提供了数据交换接口及友好可靠的人机接口界面，可以对机器人进行示教操作，对程序文件进行编辑、管理、示教检查及再现运行，监控坐标值、变量和输入输出，实现系统设置、参数设置和机器设置，及时显示报警信息及必要的操作提示等。

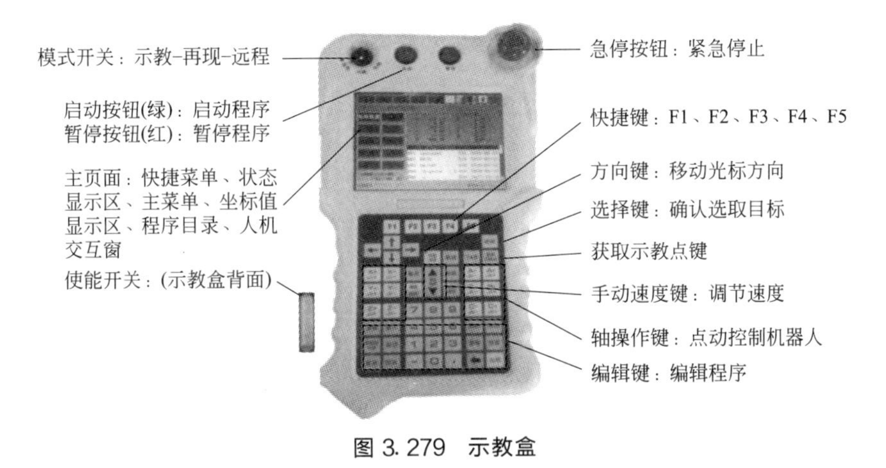

图 3.279　示教盒

（二）示教盒画面显示

示教盒的显示屏主页面共分为 8 个显示区(图 3.280)：快捷菜单区、系统状态显示区、导航条、主菜单区、时间显示区、位置显示区、文件列表区和人机对话显示区。其中，接收光标焦点切换的只有快捷菜单区、主菜单区和文件列表区，通过按“TAB” 键在显示屏上相互切换光标，区域内可通过方向键切换光标焦点执行相应操作。

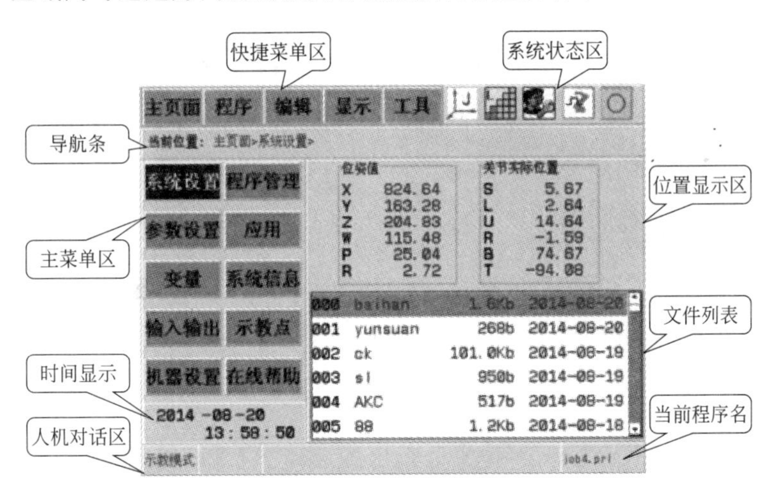

图 3.280　示教盒画面显示

（三）系统状态显示区

系统状态显示区显示机器人的当前状态，如图 3.281 所示。

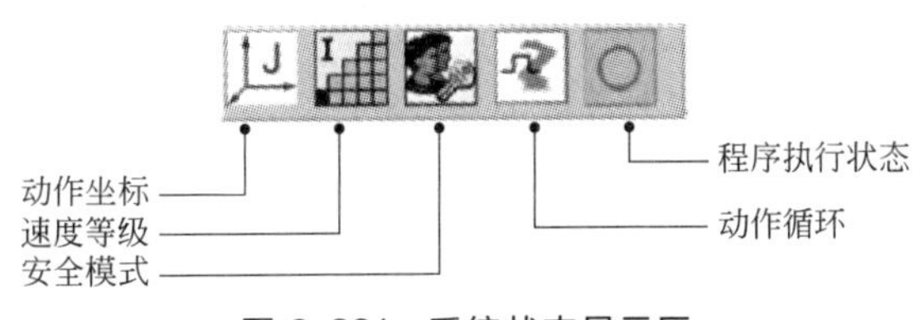

图 3.281　系统状态显示区

1. 动作坐标系

显示被选择的坐标系。有关节坐标系、直角坐标系、工具坐标系、用户坐标系和外部轴坐标系五种。工具坐标系、用户坐标系有 10 个，确认当前坐标系号。通过按示教盒上的“坐标设定”键和“外部轴切换”键可依次切换。

每按一次“坐标设定”键，机器人坐标系就按以下变化：关节坐标系＞直角坐标系＞工具坐标系＞用户坐标系。按“外部轴切换”键，坐标系在外部轴坐标系与关节坐标、直角坐标系、工具坐标系、用户坐标之间切换。当系统设定外部轴轴数为 0 时，按“外部轴切换”键无效。

2. 文件列表区

文件列表区将显示所有系统存在的一些程序信息，包括程序名、程序大小、程序创建的日期，如图 3.282 所示。

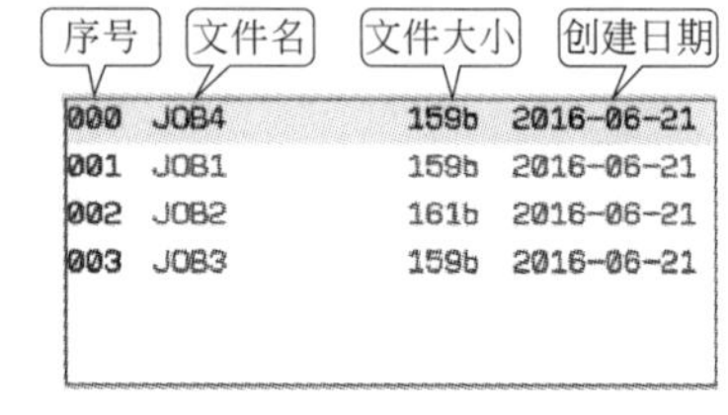

图 3.282 文件列表区

1）“工具坐标”菜单界面

“工具坐标”菜单界面用来设置工具坐标，如图 3.283 所示。

2）“工具坐标详细设置”界面

若在“工具坐标”菜单界面的区域选择了“详细设置”按钮，按“选择”键之后，进入“工具坐标系设置方法”界面，如图 3.284 所示。

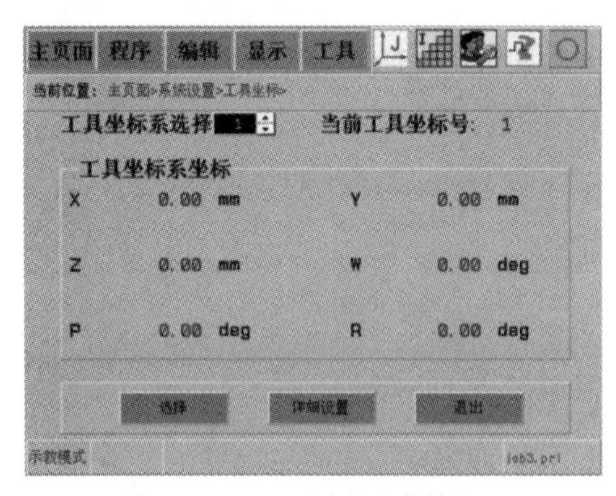

图 3.283 “工具坐标”菜单界面

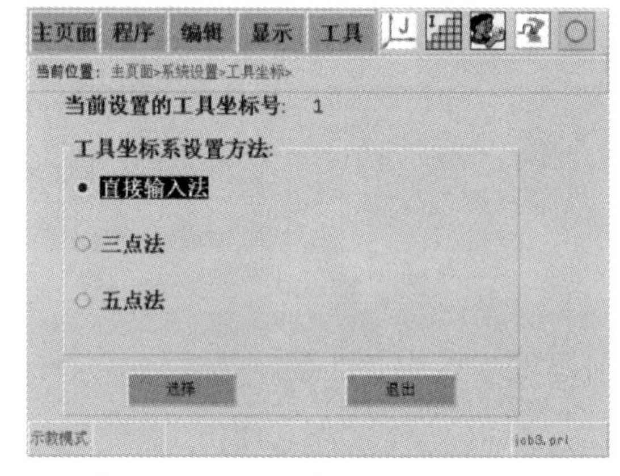

图 3.284 “工具坐标系设置方法”界面

3）“直接输入法设置工具坐标”界面

若在“工具坐标系设置方法”菜单界面的区域选择了“直接输入法”，按“选择”按钮之后，进入“直接输入法设置工具坐标”的界面，如图 3.285 所示。

在已知工具尺寸等详细参数时，可使用直接输入法，进入“直接输入法设置工具坐标”界面，输入相应项的值即可完成工具坐标系的设定。

4）“三点法设置工具坐标”界面

若在“工具坐标详细设置”菜单界面的区域选择了“三点法”，按“选择”按钮之后，进入“三点法设置工具坐标”的界面，如图 3.286 所示。

先将工具中心点分别以三个方向靠近参考点，然后按下“获取示教点”键，记录三个原点，这三个原点的值将用于计算工具中心点的位置。按下“获取示教点”后，相应的界面会显示当前的坐标值，为取得更好的计算结果，三个方向最好相差 90°，且不能在一个平面上。

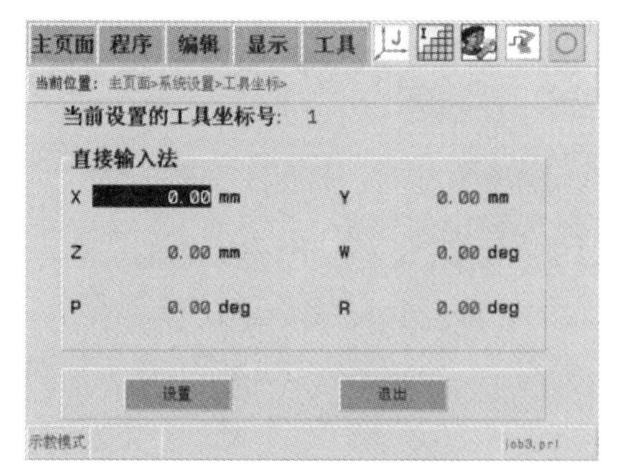

图 3.285 “直接输入法设置工具坐标”界面

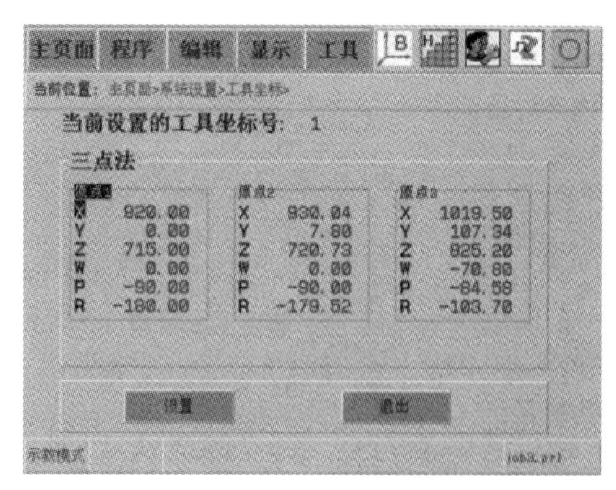

图 3.286 “三点法设置工具坐标”界面

5）“五点法设置工具坐标”界面

若在“工具坐标系设置方法”菜单界面的区域选择了“五点法”，按“选择”按钮之后，进入“五点法设置工具坐标”的界面，如图 3.287 所示。

五点法中，需要取三个原点和两个方向点。首先，移动机器人到三个原点，按下“获取示教点”键；然后示教机器人沿用户设定的 $+X$ 方向移动至少 250mm，按下“获取示教点”键；然后示教机器人沿用户设定的 $+Z$ 方向至少移动 250mm，按下“获取示教点”键，记录完成。三个原点姿态可参考图 3.286 三点法的原点。

3. 变位机坐标菜单界面

“变位机坐标”菜单界面用来设置变位机坐标。进入该界面前需在“变位机配置”界面中设置变位机轴数，“变位机坐标”菜单界面如图 3.288 所示。

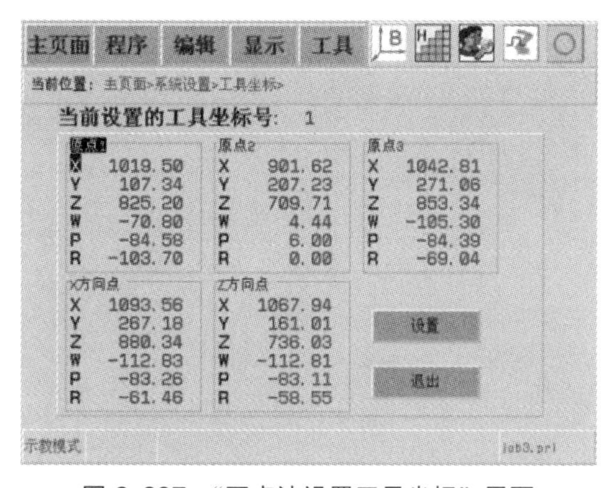

图 3.287 “五点法设置工具坐标”界面

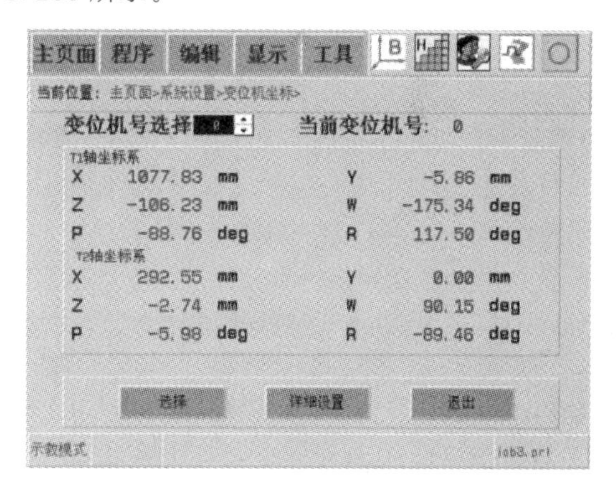

图 3.288 “变位机坐标”菜单界面

示教点：指笛卡尔空间中的某个位置点。GR-C 系统用坐标（X，Y，Z，W，P，R）表示一个示教点，其中 X、Y、Z 是指该位置点在笛卡尔坐标系中的具体位置值，W、P、R 是指机器人 TCP 端点在该位置时的方位，也称为姿态。因此，一个示教点确定了机器人 TCP 端点在笛卡尔空间中的位置和姿态。

运动模式：手动移动机器人或示教、编写、修改运行程序或者进行各种参数设置和文件操作，但是必须获取权限。

再现模式：机器人执行用户程序，完成各种预动作和任务的过程，可以运行程序、查看信息，不能对程序进行编辑修改和参数设置。

远程模式：可以通过外部输入信号指定接通伺服系统电源、启动、暂停、急停、调用主程序等操作。

（四）程序举例

要求机器人按照图 3.289 所示的轨迹 $P_0>P_1>P_2>P_3>P_4>P_0$ 进行运动。

（1）新建一个程序，程序名为 job1，进入“编辑”界面，如图 3.290 所示。

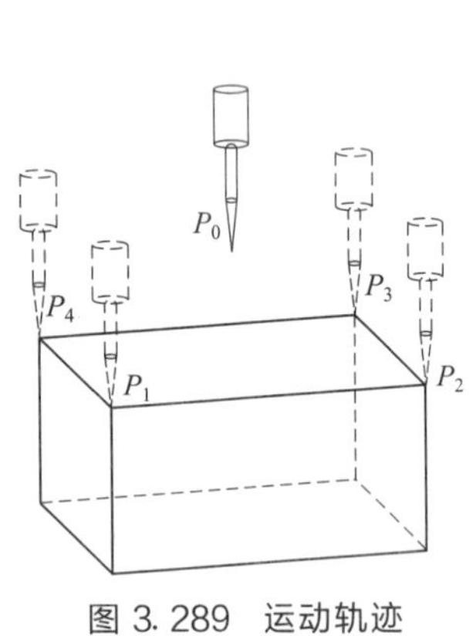

图 3.289　运动轨迹

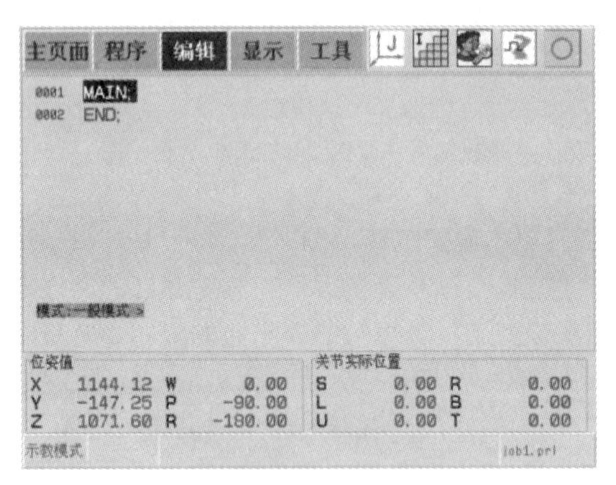

图 3.290　“编辑”界面

（2）按照“示教操作”的步骤，将机器人示教到工作台的附近点 P_0 处。

（3）按“添加”键，打开指令菜单，如图 3.291 所示。

（4）将光标移动到 MOVJ 指令，如图 3.292 所示。

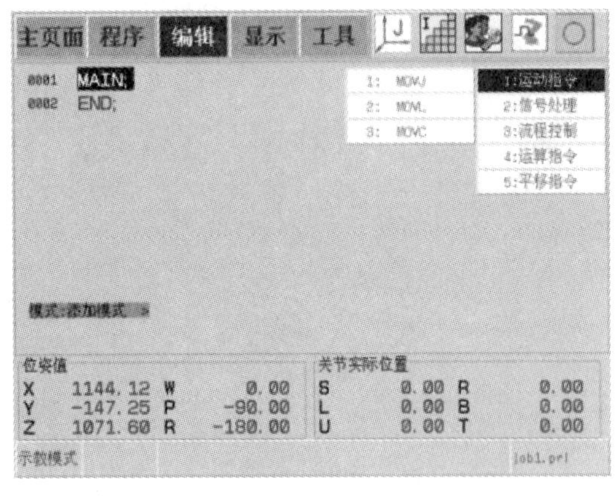

图 3.291　指令菜单

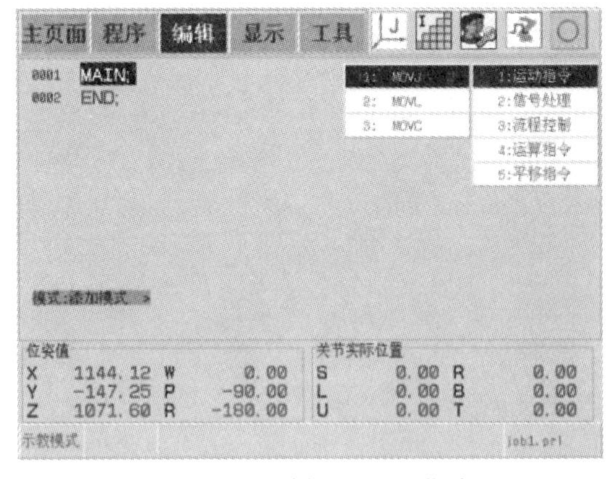

图 3.292　选择 MOVJ 指令

（5）按“使能开关”＋“选择”键，将 MOVJ 指令添加到程序中，如图 3.293 所示。

（6）通过左右方向键，将光标移动到 MOVJ 指令的“P＊”处，此时 P＊代表一个示教点，它自动记录下了机器人当前所在的位置，即图 3.289 中的 P_0 点，如图 3.294 所示。

（7）通过数值键，输入 0。

（8）按“输入”键，即可将“P＊”改成“P0”。此时只是修改了示教点的编号，该文件并

没有创建过 P_0 点，因此系统会将 P * 的点值赋予 P_0，此时指令中的 P_0 同样为图 3.289 中 P_0 点的位置。

（9）将机器人示教到图 3.289 中的 P_1 点处，按“添加”键，添加 MOVJ 指令到程序中，如图 3.295 所示。

（10）将 MOVJ 指令的 P * 改成 P1，此时 P1 同样记录机器人 TCP 当前所在的位置值，即图 3.289 中的 P_1 点，如图 3.296 所示。

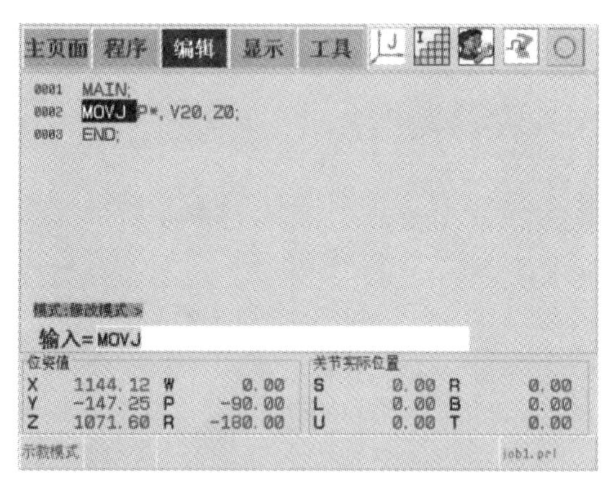

图 3.293　添加 MOVJ 指令到程序（1）

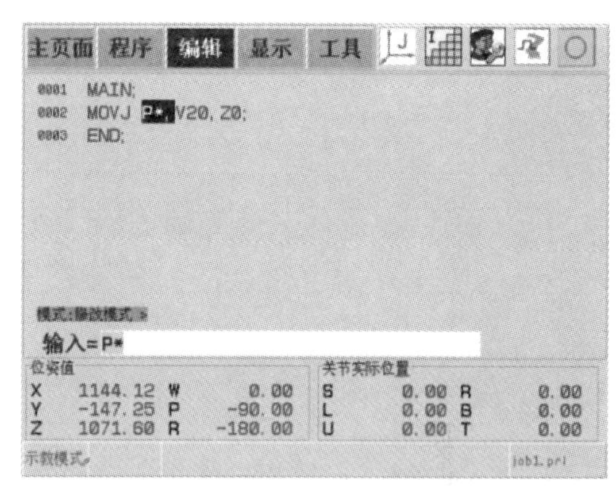

图 3.294　选择“P *”

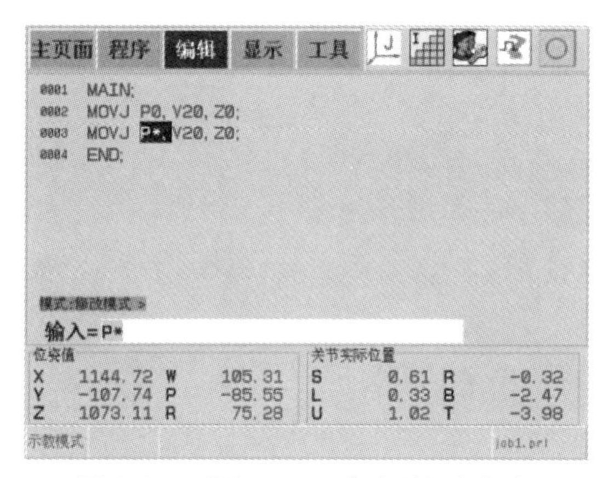

图 3.295　添加 MOVJ 指令到程序（2）

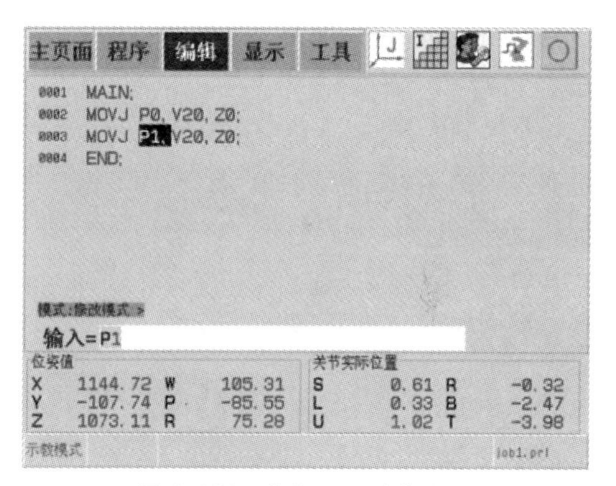

图 3.296　将“P *”改为“P1”

（11）因为图 3.289 中的四个点 P_1、P_2、P_3、P_4 是长方形平面上的点，因此在直角坐标系下示教机器人更加方便，只需在 X、Y 平面上移动机器人即可。通过“坐标设定”键，将系统坐标切换到“直角坐标系” 进行示教。

（12）通过“使能开关” +“Y+” /“Y－” /“X+” /“X－” 键，可以方便地示教机器人到达图 3.289 中的 P_2 点。

（13）通过“添加”键，添加一条 MOVL 指令，记录下图 3.289 中 P_2 点的位置，并将 MOVL 的 P * 修改成 P2，如图 3.297 所示。

（14）类似地，顺序将图 3.289 中的 P_3、P_4 点记录在程序中。

（15）此时，机器人处于图 3.289 中 P_4 点处。现在还需要让机器人从 P_4 点运动到 P_0 点处，但此时也可无需示教移动机器人到图 3.289 中 P_0 点处，只需再添加一条 MOVJ 指令，并将“P＊”改成“P0”，此时系统出现提示“P0 点已存在，是否将 P＊的位置值赋予 P0?”，如图 3.298 所示。

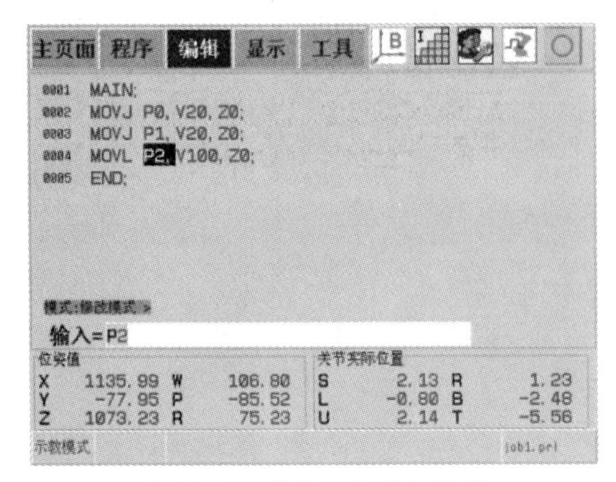

图 3.297　将“P＊”改为“P2”

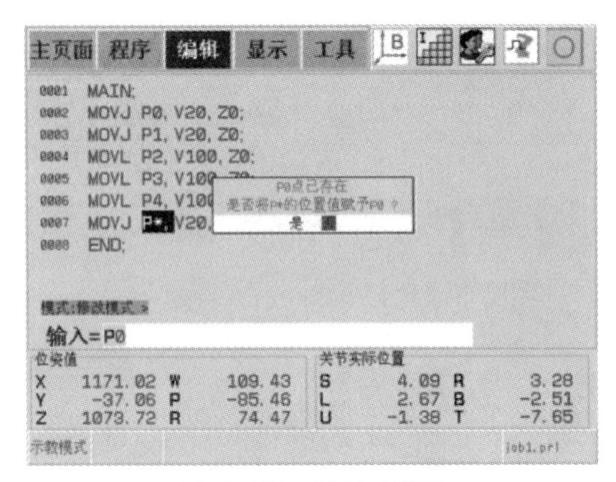

图 3.298　提示对话框

因为此时的 P＊点记录的是机器人当前的位置点，即图 3.289 中的 P_4 点，现在将 P＊点修改成 P_0 点，而 P_0 点已经存在值(记录了图 3.289 中 P_0 点的位置)，因此系统需要询问，是否要更改示教点 P_0 点的值，若选择了“是”，则 P_0 点所记录的位置不再是图 3.289 中 P_0 处的位置了，而是机器人 P＊所代表的位置；若选择了“否”，则 P_0 的值不变，依然记录着图 3.289 中 P_0 点的位置。这里选择“否”，即该条指令只是引用已经出现过的示教点 P_0，而无须再次将机器人示教到图中 P_0 点处。

(16) 此时，整个程序已经编辑完成，该文件中的指令记录了所有工作所需要的示教点，机器人将顺序执行程序中的指令，即完成了工作的轨迹要求，按 $P_0 > P_1 > P_2 > P_3 > P_4 > P_0$ 的顺序进行运动。

(17) 按“F2”键，进入“程序”界面，此时系统完成了对程序 job1 的保存，并在该“程序”界面显示，如图 3.299 所示。

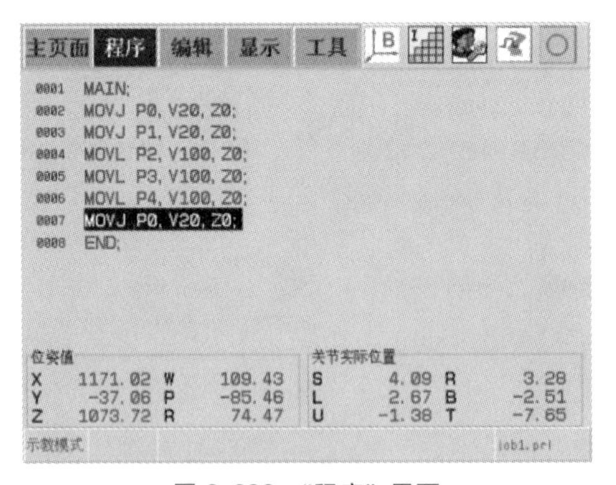

图 3.299　“程序”界面

插补方式表示机器人在已知示教点之间运动控制点的运动轨迹。GR-C 系列机器人主要有三种插补方式。其中，P＊为示教点；V＊表示运行速度，以百分比来表示；Z＊表示精度等级，取值 0～9，精度等级越高，到位精度越低，Z0 表示精确到达目标点，Z 值越大，过渡半径越大，机器人的运行效率越高。

```
MAIN;                          程序开始；
MOVJ P0, V20, Z0;              速度 V= 20% ，准确移动到 P0 点；
MOVJ P1, V20, Z0;              速度 V= 20% ，准确移动到 P1 点；
MOVL P2, V100, Z0;             速度 V= 100mm/s，直线方式准确移动到 P2 点；
MOVL P3, V100, Z0;             速度 V= 100mm/s，直线方式准确移动到 P3 点；
MOVJ P0, V20, Z0;              速度 V= 20% ，准确移动到 P0 点；
END;                           程序结束。
```

```
MAIN;                          程序开头；
MOVJ P0, V60, Z1;              程序安全点；
DOUT OT1, OFF;                 手抓 2 松开；
DOUT OT2, ON;
WAIT IN1, ON, T0;              手抓 2 松开到位；
DOUT OT3, OFF;                 手抓 1 松开；
DOUT OT4, ON;
WAIT IN3, ON, T0;              手抓 1 开；
SET R0, 0;                     R0 清零；
LAB0:                          标签 0；
MOVJ P0, V60, Z1;              程序安全点；
WAIT IN16, ON, T0;             检测料仓是否允许取料；
DOUT OT3, OFF;                 打开手抓 1；
DOUT OT4, ON;
WAIT IN3, ON, T0;              手抓 1 打开到位；
MOVJ P1, V60, Z0;              料仓取料上方；
MOVL P2, V100, Z0;             料仓取料点；
DOUT OT3, ON;                  手抓 1 夹紧；
DOUT OT4, OFF;
DELAY T0.5;                    延时 0.5s；
WAIT IN2, ON, T0;              手抓 1 夹紧到位；
MOVL P1, V300, Z0;             料仓取料上方；
WAIT IN2, ON, T0;              手抓 1 夹紧到位；
MOVJ P3, V60, Z1;              料仓二次定位上方点；
MOVL P4, V150, Z0;             料仓二次定位放料点；
DOUT OT3, OFF;                 手抓 1 松开；
DOUT OT4, ON;
WAIT IN3, ON, T0;              手抓 1 松开到位；
MOVL P15, V50, Z0;             料仓二次定位点；
DELAY T0.3;                    延时 0.3s；
DOUT OT3, ON;                  手抓 1 夹紧；
DOUT OT4, OFF;
WAIT IN2, ON, T0;              手抓 1 夹紧到位；
MOVL P4, V100, Z0;             料仓二次定位放料点；
MOVJ P0, V60, Z0;              程序安全点；
PULSE OT17, T0.30;             取料完成；
LAB10 :                        标签 10；
JUMP LAB20, IF IN8 = =  ON;    当机床 1 加工完成，跳转到标签 20；
JUMP LAB30, IF IN12 = =  ON;   当机床 2 加工完成，跳转到标签 30；
JUMP LAB10;                    跳转到标签 10；
LAB20 :                        标签 20；
```

```
WAIT IN8, ON, T0;           检测机床1是否加工完成;
WAIT IN11, ON, T0;          检测机床1是否门开到位;
MOVJ P5, V60, Z1;           机床1外过渡点;
MOVJ P20, V60, Z1;          机床1内过渡点;
MOVL P21, V100, Z0;         机床1取成品点;
DOUT OT1, ON;               手抓2夹紧;
DOUT OT2, OFF;
WAIT IN0, ON, T0;           手抓2夹紧到位;
PULSE OT10, T0.30;          机床1卡盘松开;
WAIT IN10, ON, T0;          机床1卡盘松开到位;
MOVL P20, V200, Z0;         机床1内过渡点;
MOVJ P700, V60, Z0;         吹气点;
PULSE OT22, T0.30;          机床1卡盘反转启动;
DOUT OT5, ON;               打开吹气;
DELAY T0.5;                 延时0.5s;
WAIT IN8, ON, T0;           检测机床1卡盘反转是否完成;
DOUT OT5, OFF;              关闭吹气;
MOVJ P23, V60, Z1;          机床1内过渡点;
MOVL P24, V100, Z0;         机床1放毛坯点;
DOUT OT3, OFF;              手抓1松开;
DOUT OT4, ON;
WAIT IN3, ON, T0;           手抓1松开到位;
DELAY T0.3;                 延时0.3s;
PULSE OT9, T0.30;           机床1卡盘夹紧;
WAIT IN9, ON, T0;           机床1卡盘夹紧到位;
DELAY T0.3;                 延时0.3s;
MOVL P23, V200, Z0;         机床1内过渡点;
MOVJ P25, V60, Z0;          机床1外过渡点;
PULSE OT22, T0.30;          机器人上料完成;
DELAY T0.3;                 延时0.3s;
PULSE OT8, T0.30;           机床1循环启动;
MOVJ P35, V60, Z1;          过渡点;
MOVJ P40, V60, Z1;          过渡点;
JUMP LAB53;                 跳转到标签53;
LAB53 :                     标签53;
MOVJ P530, V60, Z0;         放料点3上方;
MOVL P53, V200, Z0;         放料点3;
DOUT OT1, OFF;              手抓2松开;
DOUT OT2, ON;
WAIT IN1, ON, T0;           手抓2松开到位;
MOVL P530, V300, Z0;        放料点3上方;
PULSE OT14, T0.30;          放料完成;
DELAY T0.5;                 延时0.5s;
PULSE OT15, T0.30;          链板线走一位;
SET R0, 0;                  R0置0;
MOVJ P40, V60, Z1;          过渡点;
MOVJ P0, V60, Z1;           程序安全点;
JUMP LAB0;                  跳转到标签0;
END;                        结束。
```

练习与思考

一、填空题

1. 机器人运算指令由算术运算指令和（　　　）运算指令组成。
2. 重复精度是机器人在完成（　　　）循环后，到达同一位置的精确度/差异度。
3. GSK 机器人 SHIFTON 指令指定平移开始及平移量，与 SHIFTOFF（　　　）使用。
4. GSK 机器人 MSHIFT 通过指令获取平移量（矢量），平移量为第（　　　　）个示教点位置值减第（　　　　）个示教点位置值。
5. GSK 机器人 OR 指令把操作数 1 与操作数 2 相逻辑（　　），结果存入操作数 1 中。
6. GSK 机器人示教盒文件列表区将显示所有系统存在的一些程序信息，包括程序（　　　）、程序大小、程序创建的日期。
7. 将工具中心点分别以三个方向靠近参考点，获取示教点，记录三个原点，这三个原点的值用于计算工具中心点的位置，这种获取方法也叫（　　　　）设置工具坐标。
8. 五点法中，需要取（　　　）个原点和（　　　）个方向点。

二、判断题

1. （　　）GSK 机器人 INC 指令在指定操作数的值上加 1。
2. （　　）GSK 机器人 AND 指令把操作数 1 与操作数 2 相逻辑与，结果存入操作数 2 中。
3. （　　）GSK 机器人示教盒的显示屏主页面共分为 6 个显示区。
4. （　　）在菜单界面的区域选择了直接输入法，按“选择”按钮之后，不能进入直接输入法设定工具坐标的界面。
5. （　　）系统状态显示区可以显示机器人的当前状态。

三、简答题

1. 简述机器人示教盒的基本功能。
2. 简述 GSK 机器人示教盒的三点法设置工具坐标方法。
3. 简述 GSK 机器人示教盒的五点法设置工具坐标方法。
4. 简述 GSK BR50 机器人有哪些动作坐标系。

第六节　视觉检测分拣机器人

一、视觉检测分拣机器人的硬件安装

知识目标

（1）理解视觉机器人在检测分拣中的应用；

（2）理解视觉机器人常见组成及工作原理、工业相机安装要求。

技能目标

（1）初步掌握视觉检测分拣机器人系统的一般安装和调整步骤；

(2) 掌握一般工业相机及缆线的安装要求。

(一)机器视觉基础知识

机器视觉是人工智能正在快速发展的一个分支。机器视觉就是用机器代替人眼来做测量和判断。机器视觉系统是通过机器视觉产品(即图像摄取装置,分 CMOS 和 CCD 两种),将被摄取目标转换成图像信号,传送给专用的图像处理系统,得到被摄目标的形态信息,根据像素分布和亮度、颜色等信息,转变成数字化信号;图像系统对这些信号进行各种运算来抽取目标的特征,进而根据判别的结果来控制现场的设备动作。

1. 视觉原理

首先机器人主动或者被动地获知摄像头拍摄到的物体的位置,然后机器人移动到指定的位置实现相应的动作。

2. 网络 IP 设置

机器人与视觉通信是基于 TCP 的 XML 协议结构。机器人作为客户端,默认的 IP 地址为 192.168.42.165。必须注意的是,远端 IP 必须和机器人 IP 属于同一网段。

GSK 搬运机器人安装了机器视觉系统,并将机器人六轴末端夹具和视觉决策集成在同一 PLC 控制器中,整个系统的人机界面、PLC 控制器以及视觉系统采用的是基于以太网的通信协议。

此功能通过结合视觉检测结果和根据目标比例确定的目标层数(目标高度)计算目标的位置。目标层数依照参考比例和高度数据自动确定,因而,即使在视觉检测中存在细微的比例误差,也可以通过一个离散的层数(目标高度)来计算目标的具体位置。视觉机器人基本结构如图 3.300 所示。

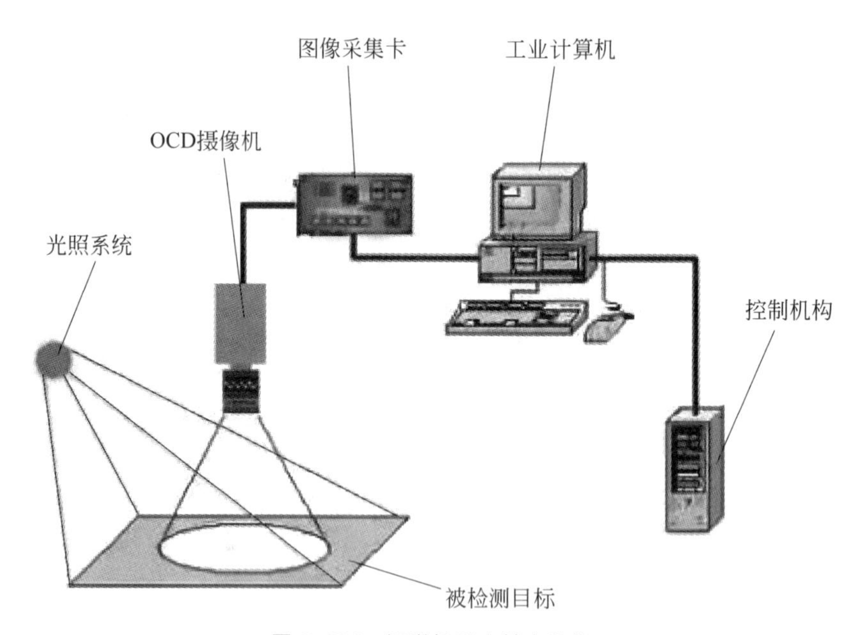

图 3.300 视觉机器人基本结构

3. 视觉零位功能

通过视觉程序补偿机器人 $J_2 \sim J_5$ 轴的零位数据,只需在机器人手爪端添加一台相机即可执行此功能。机器人变换不同的姿态，相机与确定目标点间的相对位置数据将被自动检测并计算补偿数据。此功能可应用于提升机器人 TCP 示教准确性、离线编程和其他视觉应用。

（二）视觉检测分拣机器人系统的一般安装和调整步骤

（1）根据作业特点选择机器人；

（2）根据视觉检测的具体要求选择摄像头；

（3）选择图像采集卡及配套应用软件；

（4）选择 PLC 控制器；

（5）根据机器人作业特点安装摄像头、连接图像采集卡；

（6）安装夹具调整运转至释放位置时触发传感器发出信号；

（7）PLC 根据传感器信号控制夹具电动机停转；

（8）PLC 发出夹具已释放信号(给机器人)；

（9）机器人电柜发出拍照指令(给 PLC)；

（10）PLC 经由数据交换器触发视觉主机拍照；

（11）视觉主机读取摄像头影像并比对样本；

（12）视觉主机将比对结果输出到显示器，同时存储；

（13）PLC 等待视觉主机处理完毕后由数据交换器读取比对结果；

（14）PLC 发出取料仓物料信息(给机器人)；

（15）机器人依据取料仓物料信息作出相应动作，详见工作流程图；

（16）连接 PLC 输出至机器人控制系统；

（17）在机器人控制系统中做相应设置；

（18）编写程序运行调整。

（三）安装顺序及一般要求

1. 工业相机安装要求

（1）为相机提供独立安装支架，支架切勿靠近任何振动源；

（2）请按照厂家指导设定检测距离，固定相机和镜头；

（3）相机安装应牢靠，避免任何晃动，否则无法正常检测；

（4）工业镜头定焦后，必须将镜头光圈及调焦镜头全部用螺钉锁定；

（5）必要时请增加防尘罩，定期清理相机镜头。

2. 线缆安装要求

（1）安装并连接各部件、模块线缆；

（2）将电缆从控制器机柜服务端口(内部) 连接到交换机上接口中；

（3）通过控制器机柜上的电缆密封套，将电缆从摄像头连接到交换机上的任何可用的接口；

（4）通过控制器机柜上的电缆密封套，将直流电源电缆从每个摄像头连接到电源(一般为 24V DC)；

（5）要求所有电缆剥掉 20mm 绝缘，将电缆捆扎在电缆密封套的接地片上，并且可靠接地。

二、视觉检测分拣机器人的电气连接

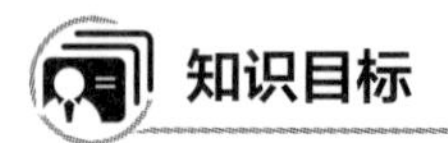

(1) 理解 TLC5510 的基本功能;
(2) 理解一般机器视觉系统的主要组成。

(1) 掌握机器人控制系统中的视觉变量设置;
(2) 理解视觉机器人系统的工作原理。

(一)电气简介

视觉导航又叫作图像识别导航，它分为两种方式：一种是有线式，另一种是无线式。无线式的视觉导航技术是利用 CCD 在系统动态时摄取周围环境的相应的图像资料，并与设定的物品在信息数据库中进行比对，进而确定机器人下一步怎么动作，经过控制模块和控制系统设置对机器人进行物品检测及选择实时的决策。

TLC5510 是美国德州仪器(TI) 公司生产的 8 位半闪速结构模数转换器，它采用 CMOS 工艺制造，可提供最小 20Mbps 的采样率，可广泛用于数字 TV、医学图像、视频会议、高速数据转换以及 QAM 解调器等方面。

TLC5510 用单 5V 电源工作，消耗功率 100mW(典型值)，具有内部采样和保持电路，具有高阻抗方式的并行口以及内部基准电阻(内部基准电阻使用 VDDA 可以产生标准的 2V 满度转换范围)。图 3.301 为 TLC5510 引脚定义，图 3.302 为 TLC5510 外围典型应用电路，图 3.303 为摄像头采集电路图。

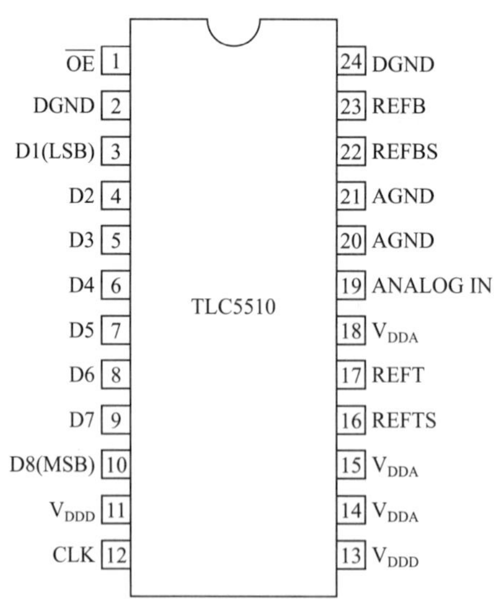

图 3.301　TLC5510 引脚定义

在视觉系统启动后，CCD 摄像机就前方的物品进行相应的图像采集，经过图像采集卡后，经过处理送到计算机。计算机对地面的信息进行适当图像处理(主要包括阈值处理、掩

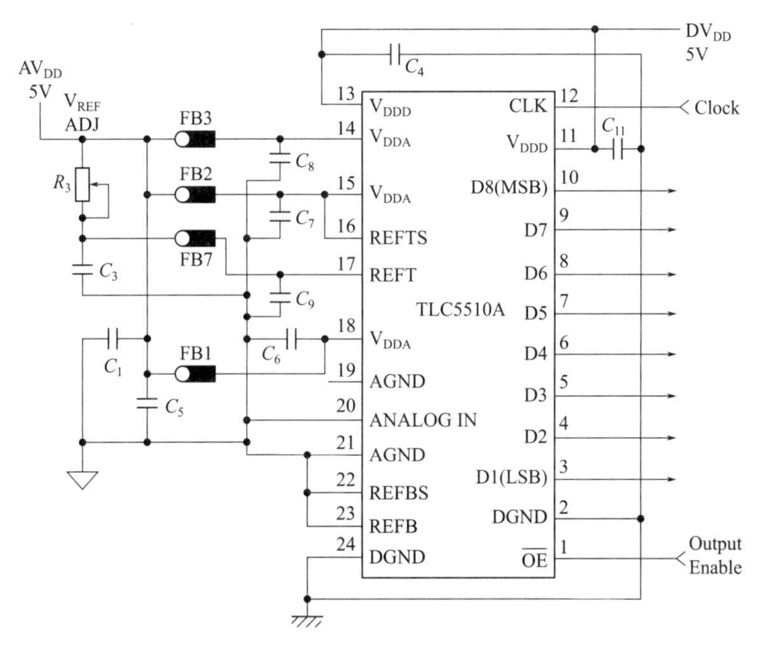

图 3.302　TLC5510 外围典型应用电路

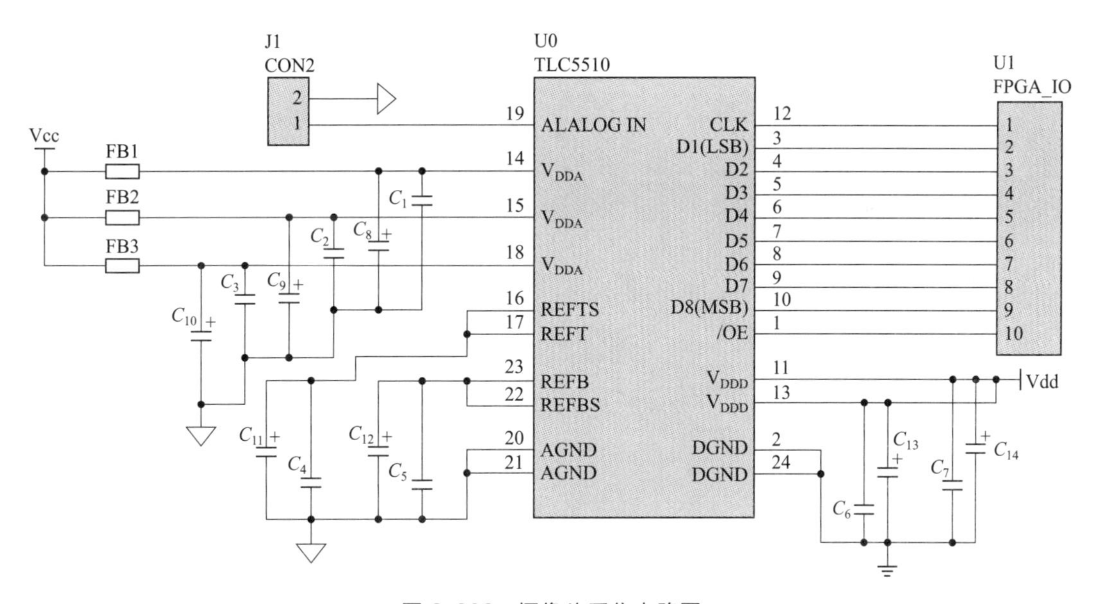

图 3.303　摄像头采集电路图

膜、直方图分析、图像分割、边缘检测、区域增长）与图像分析（主要包括特征摄取、物体识别、位置大小和方向以及图像其他物理特征的分析和较深度的信息处理），进而形成相应的控制指令，再传到机器人控制器（单片机），进而控制机器人的相应动作。视觉系统工作原理的示意图如图 3.304 所示。

一套机器视觉系统的性能与它的部件密切相关。在选择的过程中，有很多捷径，特别是在光学成像上，可能很大程度地降低系统的效率。

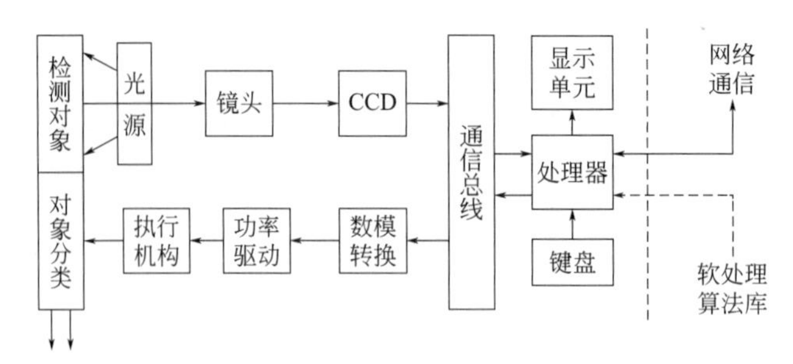

图 3.304　视觉系统工作原理示意

程序如下。

```
TLC5510                                        VHDL 采样控制程序;
libraryieee;
use ieee. std_ logic_ 1164. all;
entity tlc5510 is
port (clk: in std_ logic;                      系统时钟;
oe: out std_ logic;                            TLC5510 的输出使能/OE;
clk1: out std_ logic;                          TLC5510 的转换时钟;
din: instd_ logic_ vector (7 downto 0);        来自 TLC5510 的采样数据;
dout: outstd_ logic_ vector (7 downto 0) );    FPGA 数据输出;
end tlc5510;
architecturebehav of tlc5510 is signal         q: integer range 3 downto 0;
begin
process (clk)                                  此进程中, 把 CLK 进行 4 分频, 得到 TLC5510
                                               的转换时钟;
begin
If clk'event and clk= '1'then
if q= 3 then q< = 0;
else q< = q+ 1;
end if;
end if;
if q> = 2 then clk1< = '1'                     对系统 CLK 进行 4 分频;
else clk1< = '0'; end if;
end process;
oe< = '0';                                     输出使能赋低电平;
dout< = din;                                   采样数据输出。
endbehav;
```

(二) 电气连接

根据视觉机器人的作业要求，选择各功能模块。一般机器视觉系统由摄像装置(主要是由 CCD 摄像)、光源、图像采集卡、PLC、机器人工控系统和执行机构等设备组成，如图 3.305 所示。

摄像头与图像采集卡之间一般采用有线连接，这样既可以避免信号干扰又可以降低成本，相关接口定义与模块之间的连接按照设备说明书进行。

(三) 在机器人控制系统中进行视觉变量设置

1. GSK 视觉变量设置明细窗口(图 3.306)

此部分数据由视觉软件传输，在此界面中不可编辑。

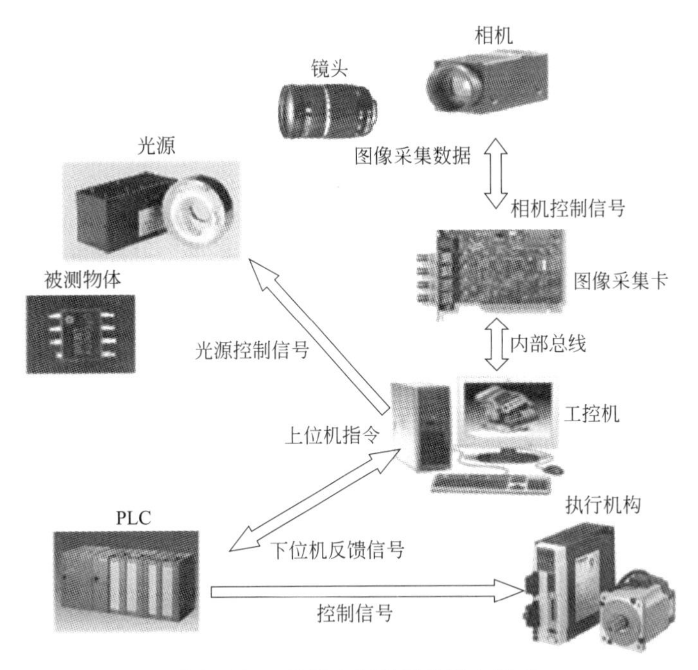

图 3.305　机器人视觉系统基本组成

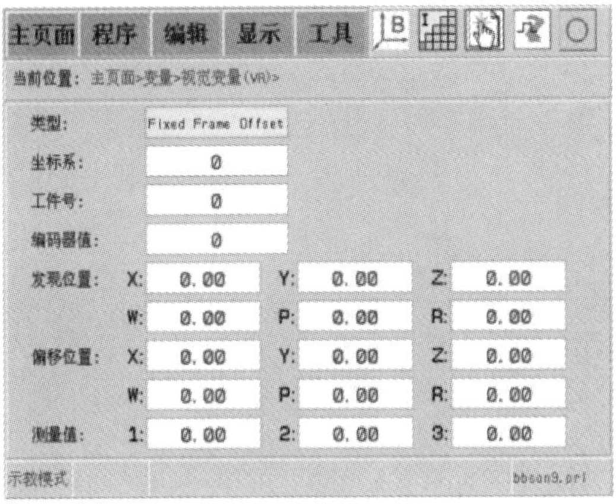

主页面　程序　编辑　显示　工具

当前位置：主页面>变量>视觉变量(VR)>

类型：		Fixed Frame Offset				
坐标系：		0				
工件号：		0				
编码器值：		0				
发现位置：	X:	0.00	Y:	0.00	Z:	0.00
	W:	0.00	P:	0.00	R:	0.00
偏移位置：	X:	0.00	Y:	0.00	Z:	0.00
	W:	0.00	P:	0.00	R:	0.00
测量值：	1:	0.00	2:	0.00	3:	0.00

示教模式　bbsan9.prl

图 3.306　GSK 视觉变量设置明细窗口

2. TYPE

指明 VR 中存储的数据类型，即软件中指明的补偿方式。补偿方式可以是用户坐标偏移量，也可是工具坐标偏移量。

类型有“Fixed Frame Offset”(用户坐标系补偿)、“Found Pos”(目标在用户坐标系下的绝对位置)、“Offset”(目标在用户坐标系下相对模板的偏移量)。

机器人在用户坐标系下通过 Vision 检测目标当前位置相对初始位置的偏移，并自动补偿抓取位置。

3. Tool Offset 工具坐标偏移量

机器人在工具坐标系下通过 Vision 检测在机器人手爪上的目标当前位置相对初始位置的偏移，并自动补偿放置位置。

4. Found Position

发送基坐标系下的位置，即目标在机器人基坐标系下的绝对位置和项目偏移量。

5. Frame

当“TYPE”中为“Fixed Frame Offset”时，指的是使用的用户坐标系号；当为“Tool Offset”时，指使用的工具坐标系号。

6. Model ID

检测到的工件的 ID，即模板序列号。

7. Encoder

仅在视觉动态跟随时使用，用于记录触发拍照跟随时的编码器值。

8. Offset

目标当前位置相对初始位置的偏移。

9. Found Pos

目标在指定坐标系下的绝对位置。

10. Meas

测量信息显示，可通过测量数据的不同进行分类动作。

三、视觉检测分拣机器人的程序编写

知识目标

（1）理解视觉检测分拣机器人的编程方法；

（2）理解 GSK 视觉检测分拣机器人常用视觉指令的功能。

技能目标

（1）初步掌握视觉静态编程；

（2）初步掌握 GSK 视觉检测分拣机器人常用视觉指令的功能应用。

（一）视觉指令

1. VISION TSYN

功能：与视觉软件进行时间同步，未成功连接时报警。

2. DETECT

功能：启动摄像头拍照一次。

3. GETVISION VR ＜变量名＞,LAB ＜变量名＞

功能：获取视觉变量值，未成功则跳转到 LAB＜变量名＞。

4. GETNFOUND R ＜变量名＞

功能：获取摄像头内的物品个数，存入 R＜变量名＞中。

5. SETPOS ROBOT ＜变量名＞

功能：发送机器人当前位置给视觉软件。

6. SETPOS USRCOORD

功能：发送机器人当前用户坐标系给视觉软件。

7. GETIFPASS R <变量名>

功能：获取视觉拍照结果，将结果放在变量中。

8. INIT QUEUE <变量名>

功能：初始化视觉软件中视觉变量的序列值。

9. GETQ VR <变量名>,QUEUE <变量名>,T(值),LAB <变量名>

功能：从视觉软件的视觉变量的序列中获取一个变量值，如果在时间 T(值) 内未获取到，则跳转到 LAB<变量名>。

10. DETECTON

功能：开启视觉软件的定时拍照功能。

11. DETECTOFF

功能：关闭视觉软件的定时拍照功能。

12. GETV I <变量名>,VR <变量名>,TYPE

功能：获取 VR<变量名>中的 TYPE 属性值，放入 I<变量名>中。

13. GETV I <变量名>,VR <变量名>,FRAME

功能：获取 VR<变量名>中的 FRAME 属性值，放入 I<变量名>中。

14. GETV I <变量名>,VR <变量名>,MODELID

功能：获取 VR<变量名>中的 MODELID 属性值，放入 I<变量名>中。

15. GETV I <变量名>,VR <变量名>,MEAS(值)

功能：获取 VR<变量名>中的 MEAS 属性第(值) 个值，放入 I<变量名>中。

16. GETV I <变量名>,VR <变量名>,ENCODER

功能：获取 VR<变量名>中的 ENCODER 属性值，放入 I<变量名>中。

17. GETV I <变量名>,VR <变量名>,FOUNDPOS

功能：获取 VR<变量名>中的 FOUNDPOS 属性值，放入 PX<变量名>中。

18. GETV I <变量名>,VR <变量名>,OFFSET

功能：获取 VR<变量名>中的 OFFSET 属性值，放入 PX<变量名>中。

（二）视觉静态编程实例

1. 实例一

说明：由外部传感器触发相机拍照，机器人在预备点 P_1 位置等待视觉数据，当收到视觉数据后，在 P_2 位姿进行偏移 OFFSET。此时，视觉端应对应使用 FOUNDPOS 偏移类型。

```
MAIN;
MOVL P1, V100, Z0;
LAB0;
GETVISION VR0, LAB0;
GETV PX0, VR0, OFFSET;
SHIFTON PX0;
MOVL P2, V100, Z0;
SHIFTOFF;
END;
```

2. 实例二

说明：由外部传感器触发相机拍照，机器人在预备点 P_1 位置等待视觉数据，当收到视觉数据后，机器人直接运动到视觉指定的位姿，此时视觉端应对应使用 FOUNDPOS 偏移类型。

```
MAIN;
MOVL P1, V100, Z0;
LAB0;
GETVISION VR0, LAB0;
GETV PX0, VR0, FOUNDPOS;
ADDP P3, PX0;
MOVL P3, V100, Z0;
END;
```

3. 实例三

说明：由外部传感器触发相机拍照，机器人在预备点 P_0 位置等待视觉数据，创建用户坐标系 USER0，并在此用户坐标系下示教 P_1 点，当收到视觉更新的用户坐标时，计算并运动到新用户坐标系下的 P_1 点。此时，视觉端应对应使用 FOUNDPOS 偏移类型。

```
MAIN;
MOVL P0, V100, Z0;
LAB0:
GETVISION VR0, LAB0;
GETV PX0, VR0, FOUNDPOS;
SETCOOR VUSER0, PX0;
COORCHGON USER0, VUSER0;
MOVL P1, V100, Z0;
COORCHGOFF;
END;
```

4. 实例四

说明：由外部传感器触发相机拍照，机器人在预备点 P_0 位置等待视觉数据，创建用户坐标系 USER5，接收视觉数据，对 P_1 在用户坐标系 5 下偏移 VR0，OFFSET。此时视觉端应对应使用 FIX FRAME OFFSET 偏移类型。

```
MAIN;
MOVL P0, V100, Z0;
LAB0;
GETVISION VR0, LAB0;
COORCHGON USER5;
VMOVL P1, V100, Z0, VOFFSET, VR0;
COORCHGOFF;
END;
```

练习与思考

一、填空题

1. 机器视觉就是用机器代替（　　　　）来做测量和判断。
2. 工业相机安装应牢靠，避免任何晃动，否则无法正常（　　　　　）。
3. 安装工业相机要求所有电缆剥掉（　　　　　）mm 绝缘，将电缆捆扎在电缆密封套的接地片上，并且可靠（　　　　　）。

4. 视觉导航又叫作图像识别导航，它分为两种方式：一种是有线式，另一种是（　　　）。

5. 一般机器人视觉系统由摄像装置（主要是由 CCD 摄像）、光源、（　　　　　　）、PLC、机器人工控系统和执行机构等设备组成。

6. 一套机器视觉系统的性能与它的（　　　　）密切相关。

7. 在视觉系统启动后，CCD 摄像机就前方的物品进行相应的（　　　　　），经过图像采集卡后，经过处理送到计算机。

8. 机器人在工具坐标系下通过 Vision 检测在机器人手爪上的目标当前位置相对初始位置的偏移，并（　　　　　）放置位置。

二、判断题

1.（　　）机器视觉不是人工智能正在快速发展的一个分支。

2.（　　）工业相机应该采用独立安装支架，支架可以靠近一般振动源。

3.（　　）摄像头与图像采集卡之间一般采用无线连接，这样既可以避免信号干扰又可以降低成本。

4.（　　）指令 DETECTON 为关闭启视觉软件的定时拍照功能。

5.（　　）指令 DETECT 为启动摄像头拍照一次功能。

6.（　　）指令 SETPOS USRCOORD 为发送机器人当前用户坐标系给视觉软件功能。

三、简答题

1. 简述工业相机安装的一般要求。

2. 简述视觉检测分拣机器人系统的一般安装和调整步骤。

3. 简述视觉机器人系统的工作原理。

第七节　AGV 自动搬运小车

一、AGV 自动搬运小车的安装

知识目标

（1）了解汽车发动机、前后桥 AGV 系统参数；

（2）了解汽车发动机、前后桥 AGV 系统组成。

技能目标

（1）掌握立式加工中心和卧式加工中心特点；

（2）理解汽车发动机、前后桥 AGV 系统主要功能。

（一）发动机、前后桥 AGV 系统

采用的装配型 AGV 系统进行发动机、前后桥与车身合装，具有同步动态跟踪功能的 AGV 可实现发动机、前后桥在装配段任何工位同时装配。导航方式采用磁导航，地面施工

量小，只要根据工艺要求变更磁条的粘贴路径，再对控制程序稍加改动，就可以改变装配路线的长短，适应不同的装配工艺要求。AGV 系统由一条近似梯形的环线组成，在装配段进行前悬挂/发动机、后桥与车身合装，在非装配段进行发动机、前后桥由分装线往 AGV 装配托盘上吊装，并可在非装配段进行部分零部件的组装。根据产量及装配时间确定环线上 AGV 数量。

整个系统包括 AGV、AGV 控制台、充电系统、导航系统、通信系统、数据采集系统和装配夹具等几部分。

（二）AGV 系统对现场基本技术条件要求

动力电源：交流 380V(±10%)，50Hz(±2%)，3 相 5 线；

温度：－5～45℃；

湿度：60%～95%；

防护等级：IP54；

绝缘等级：B 级。

（三）AGV 相关项目

(1) AGV 装配系统总体设计、制造；

(2) AGV 车体设计、制造；

(3) AGV 装配系统发运前调试、考机实验；

(4) AGV 装配系统运输、接收、搬运；

(5) AGV 控制系统设计、制造，车载控制软件、调度软件设计；

(6) AGV 工作环线设计、制造，地面导航线布局设计、敷设；

(7) 现场安装、单机调试、全线联动调试；

(8) 技术培训和售后服务。

（四）AGV 装配输送系统概述

发动机/后桥 AGV 装配输送系统由 AGV、AGV 地面导引系统、在线自动充电系统、AGV 控制台、数据采集系统、AGV 调度管理系统和通信系统等构成，如图 3.307 所示。

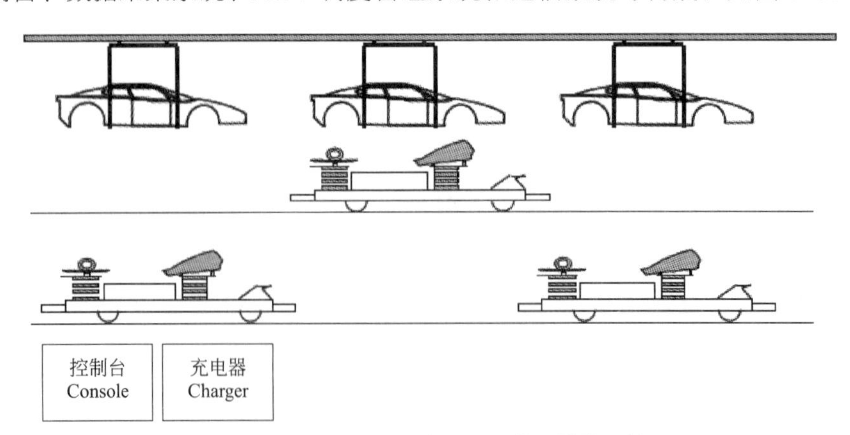

图 3.307　发动机/后桥 AGV 装配输送系统

AGV 完成发动机或后悬挂系统的输送和辅助装配工作。装配人员可以站在 AGV 车的脚踏板上进行装配作业，脚踏板采用花纹铝板制造，操作安全。

1. AGV 地面导引系统

地面导引系统是 AGV 运行的路线和轨迹，AGV 的导引系统采用基于地图的磁带导航方法。当工艺确定磁条埋入地下后，地面将保持平整状态，完全不影响人、车通行。

2. 在线自动充电系统

为了保证 AGV 24h 连续运行，充电系统采用大电流快速充电的方法为 AGV 补充电量。AGV 的充电过程是在控制台的监控下自动进行的。

3. 控制台和 AGV 调度管理系统

控制台和 AGV 调度管理系统是 AGV 系统的调度管理中心，负责数据采集、系统的数据处理，与上位机交换信息，生成 AGV 的运行任务，解决多 AGV 之间的避碰问题。

4. 通信系统

通信系统由无线局域网组成。AGV 与控制台之间采用无线电台进行信息交换，通信协议为 TCP/IP 协议。控制台与上位机之间可采用以太网进行数据传输。

5. 光电检测系统

光电检测系统用于检测主输送线吊具上车身是否运行到位，运行到位将发出信号通知处在等待站点的 AGV 可以侧移运行，实现顺序装配。如果没有车身通过，等待站点的 AGV 始终处于等待状态。如果有车身通过，但等待站点没有 AGV 等待，AGV 控制台将通知总控室。

（五）自动导引车 AGV 系统技术指标

带有同步跟踪和举升机构的 AGV 如图 3.308 所示，其主要技术指标如下。

图 3.308　带同步带和举升机构的 AGV

（1）AGVS 控制方式：控制站集中调度、监控、管理 AGV 系统的运行状态；
（2）AGV 控制方式具备功能：全自动/半自动/手动；
（3）通信方式：无线局域网；
（4）AGV 导航方式：磁导航；
（5）AGV 驱动方式：双舵轮驱动；
（6）负载能力：2000kg(以最终设计为准)；
（7）AGV 自重：2000kg(以最终设计为准)；
（8）同步跟踪精度：±10mm；
（9）运动方向：全方位(所占用运行空间最小化)；
（10）最大速度：直线 60m/min，侧移 30m/min；

（11）导航精度：±10mm；

（12）停车精度：±10mm；

（13）工作时间：24h 连续(三班)；

（14）防碰装置：四周安装接触式保险杠，前后另安装激光防碰装置；

（15）举升装置：双举升机构，可以同步举升或单独举升；

（16）托盘夹具：按照实际需要设计(本方案中不含该部分内容)；

（17）电池组：48V/100A·h，正常使用，寿命大于 3 年；

（18）充电方式：全自动充电器实现在线自动充电，保证连续 24h 工作；

（19）操作高度：装配人员站在 AGV 提供的脚踏板上，相对静止进行零部件装配，脚踏板到地面高度 200mm；

（20）车体尺寸：4800mm×1800mm×900mm ［长×宽×高(举升前)］。

（六）发动机装配升降工作台

AGV 发动机装配升降工作台是将发动机前悬总成举升到装配位置高度的设备，普遍采用纯机械传动的伸缩套筒式升降工作台，如图 3.309 所示。为适应各使用现场的不同要求，将剪式液压机构升降工作台列为备选设备供用户选择。两者主要区别为前者采用直流伺服电动机驱动升降，执行元件为滚珠丝杠；后者采用液压泵站驱动升降，执行元件为液压缸。

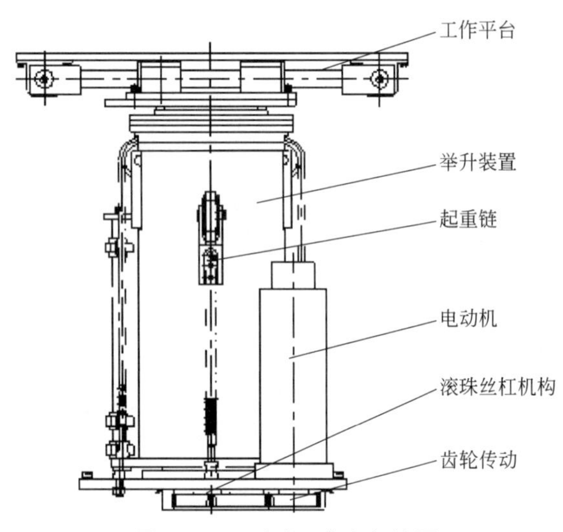

图 3.309 升降工作台机构图

（七）不同轴距车体装配实现

根据轿车装配的具体特点，开发了用于不同轴距的轿车发动机前后悬总成装配标准结构形式，可实现发动机中心点与后桥中心点距离在 2450～2850mm 的轿车装配；其实现方案是将后桥举升机构设计为可沿导轨前后移动的方式，如图 3.310 所示，以调整 AGV 前后举升轴的间距，用以适应不同车型的不同轴距。对不同轴距的车型进行标定，在合适位置处做标记，使操作人员在吊装后桥总成后能快速准确地进行轴距调整。后桥举升装置可在任意位置锁定，操作省力、简单。

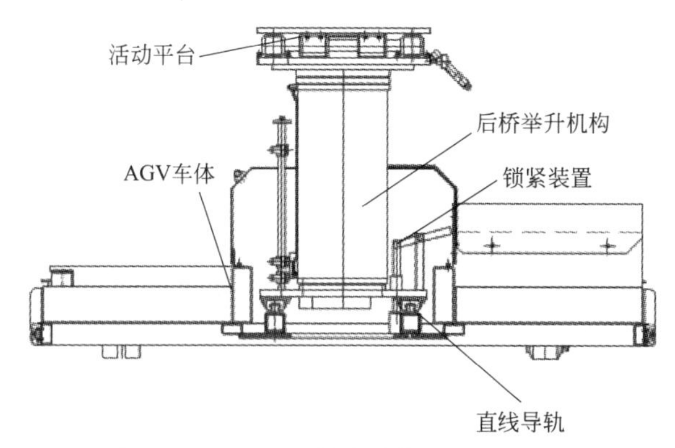

图 3.310　可沿导轨移动的后桥举升机构

（八）导航系统

装配型 AGV 使用磁导航，在 AGV 下方装有磁传感器专业公司为其专门设计的磁导航传感器，如图 3.311 所示。该传感器结构紧凑、使用简单、导航范围宽、导航精度高、灵敏度高、抗干扰性好；AGV 地标传感器使用同一系列的横向产品，安装尺寸更小，可与导航传感器使用相同的信号磁条。

AGV 地面导航线有两种铺设方式，一种为铺设在地面上的，导航线由长 500mm、宽 50mm、厚度为 1mm 的磁性橡胶铺设而成，由于该方式更改性较好，此铺设方式一般采用在装配工艺路线未完全确定时；另外一种方式为埋于地下，导航磁条由长 1000mm、宽 10mm、厚度为 15mm 的磁性橡胶组成，此种方法一般在装配工艺确定后实施，如图 3.312 所示。

图 3.311　传感器工作示意图

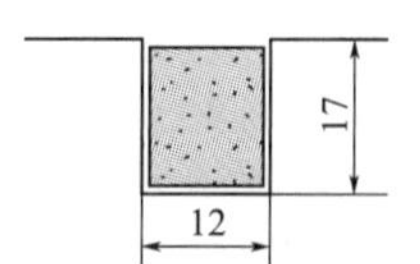

图 3.312　埋于地下的导航线剖面图

（九）在线自动充电系统

AGV 使用高容量镍镉充电电池作为供电电源，该种电池一方面在短时间内可提供较大的放电电流，如图 3.313 所示，在 AGV 启动时可提供给驱动系统较大的加速度；另一方面该种电池的最大充电电流可达到额定放电电流的 10 倍以上，使用大电流充电即可减少电池的充电时间，AGV 的充电运行时间比可达到 1∶8，AGV 可利用在线停车操作的时间进行在线充电，快速补充损失的电量，使其在线连续运行成为可能。

图 3.313　电池

在 AGV 运行路线的充电位置上安装有地面充电连接器，在

AGV 车底部装有与之配套的充电连接器，AGV 运行到充电位置后，AGV 充电连接器与地面充电接器的充电滑触板连接，如图 3.314 所示，最大充电电流可达到 200A 以上。

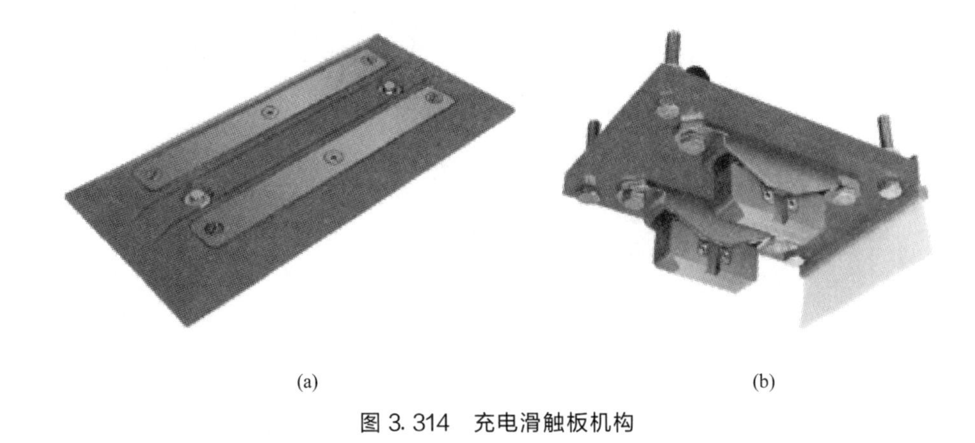

(a) (b)

图 3.314 充电滑触板机构

（十）多 AGV 避碰

控制台内安装避碰程序，负责 AGV 运行中的交通管理，保证运行中的 AGV 与 AGV 间不发生碰撞和 AGV 追尾等事故。控制台将对进入系统和退出系统的 AGV 进行管理，以保证系统安全运行。

（十一）系统培训

需要方发动机及后桥装配生产线是 AGV 的系统应用工程，提供方将在系统调试、设备运行和现场维护等方面对甲方的人员进行详细的培训。

二、AGV 自动搬运小车的电气连接

知识目标

（1）理解 AGV 系统的构成；

（2）理解 AGV 电气系统的构成。

技能目标

（1）掌握根据设备说明书分析 AGV 系统功能；

（2）掌握根据电气原理图分析 AGV 系统各部分工作原理。

（一）AGV 系统构成

电气控制系统是物流系统中设备执行的控制核心，包含设备控制层和监控层。向上连接物流系统的调度计算机，接受物料的输送指令；向下连接输送设备，实现底层输送设备的驱动、输送物料的检测与识别，完成物料输送及过程控制信息的传递。此外还提供内容丰富、形象生动的人机界面，安全保护措施和多种操作模式，辅助工作人员进行设备操作和维护。

AGV 通过控制台负责与立库管理计算机交换信息，根据所要输送的铝箔托盘的信息

生成 AGV 的运行任务，同时解决运行中多 AGV 之间的避碰问题。AGV 控制台在调度管理过程中将 AGV 系统的状态反馈给仓库的中心控制管理系统。AGV 控制台和各 AGV 之间组成无线局域网，AGV 与控制台之间采用无线局域网进行信息交换。通过多个无线接入点的组合，覆盖 AGV 运行的区域，使 AGV 在跨越不同的区域时实现自动漫游，实现无缝连接。

由于采用集中控制的方式，控制台将成为 AGV 系统的核心。它与生产调度管理计算机系统留有接口，可以接受调度命令和报告 AGV 的运行情况。控制台应满足工业现场环境要求，有足够的运算速度和管理能力；控制台主要功能包括通信管理、AGV 运行状态、数据采集和运行状态显示；控制台在实时调度在线 AGV 的同时将在屏幕上显示系统工作状态，包括在线 AGV 的数量、位置(包括 AGV 处于的地标位置）状态、已完成的装配数量等；控制台负责 AGV 运行中的交通管理，保证运行中的 AGV 与 AGV 间不发生碰撞和 AGV 追尾等事故；控制台将对进入系统和退出系统的 AGV 进行管理，以保证系统安全运行。常见 AGV 系统构成如图 3.315 所示。

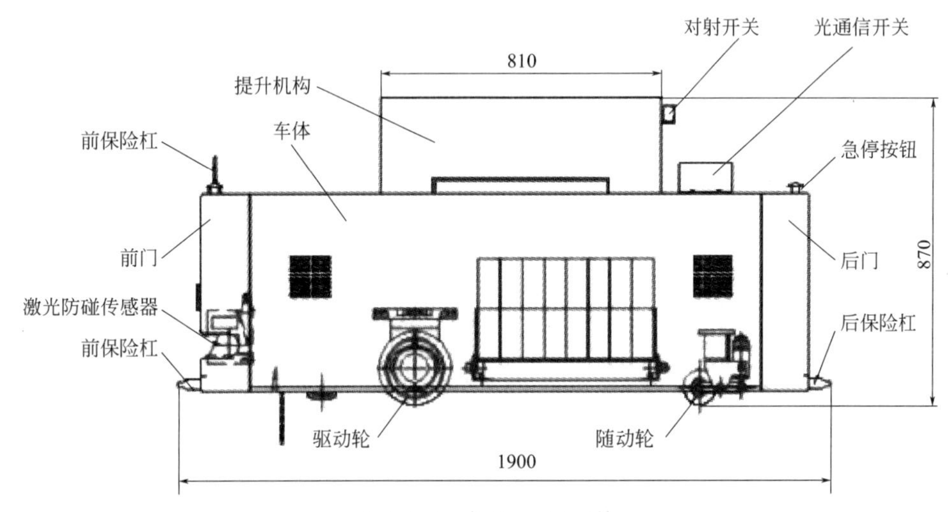

图 3.315 常见 AGV 系统

（二）AGV 电气系统的构成

AGV 主要由车载控制器、伺服驱动系统、惯导系统、安全系统、供电系统、通信系统和手动维护系统等部分构成；实现了 AGV 控制器的通用性与模块化，各功能模块性能稳定可靠且分工明确，即保证了 AGV 整体性能的灵活配置，又便于不同系统功能的扩充与维护。

惯导传感器的小误差会随时间累积成大误差，其误差大体上与时间成正比，因此需要不断进行修正。新松惯导 AGV 是多传感器数据融合的产物，包括高精度磁导航传感器、陀螺仪传感器、驱动轮码盘传感器以及 RFID 传感器等。在工作过程中，采用 RFID 配合 AGV 车体及时进行纠偏，保证惯导系统的精度及可靠性，从而保证 AGV 系统按轨迹运行。RFID 同时作为站点识别的载体，使 AGV 可以随时自动上线，不用人工输入站点的号码，在上线站点比较多的应用现场，为操作人员提供了便利，避免了人工输入错误的情况。

（三）新松 AGV 系统电气原理图（部分）

1. 控制结构图(图 3.316)

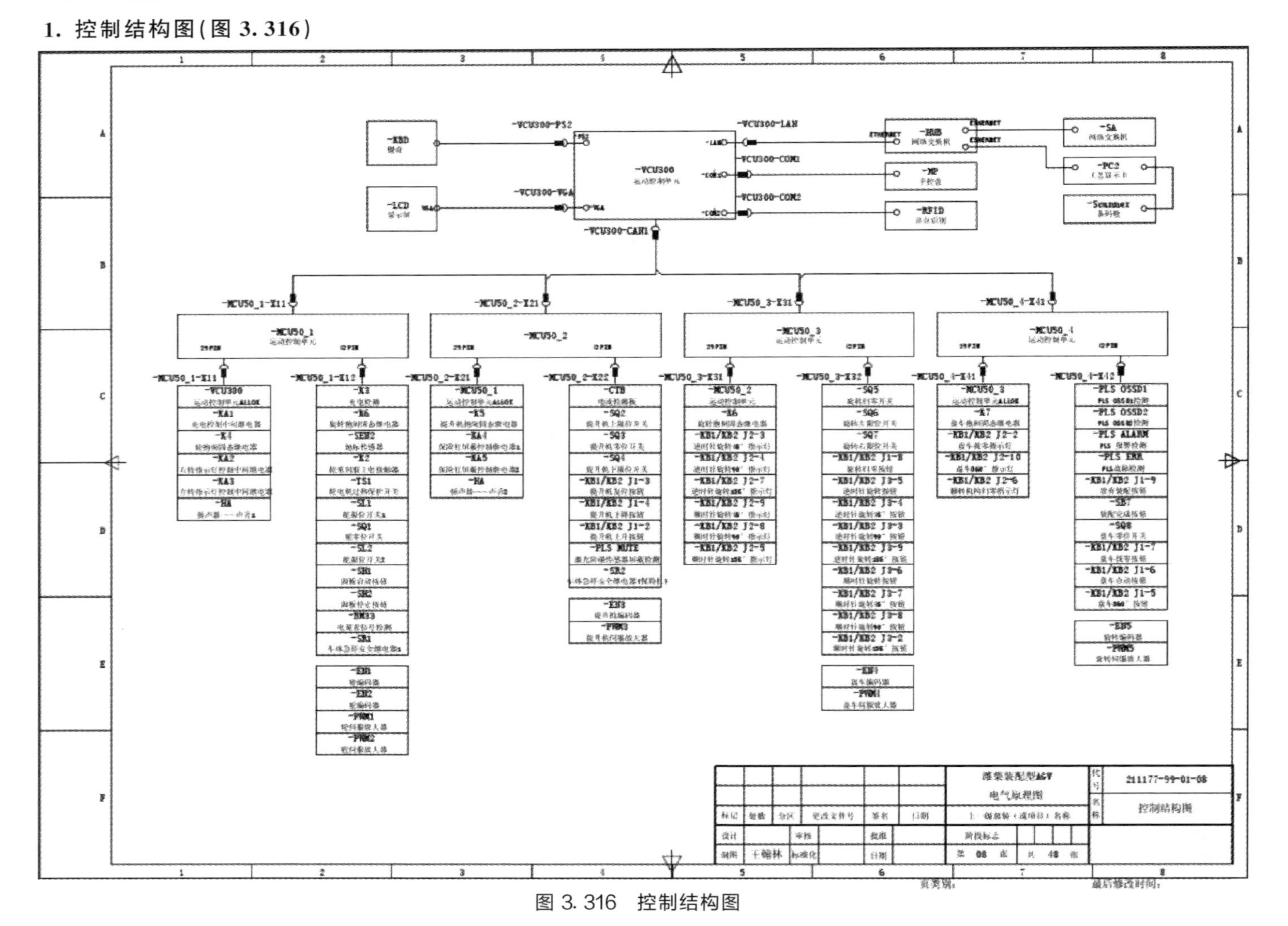

图 3.316　控制结构图

2. 供电系统-电池连接电路图(图 3.317)

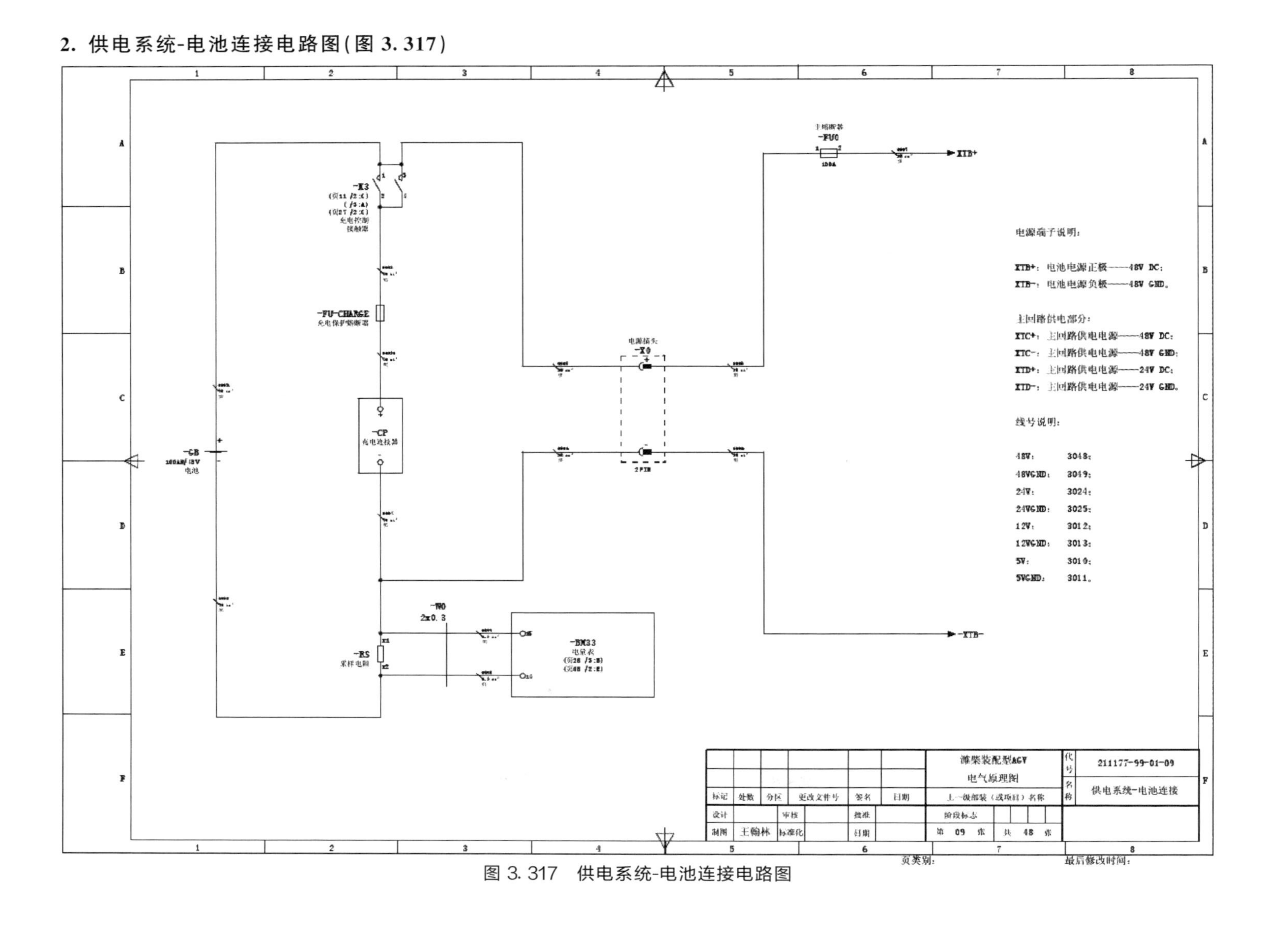

图 3.317　供电系统-电池连接电路图

3. 供电系统-主回路供电电路图(图 3.318)

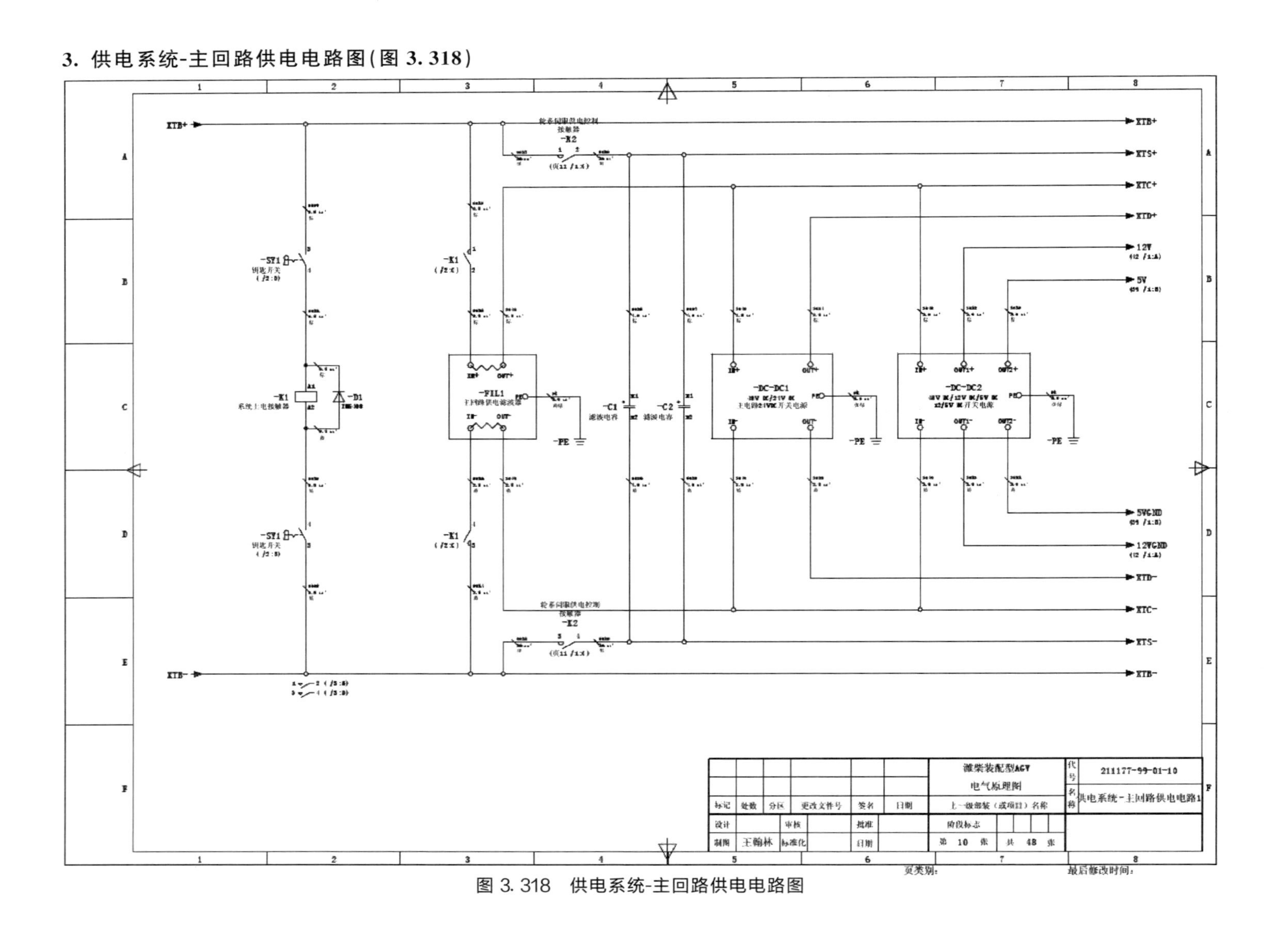

图 3.318 供电系统-主回路供电电路图

4. 驱动单元电源系统电路图(图 3.319)

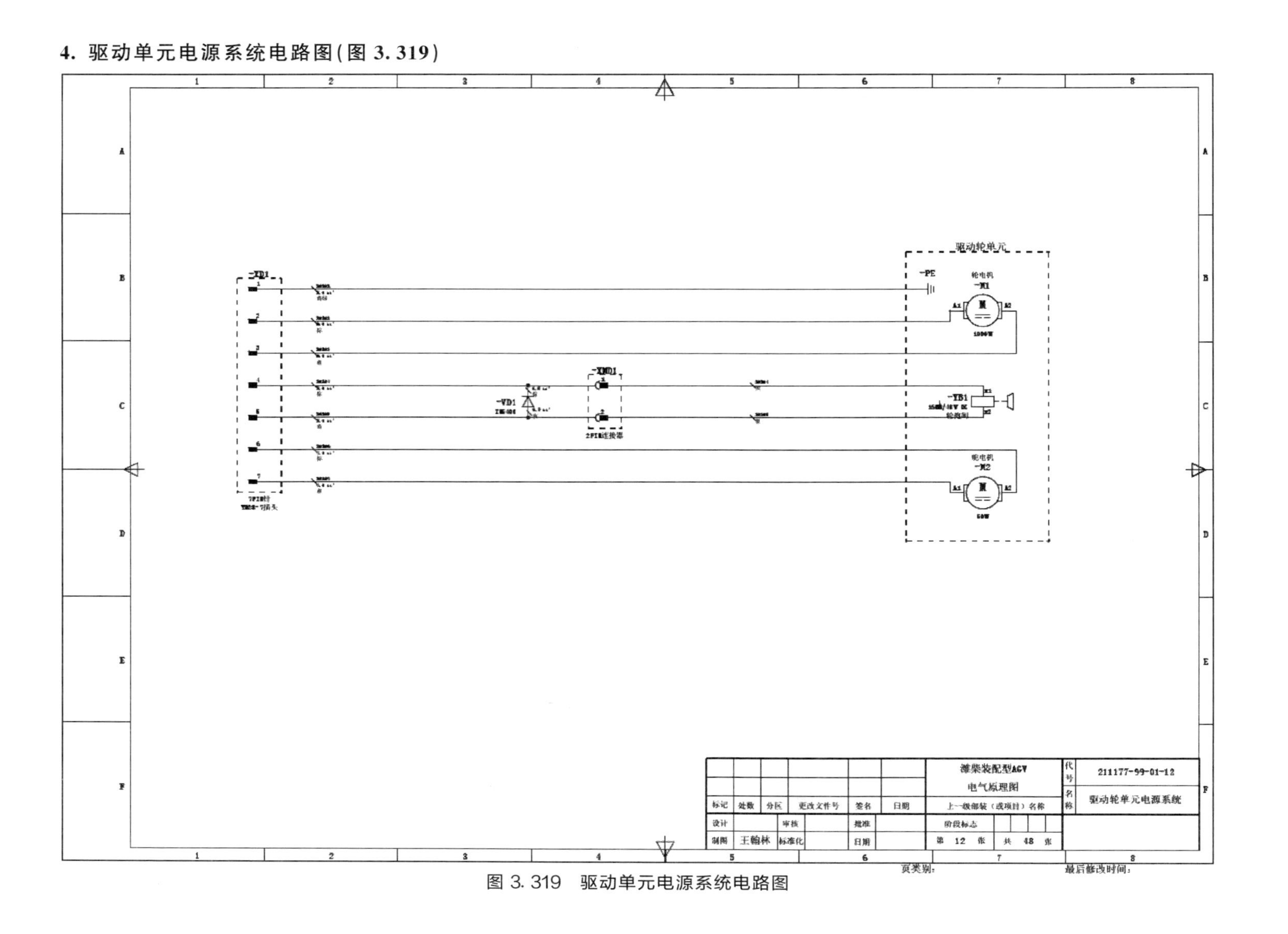

图 3.319　驱动单元电源系统电路图

5. 控制器电源系统电路图(图 3.320)

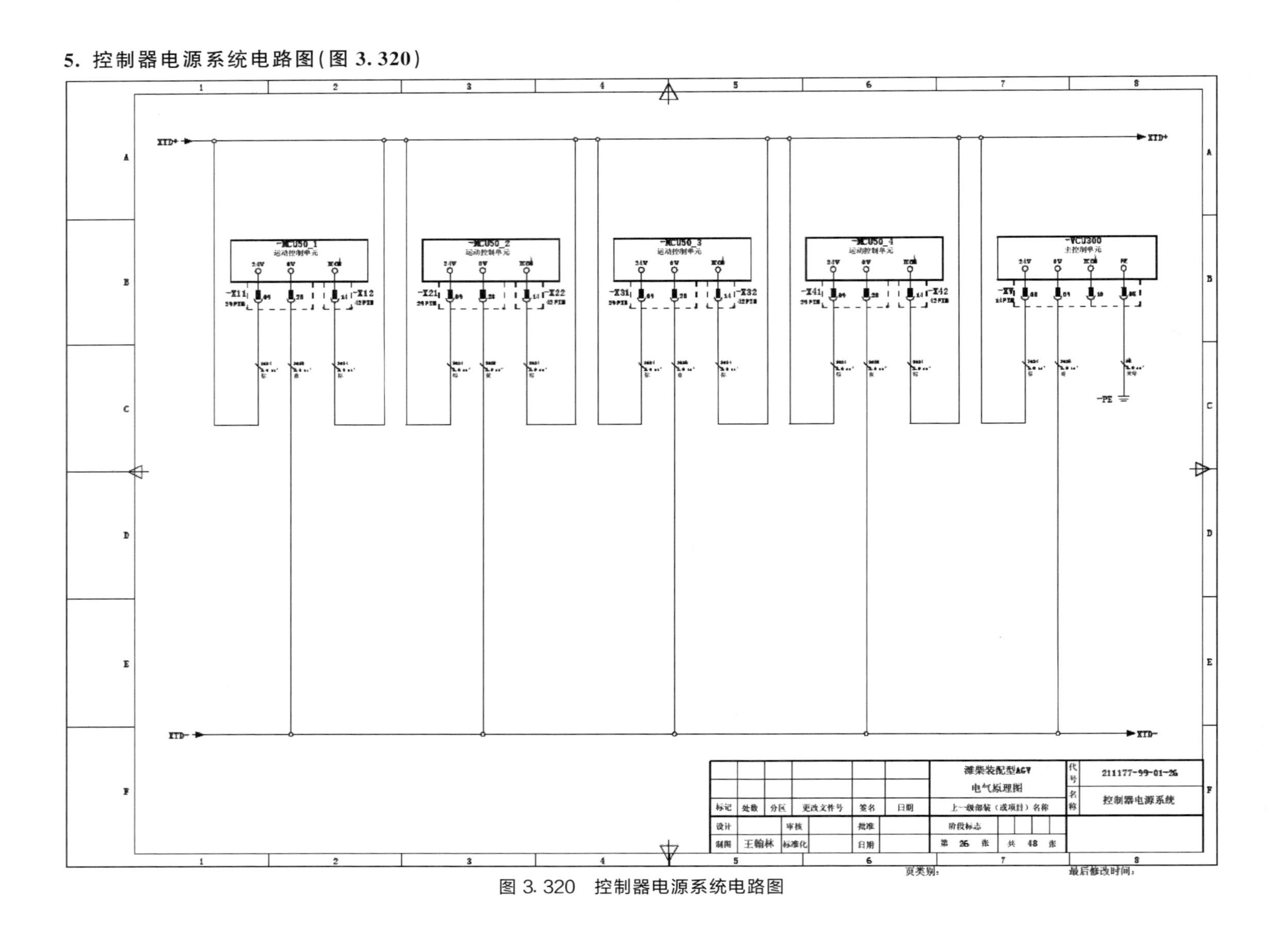

图 3.320 控制器电源系统电路图

6. MCU50 模块 I/O 信号电路图(图 3. 321)

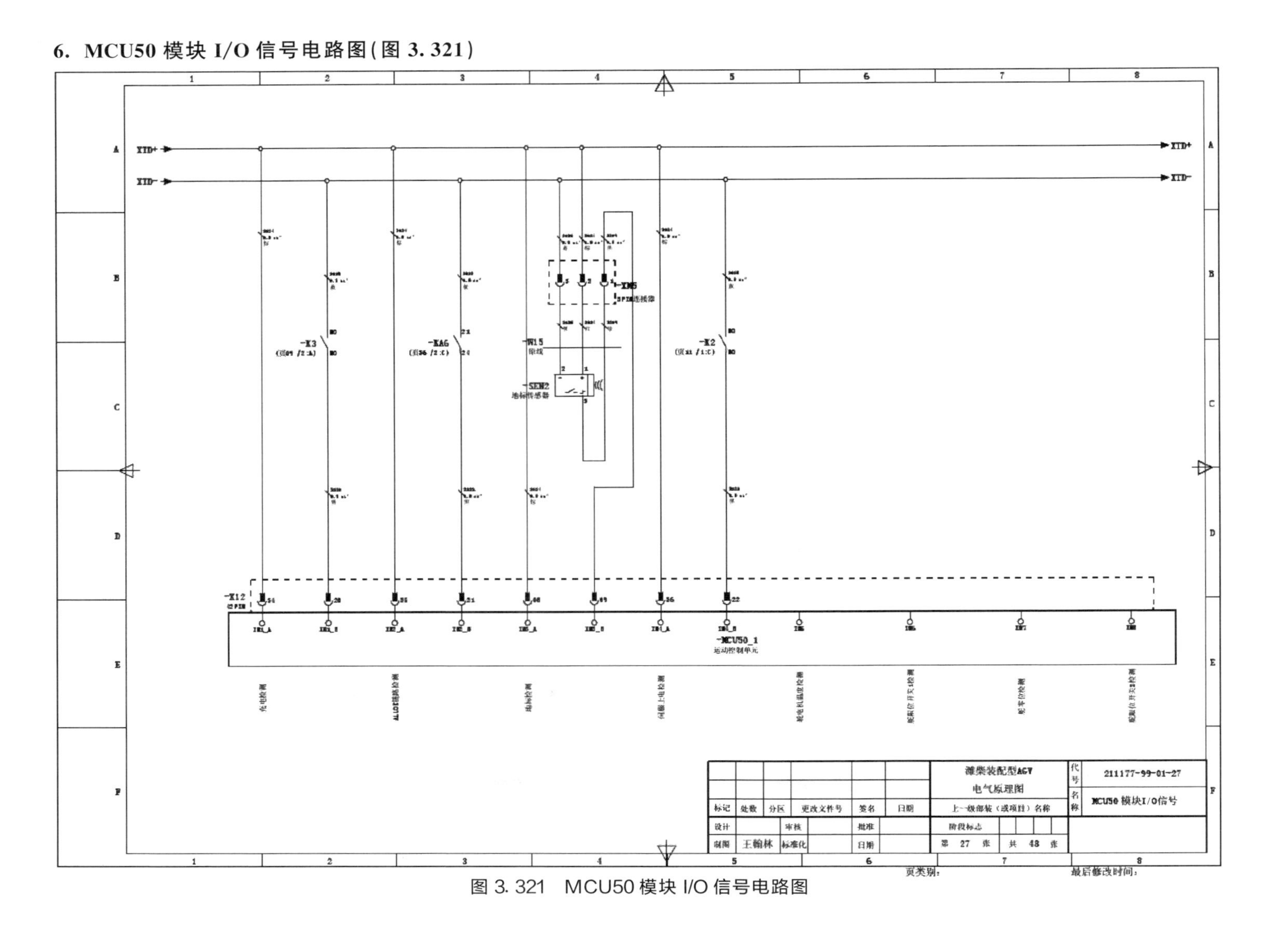

图 3. 321　MCU50 模块 I/O 信号电路图

7. MCU50 ALLOK 信号电路图(图 3.322)

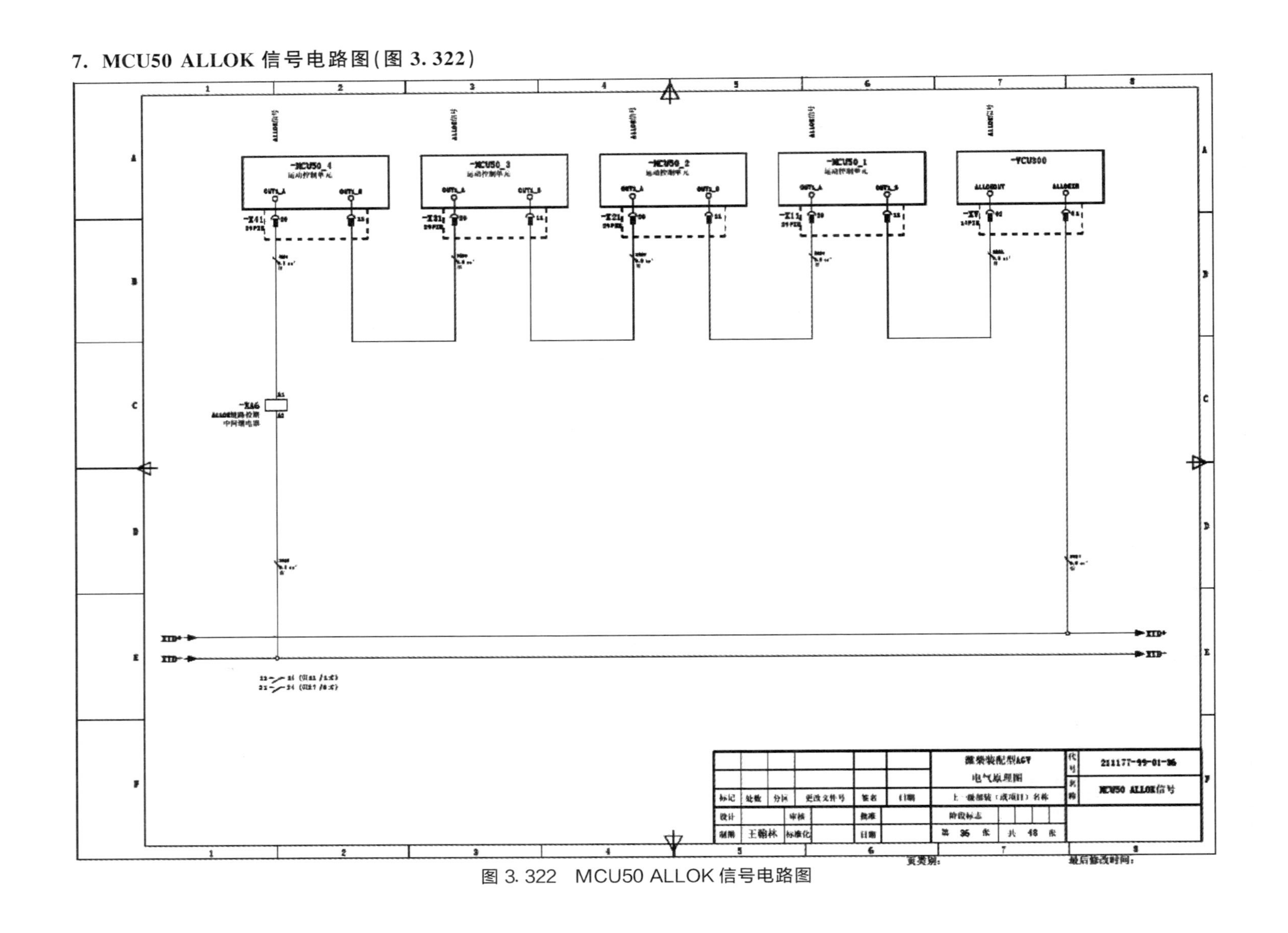

图 3.322 MCU50 ALLOK 信号电路图

8. FSL 信号电路图(图 3.323)

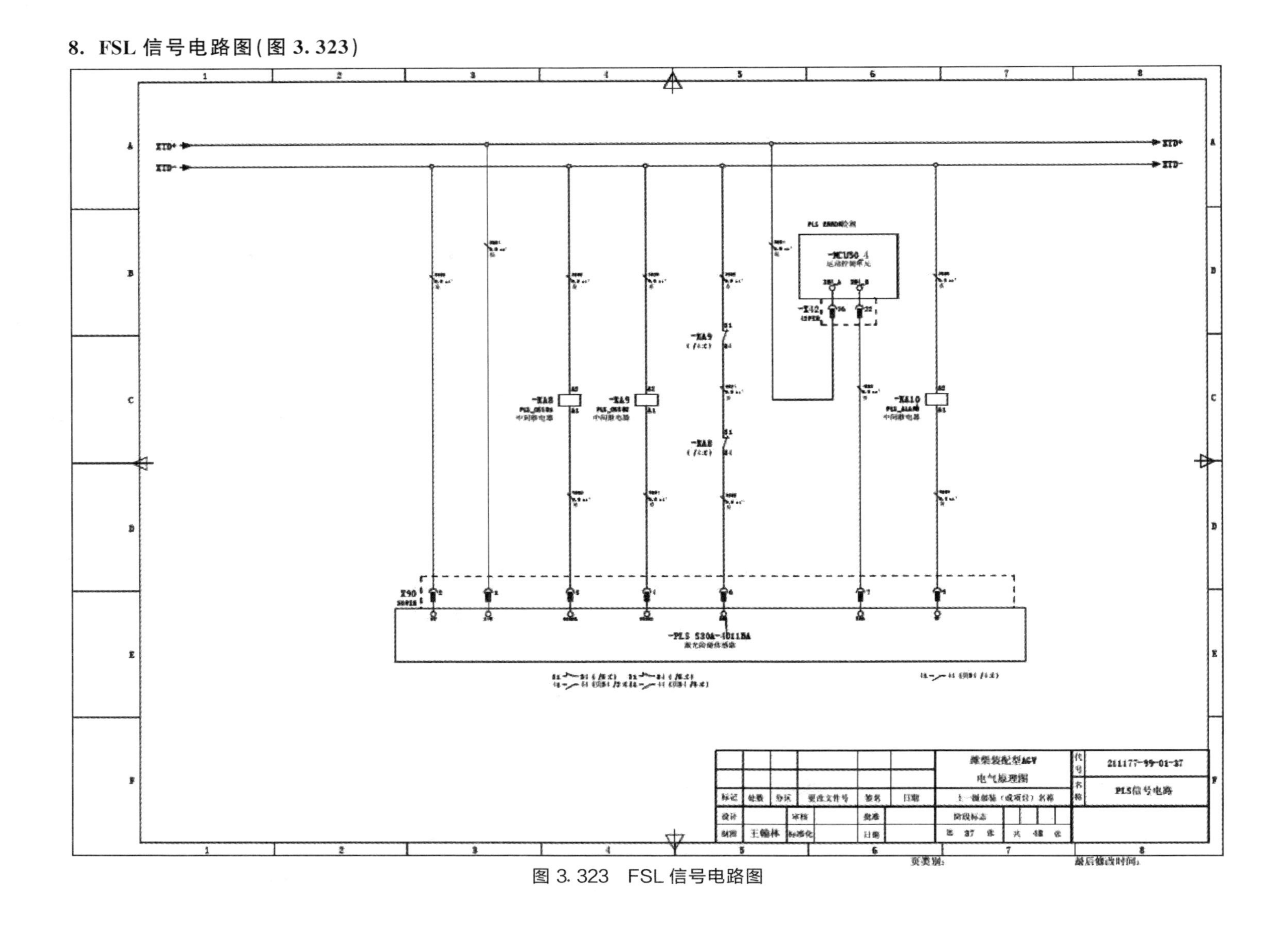

图 3.323　FSL 信号电路图

9. 外部 I/O 信号电路图(图 3.324)

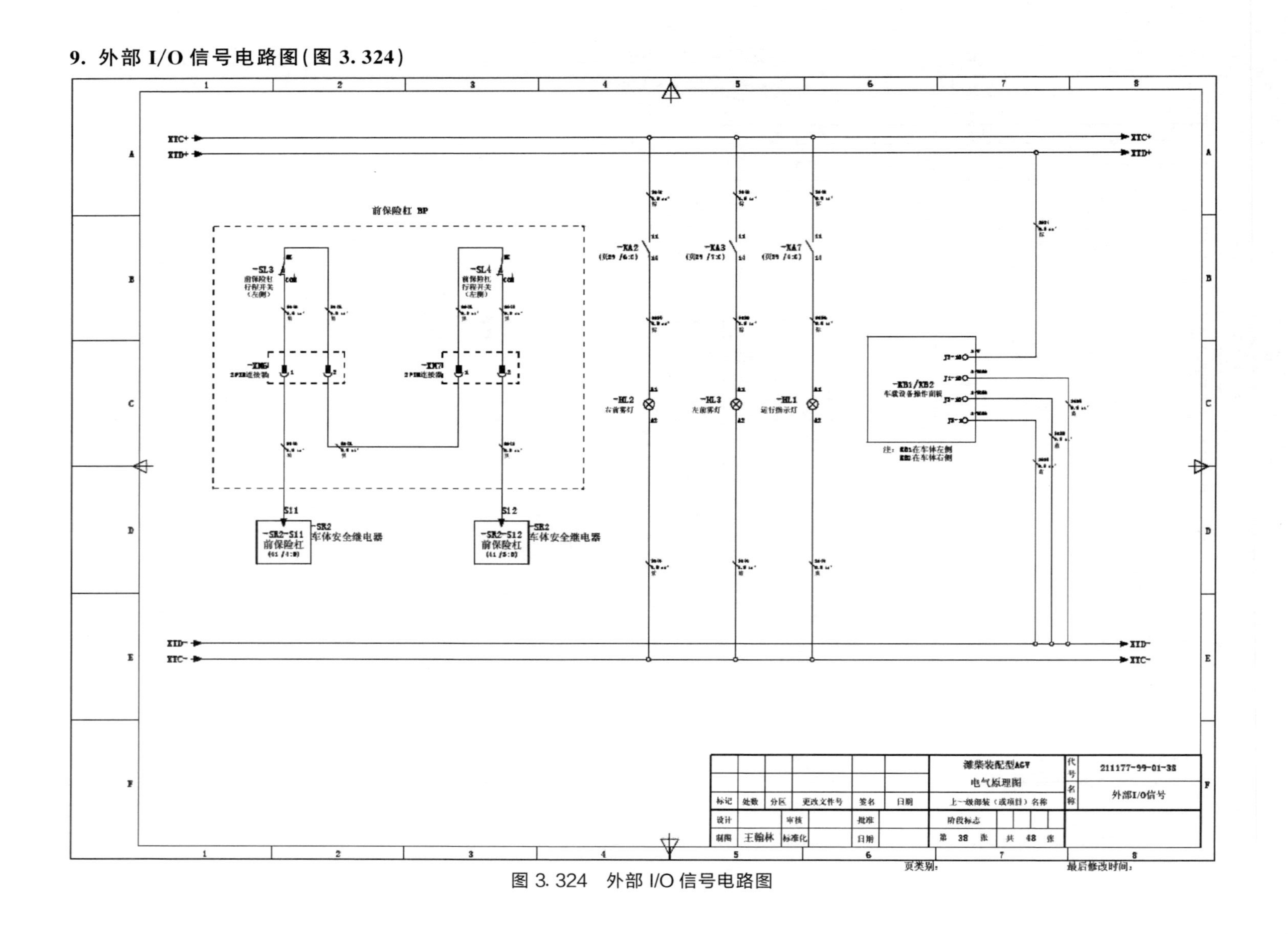

图 3.324　外部 I/O 信号电路图

10. 设备网线电路图(图 3.325)

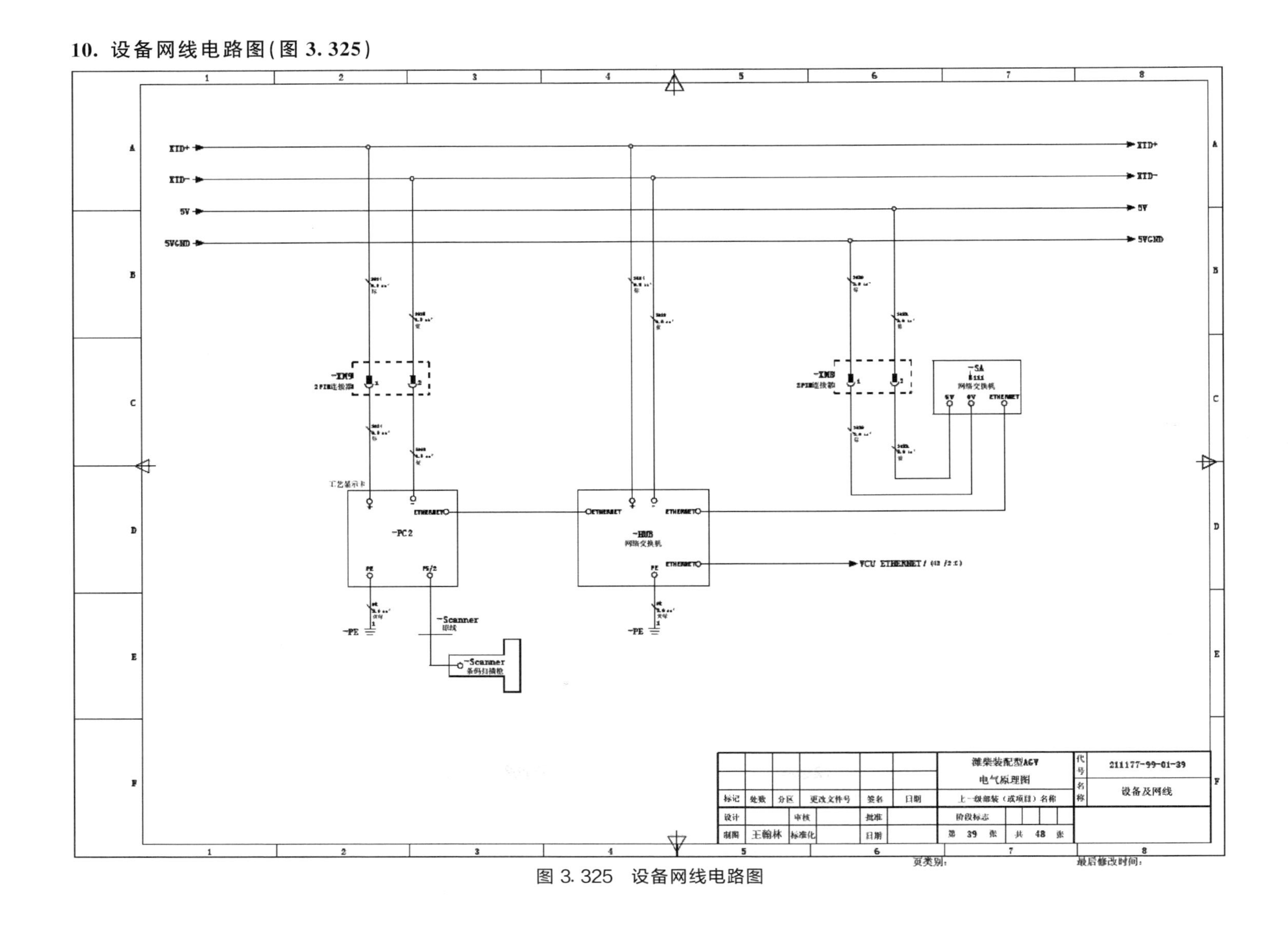

图 3.325　设备网线电路图

11. CAN通信单元电路图(图3.326)

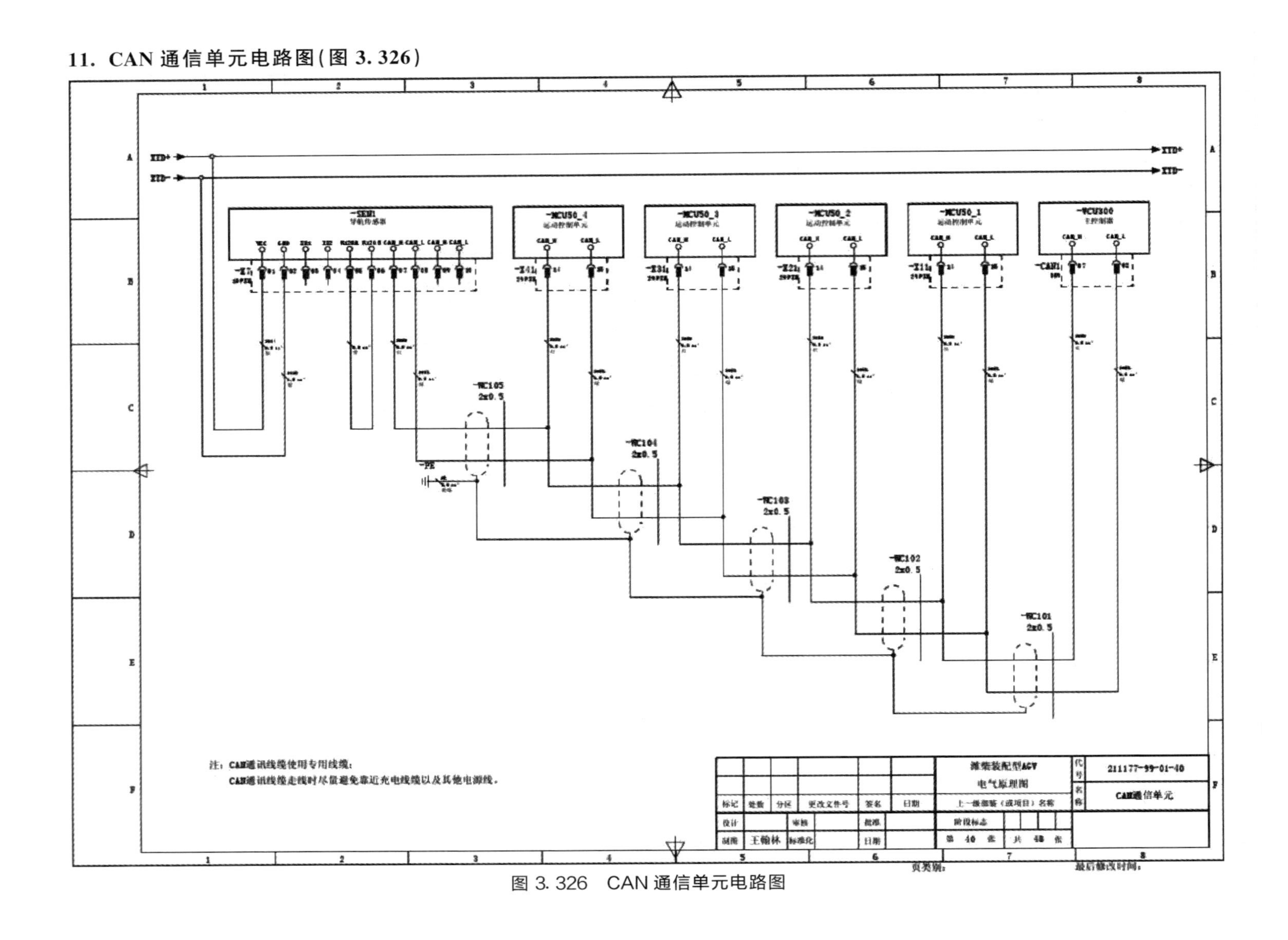

图3.326　CAN通信单元电路图

12. 安全继电器控制电路图(图 3.327)

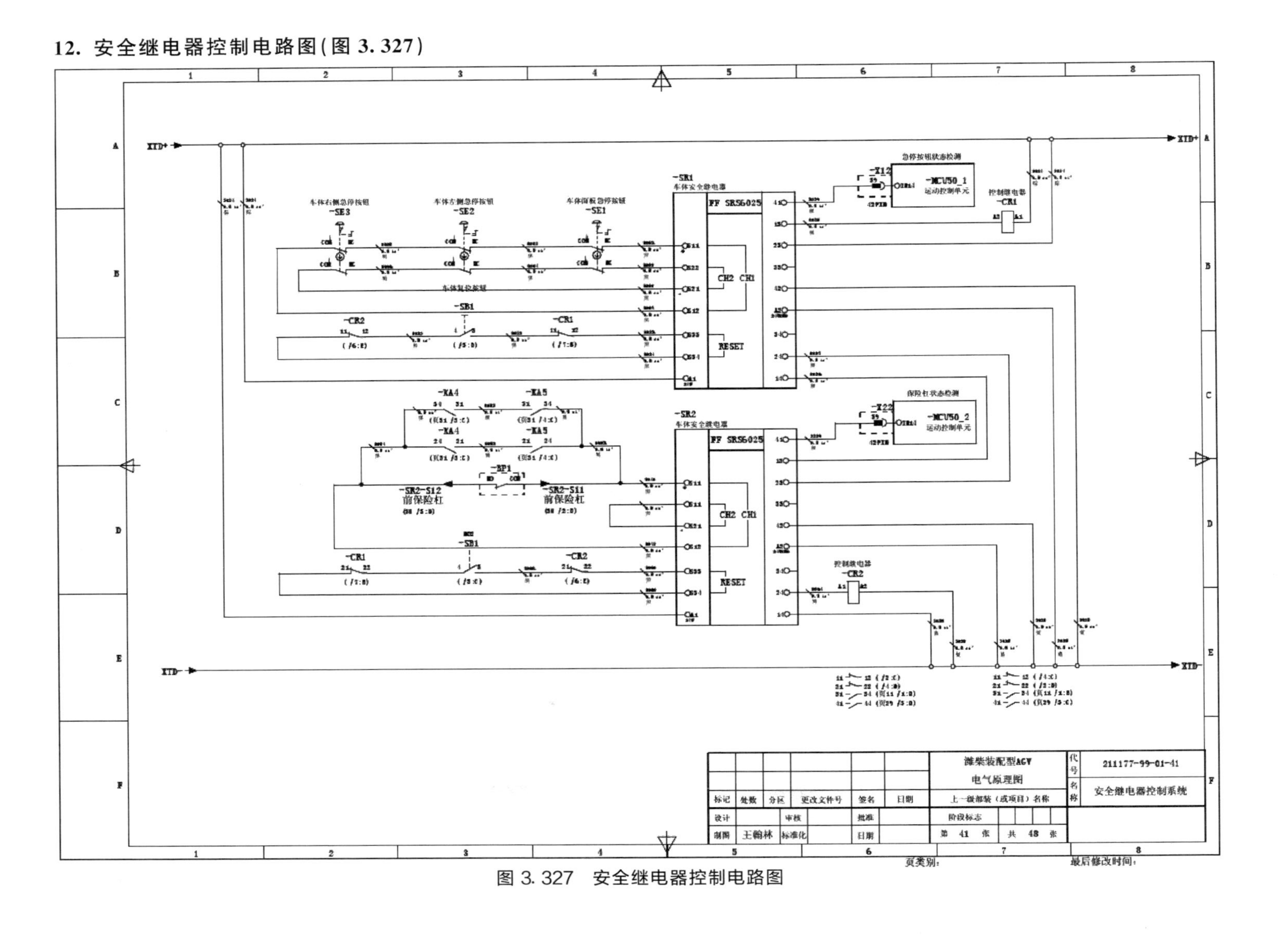

图 3.327 安全继电器控制电路图

13. VCU300 接口单元电路图(图 3.328)

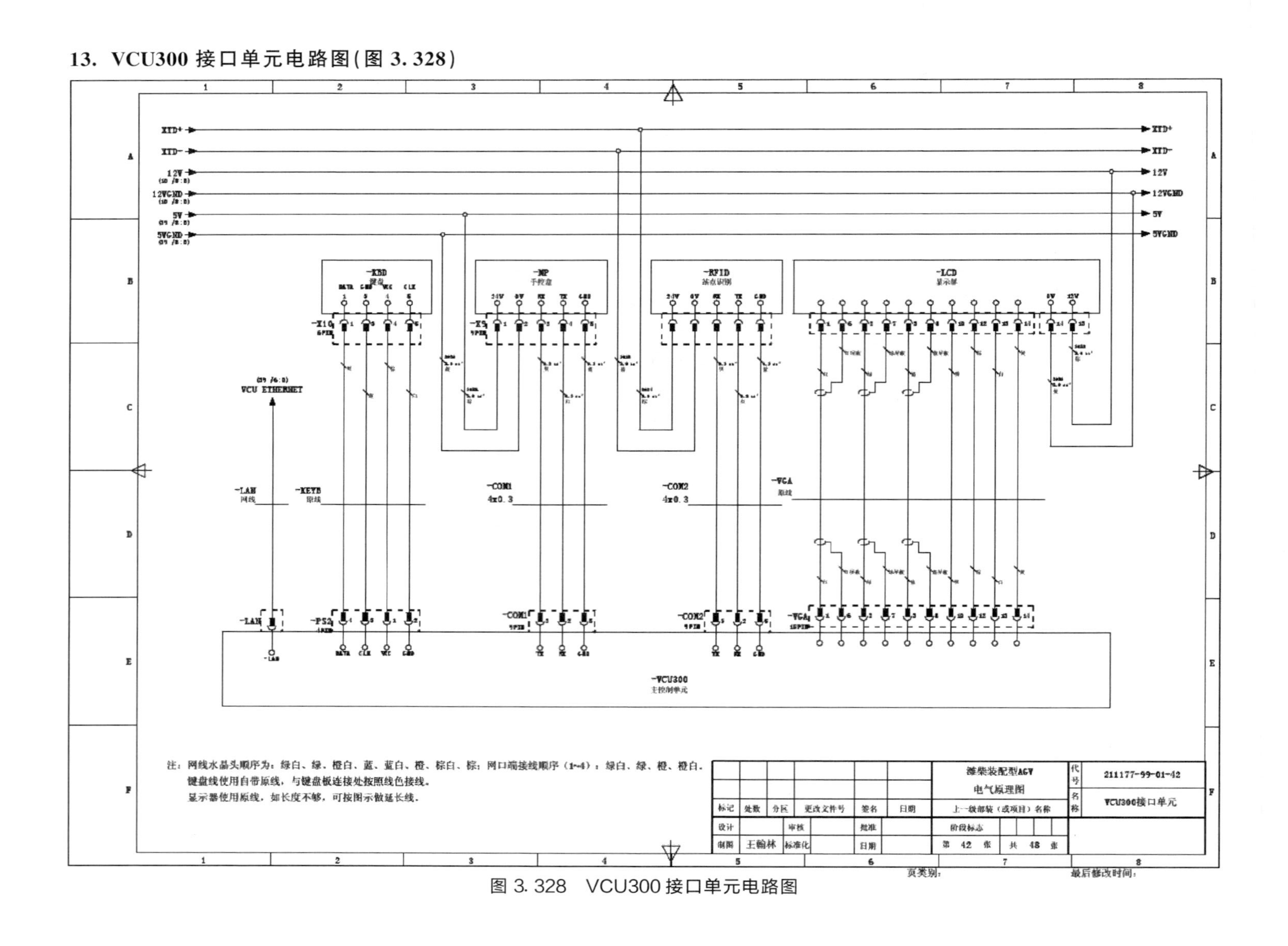

图 3.328　VCU300 接口单元电路图

练习与思考

一、填空题

1. AGV 控制整个系统一般包括 AGV、AGV 控制台、(　　　　)、导航系统、通信系统、数据采集系统和装配夹具等几部分。
2. 为了保证 AGV 24h 连续运行，充电系统采用(　　　)电流快速充电的方法为 AGV 补充电量。
3. AGV 主要由车载控制器、伺服驱动系统、惯导系统、(　　　　)、供电系统、通信系统和手动维护系统等部分构成。
4. 新松惯导 AGV 是多传感器数据融合的产物，包括高精度(　　　　　　)传感器、陀螺仪传感器、驱动轮码盘传感器以及 RFID 传感器等。
5. 电气控制系统是物流系统中设备执行的控制核心，包含设备控制层和(　　　)层。
6. AGV 通过控制台负责与立库管理计算机交换信息，根据所要输送托盘的信息生成 AGV 的运行任务，同时解决运行中多 AGV 之间的(　　　　)问题。
7. AGV 与控制台之间采用(　　)局域网进行信息交换，通过多个无线接入点的组合，覆盖 AGV 运行的区域，使 AGV 在跨越不同的区域时实现自动漫游，实现无缝连接。
8. 控制台与上位机之间可采用(　　　　　　)网进行数据传输。

二、判断题

1. (　　)惯导传感器的小误差会随时间累积成大误差，其误差大体上与时间成反比，因此需要不断进行修正。
2. (　　)AGV 控制台和各 AGV 之间组成有线局域网控制。
3. (　　)AGV 发动机装配升降工作台是将发动机前悬总成举升到装配位置高度的设备，普遍采用纯机械传动的伸缩套筒式升降工作台。
4. (　　)AGV 控制台在调度管理过程中将 AGV 系统的状态反馈给仓库的中心控制管理系统。

三、简答题

1. 简述 AGV 系统的一般构成。
2. 简述 AGV 地面导引系统的主要功能。
3. 简述磁导航传感器的特点。
4. 简述新松光电检测系统的主要功能。

第八节　中控系统的安装与调试

一、PLC 与触摸屏的硬件安装

知识目标

(1) 理解 PLC 触摸屏的基本概念；

（2）理解 PLC 触摸屏的应用。

技能目标

（1）掌握 PLC 与触摸屏的硬件安装方法；
（2）理解 PLC 触摸屏可以实现的功能。

（一）PLC 触摸屏简介

PLC(Programmable Logical Controller) 通常称为可编程逻辑控制器，是一种以微处理器为基础，综合了现代计算机技术、自动控制技术和通信技术发展起来的一种通用的工业自动控制装置。由于它拥有体积小、功能强、程序设计简单、维护方便等优点，特别是适应恶劣工业环境的能力和高可靠性，使它的应用越来越广泛，已经被称为现代工业的三大支柱(即 PLC、机器人和 CAD/CAM) 之一。

PLC 基于电子计算机，但并不等同于计算机。普通计算机进行入出信息交换时，大多只考虑信息本身，信息入出的物理过程一般不考虑；而 PLC 则要考虑信息入出的可靠性、实时性以及信息的实际使用；特别要考虑怎样适应于工业环境，如便于安装、便于门内外感应采集信号、便于维修和抗干扰等问题。入出信息变换及可靠地物理实现，是 PLC 实现控制的两个基本点，PLC 可以通过它的外设或通信接口与外界交换信息。其功能要比继电器控制装置多得多、强得多。PLC 有丰富的指令系统，有各种各样的 I/O 接口、通信接口，有大容量的内存，有可靠的自身监控系统，因而具有以下基本功能。

（1）逻辑处理功能；
（2）数据运算功能；
（3）准确定时功能；
（4）高速计数功能；
（5）中断处理(可以实现各种内外中断) 功能；
（6）程序与数据存储功能；
（7）联网通信功能；
（8）自检测、自诊断功能。

（二）PLC 与触摸屏的硬件安装方法

TPC7062K 机身具有标准 7in 液晶显示屏，如图 3.329、图 3.330 所示；更小的安装控件，不变的显示质量；搭载全新的 MCGS 嵌入版组态软件(有报警、配方常用功能，无数据存储功能，无保持初始值功能)。全新的产品，带给用户更高的性价比。

1. TPC7062K 外观

(a) 正视图

(b) 背视图

图 3.329　TPC7062K 外观

2. 外形尺寸

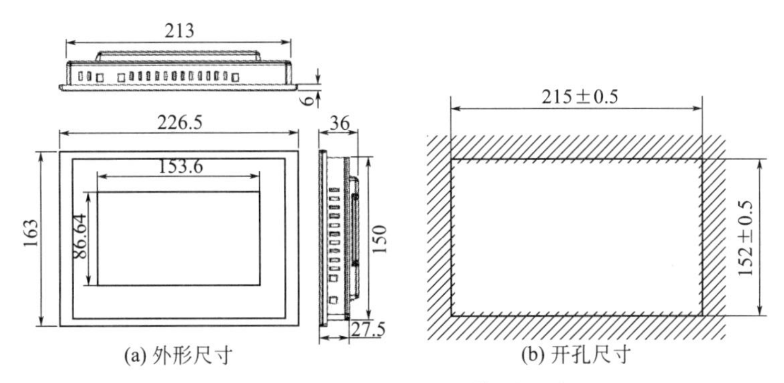

图 3. 330　TPC7062K 外形尺寸

3. 安装角度

安装角度及温度关系如图 3. 331 所示。

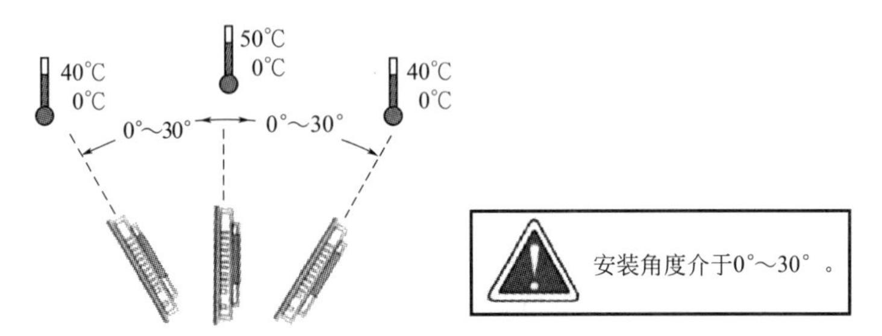

图 3. 331　安装角度及温度关系

4. 安装方法

产品说明书附带安装说明，根据说明图一目了然，如图 3. 332 所示。

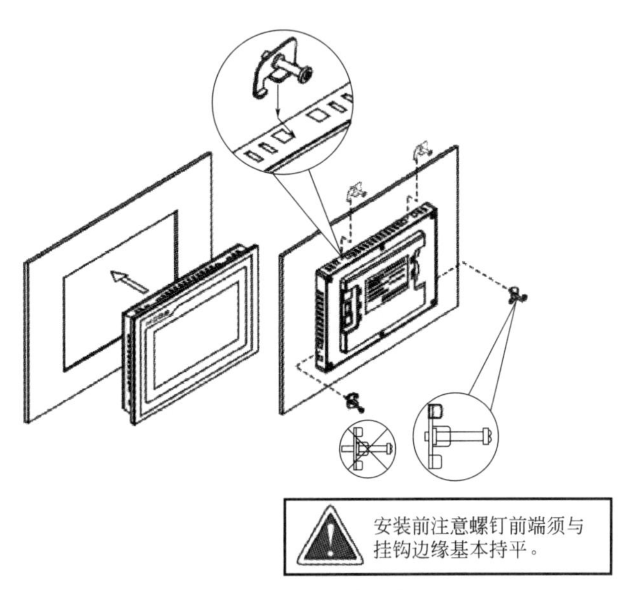

图 3. 332　说明图

5. TPC7062K 与组态计算机连接

TPC7062K 与组态计算机连接如图 3.333 所示。

图 3.333　TPC7062K 与组态计算机连接

二、PLC 与触摸屏的电气连接

知识目标

（1）理解触摸屏与 PLC 的连接方式；

（2）了解触摸屏的基础知识。

技能目标

（1）掌握触摸屏与 PLC 的连接注意事项；

（2）理解标准型数控系统的一般组成。

（一）触摸屏的基础知识

触摸屏（Touch Screen）又称为“触控屏”“触控面板”，是一种可接收触头等输入信号的感应式液晶显示装置，当接触了屏幕上的图形按钮时，屏幕上的触觉反馈系统就可根据预先编程的程式驱动各种连接装置，可用以取代机械式的按钮面板，并借由液晶显示画面制造出生动的影音效果。触摸屏作为一种最新的电脑输入设备，它是目前最简单、方便、自然的一种人机交互方式；它赋予了多媒体崭新的面貌，是极富吸引力的全新多媒体交互设备，主要应用于公共信息的查询、领导办公、工业控制、军事指挥、电子游戏、点歌点菜、多媒体教学、房地产预售等。

按照触摸屏的工作原理和传输信息的介质，把触摸屏分为四种，分别为电阻式、电容感应式、红外线式以及表面声波式。每一类触摸屏都有其各自的优缺点，要了解哪种触摸屏适用于哪种场合，关键就在于要懂得每一类触摸屏技术的工作原理和特点。

注：人机触摸屏简称 TPC，目前还没有进入百度百科及相关词条，TPC 在百度上有其他领域的解释，对 PLC 及工控而言，TPC 就可以看成触摸屏设备。

（二）PLC 与触摸屏的电气连接注意事项

触摸屏与 PLC 的连接注意事项如下。

（1）请确保在 HMI 设备外部为所有连接电缆预留足够的空间；

（2）安装 HMI 设备时，确保人员、工作台和整体设备正确接地；

（3）连接电源符合设备要求（通常为 DC 24V）。

1. TPC7062K 与 SIEMENS(西门子)连接(图 3.334)

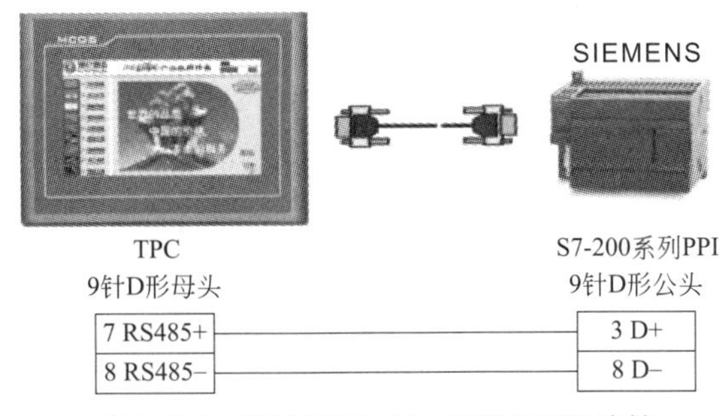

图 3.334　TPC7062K 与 SIEMENS 连接

2. TPC7062K 与 OMRON(欧姆龙)连接(图 3.335)

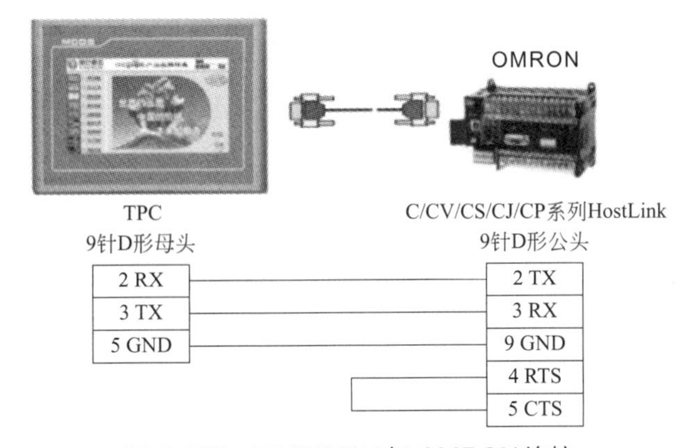

图 3.335　TPC7062K 与 OMRON 连接

3. TPC7062K 与三菱连接(图 3.336)

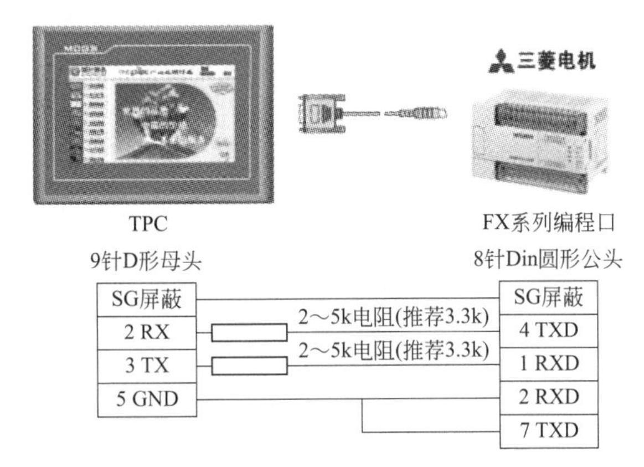

图 3.336　TPC7062K 与三菱连接

4. 电源连接

电源插头示意图及引脚定义如图 3.337 所示，接线基本步骤如下。

(1) 将 24V 电源线剥线后插入对应电源接线端子中；

(2) 使用合适工具安装电源插头；

(3) 使用合适的螺丝刀(螺钉旋具)将各线压紧，注意力度适中；

（4）自锁型插座需要对导线进行加套或者镀锡处理后直接插入对应插孔。

注：采用的导线截面推荐 1.0～1.25mm^2 多股软线，不建议使用单芯线。

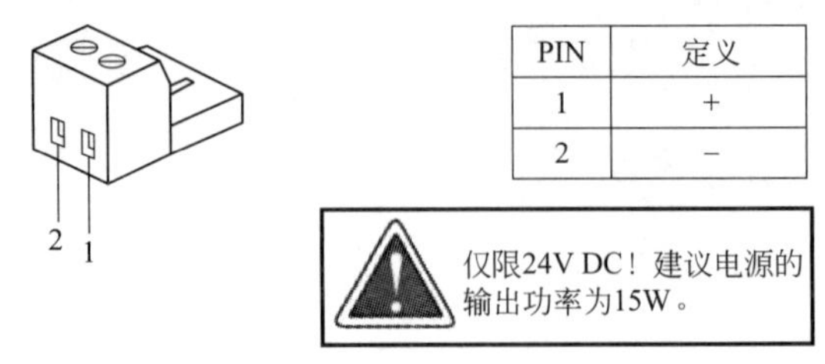

PIN	定义
1	+
2	−

图 3.337　电源插头示意图及引脚定义

5. 接口定义(图 3.338)

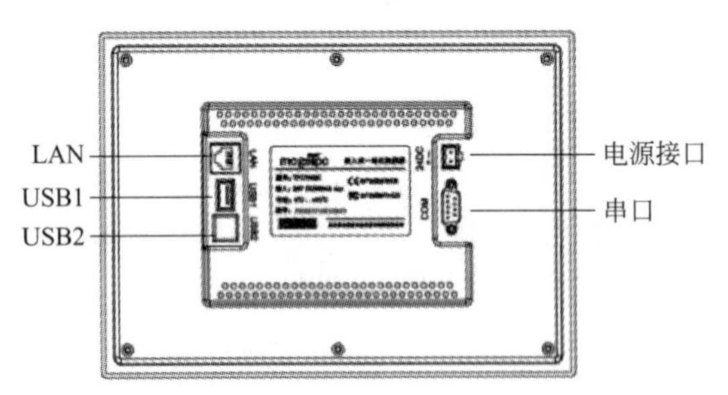

项目	TPC7062KS	TPC7062K	TPC1062KS	TPC1062K
LAN(RJ45)	无	有	无	有
串口(DB9)	1×RS232，1×RS485			
USB1	主口，兼容USB1.1标准			
USB2	从口，用于下载工程			
电源接口	24V DC ±20%			

图 3.338　接口定义

6. 串口引脚定义(图 3.339)

接口	PIN	引脚定义
COM1	2	RS232 RXD
	3	RS232 TXD
	5	GND
COM2	7	RS485+
	8	RS485−

图 3.339　串口引脚定义

7. 串口设置

串口设置 COM2 终端匹配电阻设置跳线如图 3.340 所示。

J400

1　2　3

跳线设置	终端匹配电阻
	无
	有

图 3.340　COM2 终端匹配电阻设置跳线示意图

（1）跳线设置说明

① 将1、2位跳线接在一起时，表示COM2口RS485通信方式为无匹配电阻；

② 将2、3位跳线接在一起时，表示COM2口RS485通信方式为有匹配电阻。

（2）跳线设置步骤

① 关闭设备电源，打开后盖；

② 根据所需使用的SR485终端匹配电阻需求设置跳线开关；

③ 装上后盖；

④ 开机后相应设置生效。

说明：在使用无匹配电阻模式时，当RS485通信距离大于20m，出现通信干扰形象时，才考虑对终端匹配电阻进行设置。

三、PLC与触摸屏的软件组态

知识目标

（1）理解PLC组态的基本概念；

（2）理解组态PC能够实现的基本功能。

技能目标

（1）掌握THPSSM-1型系统的组态方法；

（2）初步掌握THPSSM-1型连接HMI设备的接口定义。

（一）PLC组态的基本概念

组态英文是“Configuration”，简单地讲，组态就是用应用软件中提供的工具、方法，完成工程中某一具体任务的过程。与硬件生产相对照，组态与组装类似。如要组装一台电脑，事先提供了各种型号的主板、机箱、电源、CPU、显示器、硬盘、光驱等，我们的工作就是用这些部件拼凑成自己需要的电脑。当然，软件中的组态要比硬件的组装有更大的发挥空间，因为它一般要比硬件中的“部件”更多，而且每个“部件”都很灵活，这是因为软部件都有内部属性，通过改变属性可以改变其规格(如大小、性状、颜色等)。在组态概念出现之前，要实现某一任务，都是通过编写程序(如使用BASIC、C、FORTRAN等）来实现的。编写程序不但工作量大、周期长，而且容易犯错误，不能保证工期。组态软件的出现，解决了这个问题。对于过去需要几个月的工作，通过组态几天就可以完成了。

组态软件是有专业性的，一种组态软件只能适合某种领域的应用。组态的概念最早出现在工业计算机控制中，如DCS(集散控制系统）组态、PLC(可编程控制器）梯形图组态。

现在工业中PLC和触摸屏应用越来越广泛，仿真技术也给我们带来了极大的便利。如果调试，只要有一台笔记本电脑就可以检验设计的程序了，不受硬件和地点限制。

PLC仿真技术是基于组态软件的仿真系统实现的原理，在于PLC内部各种继电器的状态与组态软件数据库中数据的链接以及该数据与计算机界面上图形对象的链接。

THPSSM-1型系统的人机界面采用西门子SMART触摸屏，如图3.341所示。人机界面是在操作人员和机器设备之间做双向沟通的桥梁，用户可以自由地组合文字、按钮、图形、数字等来处理、监控、管理显示在多功能屏幕上的随时可能变化的信息。

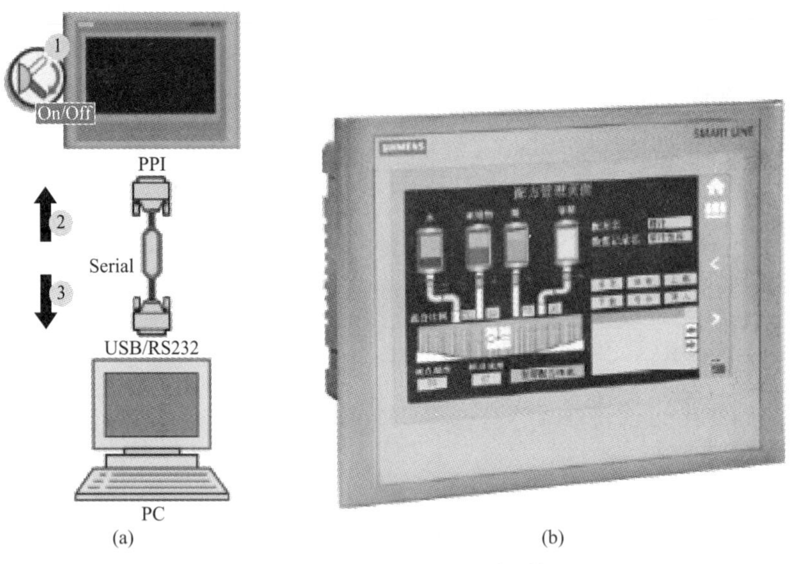

图 3.341 THPSSM-1 型系统

（二）连接组态 PC

组态 PC 能够提供下列功能。

（1）传送项目；

（2）传送设备映像；

（3）将 HMI 设备恢复至工厂默认设置；

（4）备份、恢复项目数据；

（5）将组态 PC 与 Smart Panel 连接；

（6）关闭 HMI 设备；

（7）将 PC/PPI 电缆的 RS485 接头与 HMI 设备连接；

（8）将 PC/PPI 电缆的 RS232 接头与组态 PC 连接。

（三）连接 HMI 设备

（1）串行接口如表 3.8 所示。

表 3.8 串行接口

序号	D-sub 接头	针脚号	RS485	RS422
1	5 4 3 2 1 9 8 7 6	1	NC.	NC.
2		2	M24_Out	M24_Out
3		3	B(+)	TXD+
4		4	RTS*	RXD+
5		5	M	M
6		6	NC.	NC.
7		7	P24_Out	P24_Out
8		8	A(−)	TXD−
9		9	RTS*	RXD−

（2）表 3.9 显示了 DIP 开关设置，可使用 RTS 信号对发送和接收方向进行内部切换。

表 3.9　DIP 开关设置

通信	开关设置	含义
RS485	4 3 2 1 ON	SIMATIC PLC 和 HMI 设备之间进行数据传输时，连接头上没有 RTS 信号（出厂状态） 与西门子 PLC 通信电缆 Smart Line RS485 端口到 S7-200PLC 编程口 Smart Line 9针连接器　S7-200PLC 9针连接器 外壳 B(+) 3　3 B(+) A(−) 8　8 A(−) 公头　公头
	4 3 2 1 ON	与 PLC 一样，针脚 4 上出现 RTS 信号，例如，用于调试时
	4 3 2 1 ON	与编程设备一样，针脚 9 上出现 RTS 信号，例如，用于调试时
RS422	4 3 2 1 ON	在连接三菱 FX 系列 PLC 和欧姆龙 CP1H/CP1L/CP1E-N 等型号 PLC 时，RS422/RS485 接口处于激活状态 与三菱 PLC 通信电缆 Smart Line RS422 端口到 FX 系列 PLC 编程口 Smart Line 9针连接器　三菱PLC 8针连接器 外壳 TxD+ 3　2 RxD+ TxD− 8　1 RxD− GND 5　3 GND RxD+ 4　7 TxD+ RxD− 9　4 TxD− 公头　公头

（四）启用数据通道

基本操作方法如下。

（1）用户必须启用数据通道，从而将项目传送至 HMI 设备，如图 3.342 所示。

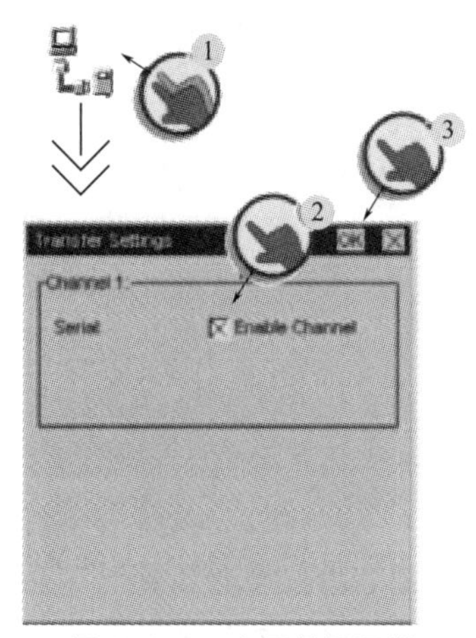

图 3.342　启用数据通道

说明：完成项目传送后，可以通过锁定所有数据通道来保护 HMI 设备，以免无意中覆盖项目数据及 HMI 设备映像。

（2）启用一个数据通道——Smart Panel(Smart 700)。

① 按“Transfer”按钮，打开“Transfer Settings”对话框。

② 如果 HMI 设备通过 PC-PPI 电缆与组态 PC 互连，则在“Channel 1”域中激活“Enable Channel”复选框。

③ 使用“OK”关闭对话框并保存输入内容。

四、PLC 与触摸屏的程序编写

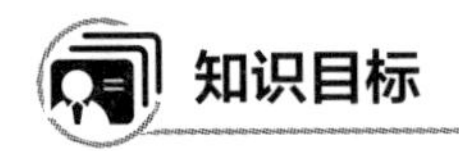

知识目标

（1）了解 WinCC Flexible 软件的安装方法；

（2）理解 PLC 与触摸屏程序编写的方法。

技能目标

（1）初步掌握制作一个简单工程的方法及步骤；

（2）初步掌握工程下载的方法及步骤。

（一）WinCC Flexible 软件的安装

安装步骤如下。

（1）先装 WinCC Flexible 2008 CN；

（2）其次装 WinCC Flexible 2008 _ SP2；

（3）最后装 Smart Panel HSP。

注：按向导提示，一路按下“下一步”，按下“完成”，软件安装完毕。

（二）制作一个简单的工程

（1）安装好 WinCC Flexible 2008 软件后，在开始>程序>WinCC Flexible 2008 下找到相应的可执行程序点击，打开触摸屏软件，界面如图 3.343 所示。

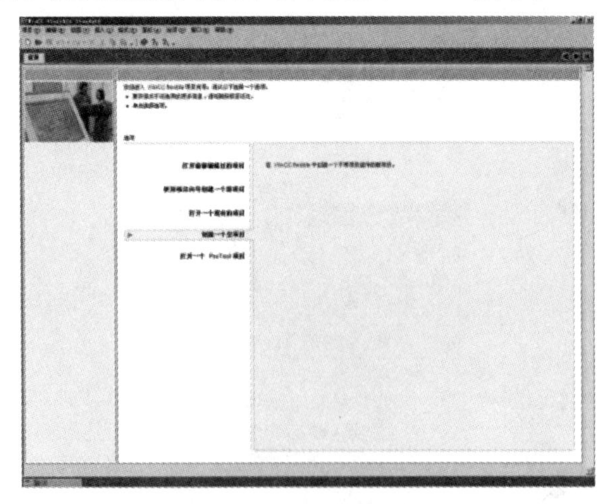

图 3.343　打开触摸屏软件

(2) 点击菜单“选项”里的“创建一个空项目”，在弹出的界面中选择触摸屏“Smart Line”“Smart 700”，点击确定，进入如图 3.344 所示的界面。

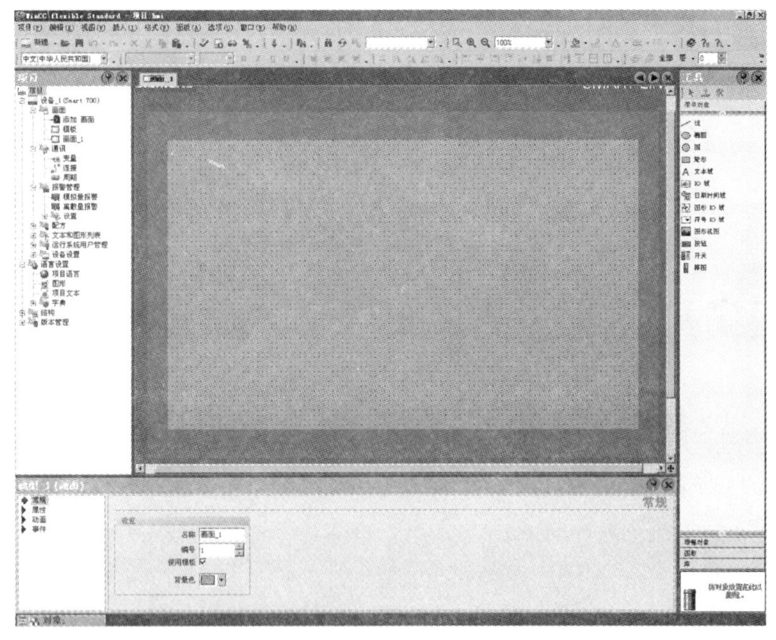

图 3.344　创建一个空项目

(3) 在上述界面中，双击选择左侧菜单“通讯”下的“连接”，选择通信驱动程序“SIMATIC S7 200”；设置完成，再双击选择左侧菜单“通讯”下的“变量”，建立变量表，如图 3.345 所示。

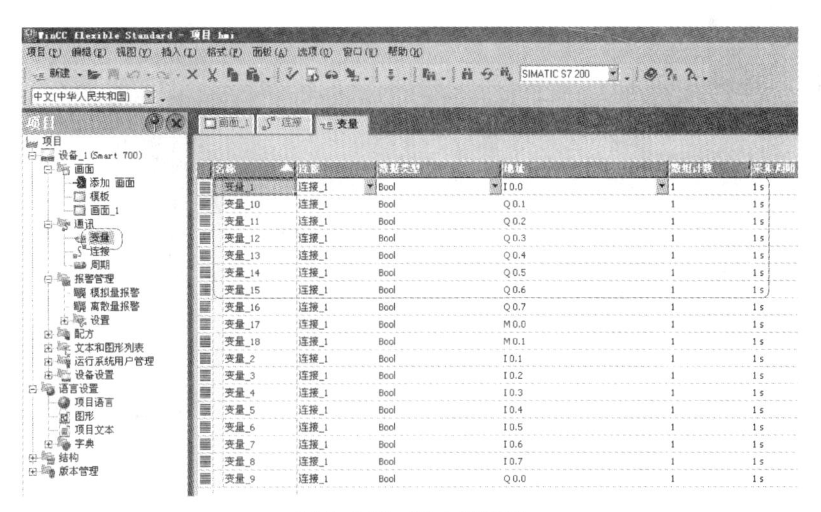

名称	连接	数据类型	地址	数组计数	采集周期
变量_1	连接_1	Bool	I 0.0	1	1 s
变量_10	连接_1	Bool	Q 0.1	1	1 s
变量_11	连接_1	Bool	Q 0.2	1	1 s
变量_12	连接_1	Bool	Q 0.3	1	1 s
变量_13	连接_1	Bool	Q 0.4	1	1 s
变量_14	连接_1	Bool	Q 0.5	1	1 s
变量_15	连接_1	Bool	Q 0.6	1	1 s
变量_16	连接_1	Bool	Q 0.7	1	1 s
变量_17	连接_1	Bool	M 0.0	1	1 s
变量_18	连接_1	Bool	M 0.1	1	1 s
变量_2	连接_1	Bool	I 0.1	1	1 s
变量_3	连接_1	Bool	I 0.2	1	1 s
变量_4	连接_1	Bool	I 0.3	1	1 s
变量_5	连接_1	Bool	I 0.4	1	1 s
变量_6	连接_1	Bool	I 0.5	1	1 s
变量_7	连接_1	Bool	I 0.6	1	1 s
变量_8	连接_1	Bool	I 0.7	1	1 s
变量_9	连接_1	Bool	Q 0.0	1	1 s

图 3.345　建立变量表

(4) 变量建立完成，再双击选择左侧菜单“画面”下的“添加 画面”，可以增加画面的数量；再选择“画面 1”，进行画面功能制作；如要制作一个返回初始画面按钮，选择右侧“按钮”，在“常规”下设置文字显示，在“事件”下选择“单击”设置函数，如图 3.346 所示，在“外观”下设置其他外观显示，返回功能按钮设置完成。

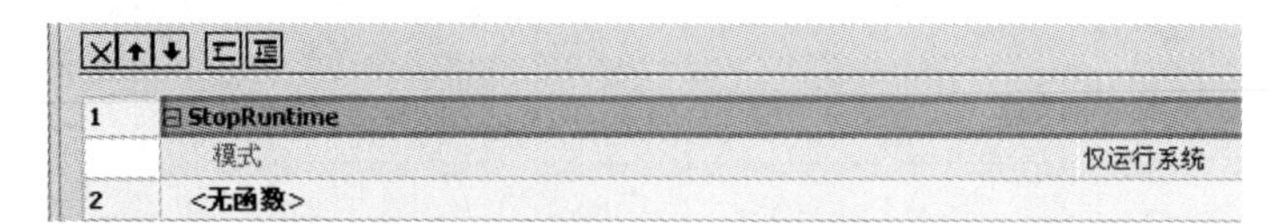

图 3.346 设置函数

(5) 制作指示灯，用于监控 PLC 输入输出端口状态；选择右侧“圆”，在“外观” 下设置，如图 3.347 所示。

图 3.347 外观设置

(6) 制作按钮，用于对 PLC 程序进行控制；选择右侧“按钮”，在“事件” 下设置“置位按钮”，如图 3.348 所示。

图 3.348 设置“置位按钮”

(7) 制作完成一个简单的画面，如图 3.349 所示。

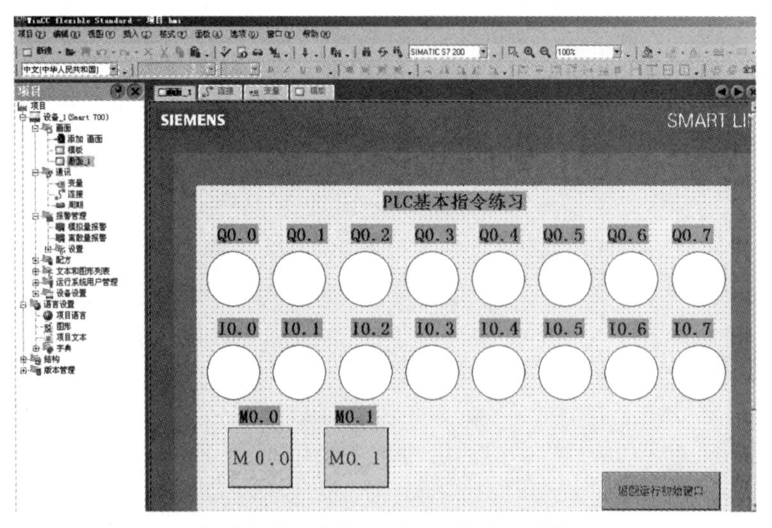

图 3.349 制作完成一个简单的画面

(三) 工程下载

(1) 通过 PC/PPI 通信电缆连接触摸 PPI/RS422/RS485 接口与 PC 机串口。

(2) 触摸屏需开启用数据通道选择“Control Panel”，在弹出窗口激活“Enable Channel”

复选框选中后关闭，选择“Transfer” 启动下载。

（3）点击下载按钮下载工程，如图 3.350 所示。

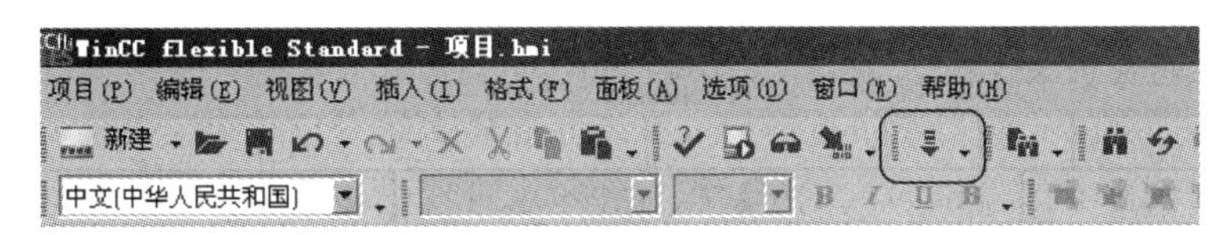

图 3.350　点击下载按钮

（4）下载完成，触摸屏需在开启用数据通道选择“Control Panel”，在弹出窗口取消选中后关闭，用专用连接电缆连接 PLC 与触摸屏就可以实现所设定的控制。

一、填空题

1. 一般我们所说的现代工业三大支柱是指（　　　　）、机器人和 CAD/CAM。
2. PLC 拥有体积小、功能强、程序设计（　　　　）、维护方便等优点，特别是它适应恶劣工业环境的能力和它的可靠性（　　　），使其应用越来越广泛。
3. PLC 与触摸屏的硬件安装应确保在 HMI 设备外部为所有连接电缆预留足够的（　　）。
4. 按照触摸屏的工作原理和传输信息的介质，把触摸屏分为四种，分别为电阻式、（　　　　　　）式、红外线式以及表面声波式。
5. 人机触摸屏简称 TPC，目前还没有进入百度百科及相关词条，TPC 在百度上有其他（　　　）的解释，对 PLC 及工控而言，TPC 就可以看成触摸屏设备。
6. 组态的概念最早出现在（　　　　）计算机控制中。
7. PLC 仿真技术是基于组态软件的仿真系统实现的原理，在于 PLC 内部各种继电器的状态与组态软件数据库中数据的链接以及该数据与（　　　　）界面上图形对象的链接。
8. 人机界面是在操作人员和机器设备之间做（　　　）沟通的桥梁，用户可以自由地组合文字、按钮、图形、数字等来处理、监控、管理显示在多功能屏幕上的随时可能变化的信息。

二、判断题

1. （　　）PLC 可以通过它的外设或通信接口与外界交换信息，其功能要比继电器控制装置多得多、强得多。
2. （　　）触摸屏作为一种最新的电脑输入设备，目前还不是最简单、方便、自然的一种人机交互方式。
3. （　　）连接触摸屏电源时，采用的导线截面推荐 $2.5mm^2$ 单芯线。
4. （　　）简单地讲，组态就是用应用软件中提供的工具、方法、完成工程中某一具体任务的过程。
5. （　　）现在工业中 PLC 和触摸屏应用越来越广泛，仿真技术也给我们带来了极大的便利。如果调试，只要有一台笔记本电脑就可以检验设计的程序了。
6. （　　）组态软件是有专业性的，一种组态软件只能适合多个领域的应用。

三、简答题

1. 简述 PLC 与触摸屏的硬件安装方法。
2. 简述 PLC 与触摸屏电气连接基本注意事项。
3. 简述 PLC 触摸屏可以实现哪些功能。
4. 简述什么是 PLC 组态。

第四章

柔性制造生产线的程序调试

第一节　柔性制造生产线的程序调试

（1）了解 YL-335B 柔性生产线的基本组成；

（2）理解 YL-335B 柔性生产线的基本功能。

（1）掌握 YL-335B 工作单元的结构特点；

（2）初步掌握 YL-335B 各工作单元运行调试。

一、YL-335B 的基本组成

柔性生产线是把多台可以调整的机床（多为专用机床）组合起来，配以自动运送装置的生产线。柔性生产线是根据生产任务和生产性质来进行设计规划的，不同的柔性生产线，基本组成所采用的柔性单元也不同，PLC 的使用也不同，本文以亚龙 YL-335B 型自动生产线为例进行介绍。YL-335B 是柔性生产线实训考核装备，图 4.1 为亚龙 YL-335B 的外观。

图 4.1　YL-335B 外观

亚龙 YL-335B 型自动生产线实训考核装备由安装在铝合金导轨式实训台上的送料单元、加工单元、装配单元、输送单元和分拣单元 5 个单元组成。

每一工作单元都可自成一个独立的系统，同时也都是一个机电一体化的系统。在 YL-335B 设备上应用了多种类型的传感器，分别用于判断物体的运动位置、物体通过的状态、物体的颜色及材质等。

二、YL-335B 的基本功能

YL-335B 各工作单元在实训台上的分布如图 4.2 所示。

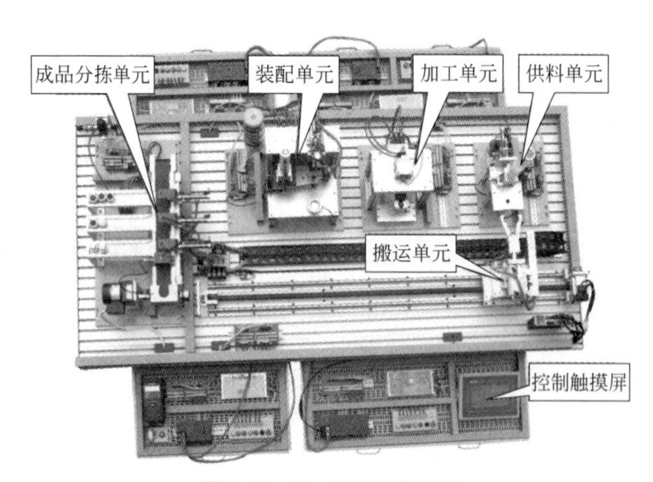

图 4.2　YL-335B 俯视图

1. 供料单元的基本功能

供料单元是 YL-335B 中的起始单元，在整个系统中，起着向系统中的其他单元提供原料的作用。具体的功能是，按照需要将放置在料仓中的待加工工件(原料) 自动地推出到物料台上，以便输送单元的机械手将其抓取，输送到其他单元上。如图 4.3 所示为供料单元实物的全貌。

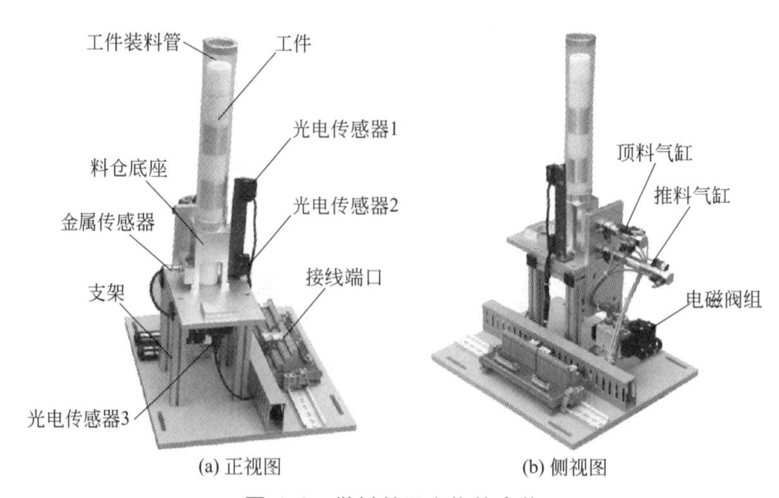

(a) 正视图　(b) 侧视图

图 4.3　供料单元实物的全貌

2. 加工单元的基本功能

其功能是先把该单元物料台上的工件(工件由输送单元的抓取机械手装置送来）送到冲压机构下面，完成一次冲压加工动作，然后再送回到物料台上，待输送单元的抓取机械手装置取出。如图 4.4 所示为加工单元实物的全貌。

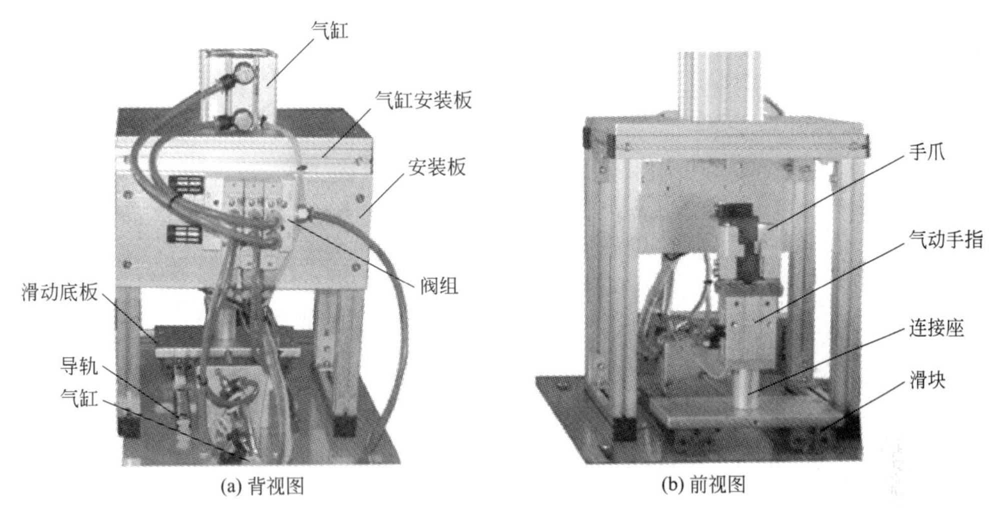

(a) 背视图　　(b) 前视图

图 4.4　加工单元实物的全貌

3. 装配单元的基本功能

装配单元完成将该单元料仓内的黑色或白色小圆柱工件嵌入到已加工工件中的装配过程。装配单元总装实物图如图 4.5 所示。

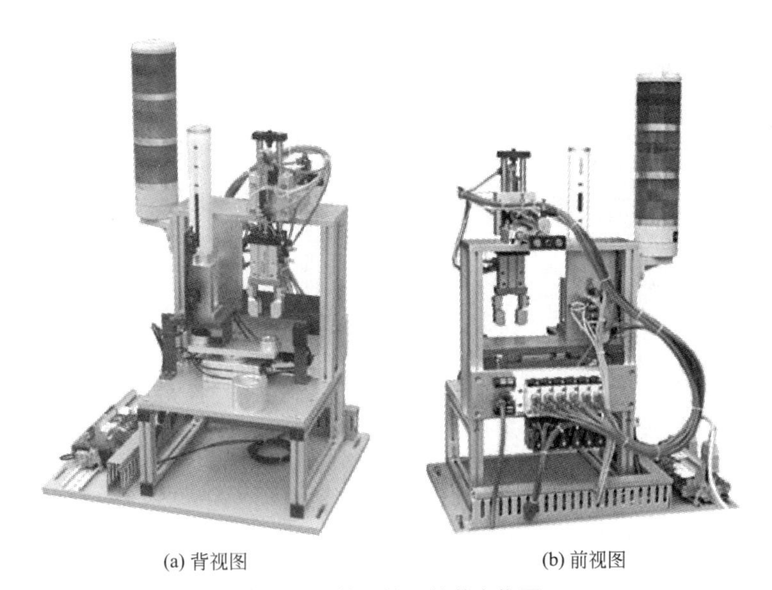

(a) 背视图　　(b) 前视图

图 4.5　装配单元总装实物图

4. 分拣单元的基本功能

分拣单元将上一单元送来的已加工、装配的工件进行分拣，使不同颜色的工件从不同的料槽分流。如图 4.6 所示为分拣单元实物的全貌。

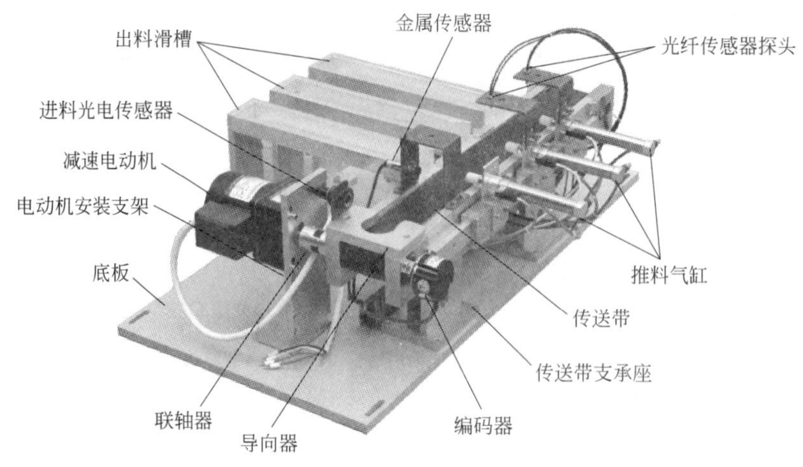

图 4.6 分拣单元实物的全貌

5. 输送单元的基本功能

该单元通过直线运动传动机构驱动抓取机械手装置到指定单元的物料台上精确定位，并在该物料台上抓取工件，把抓取到的工件输送到指定地点后放下，实现传送工件的功能。输送单元的外观如图 4.7 所示。

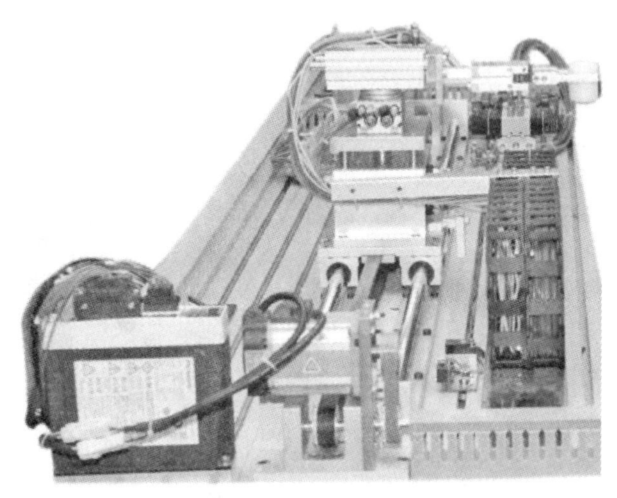

图 4.7 输送单元外观

直线运动传动机构的驱动器可采用伺服电动机或步进电动机，视实训目的而定。YL-335B 的标准配置为伺服电动机。

三、YL-335B 的电气控制

1. YL-335B 工作单元的结构特点

YL-335B 设备中各工作单元的结构特点是机械装置和电气控制部分相对分离，机械装置上的各电磁阀和传感器的引线均连接到装置侧的接线端口上，PLC 的 I/O 引出线则连接到 PLC 侧的接线端口上。两个接线端口间通过多芯信号电缆互连。图 4.8 和图 4.9 分别是装置侧的接线端口和 PLC 侧的接线端口。

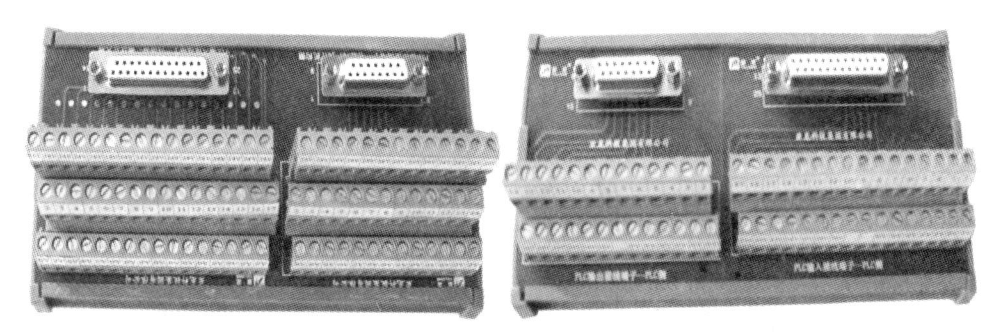

图 4.8　装置侧接线端口　　　　图 4.9　PLC 侧接线端口

2. 供电电源

外部供电电源为三相五线制 AC 380V/220V，图 4.10 为供电电源模块一次回路原理图。图中，总电源开关选用 DZ47 LE-32/C32 型三相四线漏电开关，系统各主要负载通过自动开关单独供电。其中，变频器电源通过 DZ47 C16/3P 三相自动开关供电；各工作站 PLC 均采用 DZ47 C5/1P 单相自动开关供电。此外，系统配置 4 台 DC 24V/6A 开关稳压电源分别用作供料、加工和分拣单元及输送单元的直流电源。图 4.11 为配电箱设备安装图。

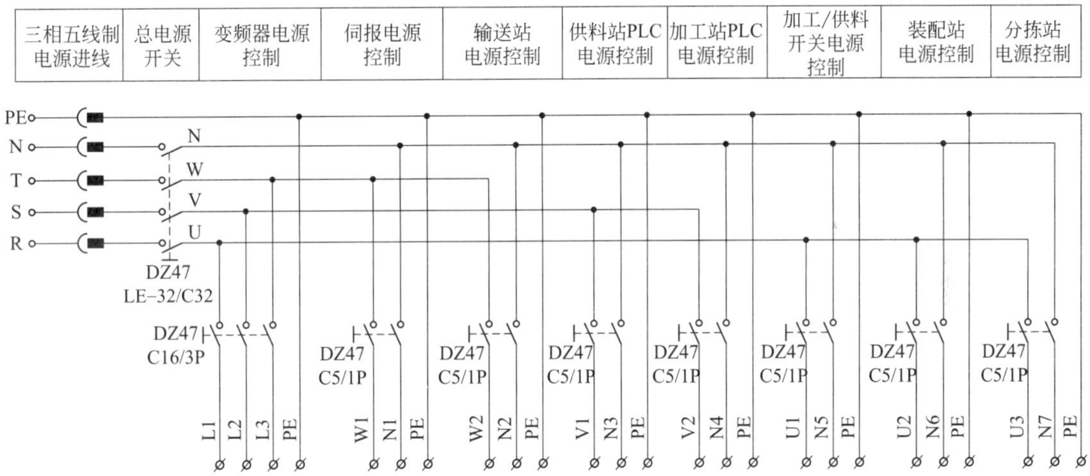

三相五线制电源进线	总电源开关	变频器电源控制	伺报电源控制	输送站电源控制	供料站PLC电源控制	加工站PLC电源控制	加工/供料开关电源控制	装配站电源控制	分拣站电源控制

图 4.10　供电电源模块一次回路原理图

3. 气源处理装置

YL-335B 的气源处理组件及回路原理图如图 4.12 所示。气源处理组件是气动控制系统中的基本组成器件，它的作用是除去压缩空气中所含的杂质及凝结水，调节并保持恒定的工作压力。气源处理组件输入气源来自空气压缩机，所提供的压力为 0.6～1.0MPa，输出压力为 0～0.8MPa 可调。

四、供料单元编程及调试

1. 程序结构

有两个子程序，一个是系统状态显示，另一个是供料控制。主程序在每一扫描周期都调用系统状态显示子程序，但仅在运行状态已经建立时才可能调用供料控制子程序。系统主程

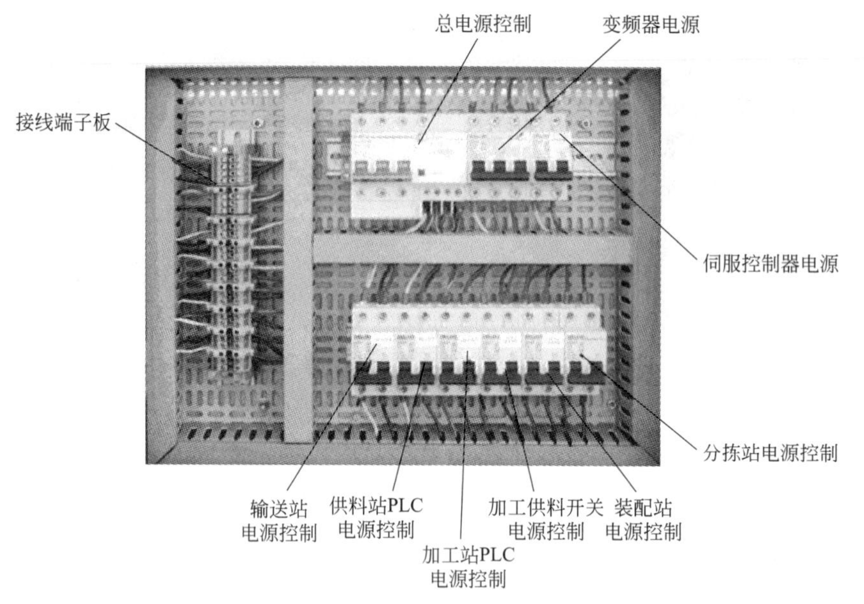

图 4.11　配电箱设备安装图

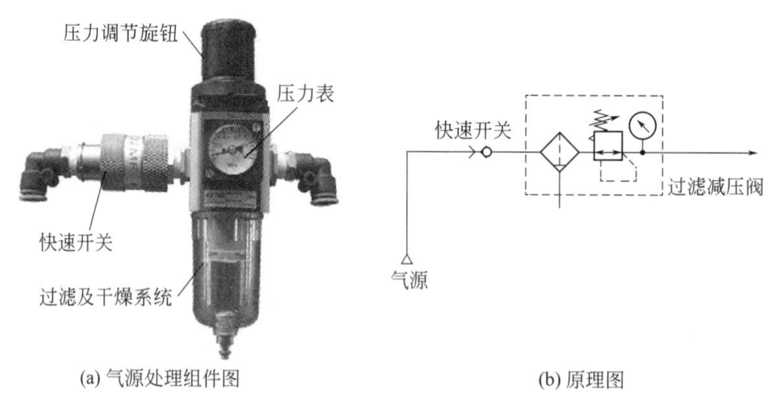

(a) 气源处理组件图　　(b) 原理图

图 4.12　气源处理组件及回路原理

序流程如图 4.13 所示。

供料控制子程序的步进顺序流程如图 4.14 所示。图中，初始步 S0.0 在主程序中，当系统准备就绪且接收到启动脉冲时被置位。

2. 调试与运行

（1）调整气动部分，检查气路是否正确，气压是否合理，气缸的动作速度是否合理；

（2）检查磁性开关的安装位置是否到位，磁性开关工作是否正常；

（3）检查 I/O 接线是否正确；

（4）检查光电传感器安装是否合理，灵敏度是否合适，保证检测的可靠性；

（5）放入工件，运行程序看加工单元动作是否满足任务要求；

（6）调试各种可能出现的情况，比如在任何情况下都有可能加入工件，系统都要能可靠工作；

（7）优化程序。

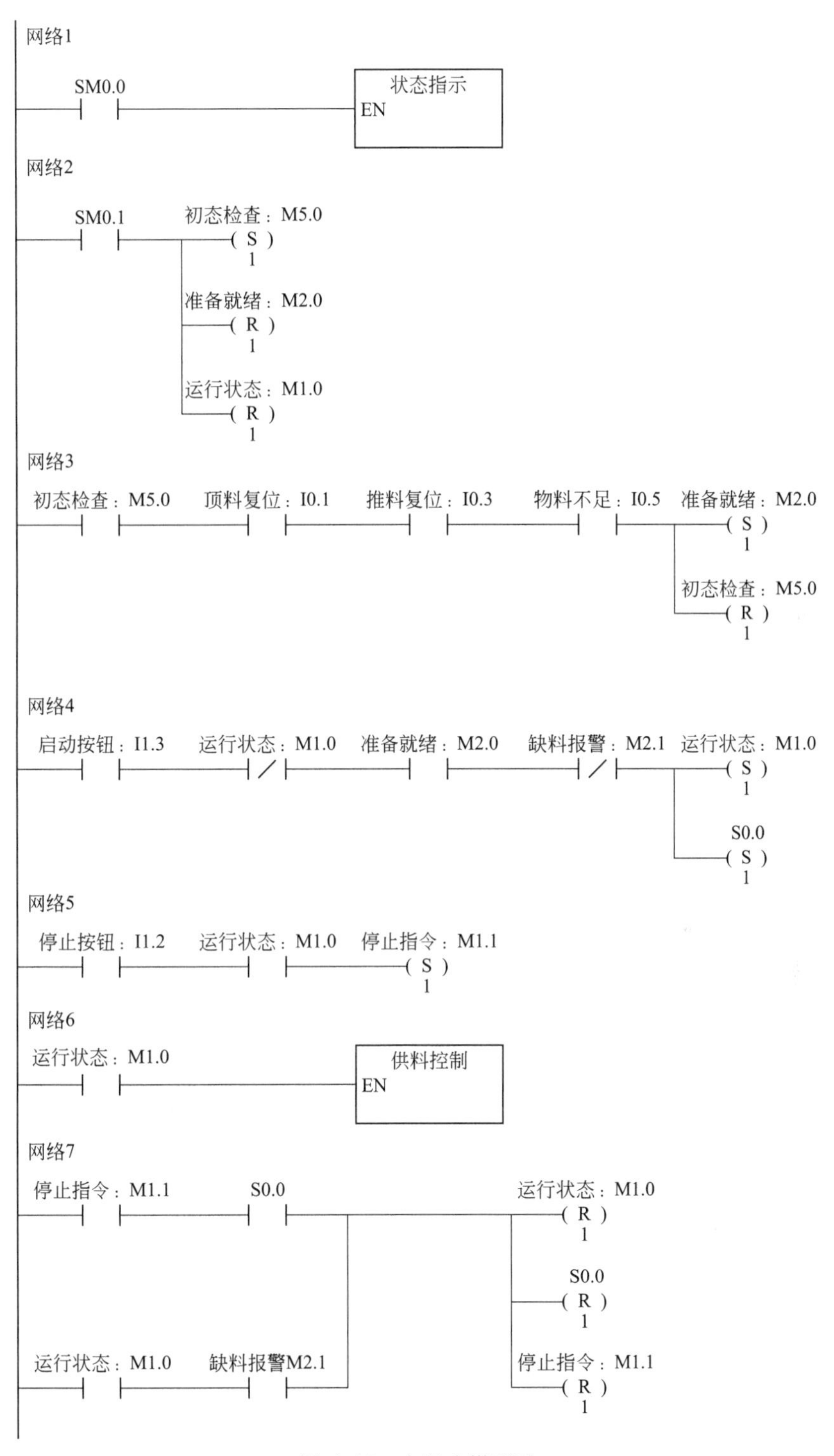

图 4.13　主程序梯形图

3. 加工单元编程和调试

加工单元主程序流程与供料单元类似，PLC 上电后应首先进入初始状态检查阶段，确认系统已经准备就绪后，才允许接收启动信号投入运行。加工单元工作任务中增加了急停功

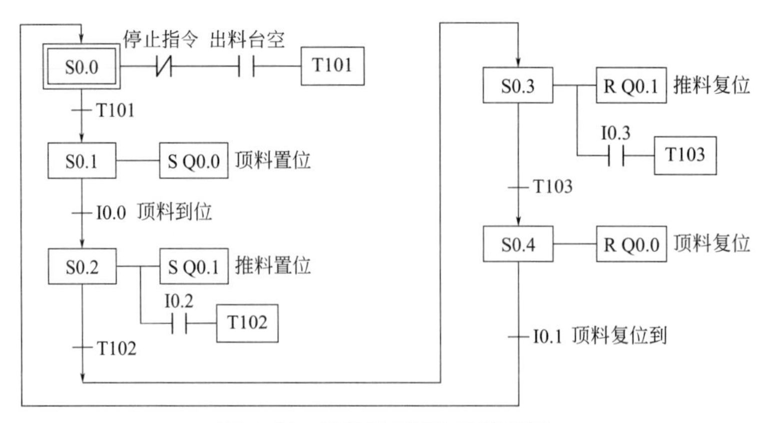

图 4.14 供料控制子程序流程图

能，调用加工控制子程序的条件应该是“单元在运行状态”和“急停按钮未按”两者同时成立，如图 4.15 所示。

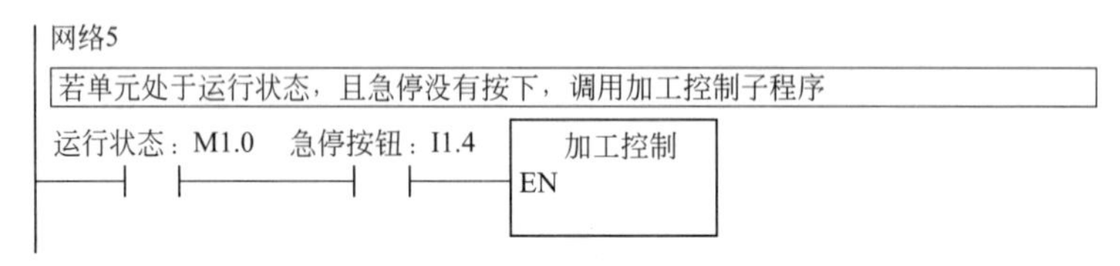

图 4.15 加工控制子程序的调用

当在运行过程中按下急停按钮时，立即停止调用加工控制子程序，但急停前当前步的 S 元件仍在置位状态，急停复位后，就能从断点开始继续运行。

加工过程也是一个顺序控制，其步进流程如图 4.16 所示。

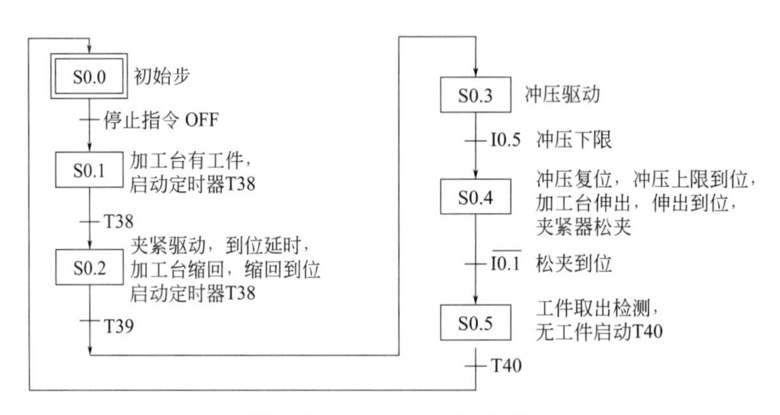

图 4.16 加工过程的流程图

调试与运行：

（1）调整气动部分，检查气路是否正确，气压是否合理，气缸的动作速度是否合理；

（2）检查磁性开关的安装位置是否到位，磁性开关工作是否正常；

（3）检查 I/O 接线是否正确；

（4）检查光电传感器安装是否合理，灵敏度是否合适，保证检测的可靠性；

（5）放入工件，运行程序看加工单元动作是否满足任务要求；

（6）调试各种可能出现的情况，比如在任何情况下都有可能加入工件，系统都要能可靠工作；

（7）优化程序。

五、装配单元编程调试

1. 动作要求

（1）装配单元各气缸的初始位置为，挡料气缸处于伸出状态，顶料气缸处于缩回状态，料仓上已经有足够的小圆柱零件；装配机械手的升降气缸处于提升状态，伸缩气缸处于缩回状态，气爪处于松开状态。

设备上电和气源接通后，若各气缸满足初始位置要求，且料仓上已经有足够的小圆柱零件，工件装配台上没有待装配工件，则“正常工作”指示灯 HL1 常亮，表示设备准备好；否则，该指示灯以 1Hz 频率闪烁。

（2）若设备准备好，按下启动按钮，装配单元启动，“设备运行”指示灯 HL2 常亮。如果回转台上的左料盘内没有小圆柱零件，就执行下料操作；如果左料盘内有零件，而右料盘内没有零件，执行回转台回转操作。

（3）如果回转台上的右料盘内有小圆柱零件且装配台上有待装配工件，则执行装配机械手抓取小圆柱零件，放入待装配工件中的操作。

（4）完成装配任务后，装配机械手应返回初始位置，等待下一次装配。

（5）若在运行过程中按下停止按钮，则供料机构应立即停止供料；在装配条件满足的情况下，装配单元在完成本次装配后停止工作。

（6）在运行中发生“零件不足”报警时，指示灯 HL3 以 1Hz 的频率闪烁，HL1 和 HL2 灯常亮；在运行中发生“零件没有”报警时，指示灯 HL3 以亮 1s、灭 0.5s 的方式闪烁，HL2 熄灭，HL1 常亮。

注：警示灯用来指示 YL-335B 整体运行时的工作状态，工作任务是装配单元单独运行，没有要求使用警示灯，可以不连接到 PLC 上。图 4.17 为装配单元 PLC 接线原理。

进入运行状态后，装配单元的工作过程包括两个相互独立的子过程，一个是供料过程，另一个是装配过程。

供料过程就是通过供料机构的操作，首先使料仓中的小圆柱零件落下到摆台左边料盘上；然后摆台转动，使装有零件的料盘转移到右边，以便装配机械手抓取零件。

装配过程是当装配台上有待装配工件，且装配机械手下方有小圆柱零件时，进行的装配操作。

在主程序中，如图 4.18 所示，当初始状态检查结束、确认单元准备就绪、按下启动按钮进入运行状态后，应同时调用供料控制和装配控制两个子程序，如图 4.19、图 4.20 所示。

2. 调试与运行

（1）调整气动部分，检查气路是否正确，气压是否合理，气缸的动作速度是否合理。

（2）检查磁性开关的安装位置是否到位，磁性开关工作是否正常。

（3）检查 I/O 接线是否正确。

（4）检查传感器安装是否合理，灵敏度是否合适，保证检测的可靠性。

（5）放入工件，运行程序看装配单元动作是否满足任务要求。

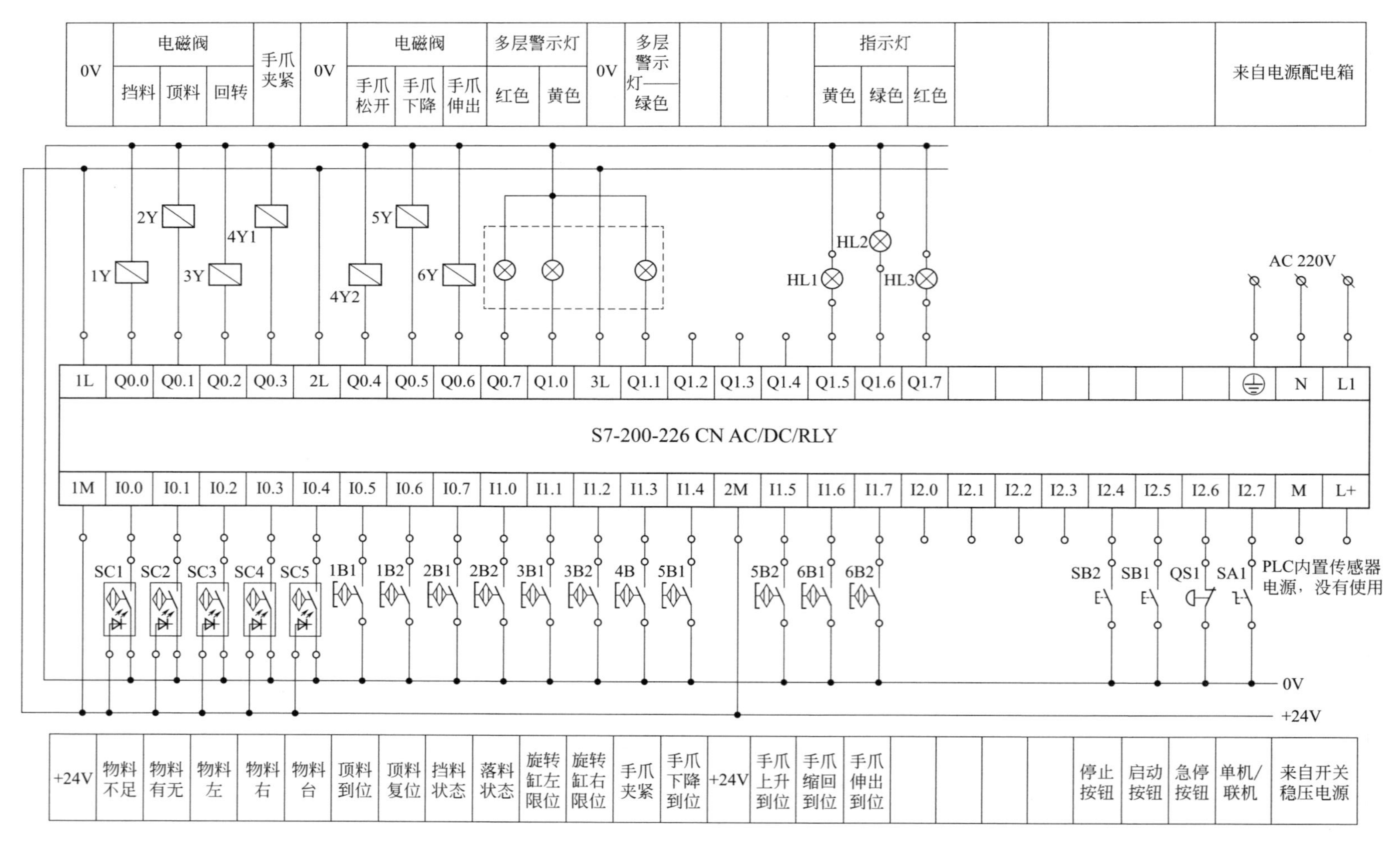

图 4.17 装配单元 PLC 接线原理

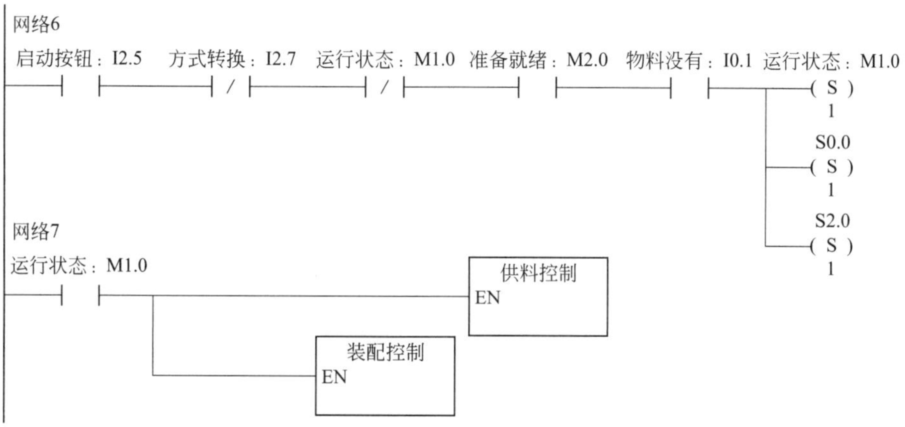

图 4.18　主程序

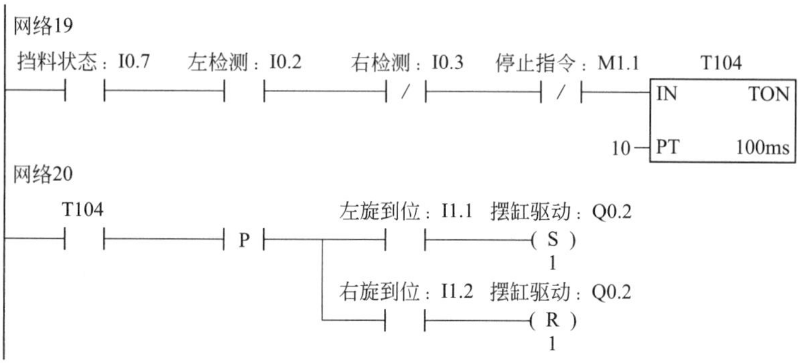

图 4.19　摆动气缸转动操作的梯形图

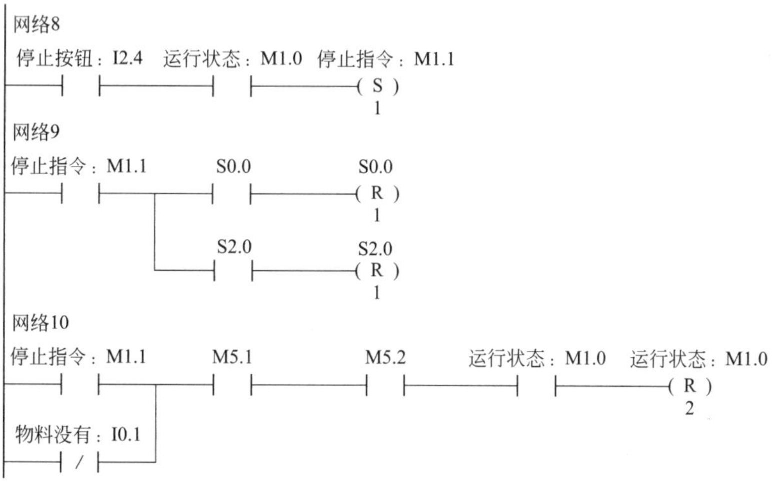

图 4.20　停止运行的操作梯形图

六、分拣单元编程调试

设备的工作目标是完成对白色芯金属工件、白色芯塑料工件和黑色芯的金属或塑料工件的分拣。为了在分拣时准确推出工件，要求使用旋转编码器做定位检测，并且工件材料和芯体颜色属性应在推料气缸前的适应位置被检测出来。图 4.21 为分拣单元 PLC 的 I/O 接线原理图。

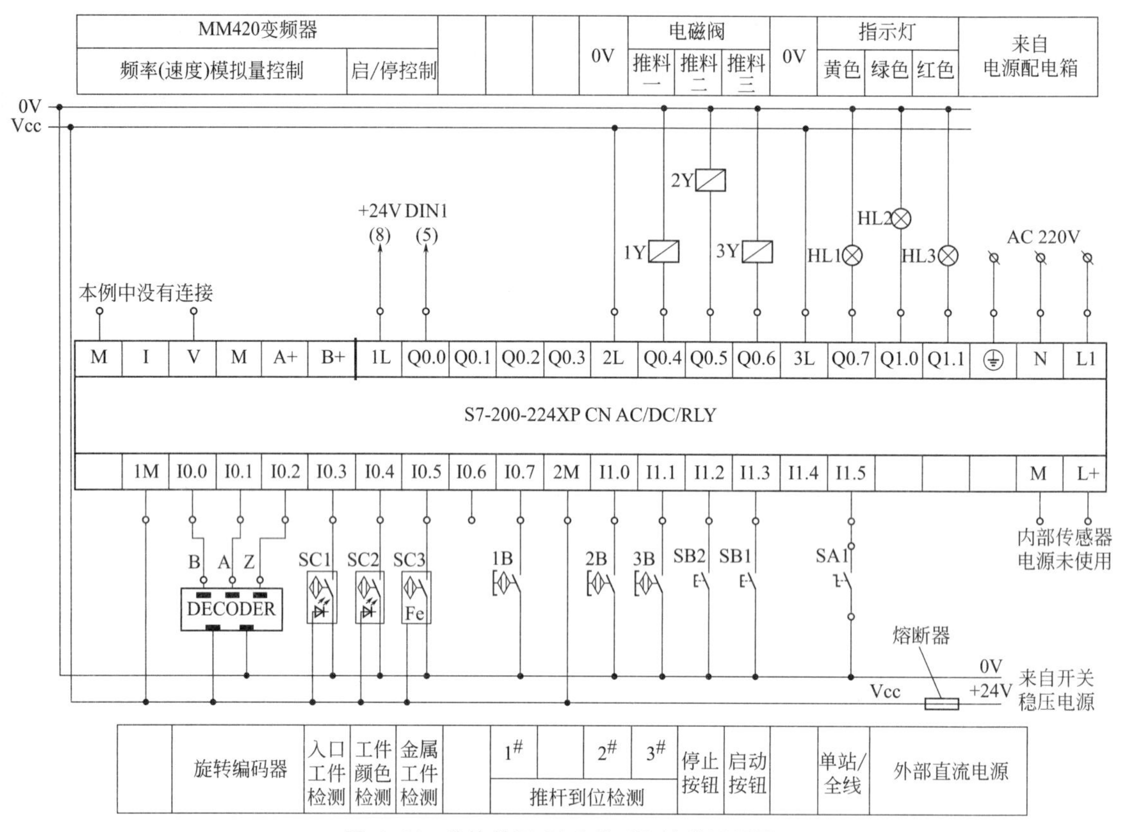

图 4.21　分拣单元 PLC 的 I/O 接线原理图

1. 高速计数器的编程

高速计数器的编程方法有两种，一是采用梯形图或语句表进行正常编程，二是通过 STEP7-Micro/WIN 编程软件进行引导式编程。不论哪一种方法，都要先根据计数输入信号的形式与要求确定计数模式；然后选择计数器编号，确定输入地址。

使用引导式编程，很容易自动生成符号地址为“HSC _ INIT”的子程序。其程序清单如图 4.22 所示。

根据传送带主动轴直径计算旋转编码器的脉冲当量，其结果只是一个近似值。在分拣单元安装调试时，除了要仔细调整尽量减少安装偏差外，尚须现场测试脉冲当量值。

测试方法的步骤如下。

(1) 分拣单元安装调试时，必须仔细调整电动机与主动轴联轴的同心度和传送皮带的张紧度。调节张紧度的两个调节螺栓应平衡调节，避免皮带运行时跑偏。传送带张紧度以电动机在输入频率为 1Hz 时能顺利启动，低于 1Hz 时难以启动为宜。测试时可把变频器设置为在 BOP 操作板进行操作（启动/停止和频率调节）的运行模式，即设定参数 P0700=1（使能 BOP 操作板上的启动/停止按钮），P1000=1（使能电动电位计的设定值）。

(2) 安装调整结束后，变频器参数设置为：

P0700=2（指定命令源为“由端子排输入”）；

P0701＝16（确定数字输入 DIN1 为“直接选择＋ON”命令）；

P1000＝3（频率设定值的选择为固定频率）；

P1001＝25Hz（DIN1 的频率设定值）。

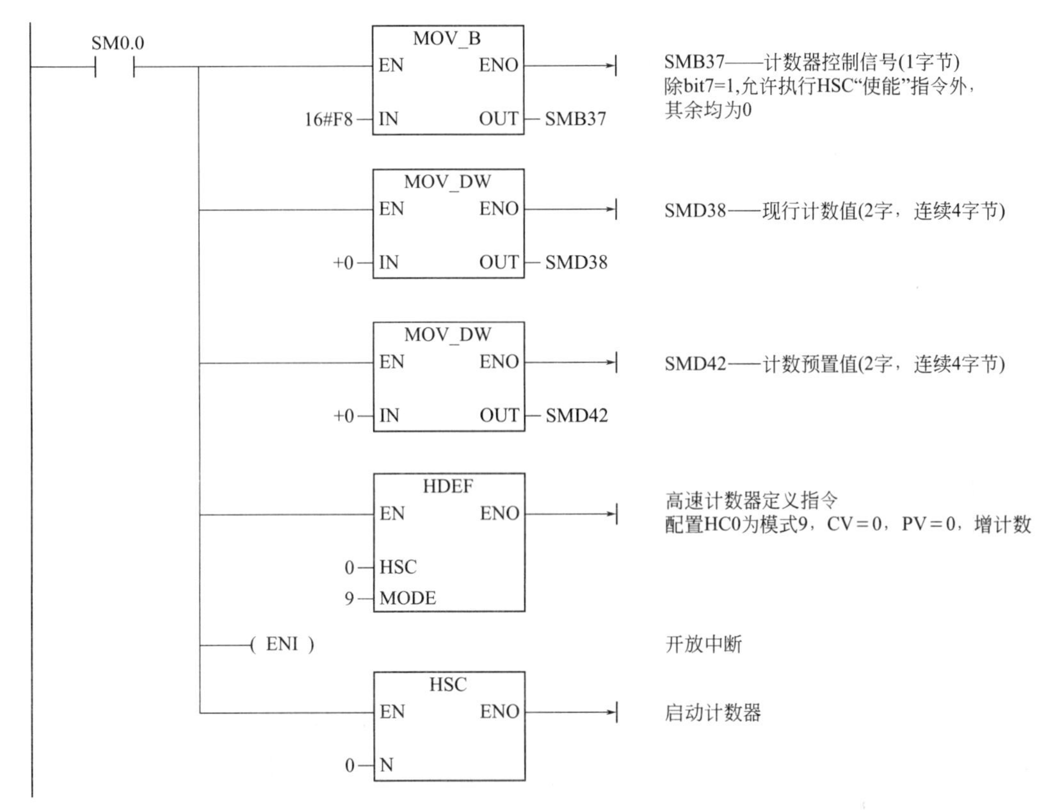

图 4.22　子程序“HSC_ INIT” 清单

（3）在 PC 机上用 STEP7-Micro/WIN 编程软件编写 PLC 程序，主程序清单见图 4.23，编译后传送到 PLC。

2. 程序结构

（1）分拣单元的主要工作过程是分拣控制，可编写一个子程序供主程序调用；工作状态显示的要求比较简单，可直接在主程序中编写。

（2）主程序的流程与前面所述的供料、加工等单元是类似的。但由于用高速计数器编程，必须在上电第 1 个扫描周期调用 HSC _ INIT 子程序，以定义并使能高速计数器。

（3）分拣控制子程序如下。

① 当检测到待分拣工件下料到进料口后，清零 HCO 当前值，以固定频率启动变频器驱动电动机运转，梯形图如图 4.24 所示。

② 当工件经过安装传感器支架上的光纤探头和电感式传感器时，根据两个传感器动作与否，判别工件的属性，决定程序的流向。HCO 当前值与传感器位置值的比较可采用触点比较指令实现，完成上述功能的梯形图见图 4.25。

③ 根据工件属性和分拣任务要求，在相应的推料气缸位置把工件推出；推料气缸返回后，步进顺控子程序返回初始步。

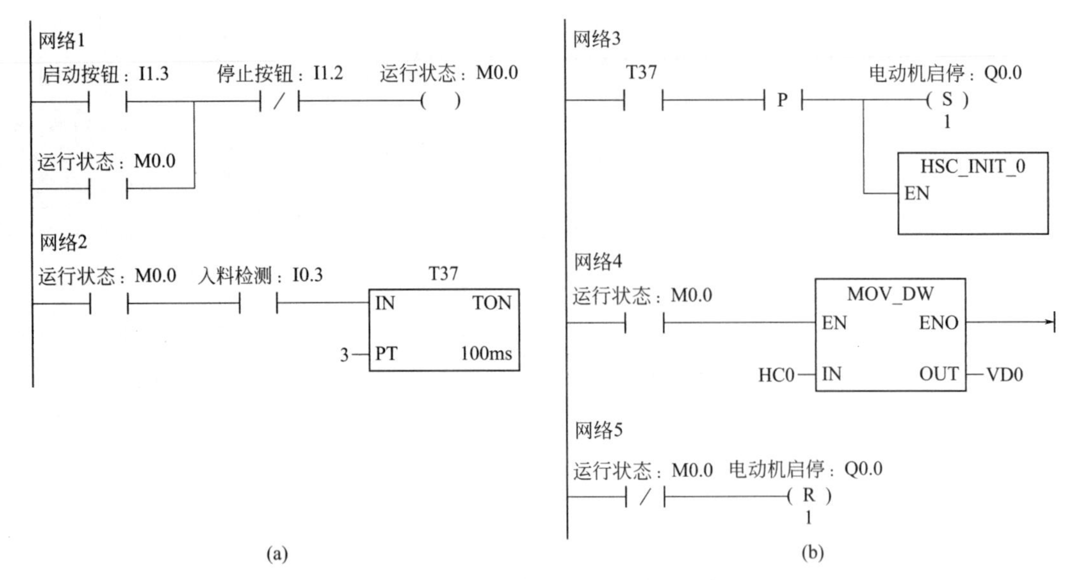

图 4.23　脉冲当量现场测试主程序

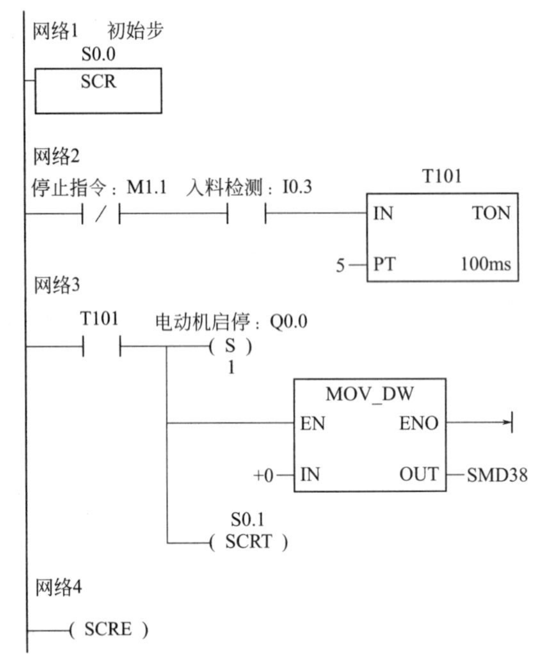

图 4.24　分拣控制子程序初始步梯形图

七、输送单元编程调试

输送单元单站运行的目标是测试设备传送工件的功能，要求其他各工作单元已经就位，并且在供料单元的出料台上放置了工件。图 4.26 为输送单元 PLC 接线原理图。具体测试要求如下。

(1) 输送单元在通电后，按下复位按钮 SB1，执行复位操作，使抓取机械手装置回到原点位置。在复位过程中，“正常工作”指示灯 HL1 以 1Hz 的频率闪烁。

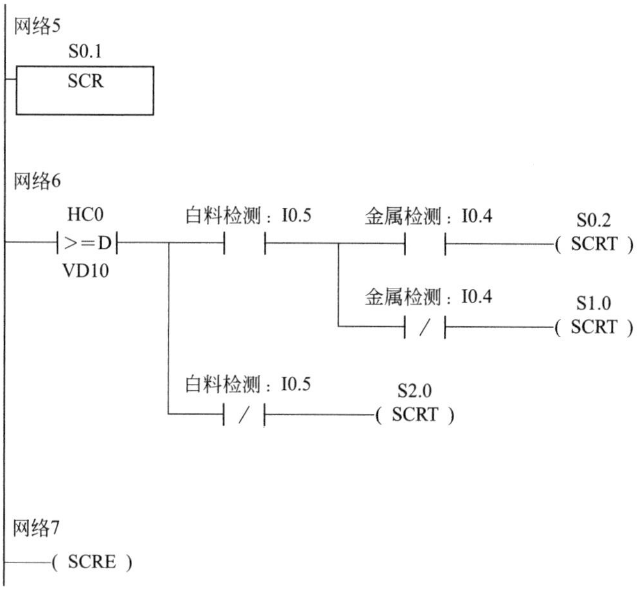

网络5

S0.1

SCR

网络6

HC0 >=D VD10 — 白料检测：I0.5 — 金属检测：I0.4 — (SCRT) S0.2

金属检测：I0.4 / — (SCRT) S1.0

白料检测：I0.5 / — (SCRT) S2.0

网络7

(SCRE)

图 4.25　在传感器位置判别工件属性的梯形图

（2）当抓取机械手装置回到原点位置，且输送单元各个气缸满足初始位置的要求时，则复位完成，“正常工作”指示灯 HL1 常亮。按下启动按钮 SB2，设备启动，“设备运行”指示灯 HL2 也常亮，开始功能测试过程。

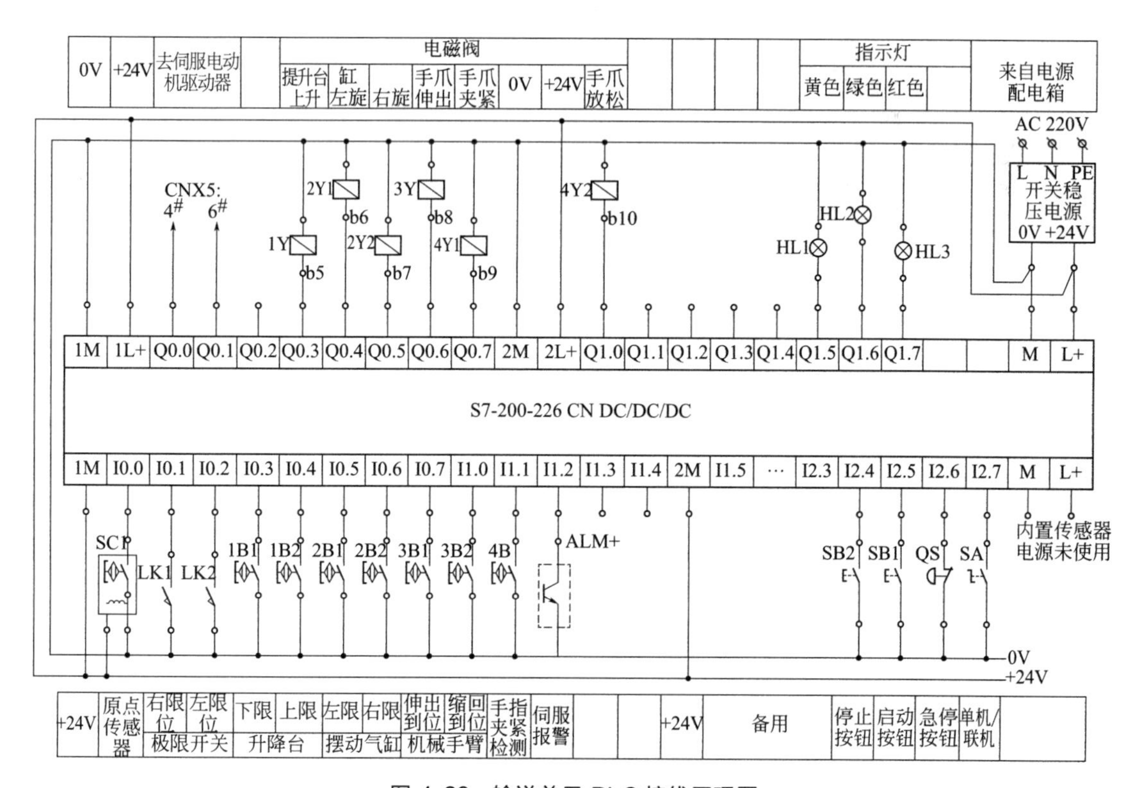

图 4.26　输送单元 PLC 接线原理图

图 4.27 为主程序梯形图，图 4.28 为回原点子程序，图 4.29 为急停处理子程序，图 4.30 为从加工站向装配站的梯形图。

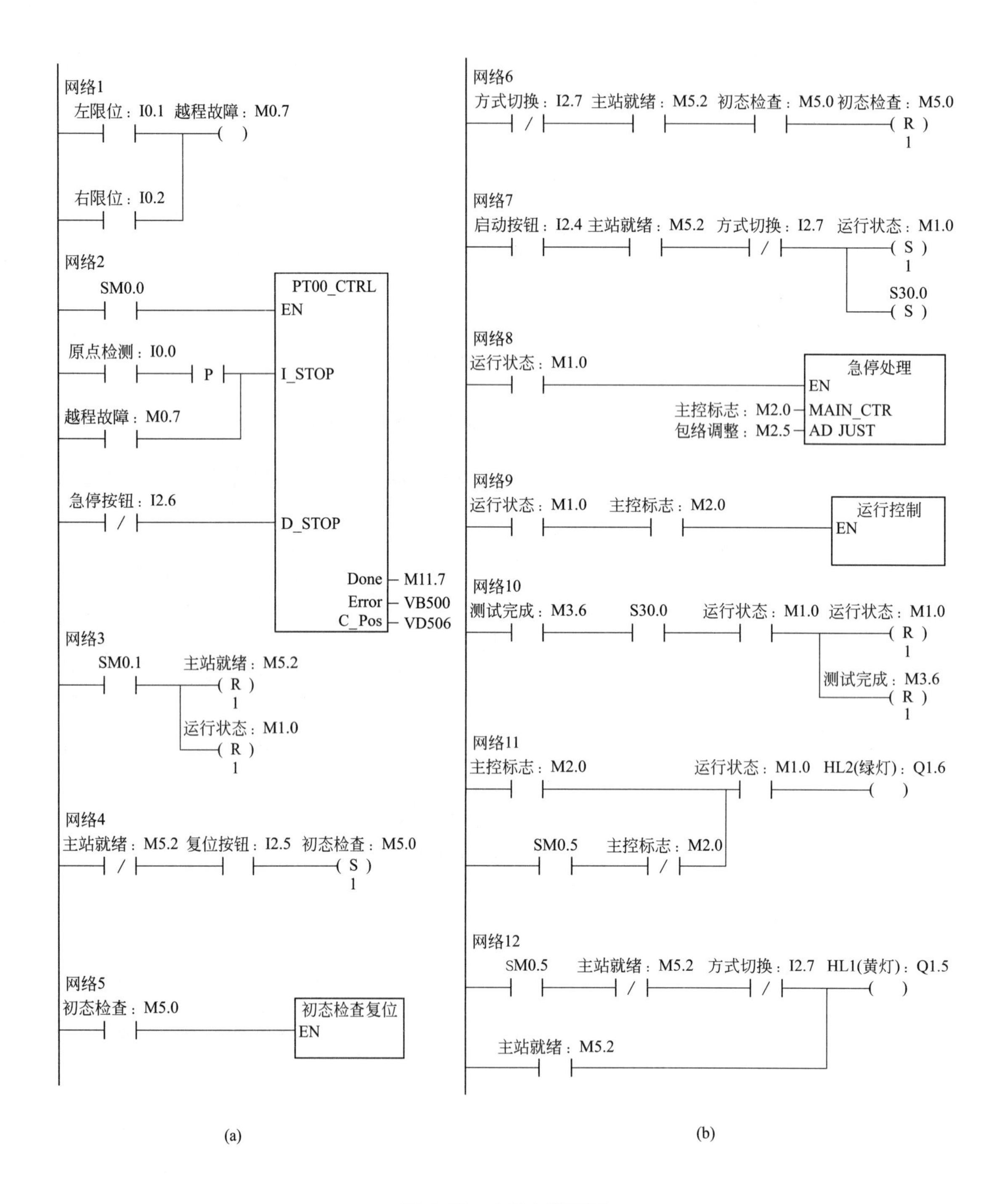

图 4.27 主程序梯形图

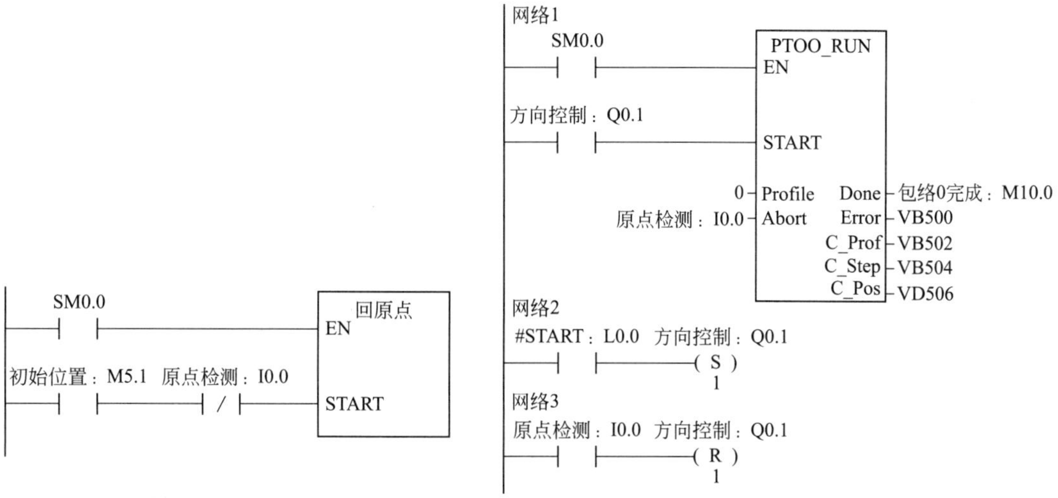

SM0.0
回原点
EN
初始位置：M5.1
原点检测：I0.0
START
网络1
SM0.0
PTOO_RUN
EN
方向控制：Q0.1
START
0
Profile
Done
包络0完成：M10.0
原点检测：I0.0
Abort
Error
VB500
C_Prof
VB502
C_Step
VB504
C_Pos
VD506
网络2
#START：L0.0
方向控制：Q0.1
S
1
网络3
原点检测：I0.0
方向控制：Q0.1
R
1

(a) 回原点子程序的调用　　(b) 回原点子程序梯形图

图 4. 28　回原点子程序

网络1
急停按钮：I2.6
#MAIN_CTR：L0.0
R
1
网络2
I2.6
急停按钮
P
S30.2
急停返回：M2.4
S
1
S30.5
S31.0
S31.2
S31.2
R
1
S31.3
S
1
网络3
急停返回：M2.4
回原点
EN
原点检测：I0.0
START
网络4
急停返回：M2.4
原点检测：I0.0
T37
IN
TON
+5
PT
100ms
T37
#ADJUST：L0.1
S
1
急停返回：M2.4
R
1
网络5
T37
#MAIN_CTR：L0.0
S
1
I2.6
S30.2
S30.5
S31.0
急停按钮

(a)　　(b)

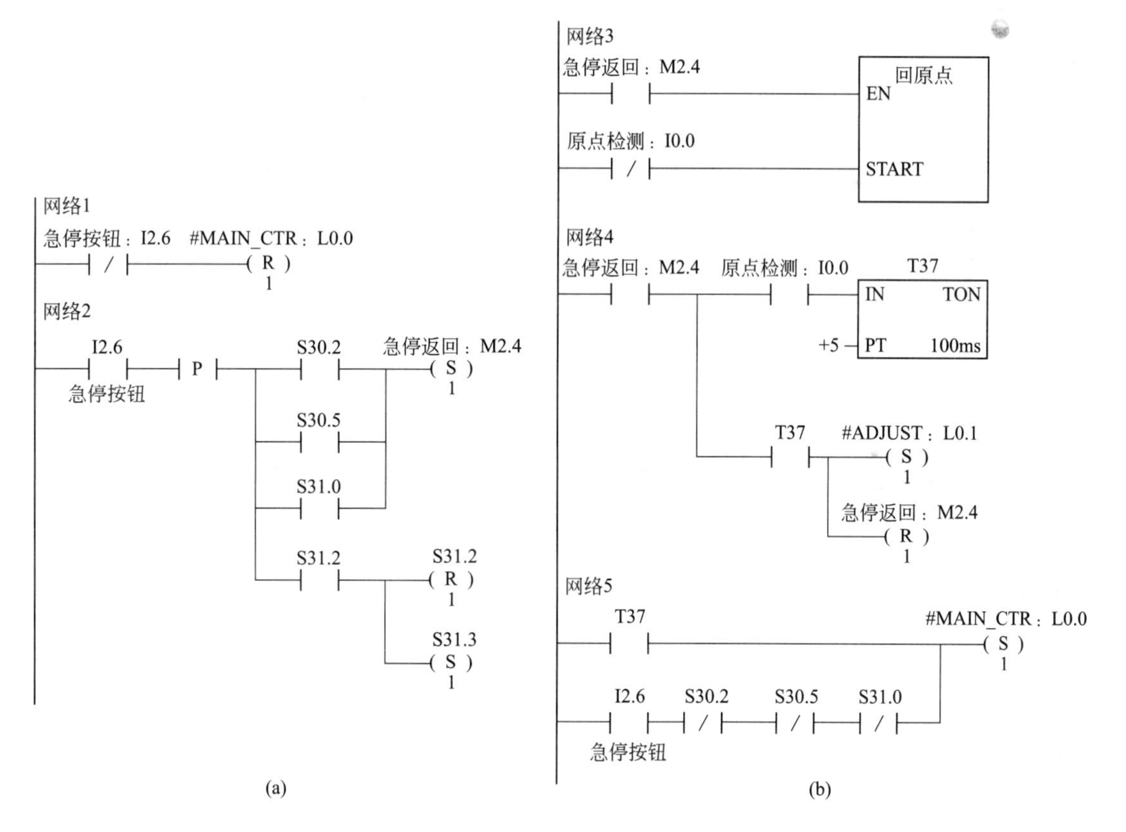

图 4. 29　急停处理子程序

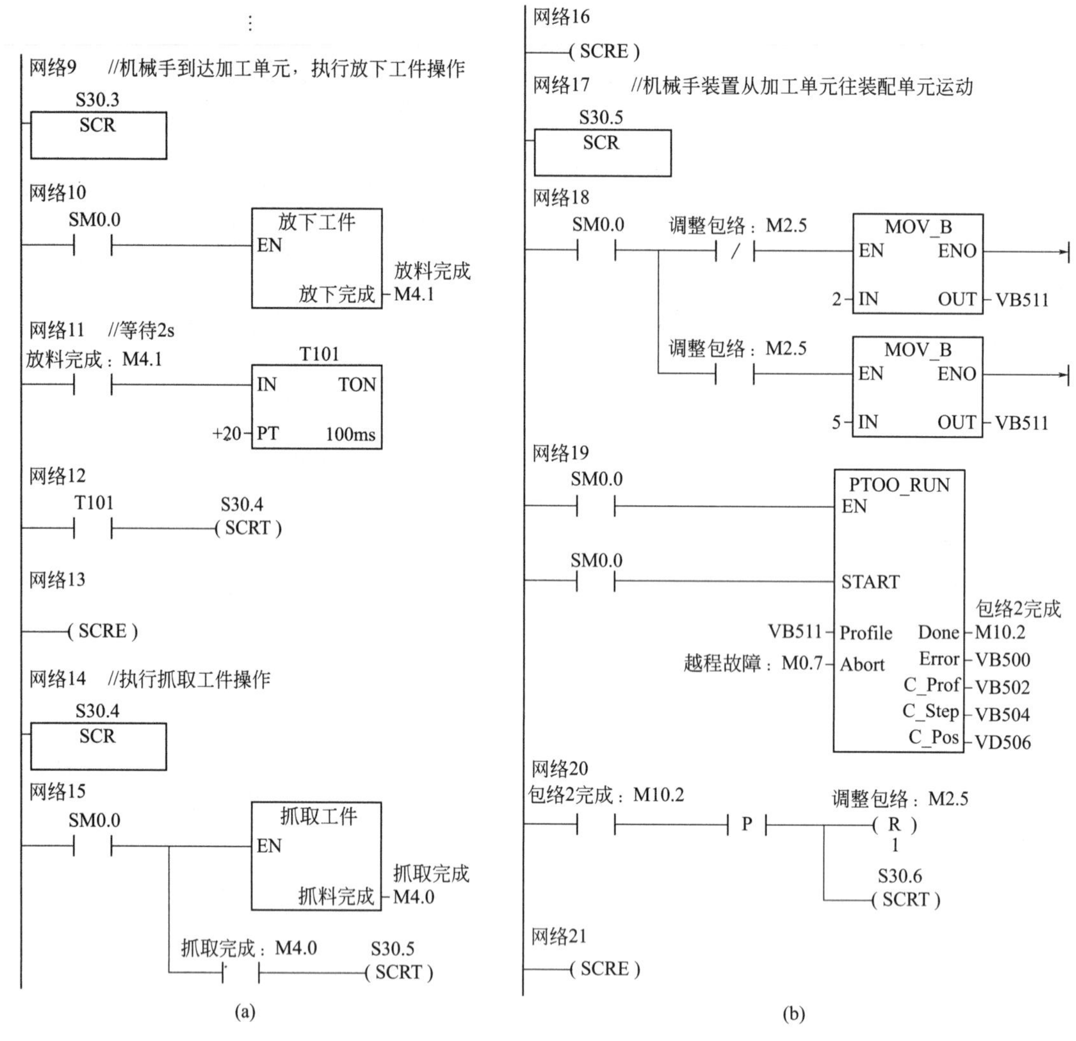

图 4.30　从加工站向装配站的梯形图

第二节　柔性制造生产线的手动运行

知识目标

（1）熟悉 YL-335B 的控制系统；

（2）理解 YL-335B 系统的控制要求。

技能目标

（1）理解 YL-335B 的 PPI 网络各工作站；

（2）掌握 YL-335B 系统人机界面基本操作。

一、YL-335B的控制系统

YL-335B的每一工作单元都可自成一个独立的系统，同时也可以通过网络互连构成一个分布式的控制系统。

（1）当工作单元自成一个独立的系统时，其设备运行的主令信号以及运行过程中的状态显示信号，来源于该工作单元按钮指示灯模块。按钮指示灯模块如图4.31所示。

模块上的指示灯和按钮的端脚全部引到端子排上。

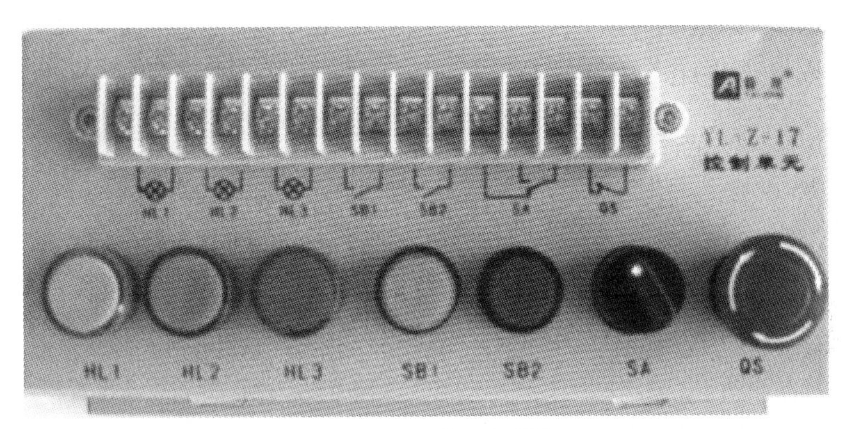

图4.31　按钮指示灯模块

模块盒上的器件如下。

① 指示灯（24V DC）：黄色（HL1）、绿色（HL2）、红色（HL3）各一个。

② 主令器件：绿色常开按钮SB1一个、红色常开按钮SB2一个、选择开关SA（一对转换触点）、急停按钮QS（一个常闭触点）。

（2）当各工作单元通过网络互连构成一个分布式的控制系统时，对于采用西门子S7-200系列PLC的设备，YL-335B的标准配置是采用PPI协议的通信方式。设备出厂的控制方案如图4.32所示。

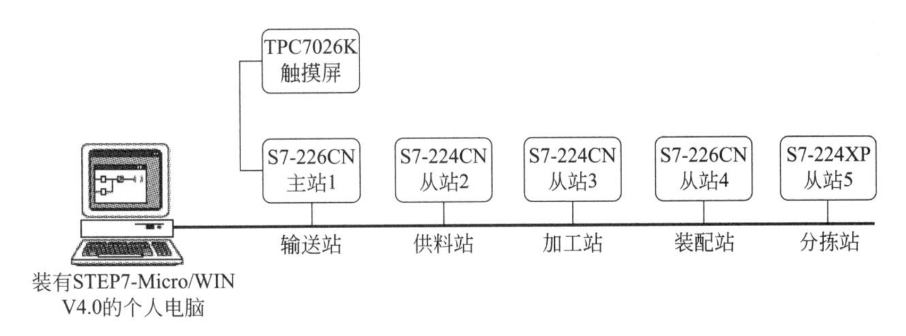

图4.32　YL-335B的PPI网络各工作站

二、工作任务

只考虑加工单元作为独立设备运行时的情况，本单元的按钮/指示灯模块上的工作方式选择开关应置于“单站方式”位置。

1. 具体的控制要求

(1) 初始状态：设备上电和气源接通后，滑动加工台伸缩气缸处于伸出位置，加工台气动手爪处于松开状态，冲压气缸处于缩回位置，急停按钮没有按下。

若设备在上述初始状态，则“正常工作”指示灯 HL1 常亮，表示设备准备好。否则，该指示灯以 1Hz 频率闪烁。

(2) 若设备准备好，按下启动按钮，设备启动，“设备运行”指示灯 HL2 常亮。当待加工工件送到加工台上并被检出后，设备执行将工件夹紧、送往加工区域冲压、完成冲压动作后返回待料位置的工件加工工序。如果没有停止信号输入，当再有待加工工件送到加工台上时，加工单元又开始下一周期工作。

(3) 在工作过程中，若按下停止按钮，加工单元在完成本周期的动作后停止工作，HL2 指示灯熄灭。

要求完成如下任务。

① 规划 PLC 的 I/O 分配及接线端子分配；

② 进行系统安装接线和气路连接；

③ 编制 PLC 程序；

④ 进行调试与运行。

2. 人机界面

系统运行的主令信号（复位、启动、停止等）通过触摸屏人机界面给出。同时，人机界面上也显示系统运行的各种状态信息。图 4.33 为工程下载方法。

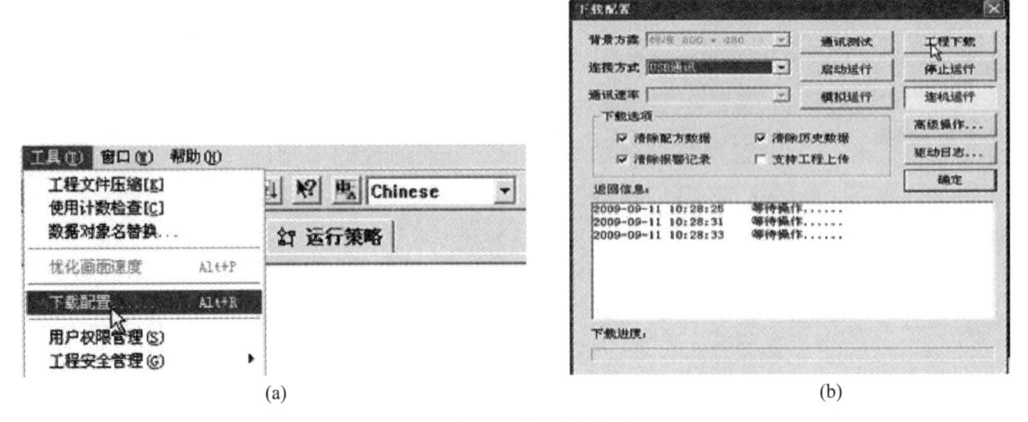

图 4.33 工程下载方法

人机界面是在操作人员和机器设备之间做双向沟通的桥梁。使用人机界面能够明确指示并告知操作人员机器设备的目前状况，使操作变得简单生动，并且可以减少操作上的失误，即使是新手也可以很轻松地操作整个机器设备。

在 YL-335B 中，触摸屏通过 COM 口直接与输送站 PLC（PORT1）的编程口连接。

所使用的通信线采用西门子 PC-PPI 电缆，PC-PPI 电缆把 RS232 转为 RS485。PC-PPI 电缆 9 针母头插在屏侧，9 针公头插在 PLC 侧。

为了实现正常通信，除了正确进行硬件连接外，还须对触摸屏的串行口 0 属性进行设置，这将在设备窗口组态中实现。

第三节　柔性制造生产线的自动运行

知识目标

（1）理解 YL-335B 自动生产线全线工作内容；

（2）通过 YL-335B 全线自动生产进一步理解柔性制造。

技能目标

（1）初步掌握 YL-335B 自动生产线全线自动运行模式下各工作站部件的工作顺序；

（2）初步掌握 YL-335B 自动生产线异常工作状态报警及处理。

一、自动生产线的工作内容

首先将供料单元料仓内的工件送往加工单元的物料台，加工完成后，把加工好的工件送往装配单元的装配台，然后把装配单元料仓内的白色和黑色两种不同颜色的小圆柱零件嵌入到装配台上的工件中，完成装配后的成品送往分拣单元分拣输出。

二、自动生产线全线自动运行

全线自动运行模式下，各工作站部件的工作顺序以及对输送站机械手装置运行速度的要求与单站运行模式一致。全线自动运行步骤如下。

1. 给系统上电

当 PPI 网络正常后开始工作。触摸人机界面上的复位按钮，执行复位操作，在复位过程中，绿色警示灯以 2Hz 的频率闪烁，红色和黄色灯均熄灭。

复位过程包括：使输送站机械手装置回到原点位置和检查各工作站是否处于初始状态。

各工作站初始状态是指：

（1）各工作单元气动执行元件均处于初始位置；

（2）供料单元料仓内有足够的待加工工件；

（3）装配单元料仓内有足够的小圆柱零件；

（4）输送站的紧急停止按钮未按下。

当输送站机械手装置回到原点位置，且各工作站均处于初始状态时，复位完成，绿色警示灯常亮，表示允许启动系统。这时若触摸人机界面上的启动按钮，则系统启动，绿色和黄色警示灯均常亮。

2. 供料站的运行

系统启动后，若供料站的出料台上没有工件，则应把工件推到出料台上，并向系统发出出料台上有工件信号；若供料站的料仓内没有工件或工件不足，则向系统发出报警或预警信号。出料台上的工件被输送站机械手取出后，若系统仍然需要推出工件进行加工，则进行下一次推出工件操作。

3. 输送站运行一

当工件推到供料站出料台后，输送站抓取机械手装置应执行抓取供料站工件的操作。动作完成后，伺服电动机驱动机械手装置移动到加工站加工物料台的正前方，把工件放到加工站的加工台上。

4. 加工站运行

加工站加工台的工件被检出后，执行加工过程。当加工好的工件重新送回待料位置时，向系统发出冲压加工完成信号。

5. 输送站运行二

系统接收到加工完成信号后，输送站机械手应执行抓取已加工工件的操作。抓取动作完成后，伺服电动机驱动机械手装置移动到装配站物料台的正前方。然后把工件放到装配站物料台上。

6. 装配站运行

装配站物料台的传感器检测到工件到来后，开始执行装配过程。装入动作完成后，向系统发出装配完成信号。

如果装配站的料仓或料槽内没有小圆柱工件或工件不足，应向系统发出报警或预警信号。

7. 输送站运行三

系统接收到装配完成信号后，输送站机械手应先抓取已装配的工件，然后从装配站向分拣站运送工件，到达分拣站传送带上方入料口后把工件放下，然后执行返回原点的操作。

8. 分拣站运行

输送站机械手装置放下工件、缩回到位后，分拣站的变频器立即启动，驱动传动电动机以80%最高运行频率（由人机界面指定）的速度，把工件带入分拣区进行分拣，工件分拣原则与单站运行相同。当分拣气缸活塞杆推出工件并返回后，应向系统发出分拣完成信号。

9. 完成一次循环

仅当分拣站分拣工作完成，并且输送站机械手装置回到原点时，系统的一个工作周期才认为结束。如果在工作周期期间没有触摸过停止按钮，则系统在延时1s后开始下一周期工作。如果在工作周期期间曾经触摸过停止按钮，系统工作结束，警示灯中黄色灯熄灭，绿色灯仍保持常亮。系统工作结束后若再次按下启动按钮，则系统又重新工作。

三、异常工作状态报警

1. 工件供给状态的信号警示

如果发生来自供料站或装配站的“工件不足够”的预报警信号或“工件没有”的报警信号，则系统动作如下。

（1）如果发生“工件不足够”的预报警信号，警示灯中红色灯以1Hz的频率闪烁，绿色和黄色灯保持常亮，系统继续工作。

（2）如果发生“工件没有”的报警信号，警示灯中红色灯以亮1s、灭0.5s的方式闪烁；黄色灯熄灭，绿色灯保持常亮。

若“工件没有”的报警信号来自供料站，且供料站物料台上已推出工件，则系统继续运行，直至完成该工作周期尚未完成的工作。当该工作周期工作结束时，系统将停止工作，除非“工件没有”的报警信号消失，系统不能再启动。

若“工件没有”的报警信号来自装配站，且装配站回转台上已落下小圆柱工件，则系统继续运行，直至完成该工作周期尚未完成的工作。当该工作周期工作结束时，系统将停止工作，除非“工件没有”的报警信号消失，系统不能再启动。

2. 急停与复位

若在系统工作过程中按下输送站的急停按钮，则输送站立即停车。在急停复位后，应从急停前的断点开始继续运行。但若急停按钮按下时，机械手装置正在向某一目标点移动，则急停复位后输送站机械手装置应先返回原点位置，然后再向原目标点运动。

练习与思考

一、填空题

1. 亚龙 YL-335B 型自动生产线实训考核装备由安装在铝合金导轨式实训台上的送料单元、（　　　）单元、（　　　）单元、输送单元和分拣单元5个单元组成。
2. 在 YL-335B 设备上应用了多种类型的（　　　），分别用于判断物体的运动位置、物体通过的状态、物体的颜色及材质等。
3. 供料单元是 YL-335B 中的（　　　）单元，在整个系统中，起着向系统中的其他单元提供原料的作用。
4. 气源处理组件是气动控制系统中的基本组成器件，它的作用是除去压缩空气中所含的杂质及（　　　），调节并保持恒定的工作压力。
5. 人机界面是在操作人员和机器设备之间做（　　　）沟通的桥梁。
6. 当 PPI 网络正常后开始工作，触摸人机界面上的复位按钮，执行复位操作，在复位过程中，绿色警示灯以2Hz的频率（　　　），红色和黄色灯均熄灭。
7. 加工站加工台的工件被检出后，执行（　　　）过程。当加工好的工件重新送回待料位置时，向系统发出冲压加工完成信号。
8. 仅当分拣站分拣工作完成，并且输送站机械手装置回到原点时，系统的一个工作周期才认为（　　　）。

二、判断题

1.（　　）YL-335B 是柔性生产线，只能用于实训考核装备。
2.（　　）气源处理组件输入气源来自空气压缩机，所提供的压力为0.6～1.0Pa，输出压力为0～0.8Pa可调。
3.（　　）YL-335B 的每一工作单元都可自成一个独立的系统，同时也可以通过网络互连构成一个分布式的控制系统。
4.（　　）系统启动后，若供料站的出料台上没有工件，则应把工件推到供料台上，并向系统发出出料台上有工件信号。
5.（　　）系统接收到加工完成信号后，输送站机械手应执行抓取已加工工件的操作。
6.（　　）装配站物料台的传感器检测到工件到来后，开始执行加工过程。

三、简答题

1. 简述亚龙 YL-335B 的基本组成。
2. YL-335B 工作单元的结构特点是什么？
3. 简述 YL-335B 供料单元调试与运行方法及步骤。
4. 简述 YL-335B 自动生产线全线工作任务。

第五章

柔性制造生产线的故障排除与维护保养

第一节　数控车床常见故障与排除

知识目标

（1）了解常见数控车床常见故障产生原因；

（2）掌握数控车床四工位电动刀架故障原因及解决方法。

技能目标

（1）掌握数控车床四工位电动刀架常见故障与排除方法；

（2）掌握数控车床常见故障与排除方法。

一、数控机床报警

数控系统是高技术密集型产品，要想迅速而正确地查明原因并确定其故障的部位，要借助于诊断技术。随着微处理器的不断发展，诊断技术也由简单的诊断朝着多功能的高级诊断或智能化方向发展。诊断能力的强弱也是评价 CNC 数控系统性能的一项重要指标。

数控机床产生报警的原因有很多，对于不同原因产生的报警，处理方式也不同，解决这一类问题的方法是根据报警号或者代码，查看机床说明书，根据说明书的提示，进一步查找报警及故障原因，解决相应问题。

二、四工位电动刀架故障

数控车床所配四工位电动刀架虽然种类繁多，但是控制原理基本相同，机械结构也基本类似，主要由电动机、机械换刀机构、发信盘等组成。它的结构虽然简单，但却是典型的机电一体化数控组件，有着与换刀机械手、托盘交换站类似的功能特征。

当系统发出换刀信号时，刀架电动机正转，通过减速机构和升降机构将上刀体上升至一定位置，离合盘起作用，带动上刀体旋转到所选择刀位，发信盘发出刀位到位信号；刀架电动机反转，完成初定位后上刀体下降，端齿盘啮合，完成精准定位，并通过升降机构锁紧刀架。

对于机械部分的维修，常见故障有离合销、反靠销磨损，弹簧失效，止退圈脱落，大螺母调整不当，蜗杆支撑轴承损坏等。通过手盘蜗杆旋转，模拟换刀过程即可对相应部位进行检查维修，达到转动轻便灵活、无明显阻力，手扳反转能锁紧即可。

常见典型故障如下。

1. 刀架连转不停或在某个刀位不停

故障原因：故障往往有换刀超时或刀位错误报警。

解决方案：检查发信盘电源是否有短路或开路、电源电压是否正常；检查霍尔元件及其线路是否有短路或开路；检查、调整霍尔元件与磁钢的相对高度。

2. 刀架选刀时过冲或不到

故障原因：故障往往有刀位错误报警。

解决方案：检查磁钢在圆周方向与霍尔元件的相对位置；最佳位置应在刀架锁紧状态下，霍尔元件要比磁钢顺时针方向向前大约为磁钢宽度的三分之一。另外在电动机正转停止和反转开始控制的梯形图控制程序中停歇延时时间太长也会引起此故障，可对此停歇延时做以修改。

3. 刀架锁不紧

故障原因：机械方面应考虑刀架基面是否磨损或有毛刺，可用油石打磨高点，但要严防定位精度完全丧失。

解决方案：检查反靠销和离合销是否磨损，太短会引起上刀体错位，无法锁紧。中轴弯曲造成其他零件的同心度不良，消耗了电动机功率，也会使刀架锁不紧。在确定非机械原因后，可适当延长电动机反转时间。还应检查电动机线路是否有接触不良以至缺相的现象。对于有锁紧到位检测的刀架，还应检查梯形图程序，此信号可以作为系统的完成信号，但不能把它用来控制电动机反转接触器的释放。刀架锁不紧的故障也是加工零件表面出现波纹的原因之一。

4. 电动机不转、堵转等

故障原因：此类故障多属于继电器、接触器控制电路问题。

解决方案：可运用机床电气线路检修知识和技术，检查三相电源电压、相序，控制回路电压，中间继电器、接触器的吸合或联锁是否可靠，电动机是否缺相、短路等，并做以相应的处理。

三、主轴故障

1. 切削振动大

故障原因及解决方案：主轴箱和床身连接螺钉松动、轴承预紧力不够、游隙过大、轴承预紧螺母松动，使主轴窜动、轴承拉毛或损坏、主轴与箱体超差或其他因素等。如果是车床，则可能是转塔刀架运动部件松动或压力不够而未卡紧。

2. 主轴转速与进给不匹配

故障原因及解决方案：当进行螺纹切削或用每转进给指令切削时，会出现停止进给、主轴仍然运转的故障。主轴有一个每转一个脉冲的反馈信号，一般为主轴编码器有问题。可查

CRT 报警、I/O 编码器状态或用每分钟进给指令代替。

四、润滑故障

故障原因：

（1）润滑泵油箱缺油；

（2）润滑泵打油时间太短；

（3）润滑泵卸压机构卸压太快；

（4）油管油路有漏油；

（5）油路中单向阀不动作；

（6）油泵电动机损坏；

（7）润滑泵控制电路板损坏。

解决方案：

（1）添加润滑油到上限线位置；

（2）调整打油时间周期为 32min 打油 16s；

（3）若能调整，可调节卸压速度，无法调节则要更换；

（4）检查油管油路接口并处理好；

（5）更换单向阀；

（6）更换润滑泵；

（7）更换控制电路板。

五、机床不能上电

故障原因：

（1）电源总开关三相接触不良或开关损坏；

（2）操作面板不能上电。

解决方案：

（1）更换电源总开关。

（2）检查：

① 开关电源有无电压，输出是否正常；

② 系统上电开关接触不好，断电开关断路；

③ 系统上电继电器接触不好，不能自锁；

④ 线路断路；

⑤ 驱动上电交流接触器，系统上电继电器有故障；

⑥ 断路器有无跳闸；

⑦ 系统是否工作正常、完成准备或 Z 轴驱动器有无损坏，无自动上电信号输出。

六、冷却水泵故障解决方案

（1）检查水泵有无烧坏；

（2）检查电源相序有无接反；

（3）检查交流接触器、继电器有无烧坏；

（4）检查面板按钮开关有无输入信号。

第二节　加工中心常见故障与排除

知识目标

（1）了解加工中心刀库故障原因；
（2）掌握加工中心常见故障与排除方法。

技能目标

（1）掌握加工中心不能回零点常见故障与排除方法；
（2）掌握加工中心刀库常见故障与排除方法。

一、加工中心报警、冷却液等故障

这一类故障可以参考数控车床部分。

二、机床不能回零点

故障原因：
（1）原点开关触头被卡死，不能动作；
（2）原点挡块不能压住原点开关到开关动作位置；
（3）原点开关进水导致开关触点生锈，接触不好；
（4）原点开关线路断开或输入信号源故障；
（5）PLC 输入点烧坏。
解决方案：
（1）清理被卡住部位，使其活动部位动作顺畅，或者更换行程开关；
（2）调整行程开关安装位置，使零点开关触点能被挡块顺利压到开关动作位置；
（3）更换行程开关并做好防水措施；
（4）检查开关线路有无断路、短路，有无信号源（+24V 直流电源）；
（5）更换 I/O 板上的输入点，做好参数设置，并修改 PLC 程式。

三、机床正负硬限位报警

正常情况下不会出现此报警，但在未回零前操作机床可能会出现。因没回零前系统没有固定机械坐标系而是随意定位，且软限位无效，故操作机床前必须先回零点。

故障原因：
（1）行程开关触头被压住、卡住（过行程）；
（2）行程开关损坏；
（3）行程开关线路出现断路、短路和无信号源；
（4）限位挡块不能压住开关触点到动作位置；
（5）PLC 输入点烧坏。

解决方案：

（1）手动或手轮摇离安全位置，或清理开关触头；

（2）更换行程开关；

（3）检查行程开关线路有无短路，有短路则重新处理，检查信号源是否正常(＋24V直流电源)；

（4）调整行程开关安装位置，使之能被正常压上开关触头至动作位置；

（5）更换I/O板上的输入点并做好参数设置，修改PLC程序。

四、换刀故障

故障原因：

（1）气压不足；

（2）松刀按钮接触不良或线路断路；

（3）松刀按钮PLC输入地址点烧坏或者无信号源(＋24V)；

（4）松刀继电器不动作；

（5）松刀电磁阀损坏；

（6）打刀量不足；

（7）打刀缸油杯缺油；

（8）打刀缸故障。

解决方案：

（1）检查气压，使气压达到0.6MPa±0.1MPa；

（2）更换开关或检查线路；

（3）更换I/O板上PLC输入口或检查PLC输入信号源，修改PLC程式；

（4）检查PLC输出信号有/无，PLC输出口有无烧坏，修改PLC程式；

（5）若电磁阀线圈烧坏，则更换之，若电磁阀阀体漏气、活塞不动作，则更换阀体；

（6）调整打刀量至松刀顺畅；

（7）添加打刀缸油杯中的液压油；

（8）若打刀缸内部螺钉松动、漏气，则要将螺钉重新拧紧，更换缸体中的密封圈，若无法修复则更换打刀缸。

五、三轴运转时声音异常

故障原因：

（1）轴承有故障；

（2）丝杆母线与导轨不平衡；

（3）耐磨片严重磨损，导致导轨严重划伤；

（4）伺服电动机增益不相配。

解决方案：

（1）更换轴承；

（2）校正丝杆母线；

（3）重新贴耐磨片，导轨划伤太严重时要重新处理；

（4）调整伺服增益参数，使之能与机械相配。

六、刀库问题

故障原因：

（1）换刀过程中突然停止，不能继续换刀；

（2）斗笠式刀库不能出来；

（3）换刀过程中不能松刀；

（4）刀盘不能旋转；

（5）刀盘突然反向旋转时差半个刀位；

（6）换刀时，出现松刀、紧刀错误报警；

（7）换刀过程中还刀时，主轴侧声音很响；

（8）换完后，主轴不能装刀(松刀异常)。

解决方案：

（1）检查气压是否达到0.6MPa±0.1MPa；

（2）检查刀库后退信号有无到位，刀库进出电磁阀线路及PLC有无输出；

（3）调整打刀量，检查打刀缸体中是否积水；

（4）检查刀盘出来后旋转时，刀库电动机电源线有无断路，接触器、继电器有无损坏等现象；

（5）刀库电动机刹车机构松动无法正常刹车；

（6）检查气压，气缸有无完全动作(是否有积水)，松刀到位开关是否被压到位，但不能压得太多(以刚好有信号输入为原则)；

（7）调整打刀量；

（8）修改换刀程。

七、吹气故障解决方案

（1）检查电磁阀有无动作；

（2）检查吹气继电器有无动作；

（3）检查面板按钮和PLC输出接口有无信号。

第三节　堆垛机常见故障与排除

知识目标

（1）了解货物外形不规则导致的堆垛机故障原因；

（2）掌握堆垛机电气或者机械故障原因。

技能目标

（1）掌握货物外形导致的堆垛机常见故障排除方法；

（2）掌握堆垛机电气或机械常见故障排除方法。

一、货物外形不规则导致的堆垛机故障

报警原因分析与对策：一般情况下堆垛机外形报警是由于货物箱破损引起的，所以在货物入库时，应该检查货物箱是否符合规格，对于不符合规格的货物箱进行重新整理捆扎，对于破损的货物箱进行加固处理。

二、电气或者机械原因导致的堆垛机故障

1. *X* 号库 *Y* 号堆垛机在运行中频繁报警:变频器异常

故障现象：*Y* 号堆垛机在正常入库、出库运行中，堆垛机突然停止运行，故障指示灯闪烁，查询触摸屏显示报警代码，查询故障代码表为变频器异常。

解决方案：

(1) 变频器报警：参数调整不当，根据报警代码重新调整参数；

(2) 检查堆垛机轨道螺钉是否紧固，检查堆垛机供电线路(滑触线) 是否水平，是否有明显变形和损伤，检查堆垛机集电器与滑触线接触是否良好，检查集电器电刷磨损情况，发现磨损严重时，需更换电刷；

(3) 检查堆垛机行走、升降电动机的接触器触点有无过度磨耗，如果有明显磨耗，将会引起电动机电流不稳定而导致变频器启动保护功能，必须更换接触器排除故障；

(4) 测量行走、升降电动机的变频器主电路电源输入端子(R/S/T) 之间电压是否正常，检查变频器控制电路的接线有无损伤；

(5) 检查变频器输出端子(U/V/W) 之间有无短路，如果任何一组之间有短路，都会导致变频器故障；

(6) 确认电动机电磁刹车的开放状态，便于判断堆垛机有无因机械方面原因而导致的超负荷；

(7) 检查装载的货物重量是否超过额定值；

(8) 更换行走编码器，检查堆垛机接口板是否接触不良或者损坏。

2. *X* 号库 *Y* 号堆垛机报升降位偏离故障

故障现象：*Y* 号堆垛机出库时报警，报警代码为升降位偏离。

解决方案：

(1) 检查堆垛机定位光电开关是否正常工作，调整定位光电位置；

(2) 用水平仪检查货位横梁是否水平、是否变形，不在水平方向时需要调整或更换横梁；

(3) 检查堆垛机升降位置光电开关工作是否正常；

(4) 检查升降定位挡块是否松动脱落，调整并紧固；

(5) 更换升降编码器，确认堆垛机接口板是否损坏。

3. 堆垛机运行中突然掉电

故障现象：堆垛机在正常运行过程中突然掉电。

解决方案：

(1) 超速保护钢丝绳断绳开关动作，调整行程开关与撞尺间隙，收紧钢丝绳；

(2) 过载保护开关动作，调整行程开关与撞尺间隙；

(3) 集电器与滑触线接触处破损引起短路，更换集电器；

（4）集电器瞬间断电，更换集电器或检查滑触线接头；

（5）滑触线接头螺栓松动，检查、紧固滑触线接头。

三、信息通信原因导致的堆垛机故障

仓库控制系统通过以太网连接至工业级路由网关，堆垛机、PLC 和 HMI 通过各自的以太网接口连接至路由网关，接收上位机（WCS）的出、入库分配指令以及向上位机传送运载和载荷或报警状态。在信号传输过程中，由于受到外界环境干扰，会出现信号传输失败的现象，主要有三种情况。

（1）堆垛机与上位机无法联机；

（2）配方库货物重复入库；

（3）配方库堆垛机空取货物。

解决方案：根据现场情况，排查并且尽量消除外界环境干扰源，采用带有屏蔽功能的电缆，屏蔽进行可靠接地，接地电阻小于 8Ω，避免出现信号传输失败。

四、软件相关的故障

典型故障：子站控制的输送链全部无法运转，对应接口模块上 BF 灯闪烁，电源指示灯绿色亮。

故障原因：通常子站 BF 灯闪烁，就是主站与这个从站没有数据交换，属软件问题；因此可以初步判定为接口模块未组态或组态错误，造成 DP 主站与接口模块之间没有进行数据交换。

解决方案：

（1）检查接口模块 DP 地址与组态中的地址是否匹配；

（2）检查硬件组态和参数分配；

（3）检查接口模块本身是否正常。

第四节　广数机器人常见故障与排除

知识目标

（1）了解广数机器人常见故障原因；

（2）掌握广数机器人常见报警及处理方法。

技能目标

（1）掌握机器人本体备用电池的更换方法；

（2）初步掌握根据机器人报警代码处理常见故障。

一、机器人本体备用电池的更换

若机器人出现电池电压低报警，可能会使机器人原点丢失，这时就需要更换本体备用电池。

更换步骤：

（1）操作机器人回到原点，切换到坐标监控界面，查看机器人各轴的关节坐标值是否为零；

（2）拆开机器人本体电池后盖，先把本公司指定的电池组安装到备用的电池组插座中，再拆除旧电池组（确保编码器不会因更换电池而瞬间掉电）；

（3）电池组更换好后需再次确认机器人各轴的关节坐标值是否为零，为零，机器人原点正确；不为零，须重新设置机器人原点（详见操作说明书原点校准）。

二、常见报警与处理

（1）报警代码：1；报警名称：超速。

故障原因：

① 控制电路板故障、编码器故障；

② 输入指令脉冲频率过高；

③ 加/减速时间常数太小，使速度超调量过大；

④ 输入电子齿轮比太大；

⑤ 编码器故障；

⑥ 编码器电缆不良；

⑦ 伺服系统不稳定，引起超调；

⑧ 负载惯量过大；

⑨ 编码器零点错误。

解决方案：

① 更换伺服驱动单元、伺服电动机；

② 正确设定输入指令脉冲；

③ 增大加/减速时间常数；

④ 正确设置；

⑤ 更换伺服电动机；

⑥ 更换编码器电缆；

⑦ 重新设定有关增益，如果增益不能设置到合适值，则减小负载转动惯量比例；

⑧ 减小负载惯量，更换大功率的驱动单元和电动机；

⑨ 更换伺服电动机，请厂家重调编码器零点。

（2）报警代码：5；报警名称：电动机过热。

故障原因：

① 指令脉冲频率太高；

② 电路板故障；

③ 电缆断线；

④ 电动机内部温度继电器损坏；

⑤ 电动机过负载。

解决方案：

① 降低频率；

② 更换伺服驱动单元；

③ 检查电缆；

④ 检查电动机；

⑤ 减小负载，降低启停频率，减小转矩限制值，减小有关增益，换更大功率驱动单元

和电动机。

（3）报警代码：12；报警名称：过电流。

故障原因：

① 驱动单元 U、V、W 之间短路；

② 接地不良；

③ 电动机绝缘损坏；

④ 驱动单元损坏。

解决方案：

① 检查接线；

② 正确接地；

③ 更换电动机；

④ 更换驱动单元。

（4）报警代码：17；报警名称：制动时间过长。

故障原因：

① 输入电源电压长时间过高；

② 无制动电阻或制动电阻偏大，在制动过程中，能量无法及时释放，造成内部直流电压的升高。

解决方案：

① 接入满足伺服单元工作要求的电源；

② 连接正确的制动电阻。

（5）报警代码：26；报警名称：外部电池报警。

故障原因：外部电池低于 3.1V。

解决方案：更换外部电池。

（6）报警代码：30；报警名称：编码器 Z 脉冲丢失。

故障原因：

① Z 脉冲不存在，编码器损坏；

② 电缆不良；

③ 电缆屏蔽不良；

④ 屏蔽地线未连好；

⑤ 编码器接口电路故障。

解决方案：

① 更换编码器；

② 检查编码器接口电路。

第五节　PLC 总控柜常见故障与排除

知识目标

（1）了解 PLC 总控柜常见故障原因；

（2）初步掌握 PLC 总控柜常见故障排除方法。

（1）掌握 PLC 总控柜外围电路元器件常见故障排除方法；
（2）初步掌握 PLC 总控柜系统常见故障分析及处理方法。

一、外围电路元器件故障

此类故障在 PLC 控制柜工作一定时间后经常发生。在 PLC 控制回路中，如果出现元器件损坏故障，PLC 控制柜的控制系统就会立即自动停止工作。

输入电路是 PLC 接受开关量、模拟量等输入信号的端口，其元器件质量的优劣、接线方式及是否牢靠也是影响控制系统可靠性的重要因素。

对于开关量输出来说，PLC 的输出有继电器输出、晶闸管输出、晶体管输出三种形式，具体选择哪种形式的输出应根据负载要求来决定，选择不当会使系统可靠性降低，严重时导致系统不能正常工作。

此外 PLC 控制柜的输出端子带负载能力是有限的，如果超过了规定的较大限值，必须外接继电器或接触器才能正常工作。

外接继电器、接触器、电磁阀等执行元件的质量，是影响系统可靠性的重要因素。常见的故障有线圈短路、机械故障造成触点不动或接触不良。

二、端子接线接触不良

此类故障在 PLC 控制柜工作一定时间后随着设备动作频率的升高而出现。由于控制柜配线缺陷或者使用中的振动加剧及机械寿命等原因，接线头或元器件接线柱易产生松动、锈蚀而引起接触不良。

这类故障的排除方法是使用万用表和一些专用仪器来进行检查，借助控制系统原理图或者是 PLC 控制柜逻辑梯形图进行故障诊断维修。对于某些比较重要的外设接线端子的接线，要保证连接可靠，连接方式一般采用焊接冷压片或冷压插针的方法处理，最好每年检查一次以上。

三、系统故障分析及处理

1. PLC 主机系统

PLC 主机系统最容易发生故障的地方一般在电源系统和通信网络系统，是因为电源在连续工作、散热中，电压和电流的波动冲击是不可避免的。通信及网络受外部干扰的可能性大，外部环境是造成通信外部设备故障的最大因素之一。系统总线损坏主要是由于现在 PLC 多为插件结构，长期使用插拔模块会造成局部印制板或底板、接插件接口等处的总线损坏，在空气温度变化、湿度变化的影响下，总线的塑料老化、印制线路的老化、接触点的氧化等都是系统总线损耗的原因。所以在系统设计和处理系统故障的时候要考虑到空气、尘埃、紫外线等因素对设备的破坏。目前 PLC 的主存储器大多采用可擦写 ROM，其使用寿命除了主要与制作工艺相关外，还和底板的供电、CPU 模块工艺水平有关。而 PLC 的中央处理器目前都采用高性能的处理芯片，故障率已经大大下降。对于 PLC 主机系统故障的预防及处理，主要是提高集中控制室的管理水平，加装降温措施，定期除尘，使 PLC 的外部环境符合其安装运行要求；同时在系统维修时，严格按照操作规程进行操作，谨防人为地对主机系统造成损害。

2. PLC 的 I/O 端口

PLC 最薄弱的环节在 I/O 端口。PLC 的技术优势在于其 I/O 端口，在主机系统的技术水平相差无几的情况下，I/O 模块是体现 PLC 性能的关键部件，因此它也是 PLC 损坏中的突出环节。要减少 I/O 模块的故障，就要减少外部各种干扰对其的影响，首先要按照其使用的要求进行使用，不可随意减少其外部保护设备，其次分析主要的干扰因素，对主要干扰源要进行隔离或处理。

四、现场控制设备

1. 继电器、接触器类

PLC 控制系统的日常维护中，电气备件消耗量最大的为各类继电器或空气开关。主要原因除产品本身外，就是现场环境比较恶劣，接触器触点易打火或氧化，然后发热变形直至不能使用。生产线上所有现场的控制箱都是选用密闭性较好的盘柜，其内部元器件较其他采用敞开式盘柜内元器件的使用寿命明显要长。所以减少此类故障应尽量选用高性能继电器，改善元器件使用环境，减少更换的频率，以减少其对系统运行的影响。

2. 阀门或闸板类

因为这类设备的关键执行部位相对的位移一般较大，要经过电气转换等几个步骤才能完成阀门或闸板的位置转换，或者利用电动执行机构推拉阀门或闸板的位置转换，所以机械、电气、液压等各环节稍有不到位就会产生误差或故障。长期使用缺乏维护，机械、电气失灵是故障产生的主要原因，因此在系统运行时要加强对此类设备的巡检，发现问题及时处理。对此类设备建立了严格的点检制度，经常检查阀门是否变形，执行机构是否灵活可用，控制器是否有效等，很好地保证了整个控制系统的有效性。

3. 开关、极限位置类

此类故障出现在安全保护和现场操作的一些元件或设备上，其原因可能是长期磨损，也可能是长期不用而锈蚀老化。如生产线窑尾料球储库上的布料行走车来回移动频繁，而且现场粉尘较大，所以接近开关触点出现变形、氧化、粉尘堵塞等，从而导致触点接触不好或机构动作不灵敏。对于这类设备故障的处理，主要体现在定期维护上，要使设备时刻处于完好状态。对于限位开关，尤其是重型设备上的限位开关，除了定期检修外，还要在设计的过程中加入多重的保护措施。

4. 接线盒、线端子、螺栓螺母等

这类故障的产生，除了设备本身的制作工艺原因外，还和安装工艺有关，如电线和螺钉连接是压得越紧越好，但在二次维修时很容易导致拆卸困难，大力拆卸时容易造成连接件及其附近部件的损害。长期的打火、锈蚀等也是造成故障的原因。这类故障一般是很难发现和维修的，所以在设备的安装和维修中一定要按照安装要求的安装工艺进行，不留设备隐患。

5. 传感器和仪表类

这类故障在控制系统中一般反映在信号不正常上。设备安装时，信号线的屏蔽层应单端可靠接地，并尽量与动力电缆分开敷设，特别是高干扰的变频器输出电缆，而且要在 PIC

内部进行软件滤波。这类故障的发现及处理也和日常点巡检有关，发现问题应及时处理。

6. 电源、地线和信号线的噪声(干扰)

这一类问题的改善或解决主要在于工程设计时的经验和日常维护中的观察分析。总线接地电阻一般要求小于 8Ω，要求高的小于 4Ω，检查时要使用专用接地电阻测量仪器进行测量。对于信号干扰，在设计规划时应尽量远离、避开容易引起干扰的设备，如中频、高频加热设备，同时使用的电缆应尽量采用带屏蔽层的，并且保证屏蔽层可靠接地。

练习与思考

一、填空题

1. 数控机床产生报警的原因有很多，对于不同原因产生的报警处理方式（　　　　），解决这一类问题的方法是根据报警号或者代码，查看机床（　　　　），根据说明书的提示，进一步查找报警及故障原因，解决相应问题。
2. 润滑系统故障通常有泵油箱（　　　），润滑泵打油时间太短，润滑泵卸压机构卸压（　　　　）。
3. 由于控制柜配线缺陷或者使用中的振动加剧及机械寿命等原因，接线头或元器件接线柱易产生（　　　）、（　　　）而引起接触不良。
4. 总线接地电阻一般要求小于（　　）Ω，要求高的小于（　　）Ω，检查时要使用专用接地电阻测量仪器进行测量。
5. PLC 主机系统最容易发生故障的地方一般在电源系统和（　　　　）系统，电源在连续工作、散热中，电压和（　　　）的波动冲击是不可避免的。
6. 安全保护和现场操作的一些元件或设备上，开关、极限位置类故障原因可能是因为长期磨损，也可能是长期不用而（　　　　　）。
7. 对于信号干扰，在设计规划时应尽量远离、避开容易引起干扰的设备，如（　　）、（　　　）加热设备，同时使用的电缆应尽量采用带屏蔽层的，并且保证屏蔽层可靠（　　　）。
8. PLC 控制系统的日常维护中，电气备件消耗量最大的为各类（　　　）或空气开关。主要原因除产品本身外，就是现场环境比较恶劣，接触器触点易打火或（　　　），然后发热变形直至不能使用。

二、判断题

1. （　　）PLC 控制柜的输出端子带负载能力是有限的，如果超过了规定的较大限值，必须外接继电器或接触器才能正常工作。
2. （　　）电线和螺钉连接是压得越紧越好。
3. （　　）PLC 控制回路中如果出现元器件损坏故障，PLC 控制柜的控制系统不会立即自动停止工作。
4. （　　）总线接地电阻一般要求小于 8Ω，要求高的小于 4Ω，检查时必须使用万用表进行测量。
5. （　　）一般情况下堆垛机外形报警是由货物箱破损引起的，所以在货物入库时，应该检查货物箱是否符合规格，对于不符合规格的货物箱要进行重新整理捆扎，对于破损的货物箱要进行加固处理。

三、简答题

1. 简述机器人本体备用电池的更换步骤。
2. 简述控制系统电源、地线和信号线噪声干扰的原因和解决方法。
3. 简述开关、极限位置类故障原因和解决方法。
4. 简述冷却水泵故障原因及解决方案。
5. 简述机床不能回零点的故障原因和解决方法。

第六章

柔性生产安全与操作规范

第一节　机床安全操作规范

（1）熟悉机床操作工通用安全操作规程；

（2）掌握通用机床操作在作业过程中的基本要求。

（1）掌握数控车床和加工中心的操作规程；

（2）掌握钻床和镗床的操作规程。

一、机床操作工通用安全操作规程

1. 作业前

（1）在加工前，必须扎紧袖口、束紧衣襟，严禁戴手套、围巾或敞开衣服；女操作人员禁止穿高跟鞋、裙子，留长发者必须盘发或者戴工作帽。

（2）检查机床设备上的防护装置是否完好和关闭，操作板上的灯光显示是否正常，按钮是否可靠，报警装置是否灵敏。

（3）检查机械设备上各种防护装置是否齐全、牢固或破损。

（4）检查机床周围是否有影响操作的物品。

（5）检查卡头和刀架是否处在安全位置。

（6）加工部位和起重机起重物下面不准站人。

（7）进行设备点检表。

2. 作业中

（1）操作者必须站在安全位置上，防止铁屑飞溅，根据工作性质要佩戴防护眼镜。

（2）调整机床行程、限位、装卡拆卸工件、刀具测量工件、擦拭机床时都必须停车。

（3）机床导轨面、工作台不得放置工具或量检具。

（4）不准用手直接清除铁屑，应使用专用工具清理。

（5）机床在运行当中不能离开工作岗位（数控机床、壳体加工线除外），因故要离开时，必须切断电源。

（6）正确使用工具、量具。要使用符合规格的扳手，不准加垫铁或套管，不准用卡尺当作清屑工具。

（7）使用吊装工具，应遵守挂钩工安全操作规程。

（8）加工时不得打开防护门或防油窗。

（9）自动清屑出现卡死现象时，应停车进行清理。

（10）当出现异常情况时，应立即关闭紧急停车开关、联系保全工进行修理，不得自行拆卸。

（11）机床停止转动前，不得接触运转工件、刀具和传动部分，严禁隔着机床设备取物品。

3. 作业后

（1）作业后应清理机床各工作面的铁屑和油污。

（2）擦拭机床，根据企业相关要求，做好加工现场其他常规工作。

二、自动、半自动车床安全操作规程

（1）应遵守机床操作工通用安全操作规程和机床说明书相关规定。

（2）气动卡盘所需的空气压力，不能低于规定值，检查润滑系统是否正常。

（3）装工件时，必须放正，气门夹紧后再开车。

（4）卸工件时，等卡盘停稳后，再取下工件。

（5）机床各类刀限位装置的螺钉必须拧紧，并经常检查防止松动；夹具和刀具须安装牢靠。

（6）加工时，不得用手去触动自动换位装置或用手去摸机床附件和工件。

（7）装卡盘时要检查卡爪、卡盘有无缺陷，不符合安全要求严禁使用。

（8）自动车床禁止使用锉刀、刮刀、砂布打光工件。

（9）加工时，必须将防护挡板挡好。发生故障、调整限位挡块、换刀、上料、卸工件、清理铁屑都应停车。

（10）机床运转时，不得无人照看；多机管理时，应逐台机床巡回查看。

（11）机床上的按钮应整齐、显示有效。

三、加工中心安全操作规程

（1）应遵守机床操作工通用安全操作规程和机床说明书相关规定。

（2）按规定戴好防护用品、扎紧袖口，严禁放开衣服操作机床。

（3）开机前，检查机床各部位是否在正确位置；通电后，机床工作台及刀架应处在机械零点位置，控制面板上控制按钮齐全、显示正确，方可进行程序输入。

（4）工件应紧固在工作台上，卡紧力要适中，以免造成零件变形；使用专用组合卡具时，应检查卡具上螺钉是否紧固。

（5）工作前应检查液压系统、润滑点、油位和装置是否正常。

（6）机床上的安全防护装置必须安全可靠。

（7）测量时应停车后进行，并根据加工表面粗糙度更换刀具，或按有关规定更换。

（8）调整排屑时严禁戴手套。

（9）工件码放不得超高(按企业规范要求)。

（10）操作者因故离开或中间休息时，机床必须处在加工完毕后的停机状态。

（11）无交接班，应按顺序关闭开关，切断电源。

（12）运行中发生异常应立即停车、及时修理。

（13）工作完毕后，执行企业现场管理制度。

四、钻床安全操作规程

（1）应遵守机械操作工通用安全操作规程和机床说明书相关规定。

（2）严禁戴手套操作。

（3）工件夹紧要牢靠，钻小件时，应用工具夹持，不准用手持进行。

（4）使用自动走刀时，要选好进给速度，调整好行程限位块；手动进刀时，一般按照逐渐增压和逐渐减压原则进行，以免用力过猛造成事故。

（5）钻头上绕有长铁屑时，要停车清理，禁止用风吹或手清理，应用刷子或铁器清除。

（6）不准在旋转的刀具下翻转、卡压或测量工件，手不准触摸旋转刀具。

（7）使用摇臂钻时，横臂回转范围内不准有障碍物，工作前、后，横臂必须卡紧。

（8）工作结束后，将横臂降到安全位置，主轴箱靠近立柱，且卡紧。

（9）工作完毕后，执行企业现场管理制度。

五、镗（坐标）床安全操作规程

1. 作业前

（1）应遵守机械操作工安全操作规程和机床说明书相关规定。

（2）应检查机床各系统是否安全正确，各手柄、摇把的位置是否正确。

（3）开车前，检查刀具是否牢固，工件是否卡紧，压板是否平稳。

（4）对于高精度零件加工，需要考虑零件温度和加工环境温度的影响，根据需要进行必要的加温和降温处理。

（5）检查坐标镗床光学系统是否正常，回转工作台是否正常。

2. 作业中

（1）开动镗床时，应轻轻开动一下，观察转动部位及方向是否正确，严禁快速进给。

（2）刀具的紧固螺钉和销子不准突出镗杆回转半径。

（3）机床开动时，不准量尺寸。对样板或手模加工面，镗孔、扩孔时不准将头贴近观察吃刀情况或隔招着镗杆拿取物品。

（4）使用平旋刀盘切削时，螺钉要上紧，不准站在对面或伸头观察，特别要注意防止绞住衣服造成事故。

（5）启动工作台自动回转时，必须将镗杆缩回，工作台禁止站人。

3. 作业后

（1）工作后，关闭各开关；将机床手柄返回安全挡位，机器回零点。

（2）工作完毕后，执行企业现场管理制度。

第二节　机器人安全操作规范

知识目标

（1）理解机器人单机安全操作规程；

（2）理解机器人安全操作规程。

技能目标

（1）掌握工业机器人操作过程中必须禁止的事项；

（2）能根据机器人说明书和企业相关规定制订机器人操作规范。

一、机器人单机安全操作规程

（1）机器人操作人员必须经过专业培训，必须熟识机器人本体和控制柜上的各种安全警示标识，按照操作要领手动或自动编程控制机器人动作。

（2）机器人设备周围必须设置安全隔离带，必须清洁，做到无油、无水及无杂物，操作人员必须认真学习设备使用说明书。

（3）装卸工件前，必须先将机器人运行至安全位置，装卸工件要在关断电源情况下进行。

（4）不要戴着手套操作机器人示教盘，如需要手动控制机器人时，应确保机器人动作范围内无任何人员和障碍物，将速度由慢到快逐渐调整，避免速度突变造成人员或设备损害。

（5）执行程序前，应确保机器人工作区不得有无关的人员、工具或物品，工件夹紧可靠。

（6）机器人动作速度太快，存在危险性，操作人员应负责维护工作站正常运行秩序；严禁非工作人员进入工作区域。

（7）机器人运行过程中严禁操作人员离开现场，以确保发生意外情况时紧急处理。

（8）机器人工作时，操作人员应注意查看线缆和气路线管状况，防止其缠绕在机器人上；线缆和线管不能严重绕曲成麻花状或与硬物件摩擦，以避免内部线芯折断或裸露，引起线路故障。

（9）机器人示教器和线缆不能放置在变位机上，应随手携带，或挂在操作位置上。

（10）当机器人停止工作时，不要认为其已经完成工作了，因为机器人很可能是在等待让它继续移动的输入信号。

（11）因故离开设备工作区前应按下急停开关，避免突然断电造成关机零位丢失，并要将示教器放置在安全位置。

（12）工作结束，应将机器人置于零位位置或安全位置。

（13）严禁在控制柜内随便放置配件、工具、杂物和安全帽等，以免影响到部分线路，造成设备异常损坏。

（14）实训任务完成后，先清理线缆、杂物和工具，应将设备恢复至初始位置，然后关断电源开关和气源开关，填写操作实训记录。

（15）严格遵守机器人设备的日常维护制度和企业现场常规要求。

二、机器人安全操作规程

（1）机器人周围区域必须清洁，无油、水及杂质等。

（2）装卸工件前，先将机械手运动至安全位置，严禁装卸工件过程中操作机器。

（3）不要戴着手套操作示教盘和操作盘。

（4）如需要手动控制机器人时，应确保机器人动作范围内无任何人员或障碍物，将速度由慢到快逐渐调整，避免速度突变造成伤害或损失。

（5）执行程序前，应确保机器人工作区内不得有无关的人员、工具、物品，工件夹紧可靠，焊接程序与工件对应。

（6）机器人动作速度较快，存在危险性，操作人员应负责维护工作站正常运转秩序，严禁非工作人员进入工作区域。

（7）机器人运行过程中，严禁操作者离开现场，以确保意外情况的及时处理。

（8）机器人工作时，操作人员应注意查看焊枪线缆状况，防止其缠绕在机器人上。

（9）线缆不能严重绕曲成麻花状和与硬物摩擦，以防内部线芯折断或裸漏。

（10）示教器和线缆不能放置在变位机上，应随手携带或挂在操作位置。

（11）当机器人停止工作时，不要认为其已经完成工作了，因为机器人很可能是在等待让它继续移动的输入信号。

（12）因故离开设备工作区域前应按下急停开关，避免突然断电或者关机零位丢失，并将示教器放置在安全位置。

（13）工作结束时，应使机械手置于零位位置或安全位置。

（14）严禁在控制柜内随便放置配件、工具、杂物、安全帽等，以免影响到部分线路，造成设备的异常。

（15）严格遵守并执行机器的日常维护和企业现场管理要求。

练习与思考

一、填空题

1. 机床作业前，必须检查机械设备上各种防护装置是否（　　　）、牢固或破损。
2. 操作者必须站在安全位置上，以避免机床转动部分，防止（　　　）飞溅，根据工作性质佩戴（　　　）。
3. 在加工时，不得用手去触动（　　　）装置或用手去摸机床附件和工件。
4. 每一位操作者都应遵守机床操作工通用安全操作规程和（　　　）说明书相关规定。
5. 工件应紧固在工作台上，卡紧力要（　　　），以免造成零件变形，使用专用组合卡具时，应检查卡具上螺钉是否紧固。
6. 机器人执行程序前，应确保机器人工作区内不得有无关的（　　）、（　　　）和物品，工件（　　）可靠。

二、判断题

1.（　　）女操作人员禁止穿高跟鞋、裙子，留长发者剪成短发或者戴工作帽。
2.（　　）操作前机床周围所有物品无论是否影响操作，都要搬离。

3.（　　）调整机床行程、限位、装卡拆卸工件、刀具测量工件、擦拭机床时，都必须在运行过程中进行。

4.（　　）必须戴着手套进行机器人示教盘操作。

5.（　　）当机器人停止工作时，就可以认为其已经完成工作了，因为机器人已经完成了所有动作。

6.（　　）钻床在加工表面粗糙的零件如铸造件时，戴手套操作有利于保护操作者的双手。

三、简答题

1. 简述机床操作工作业前通用安全操作规程。
2. 简述加工中心安全操作规程。
3. 简述机器人安全操作规程。

参考文献

[1] 高青．柔性制造技术的发展现状及趋势研究 [J]. 太原科技，2008(7)：32-33.
[2] 鲁晓春．仓储自动化．北京：清华大学出版社，2002.